ACTIVE REVIEW OF FRENCH:

Selected Patterns, Vocabulary and Pronunciation Problems for Speakers of English

ROBERT L. POLITZER

MICHIO P. HAGIWARA

XEROX COLLEGE PUBLISHING

Lexington, Massachusetts • Toronto

ISB Number: 0–536–00438–2
Library of Congress Catalog Card Number: 63–15633
Printed in the United States of America.

ACKNOWLEDGMENTS

Various linguistic and pedagogical principles have been used in the preparation of this text. Those which the author can specifically identify as having been suggested to him by others are:

1. Some of the techniques of presentation and types of exercises which for some years have been utilized by the English Language Institute of the University of Michigan and others who have followed its example.

2. The technique of teaching French pronunciation by contrasting French words with their English quasi homophones--a procedure with which the author became first familiar through the work of Professor Jeanne Varney Pleasants.

The author also wishes to acknowledge the help given by the Department of Romance Languages of the University of Michigan in the preparation and typing of this text in its experimental form.

Ann Arbor, September 1958

R. L. P.

ACKNOWLEDGMENTS

This book has been used in an experimental version since 1958. The present version has been reorganized on the basis of four years' experience, and the authors are extremely grateful to their colleagues throughout the United States for their many useful suggestions and criticisms.

Particular thanks are due to Professors Abraham Herman and Jean Carduner of the University of Michigan for the revision of the original manuscript and to Professor John L. Schweitzer of the Oklahoma State University for an intermediate reorganization of the original materials.

The final revision of the individual lessons and the exercises as well as the inclusion of the review lessons have been the work of M. P. Hagiwara. The authors wish to express their appreciation to Mr. Martin Schwarz of the University of Michigan for his suggestions and careful reading of the manuscript.

Ann Arbor, March 1963

R. L. P.
M. P. H.

INTRODUCTION

Purpose of the Book

The ACTIVE REVIEW OF FRENCH is designed primarily as a review for students who have had already an introduction to French. Perhaps the most important feature of this book is that it is a workbook, providing the student with exercises which will enable him to use French.

Every student should be made to realize that in learning a foreign language there is a great difference between knowing about something and knowing it. The typical problem of the student who has worked or is working through a review grammar is not insufficient information about French. His problem is rather that he is not at a point where he can use the language easily and avoid the mistakes which are suggested to him by the patterns of English.

This book envisages its purpose as a review, consolidation, elimination of the typical mistakes made by speakers of English, and as a step toward the active use of French. It is not an introduction to the more advanced and refined problems of French grammar and stylistics.

Types of Material

The materials included are based upon a comparison of English and French structures, the authors having proceeded from the assumption that the clash of patterns of the two languages is the primary cause of errors committed in French by native speakers of English. This assumption was borne out by the careful analysis of mistakes made by two hundred second-year students at the University of Michigan on their final examination. The analysis further revealed frequent errors which could not have been predicted on the basis of linguistic comparison alone, and it also determined the inclusion or exclusion of some materials.

Since this text is a review workbook, it does not claim to give a complete picture of French grammar. Some features are not included or explained very briefly, because they do not present any particular problem to speakers of English, and the student is assumed to have learned them already, i.e., the contraction of the article, the approximate pronunciation equivalents of French orthographic symbols, etc. The vocabulary items at the end of the text were compiled on this same basis.

The text consists of two types of facing pages. The patterns and vocabulary problems appear on one page, the exercises on the opposite page with an affixed "a." The exercise pages are perforated to enable students to hand in their written work.

Throughout the lessons, grammatical explanations are kept to a minimum, and visual diagramming of "patterns" is stressed. There is usually a juxtaposition of an English and a French structure, followed by a series of examples of the French structure to be learned. Frequent cross references permit the student to review certain features and correlate them in his mind.

The patterns presented are primarily those of spoken French. Included are patterns as well as lexical items suggested by Le Français Elémentaire of the Ministère de l'Education Nationale. Nevertheless, some patterns of low frequency in spoken French but used commonly in writing have been retained. Our assumption is that the student who has studied the language for two years at a college level is more likely to read French books or take a third-year course than go to Paris to converse with Frenchmen. Thus forms which do not occur at all in the spoken language such as the passé simple or the imperfect and pluperfect subjunctive do appear in exercises, to be done in writing rather than orally.

The first five lessons contain most of the basic materials needed for a second-year review course. All the verb tenses are presented here because of their importance for reading at the intermediate level. Moreover, these lessons anticipate some of the more difficult grammatical points, such as the use of the conditional and subjunctive moods. The seeming redundancy of certain lessons, being confined only to items which present major problems to the student, has a definite purpose.

The review lessons are intended to encourage the student to use actively what he has learned as well as to read and "think" in French as much as possible. For this purpose, each review lesson should be studied entirely in French. Useful conversational items which do not lend themselves to pattern drills and translation exercises are incorporated in these lessons

Types of Exercises

The core of the exercises consists of pattern drills, which utilize choral as well as individual response and are suited for maximum class participation. These drills facilitate the analysis of structures so that grammatical explanation becomes almost unnecessary. As a learning device, they diminish the chances of errors, since students learn a structure from within French most of the time, except in translation. The large amount of repetition involved in this type of exercise augments the possibilities of overlearning and discourages an intellectual assembly of words, thus assuring a greater degree of automatization in triggering responses.

In each lesson, there are usually a few more exercises than the teacher may be able to handle within a given time. He should preselect the exercises he will use. He may also modify any exercise in order to make it more suitable for his particular class. Needless to say, during all oral drills the book must be kept closed. Students are allowed to have their book open and perhaps read from their homework only for specifically written exercises (Ecrivez en français).

Obviously, pattern drills and translation exercises do not constitute a goal, but means to a goal. Our goal is an active use of French. Yet to require a student to speak nothing but French from the very first day of class or to write a composition on a given topic would be similar to asking him to play a composition by Liszt without his having practiced scales, arpeggios, etc., for countless hours. While our ultimate goal in the classroom is correct and near-fluent self-expression and communication with others in French, it cannot be accomplished successfully without proceeding through pattern drills. Let us remember that conversation represents a combination of multiple skills--correct pronunciation, correct use of grammar, immediacy of response, aural comprehension, and so forth.

The pattern drills of this text may be grouped into four types: substitution, transformation, expansion, and translation. A brief explanation of each follows:

1. Substitution Exercise

Students are given a French sentence containing a pattern, followed by substitution words ("cue words"). They are to replace a certain word or a set of words in the sentence. The place where such a word or set of words is found is called "slot."

Teacher: Je veux que vous appreniez le français.
Students: Je veux que vous appreniez le français.
Teacher: "étudiiez"
Students: Je veux que vous étudiiez le français.
Teacher: "compreniez"
Students: Je veux que vous compreniez le français.
Teacher: "sachiez"
Students: Je veux que vous sachiez le français.

Note that the basic structure of the sentence remains constant, i.e., the "structural meaning" of the sentence ("someone wants someone else to do something") does not change. This gives students the opportunity to handle a structure until it becomes automatic, so that they may later apply it to any specific situation which calls for this structure. For pedagogical reasons, certain cue words are sometimes repeated in the same exercise, especially when the cue words themselves constitute the core of the exercise to be learned.

The substitution exercise may be made more complex by increasing the "slots." For example, in the model sentence Je veux que vous appreniez le français, cue words may replace either the main verb or the verb in the subordinate clause. Such an exercise may be combined with the transformation exercise. In the sentence Je veux que vous appreniez le français, cue words replace the main verb (veux), but they are such that some of them call for the subjunctive in the subordinate clause (exige, désire, etc.) while others do not (crois, sais, etc.). Students must be alert in order to successfully complete this type of exercise, which is introduced by the direction, Exercice de substitution (faites le changement nécessaire).

2. Transformation Exercise

This particular exercise requires students to "transform" a series of structurally identical sentences into another series.

Teacher:	Je monte dans le train. Je suis monté dans le train.	Students:	Je monte dans le train. Je suis monté dans le train.
Teacher:	Je monte dans l'autobus.	Students:	Je suis monté dans l'autobus.
Teacher:	Je descends du train.	Students:	Je suis descendu du train.
Teacher:	Je descends de la voiture.	Students:	Je suis descendu de la voiture.

Most of these exercises are disguised into a series of structurally similar questions, which students answer in complete sentences according to directions given by the teacher. In a very complicated type of transformation exercise, students may be asked to make many changes in the model sentence. If they are to answer Je ne lui parle pas to the question Parlez-vous à votre ami?, they have (a) changed the subject, (b) changed the verb form, (c) added the negative expression, (d) changed the noun to a pronoun and shifted its position.

3. Expansion Exercise

This involves the addition of new elements to a given sentence.

Teacher:	J'ai parlé à Paul.	Students:	J'ai parlé à Paul.
Teacher:	Ajoutez "hier".	Students:	J'ai parlé à Paul hier.
Teacher:	Ajoutez "souvent".	Students:	J'ai souvent parlé à Paul.
Teacher:	Ajoutez "vraiment".	Students:	J'ai vraiment parlé à Paul.

4. Translation Exercise

The translation exercise assumes that students have mastered the basic patterns in question through other types of exercises. It more or less tests them to see if they have learned the structure and if they can recall it quickly and apply it successfully.

Note that many translation exercises are to be done orally (Dites et puis écrivez en français) and that they make use of substitution principles. Translation and/or written exercises are generally more complex than other pattern drills. In case of vocabulary problems, they do not emphasize patterns, but test the students' grasp of the specific word equivalence (or lack of equivalence).

Handling of Review Lessons

As mentioned earlier, every review lesson should be studied entirely or as much in French as possible, with the exception of the translation dialogues and whenever the use of French is deemed uneconomical (e.g., defining certain lexical items such as noisette, hôtellerie).

1. Part One

In the first section, students are to write sentences using given words or phrases to illustrate structures and vocabulary problems studied in preceding lessons. The form and the order of occurence of these words or expressions are not necessarily the ones found in the preceding grammar lessons.

In the second section, dialogue was chosen in order to impress the student that whatever he has learned is not theoretical, but that it can be successfully applied to any conversation. Note below the system of notation used in the dialogues:

How did you know (that) he was there?
The parentheses indicate that an equivalent of "that" which is often omitted in English must be supplied in French.

I'll bring a friend of mine (=one of my friends).
This means that "a friend of mine" must be rephrased to "one of my friends," since only the latter has a parallel expression in French.

Well (tiens)! What are you doing here?
This indicates that "well" is expressed in this particular context by tiens in French.

We meet (<se réunir) quite regularly.
This means that a form of se réunir (in this case, nous nous réunissons) must be used to translate the underlined English expression.

I didn't see [too] many people there.
This indicates that in this particular context, "too" should be suppressed in translation (i.e., beaucoup de monde rather than trop de monde).

The third section consists mainly of useful conversational expressions which should be memorized. They are not included in the grammar lessons since their use is confined mostly to very specific situations and their forms are not particularly suitable for translation or other types of exercises.

2. Part Two

The story should be read aloud in class, but should never be translated. The teacher may give an English equivalent only when students seem unable to understand a particular structure through an explanation in French.

While all the Questions should be covered in class to facilitate the comprehension of the text, the teacher need not and should not try to cover every single item of Exercices and Discussions. He should choose one or two items from each section and ask his students to prepare them ahead of time. He should begin by choosing comparatively easy items and then proceed to more difficult ones.

3. Part Three

Here again, students are not required to do everything. The teacher should assign one topic to each student, or group of students. He may use all the topics given in a section, or choose only one so that all the students may have one common topic to write or speak about.

On Choral Response

The majority of the exercises are intended for choral response, but can be varied by individual participation. Other exercises, such as questions to be answered in French, are designed especially for individual response.

The teacher should not expect his class to sound like a well-trained chorus. However, he should see to it that all the students, not just a few in the front row, are participating. This can be accomplished only by his insistence.

The tempo of pattern drills is fast enough so that students give responses in rapid succession. It develops spontaneous and automatic speech habits and discourages the tendency to cultivate an "intellectual assembly" of words.

When the teacher hears wrong responses, he should correct them immediately and ask the entire class to repeat again. Note that correct pronunciation is as much a part of correct response as grammar. Mispronunciation--not only of individual sounds but also general intonation, stress, liaison, etc.--should be corrected. It is suggested that one or two of the ten sections of the Pronunciation Lesson be taken up with each of the first several grammar lessons.

PRONUNCIATION LESSON

The following ten sections on French pronunciation do not give a complete picture of all the pronunciation problems encountered by speakers of English. They afford, nevertheless, a summary of the most outstanding difficulties that must be mastered as well as helpful exercises. Since a good pronunciation is acquired primarily through a continuous process of imitation and correction, the teacher and students alike should pay attention to correct pronunciation throughout the oral drills. One of the important functions of the Pronunciation Lesson is, therefore, to provide a frame of reference which the teacher may use when he corrects the students' pronunciation. A list of French sounds and their orthographic equivalents will be found in Appendix A.

I Stress

1. In any English word of more than one syllable, one of the syllables is more stressed than the others. In fact, the stress put on a syllable plays an important part in English: present (stress on the first syllable) is a noun or an adjective, whereas present (stress on the second) is a verb. If you listen to your own speech carefully, you will hear how you make such stress distinctions automatically and how you understand their meaning quite automatically.

In French, all syllables of a word receive approximately the same amount of stress. They are of equal length and have the same amount of emphasis. The only exception is the last syllable, which is usually longer.

Contrast the following English and French words:

classic/ classique
profit/ profite
moral/ moral
melody/ mélodie
domestic/ domestique
liberty/ liberté
caress/ caresse
commerce/ commerce
poet/ poète
compliment/ compliment
comfortable/ confortable
animal/ animal

Say the following French words after your teacher, avoiding the stress pattern of their English cognates:

conversation
constitution
responsabilité
comparaison
proclamation
stabilité
université
utilité
impossibilité
tranquillité
mathématiques
photographie
restaurant
économie
intelligent
nécessité

2. In every English sentence or phrase, some syllables receive more emphasis than others. Listen to yourself as you say, "I am studying French pronunciation." Notice how you can give this sentence slightly different meanings by shifting the emphasis from one word to another. If someone asks you if you are studying French pronunciation, you would answer with the stress on "am." If you wish to point out that you are doing your work while others are not, you would stress the word "I."

Note the different meanings or implications you can derive by shifting stress from one word to another in the sentence, "That was his girl friend."

In general, French does not express any differences in meaning or emphasis by stressing one syllable or one word more than another in a sentence or phrase. Whenever there is a group of words pronounced together, every syllable except the last one receives the same amount of stress and is held the same length of time--in other words, the same stress system which we have observed in individual words prevails also in groups of words pronounced together.

The only exception to the above occurs when the speaker wishes to indicate that he is excited about what he is saying. Thus you may be telling a fantastic story and your French listener may exclaim, C'est impossible! or C'est incroyable!, putting emphasis on the first or perhaps the second syllable of the adjective.

II Intonation

1. Both English and French have very definite and very different pitch and intonation patterns. Some syllables are pronounced higher than others, some lower. In English, the type of pitch is generally connected with the stress put on various syllables. Since French does not stress syllables as English does, it is quite obvious that the English scheme of using pitch (usually the highest pitch is connected with the heaviest stress) will not work in French.

In French the highest pitch usually occurs in either the first or the last syllable of a breath group (any sequence of speech that can be pronounced in one breath) or a phrase. This means that the intonation within the group goes either from high to low or from low to high.

2. Intonation from low to high (ascending pattern): This pattern is used quite typically in questions which can be answered oui or non, in other words, in questions which do not begin with a question word.

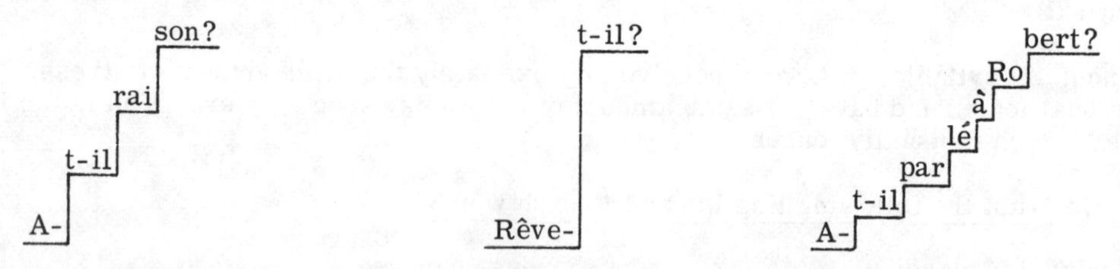

Note that in the above sentences each syllable is pronounced on a pitch somewhat higher than the preceding one and that the interval between the last syllable and the next-to-last is greater than the others. The last syllable is on a higher pitch than you normally hear in English. Since the pitch difference between the first and last syllable of these questions is about the same, the pitch interval between syllables is smaller in the longer question.

Say the following after your teacher:

Est-il venu?	A-t-il parlé à son ami?
A-t-il raison?	Ont-ils cherché cela?
Avez-vous froid?	Vient-il avec Robert?

3. Intonation from high to low (descending pattern): This pattern is used in commands or in questions that begin with interrogative words.

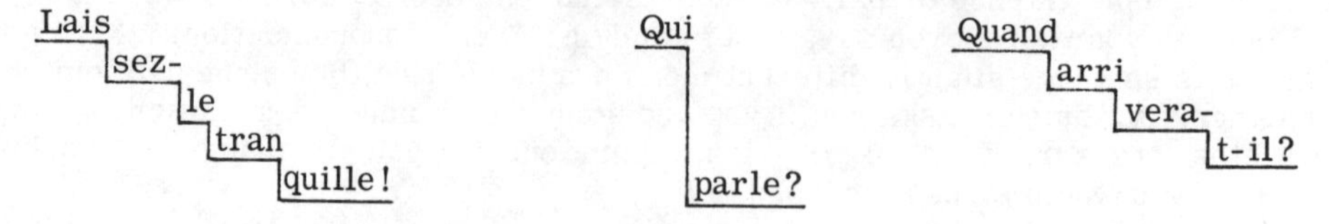

Again the interval between the last and the next-to-last syllable is longer than the others, and a long phrase necessitates smaller pitch intervals between syllables.

Say the following after your teacher:

Entrez!	Que fait-il?
Parlez!	Quand partira-t-il?
Allez-vous-en!	Où demeurez-vous?
Levez-vous tout de suite!	Quand part-il avec elle?

4. Ascending-descending pattern: The intonation of the normal declarative sentence is composed of an ascending and descending pattern.

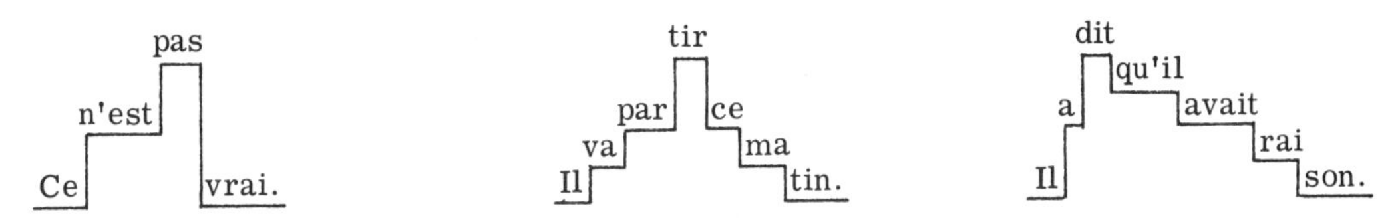

Say the following after your teacher (the slanted bar marks the end of the ascending intonation):

Elle a dit/ qu'il est parti.
Nous sommes allés/ en France.
Il ne parle pas/ français.

Robert est venu/ aujourd'hui.
Nous allons parler/ à votre ami.
Je vais acheter/ un journal français.

A long declarative statement is usually broken up into a series of ascending groups. Until we get to the high point of the statement, each ascending group begins and ends on a somewhat higher pitch than the preceding one. After that, each group begins and ends on a somewhat lower pitch than the preceding one. The sentence is finally finished by a group pronounced in a descending pattern:

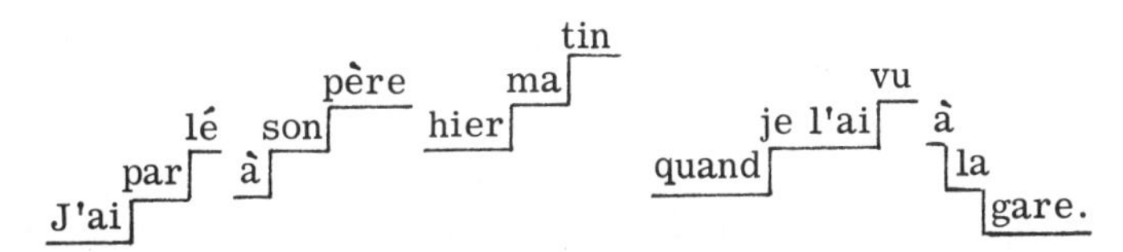

Say the following after your teacher (// marks the high point of the whole sentence, while / marks the end of each group):

Mon ami/ est arrivé/ à six heures// sans informer/ les parents/ de sa fiancée.
Charles a dit/ qu'il irait à New York// si ses parents/ lui donnaient/ la permission.
Mon ami Paul/ qui demeure à Chicago// est un étudiant/ très intelligent.

Of course, the intonation patterns described here do not tell the whole story. The high point of a phrase may be shifted from one place to another in order to convey a slightly different meaning. There may also be "ups and downs" within an ascending or descending group. At any rate, you should:

a) listen and imitate carefully,
b) remember not to confuse high pitch with additional stress,
c) not change your pitch within a syllable. (Listen to yourself as you say "Is he going home?" and note that the pitch changes within the vowel of "home." In saying Va-t-il à la maison? if you do the same within the vowel of the second syllable of maison, you are mispronouncing the French word.)

III General Comparison of English and French Vowels

1. The sound of vowels is influenced by the shape of the mouth cavity according to the position of the tongue and lips. In a vowel sound like the one in feet, the tongue is raised and pushed forward while the lips are spread horizontally. In the vowel sound of food, the tongue is raised and drawn to the rear, while the lips are rounded. In the vowel sound of hot, the tongue is allowed to drop to the bottom of the mouth cavity. In the production of other vowel sounds, the tongue and lips assume positions intermediate between the ones just mentioned.

It is customary to present the vowel sounds of a language in the form of a triangle roughly showing the tongue positions.

The vowels of English, as spoken in the mid-western region of the United States, are diagrammed below. Symbols corresponding to the sounds are given first, followed by sample words in parentheses:

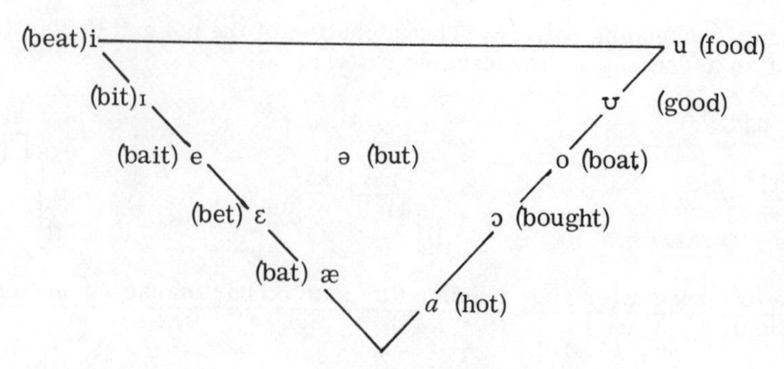

The following scheme represents the vowels of French:

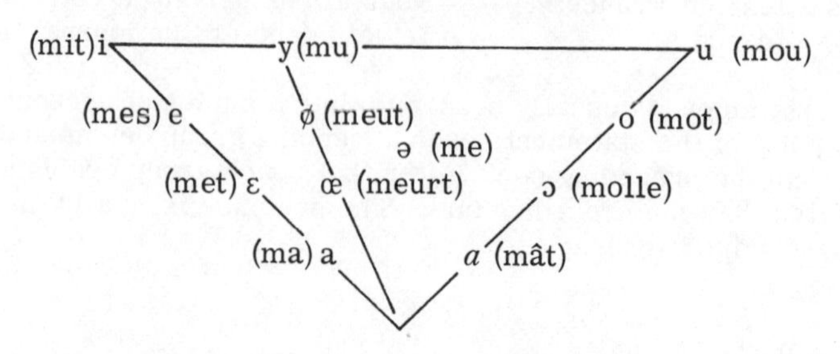

The sounds [ε], [*a*], [ɔ], and [œ] occur also in nasalized form, that is, pronounced with the air stream being pushed partly through the nose: [ε̃] as in main, [*ã*] as in ment, [ɔ̃] as in mon, and [œ̃] as in un. Since the fourth nasal vowel [œ̃] tends to be pronounced as [ε̃] in standard Parisian French, there are actually only three nasal vowels.

There are no French vowel sounds that have an exact counterpart in English. The throat muscles are much more tense when French vowels are pronounced. We have already learned that French vowels stay always on the same pitch, etc. The comparison of English and French vowels teaches us that different French vowels offer different types of difficulties and problems. There are some sounds which do not resemble any English sounds. There are others which somewhat resemble English vowels although the articulatory features are not the same.

2. Nasal Vowels: The nasal vowels are pronounced like their non-nasal counterparts, but the air stream is pushed up partly through the nose. Use the non-nasal vowels as a starting point and then switch to nasalized pronunciation: vais>vin ([vε]>[vε̃]), bas>banc ([b*a*]>[b*ã*]), leur>l'un ([lœʀ]>[lœ̃]), etc. Remember that a French nasal vowel is not a nasalized vowel followed by a nasal consonant. Notice the difference between English moan and French mon. (In English, nasalized vowels tend to appear before a nasal consonant.)

Learn to hear and produce the distinctions between the nasal vowels by contrasting:

[*ã*] and [ɔ̃]: dans-dont, sans-son, ment-mont, vent-vont, banc-bon, fend-fond.
[*ã*] and [ε̃]: vent-vingt, sent-saint, pend-pain, temps-teint, banc-bain.
[ɔ̃] and [ε̃]: bon-bain, ton-teint, vont-vin, mon-main, font-fin, pont-peint.

Repeat the following after your teacher:

dans-dont-dans
sans-sans-son
vent-vont-vent
l'un-l'on-l'un
pain-pend-pont

pont-pend-pont
ton-tant-teint
rend-rend-rond
temps-ton-ton
sain-sent-son

bon-bain-bon
rein-rond-rein
rang-rond-rond
banc-bon-banc
main-ment-mon

(Note to the teacher: The repetition drills given in this section can be used as auditory discrimination tests. Give the student sequences of three or four words and ask him to write down which, if any, of the three or four words are the same. Thus, for a sequence like main-mon-ment-main the correct answer would be 1 and 4. For noeud-naît-nu-nous, the answer would be 0.)

After you are sure that you can hear and produce the distinction between the nasal vowels, practice the following contrasts between nasal and non-nasal vowels:

[ɑ] and [ɑ̃]: tas-tend, pas-pend, mât-ment, tâter-tenter, lasse-lance.
[ɔ] and [ɔ̃]: bonne-bon, sonne-son, tonne-ton, donne-dont.
[ɛ] and [ɛ̃]: vais-vingt, tait-teint, paix-peint, seigle-cingle, mais-main.

Repeat after your teacher:

tend-tend-tas-teint	main-mais-main-ment	sein-sait-sent-son
tend-ton-ton-tas	d'un-dont-dos-dent	tant-ton-teint-tôt
dont-dos-dont-dans	pend-pas-peint-pont	âne-an-on-an
vaut-vont-vaut-vend	vaut-vont-vent-vont	bonne-bon-bain-bonne
banc-bon-bain-banc	vais-vin-vend-vais	sain-saine-son-sonne

3. Front Rounded Vowels: The vowels [y], [ø], and [œ](as in pur, peu, and peur) are produced with the same tongue positions as for [i], [e], and [ɛ] (mis, mes, and mais). But as you produce the latter vowels your lips are spread out, while with [y], [ø], [œ], your lips are rounded as for [u], [o], [ɔ]. Be sure not to confuse [y] (du) with [u] (doux), and do not produce [ø] (deux) instead of [y], or a diphthong [dju] as in the English word dew.

To produce the vowels [y], [ø], [œ], it is best to begin with the front unrounded vowels [i], [e], [ɛ] and gradually round your lips, or with the back rounded vowels [u], [o], [ɔ] and simultaneously assume the tongue positions for [i], [e], [ɛ].

Contrast the following vowels:

[y] and [œ]: pur-peur, sur-soeur, mur-meurt, lurent-leur.
[y] and [ø]: pu-peu, du-deux, fut-feu, su-ceux, mu-meut, nu-noeud.
[y] and [u]: rue-roue, du-doux, pur-pour, pu-poux, lu-loup, su-sous, mu-mou.
[ø] and [o]: deux-dos, peut-pot, veut-vaut, feu-faut, ceux-sot, meut-mot.
[œ] and [ɔ]: leur-l'or, meurt-mort, soeur-sort, peur-pore, coeur-corps.
[i] and [y]: dit-du, pire-pur, sire-sur, mire-mur, dire-dur, firent-furent.
[e] and [ø]: des-deux, ces-ceux, fée-feu, quai-queue, mes-meut, né-noeud.
[ɛ] and [œ]: père-peur, serre-soeur, l'air-leur, mère-meurt, plaire-pleure.

Repeat the following after your teacher:

dis-dis-du	cire-sur-soeur	si-su-ceux
dos-deux-deux	vu-vous-veut	peu-pu-poux
du-doux-deux	mou-mu-meut	dos-deux-du
lu-lit-loup	doux-doux-du	mort-meurt-meurt
pur-pire-peur	veut-vais-veut	sort-soeur-sur

IV Avoidance of Substitution of English Vowels

1. The other French vowels [i], [e], [ɛ], [a], [ɑ], [ɔ], [o], [u] have counterparts in English, but this does not make them any easier to pronounce. As a matter of fact, because they seem nearly like English vowels, speakers of English are tempted to simply substitute the English vowels for the French vowels. If you do this, you will be probably understood, but you will be speaking with a very thick English accent. You should, therefore, try to avoid the substitution of English sounds in French as much as possible and learn to produce the French vowels.

2. Do not substitute English [i] as in feet for French [i] as in fit. The French vowel is "higher" and it does not have an upglide like the English sound, which is somewhat like [ɪj]. Listen to the difference between the following French and English words:

qui-key plie-plea si-sea
Nice-niece lit-lee pipe-peep
ville-veal pique-peak pile-peal

Above all, be careful not to use English [ɪ] as in bit in French. It is a much "lower" sound than the French [i]. Listen carefully to the difference in the vowels in the following French and English words:

pique-pick quitte-kit type-tip
pipe-pip six-sis digue-dig
clique-click mille-mill pile-pill

3. With French [u] you have a problem similar to the one we discussed for [i]. Do not substitute the English [u] as in food which is not quite as "high" and which, unlike the French, is a diphthong, somewhat like [ʊw]. Listen again carefully to the vowel differences in the following words:

doux-do toute-toot foule-fool
sous-sue trou-true tout-to
choux-shoe route-root roule-rule

Again do not substitute English [ʊ] as in good which is much "lower" in sound. Listen to the vowel differences:

boule-bull poule-pull foule-full

4. Do not substitute English [e] as in may for French [e]. The English sound is a diphthong. It sounds somewhat like [ej]. Listen to the difference:

ses-say clé-clay les-lay
fée-fay gai-gay des-day
mes-may né-nay très-tray

5. Likewise, do not substitute English [o] as in bow for French [o]. The English [o] is a diphthong and is pronounced like [ow]. Listen to the contrast:

tôt-toe clause-close beau-bow
ôte-oat sot-so faut-foe

6. French [a] is an intermediate sound between the English [æ] as in cat and [ɑ] as in hot, pronounced more tensely. Distinguish:

claque-clack-clock patte-pat-pot cape-cap-cop
sac-sack-sock lac-lack-lock rat-rat-rot

7. French [ɛ] and [ɔ] are somewhat closer to their English counterparts than other French vowels. Still, the French sounds are produced with tenser muscles. French [ɛ] is a little "higher" than English [ɛ] as in met. French [ɔ] is pronounced with more rounded and protruding lips. Listen to the vowel distinctions in the following:

blesse-bless botte-bought crosse-cross
guette-get belle-bell note-naught
dette-debt cette-set sotte-sought

In the preceding examples, distinction between French and English lies also in the consonants; hence some of these examples will appear again in our exercises for the consonants.

8. French has also a sound [ɑ] as in pâte, bas, las, etc. It is comparatively rare and in rapid speech many Frenchmen do not distinguish it from the [a] sound in ma, ta, la, etc.

Compare the sound in tâche and tache, pâte and patte. Note that the first sound ([a]) is longer and slightly more open.

V Closed and Open Vowels

As a general rule French uses open vowels in closed syllables (syllables ending, in pronunciation, in a consonant), and closed vowels in open syllables (syllables ending, in pronunciation, in a vowel):

[ɛ], [œ], [ɔ] are open vowels.
[e], [ø], [o] are closed vowels.

Note the difference in the vowels in the following:

[ɛ] and [e]: j'aime-j'ai, première-premier, dernière-dernier.
[œ] and [ø]: peur-peut, veulent-veut, jeune-jeu.
[ɔ] and [o]: porte-pot, sotte-sot, donne-dos.

There are a few exceptions to the above rule. The most important ones are:

a) [ø] and [o] rather than [œ] and [ɔ] are often used before a voiced s ([z]). Thus fameuse is pronounced with the same vowel as in fameux. Likewise, chose is pronounced with the same vowel as in chaud.
b) The sound [o] rather than [ɔ] is often used when the orthography is au: faute, fausse, jaune, haute, etc. (but il aura [ɔRa], aurore [ɔRɔR], Maurice [mɔRis], etc.).
c) Some Frenchmen, especially when they speak slowly and carefully, will use [ɛ] rather than [e] in certain words or in the imperfect and conditional endings: parlais, parlait, parlerais are pronounced with [ɛ] as opposed to parlé, parlez, parlai, parlerai, which are pronounced with [e]. But again many Frenchmen do not make this distinction in rapid speech; then both parlerai and parlerais sound alike, and end in [e].

VI The "Fleeting" [ə]

1. Although in our charts we presented the French sound me and the English sound of but with the same symbol [ə], they are quite different. The English sound is produced with lax throat muscles and without lip action. The French sound is produced with tense muscles and protruding lips. In the English sound the tip of the tongue is curled back; in the French sound it is forward. Compare the vowel in le and luck, te and tuck. When the English [ə] is unstressed, it sounds somewhat more like the French. But remember that French [ə] is not an unstressed sound; it has the same value as any other French vowel sound, so that a syllable containing the [ə] is just as long or clear as a syllable with any other vowel sound.

Say in French, after your teacher:

appartement	justement	fermement
demander	appartenir	revenir

Contrast the following:

se porte-support   se passe-surpass

It is also important that you learn to distinguish [ə] from other French vowels. Note, for example, that the contrast of [ə] and [e] is often the only audible difference between singular and plural, as in le professeur and les professeurs.

Contrast the following:

[ə] and [e]: le-les, me-mes, se-ses, je dis-j'ai dit, ne-né, de-des, ce-ces.
[ə] and [ø]: je-jeu, je dis-jeudi, ne-noeud, ce-ceux.
[ə] and [œ]: je-jeune, se-seul, me-meurt, le-leur.

Repeat the following after your teacher:

je-j'ai-j'ai-je	j'ai dit-je dis-je dis-jeudi
les-le-les-les	ne-noeud-ne-noeud
des-deux-de-du	meut-mes-mu-me

The sound [ə] in French is often called the "fleeting" or "mute" e because in the same syllable and word it is sometimes pronounced and sometimes not. (But remember, there is no "in-between"; if it is pronounced, it is pronounced fully and completely.) The complete set of rules indicating when this [ə] is or is not pronounced is fairly complicated. Essentially the necessity of pronouncing [ə] depends on the so-called "law of three consonants," meaning that in French three consonants are almost never pronounced together.

2. Within a phrase or word, [ə] is dropped after one consonant but retained after two, in order to avoid the coming together of three consonants.

tu l~~e~~ fais	mon p~~e~~tit	parfait~~e~~ment	sam~~e~~di
pas d~~e~~ pain	vous l~~e~~ savez	on s~~e~~ dit	je l~~e~~ sais

(but)

agréablement	parle-moi	vendredi	un~~e~~ petite enfant
appartement	je parlerai	justement	appartenir

3. If two or more [ə] sounds follow each other in successive syllables and are separated by only one consonant, every other [ə] may be dropped. If one [ə] is dropped, two consonants come together, which means that the next [ə] must be pronounced to avoid three consecutive consonants.

Say the following after your teacher:

je n~~e~~ le d~~e~~mande pas	je l~~e~~ désire
je n~~e~~ me l~~e~~ demande pas	j~~e~~ te dis
je n~~e~~ le f~~e~~rai pas	je l~~e~~ sais
j~~e~~ le connais	j~~e~~ le d~~e~~mande

4. As a general rule then, [ə] is dropped whenever in pronunciation it is preceded by a single consonant: une semaine [ynsmɛn], c'est le cahier [sɛlkaje], etc. There are some exceptions to this. For instance, in the group je ne, the [ə] of je must be pronounced. You must also pronounce the [ə] of le, if it follows the verb in the imperative: faites-le, prenez-le, dites-le, etc. You must also pronounce the [ə] that in orthography is followed by an "h-aspiré." The h is not pronounced in French, but there is no elision or liaison preceding an "h-aspiré": le héros, une harpe, etc.

Note that [ə] must be pronounced before ri followed by a vowel. Thus you cannot drop the [ə] in seriez, serions, donnerions, feriez, etc.

VII Semiconsonants and Consonants

1. Consonants are sounds emitted when the air stream used in the sound production meets an obstacle as it passes through the speech organs. If the air steam is stopped completely during the production of the sound as in [p], [b], [t], etc., then the sound is called a stop or plosive. If the air stream is not stopped completely but continues to pass through the obstacle, the sound is called a continuant; thus [f], [s], etc., are continuants.

Some continuants are almost like vowels but are produced with an extreme narrowing of the passageway as the air stream goes through the speech organs. Such sounds are often called semiconsonants or semivowels. French has three such sounds: [w] as in oui [wi], [ɥ] as in lui [lɥi], and [j] as in travail [tʀavaj].

2. The sound [w], very much like the English sound in water, is pronounced by starting out from the position of the speech organs required by the sound [u] as in ou, but then the lips are suddenly spread out wide. [ɥ] is produced in a similar manner, but starting from the position of [y] as in lu.

Repeat the following:

Louis-lui-Louis-lu	lu-lui-loup-lui	lu-lui-loup-lui
loup-Louis-loup-lui	pu-puis-pou-puis	su-sais-sous-suis

The semiconsonant [j] resembles the initial sound of English yes. Remember however that [j] at the end of the word in French is a more definitely and tensely produced sound than the English [j] found as the second element of a diphthong (upglide) of English [ej] or [ɪj].

Distinguish the pronunciation of [j] in the following French and English words:

baille-buy	taille-tie	paille-pie
pille-pea	bille-bee	fille-fee
trille-tree	quille-key	maille-my

3. For the French consonants we can repeat what we said for the vowels: None are really exactly the same as their English counterparts, but some resemble English sounds more than others. The consonants for which substitution of the English sounds is comparatively inoffensive to French ears are:

[m] as in mon [mɔ̃]		[s] as in assez [ase]
[n] as in non [nɔ̃]		[z] as in rose [ʀoz]
[f] as in fou [fu]		[ʃ] as in chez [ʃe]
[v] as in vous [vu]		[ʒ] as in gens [ʒɑ̃]

In French, [ʃ] and [ʒ] are pronounced with the surface of the tongue against the alveolar ridge. The tip of the tongue should not be turned up as for the English [ʃ] and [ʒ], as in ship and measure. Note also that English does not have any sound corresponding to [ʒ] at the beginning of a word. Be careful not to substitute English [dʒ] as in judge for [ʒ] in initial position.

Contrast the following:

général-general	géométrie-geometry	Jacques-Jack
Jean-John	gemme-gem	génie-genius

French [ɲ] has no counterpart in English, but it is not too difficult for a speaker of English. The tip of the tongue is placed firmly in back of the lower teeth, while the middle of the tongue is raised as much as possible against the highest part of the palate. Do not substitute the sound found in the English onion and canyon.

Pronounce the following words:

magnifique	montagne	régner
Agnès	signification	magnanime
ligne	signifier	indigné
Espagne	Allemagne	montagnard

VIII Special Problems: [l], [ʀ], [p], [t], [k]

1. English [l] is produced with the tip of the tongue against the alveoli (the grooves where the upper teeth are set); French [l] is produced with the tip of the tongue against the upper teeth. English [l] undergoes also various modifications. For instance, it "vocalizes" after vowels and becomes almost a vowel sound.

Listen carefully to the following French and English words and pronounce the French words after your teacher:

animal-animal
poule-pool
halte-halt
capitale-capital

balle-ball
belle-bell
foule-fool
celle-sell

tel-tell
boule-bull
calme-calm
mille-mill

2. English and French r's are very different. The pronunciation of English [r] varies considerably according to position in the word, but it is basically a vowel type sound produced with the tip of the tongue curled back--raised toward the top of the mouth but without making contact. In the typical French [ʀ], the tip of the tongue does not take part in the production of the sound. You can keep the tip of your tongue pressed against the ridge below your lower teeth. The important thing is to get the back of the tongue against the back of your palate and relax your muscles in that region. The friction of the air stream passing between the back of the tongue and the back of the palate produces the sound. This sound is so different from the English [r] that usually the symbol [ʀ] rather than [r] is used in transcribing this sound.

Try to produce the sound by saying [ɑ] as in the English hot, and raising your tongue slowly against the palate. Try also to produce the sound [k] as in cool, and vibrate the area where this stop sound is produced. If you know German or Spanish, the French [ʀ] is very much like the continuant in Spanish gente or German ach, except that it is voiced.

Contrast the following:

roule-rule
rôde-road

Robert-Robert
rose-rose

rat-rat
ride-read

Say the following after your teacher:

qui-cri-rit
quand-cran-rend

coq-croc-roc
coup-croup-roue

English [r] affects the pronunciation of the following and preceding vowels. Especially [r] after the vowel produces vowel diphthongs with the preceding vowel.

Contrast the following:

dire-dear
faire-fair
fort-for
beurre-burr

mort-more
lire-leer
cher-share
père-pair

part-par
car-car
tour-tour
mère-mare

arme-arm
parte-part
corde-cord
dresse-dress
crosse-cross
trou-true

arbre-arbor
lettre-letter
ordre-order
carte-cart
parc-park
sorte-sort

troupe-troup
groupe-group
propre-proper
traître-traitor
offre-offer
théâtre-theater

3. One of the main differences between English and French [p], [t], [k] is the following: English stops at the beginning of the word or syllables are "aspirated," that is, they are followed by a slight puff of air. French stops are "unaspirated"; they are pronounced without this puff of air. The unaspirated variety of such stops occurs after [s] in English. Compare the unvoiced stops in the following English words:

pin-spin
kin-skin
tin-stint

pear-spare
cot-scot
team-steam

pool-spool
key-ski
tore-store

In order to avoid aspiration, pronounce [p], [t], [k] with tense throat muscles. Compare the pronunciation of the unvoiced stop [p] in the following French and English words:

Say the French words after your teacher:

pinne-pin	poème-poem	parc-park
patte-pat	pour-poor	père-pair
poule-pool	porte-port	parti-party

Compare the following and say the French words after your teacher:

qui-key	clé-clay	coup-coo
cape-cap	car-car	carte-cart
corde-cord	quitte-kit	côte-coat

English [t] is different from French [t] not only because of the aspiration. It is also articulated quite differently. French [t] is dental, whereas English [t] is alveolar--in other words, with the French [t] the tip of the tongue is against the back of the upper teeth, while with the English [t] it is against the ridges of the gum at the alveoli. Compare the pronunciation of [t]:

Say the French words after your teacher:

tire-tear	Taine-ten	tic-tick
type-tip	tout-to	toute-toot
attaque-attack	tel-tell	tare-tar

4. English stops at the end of a syllable are "unexploded." This means that when you say your [p], [t], [k], [b], [d], [g], the pronunciation seems somehow "unfinished" or "swallowed" to a French speaker. When you say the t in get, there is no real explosion of sound. The speech organs stay in place and the sound fades. In French, the final stops are just as exploded as the initial stops. Compare the following French and English words:

Say the French words after your teacher:

pique-pick	type-tip	chipe-ship
pipe-pip	patte-pat	dogue-dog
lac-lock	parte-part	laide-lead
cape-cap	sac-sock	robe-rob

IX Syllabification and Linking

1. Spoken French tends to have open syllables, i.e., whenever possible, the syllables end in a vowel. Even if the vowel is followed by two consonants, you will approximate good French pronunciation by trying to pronounce the two consonants as if they stood at the beginning of the next syllable.

Compare the following spoken and written syllabifications:

[a-ktif]	ac-tif	[sɔ-ʀtiʀ]	sor-tir
[pa-ʀti]	par-tie	[a-ksɛ-pte]	ac-cep-ter
[vi-ktɔʀ]	Vic-tor	[a-pli-ke]	ap-pli-quer

In French, the vowel which follows the consonant determines the lip formation used in the pronunciation of the consonant. In English, the situation is reversed; the consonant influences the following vowel, causing glides between the consonants and the vowels, which must be avoided in French. Note, for example, that in saying pour in French, you round your lips for the pronunciation of [u] before you say [p].

Compare the following French and English words and say the French words after your teacher:

pour-poor tort-tore qui-key
tour-tour pire-peer peur-purr
tire-tear cou-coo cor-core

Note also that in an English word such as peer, you actually end up with the lip position which you had to assume before even beginning the French word pire.

2. Linking is largely a corrolary of the aforesaid principle of open syllabification. The final consonant of a word is pronounced as if it were the initial consonant of the next word (even if the next word itself begins in a consonant). This is one of the reasons why French is so difficult to understand for speakers of English and why some students have trouble with comprehension or dictée exercises. In English the words are fairly well marked by stresses which are also correlated to different types of syllable boundaries. In French, there are no marked word boundaries. You hear and pronounce syllables, not words. Thus, your "acoustic" image does not correspond to what you see on the written page.

The resultant impression is that Frenchmen "run their words together" and "talk like a machine-gun." Compare the following French sentences with their phonetic transcription and pronounce them after your teacher:

Les élèves espèrent apprendre à lire en français.
[le-ze-lɛ-vɛ-spɛ-ʀa-pʀɑ̃-dʀa-li-ʀɑ̃-fʀɑ̃-sɛ]

Pourquoi a-t-on permis cette injustice?
[pu-ʀkwa-a-tɔ̃-pɛ-ʀmi-sɛ-tɛ̃-ʒy-stis]

Il est encore avec leur ami.
[i-lɛ-tɑ̃-kɔ-ʀa-vɛ-klœ-ʀa-mi]

Nous avons accepté ses amis.
[nu-za-vɔ̃-za-ksɛ-pte-se-za-mi]

X Liaison

1. Sometimes the usually silent, orthographically final consonant of a word is pronounced before the next word in the same stress group, if that word begins with a vowel sound. Thus we say nous parlons [nupaʀlɔ̃] but nous avons [nuzavɔ̃]. This process of linking is called liaison.

Liaison is based on certain rules, but the observance of liaison also depends on the individual speaker and on the style. In formal style, for example, Frenchmen use many liaisons which they would omit in less formal speech. However, there are some instances in which liaison must be observed, and there are also others in which it is strictly impossible. We shall list and study a few important examples of each category.

2. Liaison that must be made:

a) adjective (including determinatives) + noun

un homme quels enfants les autres enfants un petit enfant
des hommes ton élève mes autres étudiants de jolis enfants
ses enfants tes amis quels mauvais enfants un excellent hôtel

b) personal pronoun + verb (or its inverted form)

vous êtes on est sont-ils finit-elle
ils ont bat-elle arrivent-ils vient-il

c) personal pronoun (+ pronominal adverb) + verb (or its inverted form) allez-y mettez-y allons-nous-en ils en voient ils les ont vous les y mettez mettez-les-y nous les avons

allez-y	allons-nous-en	ils les ont	mettez-les-y
mettez-y	ils en voient	vous les y mettez	nous les avons

d) after monosyllabic preposition or monosyllabic adverb

dans un hôtel	bien aimée	sous un arbre	pas assez
en avant	sans amis	très agréable	sans argent
moins important	pas important	en été	plus intelligent

3. Liaison that must not be made:

a) after singular nouns or proper names

un soldat / américain	un plan / important
le soldat / arrive	un projet / important
Louis / est venu	Paris / est une ville
Jean / est arrivé	Charlot / est ici

b) after "et" or before "h-aspiré"

Jeanne et / Anne	en / hongrois
des / haricots	Charles et / Antoine
lui et / elle	les / hautes montagnes

The rules given above are just the most important ones. Other instances of "obligatory" or "forbidden" liaisons must be learned by constant practice. This is especially true about liaison in so-called fixed groups where absence or presence of liaison is fixed by custom without much rhyme or reason. Thus we say Comment allez-vous? [kɔmɑ̃talevu] and pronounce the t of comment while ordinarily we do not use liaison with question words, as in Comment est-il arrivé? [kɔmɑ̃ɛtilaʀive]. Likewise we say pot-au-feu [pɔtofø] but do not link pot à beurre [poabœʀ].

Note also that in making a liaison, the following sound changes must be observed:

Orthographic -s, -x are carried over as [z].
Orthographic -d is carried over as [t].
Orthographic -g is carried over as [k].
The -f of neuf ("nine") is carried over as [v] before ans and heures.

Pronounce the following after your teacher:

vend-elle	grand enfant	neuf ans
grand homme	beaux arts	comprend-il
vieux hommes	grand effort	jolis arbres
neuf heures	long effort	pris au piège

4. Liaison of Nasals: It was stated (see III) that French nasal vowels are usually not followed in pronunciation by nasal consonants. If the nasal consonant is pronounced, the nasal vowel denasalizes. Note the following distinction:

bon-bonne	[bɔ̃]-[bɔn]	ancien-ancienne	[ɑ̃sjɛ̃]-[ɑ̃sjɛn]
an-Anne	[ɑ̃]-[an]	plein-pleine	[plɛ̃]-[plɛn]
Jean-Jeanne	[ʒɑ̃]-[ʒan]	divin-divine	[divɛ̃]-[divin]

If the nasal consonant is pronounced in liaison, the preceding [ɔ̃] and [ɛ̃] denasalize in adjectives ending in a nasal. The effect is that the masculine form sounds exactly like the feminine.

Say the following after your teacher:

un bon garçon-une bonne femme-un bon ami
un vain sujet-une vaine proposition-un vain effort

un certain projet-une certaine décision-un certain âge
un ancien maître-une ancienne maîtresse-un ancien ami

Other adjectives following the same principle are: prochain, soudain, plein, vilain, divin. In case of the last-mentioned adjective, the pronunciation of the masculine form in liaison is [divin].

There are a few monosyllabic words in which the final -n (orthographic) is pronounced in liaison and without the denasalization of the preceding nasal vowel. These words are: un, on, en, bien, rien (and in some people's speech, mon, ton, son, bon). Aucun is also included in this category.

Say the following after your teacher:

on a dit	il en a trois	on est ici	vous en avez assez
un ami	bien élevé	un enfant	rien à faire
en automne	bien entendu	en effet	aucun avion

CONTENTS

ACTIVE REVIEW OF FRENCH

LESSON I

GENERAL REVIEW: VERB AND VERB SATELLITES

1. Formation of the Present Indicative: Third Person Singular and Plural

1.1 Read the following sentences. Note that there is no difference in pronunciation between the singular and plural forms.

chercher	Ils	cherchent	le livre.	Il	cherche. . .
donner	Ils	donnent	le cadeau.	Il	donne. . .
fermer	Ils	ferment	la porte.	Il	ferme. . .
marcher	Ils	marchent	tout droit.	Il	marche. . .
parler	Ils	parlent	français.	Il	parle. . .
quitter	Ils	quittent	la maison.	Il	quitte. . .
regarder	Ils	regardent	le chat.	Il	regarde. . .
trouver	Ils	trouvent	le mot.	Il	trouve. . .

couvrir	Ils	couvrent	le lit.	Il	couvre. . .
courir	Ils	courent	vite.	Il	court. . .
croire	Ils	croient	en Dieu.	Il	croit. . .
mourir	Ils	meurent	de faim.	Il	meurt. . .
voir	Ils	voient	le chien.	Il	voit. . .

Note that in the following examples you hear the difference between the two forms because of the liaison in the plural forms.

acheter	Ils	achètent	le billet.	Il	achète. . .
aider	Ils	aident	Marie.	Il	aide. . .
aimer	Ils	aiment	le café.	Il	aime. . .
entrer	Ils	entrent	dans la salle.	Il	entre. . .
épeler	Ils	épellent	ce mot.	Il	épelle. . .

envoyer	Ils	envoient	la lettre.	Il	envoie. . .
offrir	Ils	offrent	l'argent.	Il	offre. . .
ouvrir	Ils	ouvrent	la porte.	Il	ouvre. . .

1.2 Note that in regular verbs of the second and third conjugations (-ir and -re) the audible difference between the singular and plural is that in the singular you drop the final consonant heard in the plural form. The liaison may provide still another plural signal in some cases.

choisir	ils	choisissent	il	choisit	[ʃwazis]	[ʃwazi]
finir	ils	finissent	il	finit	[finis]	[fini]
punir	ils	punissent	il	punit	[pynis]	[pyni]
obéir	ils	obéissent	il	obéit	[ɔbeis]	[ɔbei]
remplir	ils	remplissent	il	remplit	[ʀɑ̃plis]	[ʀɑ̃pli]

battre	ils	battent	il	bat	[bat]	[ba]
descendre	ils	descendent	il	descend	[desɑ̃d]	[desɑ̃]
perdre	ils	perdent	il	perd	[pɛʀd]	[pɛʀ]
vendre	ils	vendent	il	vend	[vɑ̃d]	[vɑ̃]
attendre	ils	attendent	il	attend	[atɑ̃d]	[atɑ̃]
entendre	ils	entendent	il	entend	[ɑ̃tɑ̃d]	[ɑ̃tɑ̃]

1.1 a) Mettez le sujet au singulier:

ils cherchent
ils aiment
ils ferment
ils souffrent
ils offrent
ils arrivent
ils volent

elles voient
elles trouvent
elles laissent
elles ouvrent
elles couvrent
elles entrent
elles marchent

elles aident
elles jettent
elles montrent
elles préfèrent
elles envoient
elles empruntent
elles meurent

ils épellent
ils achètent
ils montent
ils détestent
ils donnent
ils emploient
ils croient

b) Mettez le sujet au pluriel:

Il explique ce mot.
Il prononce ce mot.
Il emploie ce mot.
Il trouve ce mot.
Il oublie ce mot.

Elle épelle ce mot.
Elle efface ce mot.
Elle préfère ce mot.
Elle ajoute ce mot.
Elle supprime ce mot.

Il demande mon cahier à Marie.
Il donne mon cahier à Marie.
Il offre mon cahier à Jacques.

Il envoie mon cahier à Jacques.
Il cache mon cahier à Robert.
Il apporte mon cahier à Robert.

c) Mettez chaque infinitif à la troisième personne du pluriel et du singulier:

Ils [aiment] mon cahier et elle [aime] votre cahier.

acheter; trouver; regarder; copier; étudier; employer; demander; montrer; cacher; payer; apporter; chercher; détester; envoyer; préférer; emprunter; ouvrir; oublier; garder; donner.

1.2 a) Mettez le sujet au singulier:

ils choisissent
ils punissent
ils remplissent
ils réussissent
ils vieillissent

elles finissent
elles obéissent
elles saisissent
elles bâtissent
elles rajeunissent

elles battent
elles perdent
elles attendent
elles défendent

ils descendent
ils vendent
ils entendent
ils rendent

ils boivent
ils dorment
ils écrivent
ils reçoivent
ils craignent
ils viennent
ils prennent

elles connaissent
elles lisent
elles peuvent
elles doivent
elles plaignent
elles deviennent
elles comprennent

elles vont
elles font
elles savent

ils ont
ils sont
ils valent

b) Mettez le sujet au pluriel:

Il sert du café.
Il prend du thé.
Il vend du chocolat.
Il veut du vin.

Elle sert du café.
Elle donne du thé.
Elle offre du chocolat.
Elle a du vin.

Elle sait la leçon.
Elle aime la leçon.
Elle lit la leçon.
Elle écrit la leçon.

Il comprend la leçon.
Il finit la leçon.
Il apprend la leçon.
Il étudie la leçon.

Il va à l'école.
Il fait les devoirs.
Il ment toujours.
Il vaut beaucoup.

Elle part demain matin.
Elle est Française.
Elle plaint mes amis.
Elle vit toujours.

c) Mettez chaque infinitif à la troisième personne du pluriel et du singulier:

Ils [attendent] Paul et elle [attend] Marie.

entendre; punir; servir; connaître; craindre; battre; comprendre; choisir; plaindre; saisir.

Elle [lit] un journal et ils [lisent] une revue.

choisir; vendre; comprendre; avoir; prendre; tenir; lire; recevoir; reprendre; saisir; perdre; relire; décrire; rendre.

Ils [réussissent] mais elle ne [réussit] pas.

obéir; dormir; mentir; venir; comprendre; rajeunir; vieillir; descendre; partir.

d) Ecrivez en français:

Paul chooses two books and they choose five books.

Paul choisit deux livres et ils choisissent cinq livres

They receive a package and she receives a notebook.

do

Ils recoivent un paquet et elle reçoit un cahier.

My friends read a magazine and he reads a newspaper.

Mes amis lisent une revue et il lit un journal.

Anne writes to Marie and they write to Robert.

Anne écrit à Marie et ils ecrivent à Robert.

2.1,2 a) Mettez le sujet à la première personne du singulier:

Il marche vite.
Il choisit un complet.
Il lit un article.
Il punit Robert.
Il attend le train.
Il sait cette adresse.
Il vend des livres.
Il fait les devoirs.
Il obéit au professeur.
Il écrit une lettre.

Il comprend très bien.
Il achète un journal.
Il vient à midi.
Il prend du thé.
Il est en classe.
Il parle français.
Il reçoit un cadeau.
Il boit de la bière.
Il plaint Marie.
Il perd le mouchoir.

b) Répétez l'exercice précédent, en mettant le sujet à la deuxième personne du singulier.

The same is true with many irregular verbs. Read the following examples.

boire	ils	boivent	il	boit	[bwav]	[bwa]
connaître	ils	connaissent	il	connaît	[kɔnɛs]	[kɔnɛ]
dormir	ils	dorment	il	dort	[dɔʀm]	[dɔʀ]
écrire	ils	écrivent	il	écrit	[ekʀiv]	[ekʀi]
lire	ils	lisent	il	lit	[liz]	[li]
mentir	ils	mentent	il	ment	[mɑ̃t]	[mɑ̃]
partir	ils	partent	il	part	[paʀt]	[paʀ]
produire	ils	produisent	il	produit	[pʀɔdɥiz]	[pʀɔdɥi]
recevoir	ils	reçoivent	il	reçoit	[ʀəswav]	[ʀəswa]
sentir	ils	sentent	il	sent	[sɑ̃t]	[sɑ̃]
servir	ils	servent	il	sert	[sɛʀv]	[sɛʀ]
sortir	ils	sortent	il	sort	[sɔʀt]	[sɔʀ]
vivre	ils	vivent	il	vit	[viv]	[vi]

Note that if the stem of the verb ends in a nasal consonant, the singular not only drops the nasal consonant but also nasalizes the stem vowel.

tenir	ils	tiennent	il	tient	[tjɛn]	[tjɛ̃]
venir	ils	viennent	il	vient	[vjɛn]	[vjɛ̃]
craindre	ils	craignent	il	craint	[kʀɛɲ]	[kʀɛ̃]
peindre	ils	peignent	il	peint	[pɛɲ]	[pɛ̃]
plaindre	ils	plaignent	il	plaint	[plɛɲ]	[plɛ̃]
apprendre	ils	apprennent	il	apprend	[apʀɛn]	[apʀɑ̃]
comprendre	ils	comprennent	il	comprend	[kɔ̃pʀɛn]	[kɔ̃pʀɑ̃]
prendre	ils	prennent	il	prend	[pʀɛn]	[pʀɑ̃]

1.3 In the following verbs the singular stem is different from the plural.

aller	Ils	vont	chez eux.	Il	va. . .
avoir	Ils	ont	raison.	Il	a. . .
être	Ils	sont	sages.	Il	est. . .
faire	Ils	font	cela.	Il	fait. . .
savoir	Ils	savent	cela.	Il	sait. . .
valoir	Ils	valent	beaucoup.	Il	vaut. . .

2. Formation of the Present Indicative: First and Second Person Singular

2.1 Note that in spoken French the difference between the singular forms of the verb is marked almost exclusively by the subject pronouns (je , tu , il , elle , on), since the verb forms themselves sound alike. Most differences between the verb forms are only in spelling.

je	cherche	tu	cherches	il	cherche
je	donne	tu	donnes	il	donne
je	marche	tu	marches	il	marche
je	regarde	tu	regardes	il	regarde
j'	aime	tu	aimes	il	aime
je	choisis	tu	choisis	il	choisit
je	finis	tu	finis	il	finit
je	remplis	tu	remplis	il	remplit

je	perds	tu	perds	il	perd
je	vends	tu	vends	il	vend
j'	attends	tu	attends	il	attend

je	dors	tu	dors	il	dort
je	peux	tu	peux	il	peut
je	reçois	tu	reçois	il	reçoit
je	prends	tu	prends	il	prend
je	viens	tu	viens	il	vient

2.2 The only verbs which are exceptions to the preceding statement are:

être	je	suis	tu	es	il	est
aller	je	vais	tu	vas	il	va
avoir	j'	ai	tu	as	il	a

3. Formation of the Present Indicative: First and Second Person Plural

3.1 In all regular and many irregular verbs, the first and second person plural forms differ in <u>spoken French</u> from the third person plural by the addition of the endings [ɔ̃] and [e] (spelled -ons and -ez) respectively.

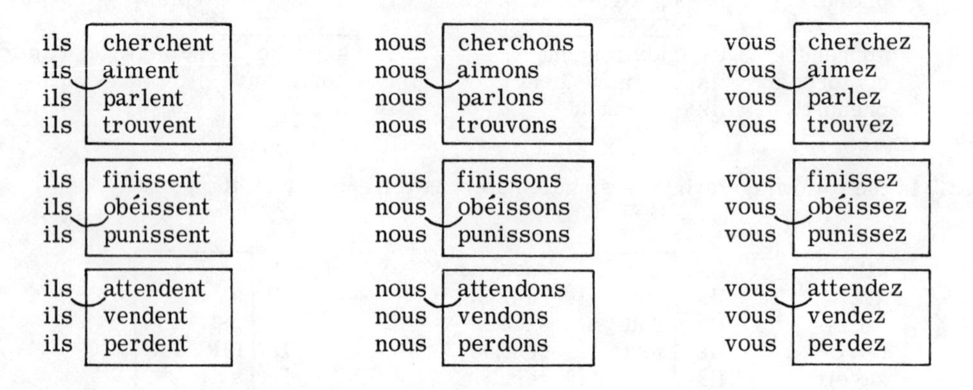

ils	cherchent	nous	cherchons	vous	cherchez
ils	aiment	nous	aimons	vous	aimez
ils	parlent	nous	parlons	vous	parlez
ils	trouvent	nous	trouvons	vous	trouvez
ils	finissent	nous	finissons	vous	finissez
ils	obéissent	nous	obéissons	vous	obéissez
ils	punissent	nous	punissons	vous	punissez
ils	attendent	nous	attendons	vous	attendez
ils	vendent	nous	vendons	vous	vendez
ils	perdent	nous	perdons	vous	perdez

3.2 Here are some irregular verbs which do not follow the pattern described above. Since the stem of the second person is identical with that of the first person, only the latter is given and compared with the third person. Note that most of them are marked by a change in the <u>stem vowel</u>.

ils	préfèrent	nous	préférons	[pʀefɛʀ]	[pʀefeʀɔ̃]
ils	répètent	nous	répétons	[ʀepɛt]	[ʀepetɔ̃]
ils	cèdent	nous	cédons	[sɛd]	[sedɔ̃]
ils	espèrent	nous	espérons	[ɛspɛʀ]	[ɛspeʀɔ̃]
ils	achètent	nous	achetons	[aʃɛt]	[aʃətɔ̃]
ils	épellent	nous	épelons	[epɛl]	[epəlɔ̃]
ils	jettent	nous	jetons	[ʒɛt]	[ʒətɔ̃]
ils	mènent	nous	menons	[mɛn]	[mənɔ̃]
ils	modèlent	nous	modelons	[mɔdɛl]	[mɔdəlɔ̃]
ils	veulent	nous	voulons	[vœl]	[vulɔ̃]
ils	viennent	nous	venons	[vjɛn]	[vənɔ̃]
ils	reçoivent	nous	recevons	[ʀəswav]	[ʀə səvɔ̃]
ils	meurent	nous	mourons	[mœʀ]	[muʀɔ̃]
ils	peuvent	nous	pouvons	[pœv]	[puvɔ̃]

c) Répondez affirmativement aux questions suivantes:

Est-ce que tu vas à l'école ce matin?
Est-ce que Marie va à l'église ce soir?
Est-ce que je comprends ta question?
Est-ce que Paul choisit un chapeau?
Est-ce que Jacques vient cet après-midi?
Est-ce que je sais ton adresse?
Est-ce que tu apprends une leçon?
Est-ce que tu es Américain?
Est-ce qu'ils viennent ce soir?
Est-ce qu'il reçoit un cadeau?

Est-ce qu'elles prennent de la crème?
Est-ce que tu attends l'autobus?
Est-ce qu'elle écrit deux lettres?
Est-ce que Marie est fatiguée?
Est-ce que tu as son cahier?
Est-ce que je vais à la gare?
Est-ce que je lis un journal?

3.1 a) Mettez le sujet à la première personne du pluriel:

Ils parlent français. Nous parlons
Ils aiment le thé. Nous aimons
Ils donnent un cadeau. nous donnons
Ils écoutent la radio. nous écoutons

Ils punissent Marie. punissons
Ils finissent le travail. finissons
Ils vendent des robes. vendons
Ils perdent un disque. perdons

Ils savent la vérité. savons
Ils lisent un journal. lisons
Ils craignent Jacques. craignons
Ils plaignent Pauline. plaignons

Ils marchent très vite. nous marchons
Ils emploient deux livres. nous employons
Ils effacent le mot. effaçons
Ils regardent la télévision. nous regardons

Ils choisissent un cahier. choisissons
Ils remplissent le verre. remplissons
Ils descendent du train. descendons
Ils battent un enfant. battons

Ils écrivent une lettre. écrivons
Ils dorment toujours. dormons
Ils servent du café. servons
Ils connaissent Roger. connaissons

9/24

b) Répétez l'exercice précédent en mettant le sujet à la deuxième personne du pluriel.

3.2 a) Mettez le sujet à la première personne du pluriel:

Ils jettent la lettre par la fenêtre. jettons, jettez
Ils répètent et épellent ce mot. répetons
Ils aiment et préfèrent la bière. aimons
Ils espèrent toujours alors qu'ils désespèrent. esperons
Ils mènent Paul et Marie à la soirée. menons
Ils achètent une voiture de sport. achetons
Ils cèdent la place à la dame. cedons

Ils veulent et reçoivent de l'argent. voulons
Ils meurent de curiosité. meurons
Ils boivent beaucoup de vin. boivons
Ils prennent de l'eau fraîche. prenons
Ils tiennent toujours la promesse. tenons
Ils viennent de très bonne heure. venons
Ils vont à l'école à midi. allons
Ils peuvent prendre le train ce soir. pouvons
Ils ont beaucoup d'argent. avons
Ils font le devoir de français. faisons
Ils disent toujours la vérité. disons.

9/24

b) Répétez l'exercice précédent en mettant le sujet à la deuxième personne du pluriel.

9/24 ☆

c) Dites et puis écrivez en français:

We explain the book to Marie. (send/ give/ sell/ show)

Nous expliquons le livre à Marie, (envoyons, donnons, vendons, montro

You have a cup of coffee. (offer/ serve/ drink/ want)

Vous prenez une tasse du cafe (offrez, servez, bouvez, desiree)

They always do the homework. (we/ I/ he/ she/ you)

Ils toujours font les devoirs (faisons, fais, fais, fait, faisez)

We write the word very often. (use/ see/ spell/ forget)

Nous écrivons le mot souvent (usons, voyons, epellons, oublions)

We always tell the truth. (you/ I/ they/ she)

Nous toujours disons la verité (disez, dis, disent, dit)

My brothers are coming at noon. (they/ we/ you/ I)

Mes frères venent à midi, (venent, venons, venez, viens)

You are selling the house. (your brothers/ they/ we)

Vous vendez la maison, (vendent, vendent, vendons

4.1 Mettez les phrases suivantes à l'interrogatif en employant la locution "est-ce que... ?":

Je parle français et anglais.
Il comprend cette leçon.
Vous faites vos devoirs.
Tu choisis un beau chapeau.
Nous achetons une belle voiture.
Ils savent mon adresse.
Ils apprennent le français.
Tu veux aller à l'école.
Marie est très intelligente.
Robert travaille bien.
Je suis étudiant.
Vous dites la vérité.
Ils choisissent trois livres.
Nous avons beaucoup d'amis.
Nous recevons des nouvelles.
Je comprends votre question.

4.2 a) Mettez chaque phrase à l'interrogatif en employant l'inversion:

Tu comprends ma question. Comprends-tu
Tu finis ton travail. Finis-tu
Tu parles très bien français. parles-tu

Vous faites toujours vos devoirs. faites-vous
Vous êtes très belle. Êtes-vous
Vous regardez la télévision. Regardez-vous
Vous écoutez les disques de Paul. Écoutez-vous

Nous comprenons la situation. Comprenons-nous
Nous savons leur adresse. SAVONS-nous
Nous disons toujours la vérité. Disons-nous
Nous obéissons toujours à notre père. Obéissons-nous

Ils descendent du train. Descendent-ils
Ils marchent trop vite. Marchent-ils
Ils ont beaucoup de journaux. Ont-ils
Ils dansent très bien. Dansent-ils

Il parle très bien français. Parle-t-il
Il va à la classe de français. Va-t-il
Il a très peu d'amis. A-t-il
Il chante très mal. chante-il

Elle choisit son chapeau. Choisit-elle
Elle vend des fleurs. Vend-elle

ils	prennent	nous	prenons	[pʀɛn]	[pʀənɔ̃]
ils	boivent	nous	buvons	[bwav]	[byvɔ̃]
ils	tiennent	nous	tenons	[tjɛn]	[tənɔ̃]

Note that the first person plural of avoir and aller undergoes more than a vowel change, and that the second person plural of être , faire , and dire cannot be derived from the first person plural.

ils	ont	nous	avons	vous	avez
ils	vont	nous	allons	vous	allez
ils	sont	nous	sommes	vous	êtes
ils	font	nous	faisons	vous	faites
ils	disent	nous	disons	vous	dites

4. Basic Interrogative Patterns (est-ce que... ? or inversion)

4.1 A statement can be transformed into a question by adding the interrogative signal est-ce que in front of it. See section II of the Pronunciation Lesson for the change in intonation.

Je	cherche le cahier.	Est-ce que	je	cherche le cahier?
Tu	fermes la porte.	Est-ce que	tu	fermes la porte?
Il	parle français.	Est-ce qu'	il	parle français?
Elle	dit la vérité.	Est-ce qu'	elle	dit la vérité?
Nous	voyons le chat.	Est-ce que	nous	voyons le chat?
Vous	gardez la monnaie.	Est-ce que	vous	gardez la monnaie?
Ils	vendent la maison.	Est-ce qu'	ils	vendent la maison?
Elles	savent la nouvelle.	Est-ce qu'	elles	savent la nouvelle?

4.2 A statement can be transformed into a question by inverting the subject-verb order, if the subject is a pronoun. Note the use of a hyphen in the inverted order. This pattern is not used with the first person singular (je).

Tu	parles très bien.	Parles-	tu	très bien?
Vous	savez la vérité.	Savez-	vous	la vérité?
Nous	allons à Paris.	Allons-	nous	à Paris?
Vous	vendez la maison.	Vendez-	vous	la maison?
Tu	prends ce disque.	Prends-	tu	ce disque?

The third person subject pronouns (singular and plural) are always pronounced [til] or [tɛl].

Il	finit ses devoirs.	Finit-	il	ses devoirs?
Elle	punit son enfant.	Punit-	elle	son enfant?
Ils	parlent ensemble.	Parlent-	ils	ensemble?
Elles	vont à l'école.	Vont-	elles	à l'école?
Il	vend des livres.	Vend-	il	des livres?
Elle	comprend la réponse.	Comprend-	elle	la réponse?
Ils	vendent des livres.	Vendent-	ils	des livres?
Elles	comprennent la réponse.	Comprennent-	elles	la réponse?

Note the insertion of the t in the singular whenever the verb ends in a vowel sound.

Il	parle très vite.	Parle-	t-il	très vite?
Il	va à l'église.	Va-	t-il	à l'église?
Il	a deux frères.	A-	t-il	deux frères?
Il	aime les pommes.	Aime-	t-il	les pommes?
Elle	donne la réponse.	Donne-	t-elle	la réponse?
Elle	va à la gare.	Va-	t-elle	à la gare?
Elle	chante bien.	Chante-	t-elle	bien?
Elle	a deux frères.	A-	t-elle	deux frères?

Note also that if the subject is a <u>noun</u>, the inversion with the corresponding <u>pronoun</u> occurs <u>after</u> the noun.

Jean	parle-	t-il	allemand?
Paul	finit-	il	sa leçon?
Marie	vend-	elle	des journaux?
Jeanne	va-	t-elle	chez Anne?
Paul et Jean	vont-	ils	à la classe?
Marie et Jeanne	attendent-	elles	l'autobus?
Paul et Marie	obéissent-	ils	au professeur?

5. Basic Negative Pattern

Note the position of the negative element ne...pas .

Tu	comprends	la leçon.	Tu	ne	comprends		pas	la leçon.
Il	lit	le livre.	Il	ne	lit		pas	le livre.
Je	parle	français.	Je	ne	parle		pas	français.
Vous	allez	là-bas.	Vous	n'	allez		pas	là-bas.
Nous	aimons	Marie.	Nous	n'	aimons		pas	Marie.
Ils	vendent	cela.	Ils	ne	vendent		pas	cela.
Paul	écoute	le disque.	Paul	n'	écoute		pas	le disque.

Parles-	tu	vite?	Ne	parles-	tu	pas	vite?
Vendons-	nous	ceci?	Ne	vendons-	nous	pas	ceci?
Restez-	vous	ici?	Ne	restez-	vous	pas	ici?
Battent-	ils	Jean?	Ne	battent-	ils	pas	Jean?
Prend-	il	cela?	Ne	prend-	il	pas	cela?
Sait-	elle	cela?	Ne	sait-	elle	pas	cela?
Punissez-	vous	Marie?	Ne	punissez-	vous	pas	Marie?

6. Special Problems

6.1 <u>Oui</u> vs. <u>si</u>.

Est-ce que Jeanne parle français?

Oui,	monsieur.
Mais oui,	monsieur.
Non,	monsieur.
Mais non,	monsieur.

Elle comprend votre réponse.
Elle ferme la porte.

Paul vient à midi et demi.
Jacques efface le mot.
Marie danse avec son ami.
Charlotte va à la bibliothèque.

Jean et Paul parlent ensemble.
Jean et Marie comprennent la leçon.
Marie et Jacques partent pour Paris.
Marie et Pauline savent la réponse.

b) Dites et puis écrivez en français:

Does John speak French very well? (Paul/ Robert/ Charlotte/ Anne)

Do you understand the lesson? (we/ Paul and John/ your brothers/ his friends)

Does Paul read the newspaper? (Marie/ his brother/ his uncle/ your sister)

5. Mettez les phrases suivantes au négatif:

Je comprends cette leçon.
Tu dors toujours en classe.
Il va à l'église chaque dimanche.
Nous lisons la phrase à haute voix.
Vous faites beaucoup d'erreurs.
Ils savent la réponse.

Est-ce que je suis étudiant?
Parles-tu français?
Parle-t-il à votre ami?
Jacques part-il ce soir?
Marie est-elle très belle?
Disons-nous la vérité?
Voulez-vous aller au cinéma?
Connaissent-ils mon frère?
Vos amis viennent-ils ce soir?
Ses amis comprennent-ils le français?
Veulent-elles sortir ce soir?
Sont-elles très intelligentes?

6.1 a) Répondez affirmativement aux questions suivantes:

Est-ce que vous ne voulez pas danser?
Est-ce que vous ne sortez pas ce soir?
Est-ce que vous ne comprenez pas la question?
Est-ce que vous ne faites pas vos devoirs?
Est-ce que vous ne regardez pas la télévision?

Est-ce que Paul ne vient pas ce soir?
Est-ce que Jacques ne danse pas avec Marie?
Est-ce que Marie comprend la leçon?
Est-ce que Charlotte n'est pas belle?
Est-ce que Robert a une belle auto?

Voulez-vous aller au cinéma ce soir?
Ne comprend-elle pas la vérité?

N'es-tu pas trop fatigué ce soir?
Ne croyons-nous pas en Dieu?
Marie ne parle-t-elle pas espagnol?
Pauline étudie-t-elle la leçon?
Ne sortons-nous pas ce soir?

b) Répondez négativement aux questions du dernier groupe dans l'exercice précédent.

c) Ecrivez en français:

Don't you want this book? Yes, I want this book.

Ne voulez-vous pas ce livre? Si, je veux ce livre

Doesn't he come at noon? No, he is coming at two.

Ne vient-il pas a midi? Non, il vient à deux heures.

Don't you understand my question? Yes, I understand your question very well.

Ne comprenez-vous pas ma question? Si, je comprends votre questio très bien

Doesn't your brother leave at noon? Yes, he leaves at noon for Chicago.

Notre frère ne part-il pas à midi — Si, il part à midi pour Chica

6.2 Dites et puis écrivez en français:

Does Paul speak Spanish? [I] hope so. (we/ she/ they)

Paul parle-t-il l'espagne. Je l'espère

Is your friend smart? [I] don't think so. (we/ Paul)

Votre ami est-il intelligent. Je pense que non.

Is Jeanne very happy? [We] think so. (I/ my mother)

Jeanne, est-elle très heureuse — Nous pense que oui.

Does she leave at noon? [I] hope not. (we)

Part-elle à midi? J'espère que non,

Do they understand the truth? [We] don't think so. (I/ my friends)

Comprenez-vous la verité? Nous pense que non. —

Do I know her sister? [I] don't think so. (we)

Connaissez-vous sa soeur? Je pense que non.

6.3 a) Exercice de substitution:

Je ne connais pas [cette ville] .

ce morceau de musique; cet homme; cette femme; cette jeune fille; votre frère; ce poème; cette chanson; ce journal; ce roman; son attitude.

b) Exercice de substitution:

Est-ce que vous savez [la réponse] ?

l'adresse; la vérité; la leçon; mon numéro de téléphone; ce mot; le sujet de son discours; le nom de ce restaurant; l'heure qu'il est; le titre de ce roman; où se trouve ce restaurant.

c) Dites et puis écrivez en français:

We don't know [this poem]. (his phone number/ this city/ your brother/ your answer)

Est-ce que Jeanne ne parle pas français?

Si,	monsieur.
Mais si,	monsieur.
Non,	monsieur.
Mais non,	monsieur.

Quoi! vous ne voulez pas partir?

Si,	madame.
Mais si,	madame.
Non,	madame.
Mais non,	madame.

Note that si rather than oui must be used in giving an affirmative answer to a negative question. Note also the use of mais for emphasis before oui, si, non.

Je ne vais pas travailler pour vous.
    Mais si, vous travaillerez pour moi!

Robert ne viendra plus me voir.
    Si, il viendra vous voir de temps en temps.

Je ne vais pas faire mes devoirs ce soir.
    Si, tu les feras avant de te coucher!

Note that si may also be used to contradict any negative statement.

6.2 I hope so, I think so, etc.

Va-t-il parler à votre soeur?

Je	l'espère.	
J'	espère	que non.

Votre ami est-il malade?

Je	pense	que oui.
Je	pense	que non.

Robert est-il très malheureux?

Je	crois	que oui.
Je	crois	que non.

Note the French equivalents of the expressions "I think so," "I hope so," "I don't think so," "I hope not," etc.

6.3 Savoir vs. connaître.

Est-ce que vous connaissez ce morceau de musique?
    Non, monsieur. C'est la première fois que je l'écoute.

Voici un journal parisien. Le connaissez-vous?
    Non, madame. Je ne le connais pas.

Je connais Jean Duval; tout le monde sait que c'est mon meilleur ami.

Savez-vous que Michel n'a pas réussi à son examen oral?
    Oui, je le sais; quel dommage, n'est-ce pas?

Savez-vous la réponse?
    Oui, mademoiselle. Nous savons la réponse.

Voici un poème de Baudelaire. Le connaissez-vous?
Si je le connais! Je le sais par coeur.

Connaître is equivalent to "to know" meaning "to be familiar with" or "to be acquainted with." It is always used when speaking of people.

Savoir is equivalent to "to know" when referring to things or facts you are informed about, and it implies that you know something after thorough study, i.e., you are "more than just familiar with" the object.

6.4 Savoir vs. pouvoir.

Je sais chanter, bien sûr, mais je ne peux pas chanter ce matin parce que j'ai mal à la gorge.

Paul sait jouer au tennis; s'il ne peut pas jouer avec moi cet après-midi, c'est qu'il est trop occupé.

Marie dit qu'elle ne peut pas jouer du piano pour vous parce qu'elle est malade. A vrai dire, elle ne sait pas jouer du piano.

Comment est-ce que vous avez fait cela?
Je ne saurais vous dire comment je l'ai fait; c'est tellement compliqué!

Ce n'est pas un poète, il ne sait même pas écrire!

Distinguish between savoir ("to know how" hence "can") and pouvoir ("to be able" hence "can"). After the conditional tense of savoir ("I couldn't"), pas is usually omitted in the negative.

They know [the answer] . (the address/ the novel/ the man/ the truth)

Ils connaissent la reponse (l'address, le roman, l'homme, la verité)

Does she know [the professor] ? (the girl/ the answer/ the phone number/ the man)

Connaissez-vous le professeur (la jeune fille, la reponse,

Do you know [his weakness] ? (his problem/ his situation/ his attitude/ his sister)

Savez-vous faibless.

Jack knows [the question] . (the answer/ the poem/ the problem/ the restaurant)

Jacques sait la question –

6.4 Ecrivez en français:

Can you come right away?

Pouvez-vous venir toute de suite?

My brother tells me that you can play the piano.

mon frère me dit que vous savez jouer du piano.

Can you speak French when the professor comes?

Pouvez-vous parler le français quand le p. viendra.

John cannot speak Spanish because he hasn't studied it.

Jean ne sait pas parler l'espagnol parce qu'il ne l'a pas étudié

I cannot sing today because I have a cold.

Je ne sait pas chanter aujourd'hui parceque j'ai un rhume

Paul is not a poet. He can't even write!

Paul n'est pas un poete Il ne sait pas écrire

My brother cannot play with Paul this morning.

mon frère ne peut pas jouer avec Paul ce matin.

I can't drive a car without your permission.

Je ne peut pas conduire un auto sans votre permissio

I can't drive your car because I'm too young.

Je ne peux pas monter un auto parceque je suis très jeune

She cannot play the piano; she doesn't like music.

Elle ne sait pas jouer du piano; elle n'aime pas la musique

Marianne can't go to the movies tonight.

Marianne ne peut pas aller au cinemas ce soir.

1.1, 2, 3 a) Prononcez et puis écrivez le pluriel de chaque mot:

le disque	le bal	la plume
l'enfant	le temps	le travail
le général	l'agent de police	l'oeil
le genou	l'armoire	le journal
le nez	le bureau	le champ
la voix	l'école	l'arbre

b) Mettez les phrases suivantes au pluriel:

(e.g., C'est un livre.--Ce sont des livres.)

C'est un professeur.
C'est un animal.
C'est un oeil.
C'est un arbre.
C'est une chemise.
C'est un employé.

C'est une fenêtre.
C'est un château.
C'est une pomme.
C'est un journal.
C'est une femme.
C'est un enfant.

C'est une montre.
C'est un appartement.
C'est une armoire.
C'est une porte.
C'est un bijou.
C'est un exemple.

c) Répondez aux questions suivantes:

Est-ce que vous voyez le professeur?
Est-ce que vous voyez la table?
Est-ce que vous voyez les livres?
Est-ce que vous voyez la jeune fille?
Est-ce que vous voyez les dames?

Est-ce que les professeurs parlent français?
Est-ce que les enfants jouent dans la rue?
Est-ce que les garçons manquent de courage?
Est-ce que le facteur apporte la lettre?
Est-ce que la jeune fille chante bien?
Est-ce que le client achète du pain?
Est-ce que les clients paient les livres?
Est-ce que les livres vous intéressent?

2.1 a) Exercice de substitution:

Nous allons [en Europe] cet été.

en France; en Espagne; en Angleterre; en Italie; en Allemagne; en Autriche; en Belgique; au Portugal; au Luxembourg; au Danemark; au Japon; au Mexique; au Canada; au Brésil.

b) Exercice de substitution (mettez la préposition convenable devant le nom de chaque pays ou chaque continent):

Charles va voyager [en France] .

Italie; Portugal; Espagne; Angleterre; Allemagne; Japon; Europe; Afrique; Australie; Mexique; Canada; Etats-Unis; Suisse; Brésil; Danemark; Asie.

LESSON II

GENERAL REVIEW: NOUN AND NOUN SATELLITES

1. Formation of the Plural of Nouns

1.1 The plural of nouns in spoken French is usually not signaled by a change in the noun itself. The addition of [-s] or [-x] is purely orthographic. Read the following examples.

table	- tables	château	- châteaux	genou	- genoux
maison	- maisons	gâteau	- gâteaux	bijou	- bijoux
enfant	- enfants	manteau	- manteaux	feu	- feux
livre	- livres	marteau	- marteaux	trou	- trous
sport	- sports	couteau	- couteaux	clou	- clous

1.2 There are only a few nouns for which the plural form sounds different from the singular. Read the following.

cheval	- chevaux	animal	- animaux	émail	- émaux
général	- généraux	journal	- journaux	oeil	- yeux
canal	- canaux	travail	- travaux	ciel	- cieux
mal	- maux	vantail	- vantaux	aïeul	- aïeux

(but)

carnaval	- carnavals	détail	- détails
festival	- festivals	bal	- bals

1.3 The plural of nouns in spoken French is usually signaled by a change in the preceding word (usually a determinative). Read the following examples.

Singular		Plural			
la	table	- les tables		[latabl]	[letabl]
l'	homme	- les hommes		[lɔm]	[lezɔm]
ce	bijou	- ces bijoux		[səbiʒu]	[sebiʒu]
mon	cahier	- mes cahiers		[mɔ̃kaje]	[mekaje]
cet	arbre	- ces arbres		[sɛtaʀbʀ]	[sezaʀbʀ]
cette	femme	- ces femmes		[sɛtfam]	[sefam]
une	table	- des tables		[yntabl]	[detabl]
un	trou	- des trous		[œ̃tʀu]	[detʀu]

2. The Definite Article

2.1 Remember that in French the definite article is usually used with names of countries and continents. See XII.4.1 for omission of the article after certain prepositions.

La France est un grand pays. Elle est située près de l'Angleterre, qui est aussi une des grandes puissances de l'Europe.

Le Canada est au nord des Etats-Unis. Le Mexique est au sud des Etats-Unis.

La France, la Belgique, l'Allemagne, l'Espagne, l'Italie, le Portugal, le Luxembourg, l'Angleterre, la Suisse, l'Autriche sont des pays de l'Europe.

Le Japon, la Chine et la Corée sont des pays de l'extrême Orient.

Countries in Europe are all feminine except le Danemark, le Luxembourg, and le Portugal.

Robert Durant vient de France et il va au Mexique. Son frère va aux Etats-Unis et puis au Japon.

Mon ami Manuel vient du Mexique. Il aime voyager et l'année passée il est allé en Europe. Cet hiver il espère aller au Canada.

Mon frère est en Virginie tandis que ma soeur est en Californie. Mes parents sont toujours en Pennsylvanie.

Je suis née en Floride, mais j'ai passé la plus grande partie de mon enfance en Louisiane et en Georgie. Mon frère est né en Caroline du Sud (du Nord) mais ma soeur est née en Virginie de l'Ouest.

The above-mentioned States are considered feminine; the others are considered masculine.

2.2 Note that the definite article is used also before names of languages, except after the verb parler and the preposition en . All languages are masculine.

Le français est difficile, mais j'aime apprendre le français et chanter en français.

Mon père aime le français mais il ne parle pas français. Il lit l'espagnol assez couramment.

Ma soeur comprend l'allemand et parfois chante en allemand. Chez nous on parle toujours anglais.

2.3 Note that the definite article is used before abstract nouns or nouns used in general sense.

On dit souvent que l'amour et la jeunesse vont de pair.

Donnez-moi la liberté ou la mort.

La liberté de l'âme est une condition décisive de la vertu.

Les tigres sont des animaux féroces.

Les hommes sont nés libres.

Est-ce que tu aimes le vin? Moi, je déteste le vin; je préfère la bière.

2.4 Note the use of the definite article before proper names preceded by titles or adjectives.

Charles va épouser la belle Marie. Le gros Jean en est très malheureux.

c) Exercice de substitution (mettez la préposition devant le nom de chaque pays ou de chaque état):

Mon ami est né aux Etats-Unis .

France; Mexique; Canada; Espagne; Italie; Californie; Georgie; Colorado; Louisiane; Michigan; Virginie; Floride; Missouri; Vermont; Utah; Pennsylvanie; Texas.

d) Dites et puis écrivez en français:

Are you going to Mexico this summer? (Japan/ Europe/ France/ Canada)

Allez-vous au Mexique.

We are speaking about France . (Portugal/ Spain/ Italy/ Korea)

Nous parlons de Fran

Luxembourg is a country. (England/ Denmark/ Portugal/ Germany)

I like California because of its climate. (Michigan/ Florida/ North Carolina/ Colorado)

My brother lives in Michigan . (Virginia/ Florida/ Pennsylvania/ Missouri)

2.2 Exercice de substitution:

Je ne comprends pas l'espagnol .

le latin; l'allemand; le chinois; le russe; le grec; le japonais; le danois; l'hébreu.

Nous apprenons le français.

lisons; étudions; enseignons; comprenons; écrivons; aimons; préférons.

2.3 Ecrivez en français:

My mother doesn't like animals.

He spoke about love and friendship.

Il a dit de l'amour et

My friends do not like flattery.

He detests wine, but he likes beer.

Dogs and cats are domestic animals.

Physical exercise is good for health.

American cars are in general larger than European cars.

Les voitures americaines sont en gener plus grandes que les autos europeen-

2.4 a) Exercice de substitution:

Où est le bureau du capitaine Duval?

colonel; général; docteur; professeur; président.

b) Exercice de substitution (faites le changement nécessaire):

Je vais chercher le pauvre [Charles] .

André; Marie; Claude; Charlotte; Georges; Louise; Jean.

c) Répondez aux questions suivantes:

Avez-vous vu l'auto du docteur Smith?
Connaissez-vous le livre du professeur Jones?
Connaissez-vous le fils du capitaine Brown?
Etes-vous dans le bureau du docteur Duval?

Est-ce que vous avez parlé au professeur Schwarz?
Est-ce que vous répondez au docteur Pascal?
Est-ce que vous obéissez au capitaine Smith?
Est-ce que vous voyez le général Wilson?
Est-ce que vous cherchez le professeur Jones?

3.1 a) Changez les phrases suivantes d'après le modèle donné ci-dessous:

Cet homme est jeune.--C'est un jeune homme.

Ce livre est petit.
Cet arbre est grand.
Cette femme est belle.
Cette table est petite.
Ce conseil est bon.
Ce livre est vieux.

Cet homme est jeune.
Ce cahier est joli.
Cette photo est mauvaise.
Ce chemin est bon.
Ce repas est mauvais.
Cette cravate est jolie.

b) Changez les phrases suivantes d'après le modèle ci-dessous:

Ces livres sont vieux.--Ce sont de vieux livres.

Ces photos sont bonnes.
Ces hommes sont jeunes.
Ces femmes sont belles.
Ces conseils sont bons.
Ces maisons sont petites.
Ces enfants sont petits.

Ces chevaux sont mauvais.
Ces enfants sont jolis.
Ces chemins sont mauvais.
Ces cravates sont jolies.
Ces tables sont petites.
Ces disques sont bons.

3.2 a) Exercice de substitution:

Jean est un étudiant [intelligent] .

paresseux; excellent; médiocre; sérieux; prudent; intéressant; difficile; riche; heureux; content; mécontent.

b) Exercice de substitution:

Marie est une jeune fille [intelligente] .

paresseuse; excellente; médiocre; sérieuse; prudente; intéressante; difficile; riche; heureuse; contente; simple.

c) Exercice de substitution (mettez chaque adjectif à la place convenable):

Yvonne est une étudiante [intelligente] .

sérieuse; médiocre; belle; prudente; jeune; bonne; difficile; petite; mauvaise; contente; jolie; intéressante; excellente; riche; autre; paresseuse.

Tu as entendu ça? On dit que la petite Jeanne est malade depuis quelques jours et que le docteur Chartier veut l'envoyer à l'hôpital.

La voiture du docteur Bertrand est entrée en collision avec celle du capitaine Jonas, qui allait rendre visite au professeur Leclerc. Le capitaine Jonas a été blessé au cours de cet accident.

(but)

Pauvre petite Marie, qu'est-ce que tu as?
Salut, capitaine Jonas!
Bonjour, professeur Duval.
Bonsoir, docteur Bertrand. Ça va mieux?

3. The Adjective

3.1 Certain adjectives always precede the noun they modify. See VIII. 3 for details.

Voici le	petit	livre.	Voilà les	petits	livres.
Voici la	petite	table.	Voilà les	petites	tables.
Voici le	mauvais	chemin.	Voilà les	mauvais	chemins.
Voici la	mauvaise	route.	Voilà les	mauvaises	routes.
Voici le	jeune	homme.	Voilà les	jeunes	hommes.
Voici la	jeune	femme.	Voilà les	jeunes	femmes.
Voici le	joli	arbre.	Voilà les	jolis	arbres.
Voici la	jolie	maison.	Voilà les	jolies	maisons.
Voici l'	autre	garçon.	Voilà les	autres	garçons.
Voici l'	autre	chemise.	Voilà les	autres	chemises.
Voici le	bon	chemin.	Voilà les	bons	chemins.
Voici la	bonne	route.	Voilà les	bonnes	routes.

3.2 Certain adjectives follow the noun they modify. Study the following examples.

Est-ce que tu as apporté le livre rouge?
Non, j'ai apporté le livre vert.

Est-ce que vous lisez un journal français?
Au contraire, je lis un journal allemand.

Votre père a-t-il acheté une voiture européenne?
Oui, il a acheté une voiture anglaise.

Est-ce que Gaston est un étudiant intelligent?
Oui, c'est un étudiant très intelligent.

Est-ce que c'est dans cette maison grise que vous demeurez?
Oui, c'est une maison très moderne, n'est-ce pas?

Avez-vous lu ce roman français?
Oui, c'est un roman très intéressant.

4. The Partitive Article

4.1 Note the use of des as the plural form of un and une .

Nous	lisons	un	journal.	Nous lisons	des	journaux.
Vous	voyez	une	maison.	Vous voyez	des	maisons.
Ils	ferment	une	porte.	Ils ferment	des	portes.
Je	regarde	un	homme.	Je regarde	des	hommes.
Tu	écris	une	lettre.	Tu écris	des	lettres.
Il	demande	un	livre.	Il demande	des	livres.

Nous	lisons	un	livre.	Nous lisons	des	livres.
We	read	a	book.	We read	---	books.

Paul	envoie	une	lettre.	Paul envoie	des	lettres.
Paul	sends	a	letter.	Paul sends	---	letters.

Do not equate des with "some" or "any" of English. Those English words can be omitted from a sentence, but des cannot be omitted.

4.2 Note the use of de rather than des in the following.

Voici	une	jeune femme.	Voici	de	jeunes femmes.
Voici	un	jeune homme.	Voici	de	jeunes hommes.

Voici	un	bon livre.	Voici	de	bons livres.
Voici	une	bonne table.	Voici	de	bonnes tables.

Voici	un	autre livre.	Voici	d'	autres livres.
Voici	une	autre maison.	Voici	d'	autres maisons.

Voici	un	joli hôtel.	Voici	de	jolis hôtels.
Voici	une	jolie lampe.	Voici	de	jolies lampes.

De rather than des is used before a plural noun preceded by an adjective.

4.3 Note the use of the partitive article (de + definite article) in the following examples to express the idea of indefinite (unspecified) quantity.

Voulez-vous prendre quelque chose, Pierre? Nous avons du vin rouge, du vin rosé, de la bière, du café... et de l'eau.
De la bière, s'il vous plaît.
Et vous, Michel, qu'est-ce que vous voulez?
Du café, s'il vous plaît. Voulez-vous m'apporter de la crème?

J'achète	du	pain.	Nous achetons	du	papier.
Il cherche	de l'	encre.	Ils cherchent	de la	crème.
Elle veut	de l'	argent.	Vous voulez	de la	bière.
Tu bois	du	lait.	Vous buvez	du	café.
Paul mange	du	fromage.	Nous mangeons	de la	viande.
Tu prends	du	sucre.	Vous prenez	du	sel.
Je mange	du	rosbif.	Nous mangeons	du	porc.

4.4 After expressions of quantity, de alone is used instead of the complete partitive article.

Tu as	de l'	argent.	Tu as	beaucoup d'	argent.
Tu as	du	café.	Tu as	peu de	café.
Tu as	de la	viande.	Tu as	trop de	viande.

4.1 a) Mettez au pluriel:

C'est un homme.
C'est une lettre.
C'est un stylo.
C'est un cahier.
C'est un cadeau.
C'est un journal.
C'est un livre.
C'est un crayon.
C'est une maison.
C'est un dictionnaire.
C'est un paquet.
C'est une lampe.

b) Répondez affirmativement aux questions suivantes:

Voulez-vous des pommes ou des tomates?
Voyez-vous des livres sur la table?
Cherchez-vous des cigarettes françaises?
Achetez-vous des journaux mexicains?
Regardez-vous des étudiants de français?
Parlez-vous à des étudiants de français?
Employez-vous des cahiers et des livres?
Envoyez-vous des fleurs ou des paquets?

4.2 Dites et puis écrivez en français:

Do you want other [books] ? (notebooks/ magazines/ pens/ hats)

Voulez-vous d'autres livres.

He gives pretty [ties] to Paul. (books/ flowers/ pencils/ photos)

Il donne de jolies cravates à Paul,

Do you see young [students] ? (men/ teachers/ women/ soldiers)

Voyez-vous de jeunes étudiantes

We are looking for little [children] . (tables/ pupils/ houses/ cars)

Nous cherchons de petites enfantes

Have you found blue [books] ? (notebooks/ cars/ birds/ shirts)

Trouvez-vous des livres blues. ?

4.3 a) Exercice de substitution:

10/9

Je vais acheter [du café] .

du pain; du papier; du vin; du fromage; du lait; du thé; du sel; du tabac; de l'encre; de l'essence; de l'huile; de la crème; de la viande; de la farine; de la bière; de la glace.

b) Exercice de substitution (mettez l'article partitif convenable devant chaque nom):

Est-ce que vous voulez [du pain] ?

viande; argent; glace; lait; fromage; vin; thé; café; citronnade; bière; crème; essence; farine; sel; tabac; encre; sucre; rosbif; papier; eau; vin rosé; vin rouge; jus d'orange; huile.

c) Répétez l'exercice précédent en employant la phrase ci-dessous:

Je vais acheter [du pain] .

4.4 a) Exercice de substitution:

J'ai [beaucoup] d'argent.

10/9

peu; trop; tant; plus; moins; assez; autant.

Nous avons [beaucoup] d'amis.

autant; assez; moins; plus; tant; trop; peu.

b) Exercice de substitution:

Mon ami a [beaucoup] de [livres] .

amis; cahiers; trop; argent; montres; vin; peu; tables; tant; tantes; oncles; café; plus; sucre; chaises; moins; crayons; stylos; assez; eau; disques; autant; chemises; frères; beaucoup.

4.5 a) Répondez négativement aux questions suivantes:

Y a-t-il du vin rouge?
Y a-t-il du café chaud?
Y a-t-il des journaux?

Voulez-vous du thé?
Voulez-vous des pommes?

Veut-il un livre?
Veut-il du rosbif?

Vend-elle des revues?
Vend-elle du sucre?

Y a-t-il du vin blanc?
Y a-t-il de la crème?
Y a-t-il des revues?

Voulez-vous de la bière?
Voulez-vous des cadeaux?

Veut-il des livres?
Veut-il une montre?

Vend-elle des cravates?
Vend-elle de la viande?

b) Répondez aux questions suivantes en employant l'article partitif:

Qu'est-ce que vous voulez?
Qu'est-ce que vous achetez?
Qu'est-ce que vous voyez?
Qu'est-ce que vous vendez?
Qu'est-ce que vous regardez?
Qu'est-ce que vous buvez?
Qu'est-ce que vous mangez?
Qu'est-ce que vous commandez?

4.6 Traduisez les phrases suivantes:

Tigers are dangerous animals.

Les tigres sont animaux dangereux

Children like little animals.

Les enfants ~~sont~~ (~~like~~) aiment des petites animaux

Paul and Mary are good students.

Paul et Marie sont de bons étudiants.

Good students are not too rare.

Les bons étudiants ne sont pas trop rare

Many men prefer blond girls.

Beaucoup d'hommes prefere les blondes.

Do you like music? We have some records here.

aimez-vous la musique. Nous avons des disque ici

4.7 a) Répondez affirmativement en employant les expressions "la plupart des", "la plus grande partie de la", etc.:

Est-ce que vous allez lire tous les livres?
Est-ce que vous allez boire tout le café?

Tu as	de l'	encre.
Tu as	du	papier.
Tu as	de la	crème.
Tu as	de la	bière.
Tu as	du	vin.

Tu as	tant d'	encre.
Tu as	plus de	papier.
Tu as	moins de	crème.
Tu as	assez de	bière.
Tu as	autant de	vin que moi.

Il a	des	livres.
Il a	des	chiens.
Il a	des	amis.
Il a	des	lettres.
Il a	des	enfants.
Il a	des	frères.
Il a	des	soeurs.
Il a	des	oncles.

Il a	beaucoup de	livres.
Il a	peu de	chiens.
Il a	trop d'	amis.
Il a	tant de	lettres.
Il a	plus d'	enfants que Jean.
Il a	moins de	frères que Jean.
Il a	assez de	soeurs.
Il a	autant d'	oncles que Jean.

4.5 Note the use of de alone in the negative.

Veux-tu	du	café?	Non, je ne veux pas	de	café.
Veux-tu	de la	bière?	Non, je ne veux pas	de	bière.
Veux-tu	de l'	eau?	Non, je ne veux pas	d'	eau.
Veux-tu	des	livres?	Non, je ne veux pas	de	livres.
Veux-tu	des	fleurs?	Non, je ne veux pas	de	fleurs.
Veux-tu	un	cahier?	Non, je ne veux pas	de	cahier.
Veux-tu	une	pomme?	Non, je ne veux pas	de	pomme.

Veut-il	du	vin?	Non, il ne veut pas	de	vin.
Veut-il	de la	crème?	Non, il ne veut pas	de	crème.
Veut-il	de l'	argent?	Non, il ne veut pas	d'	argent.
Veut-il	des	crayons?	Non, il ne veut pas	de	crayons.
Veut-il	des	cartes?	Non, il ne veut pas	de	cartes.
Veut-il	un	disque?	Non, il ne veut pas	de	disque.
Veut-il	une	lampe?	Non, il ne veut pas	de	lampe.

Usually, when un or une is used after pas and many other negative expressions, it implies "not a single," and it is stronger in meaning than the unstressed de .

4.6 The definite article rather than the partitive article is used to express the idea of generalization (see II. 2. 3). Since English expresses both indefinite quantity and generalization without the article, you must decide whether the corresponding French construction will use the partitive or the definite article.

Les	enfants	aiment	les	bonbons.
---	Children	like	---	candy.
Les	chats	sont	des	animaux.
---	Cats	are	---	animals.
	Nous	aimons	les	pommes.
	We	like	---	apples.
	Nous	mangeons	des	pommes.
	We	eat	---	apples.

4.7 Study the following expressions of quantity and contrast them with those you learned in 4.4.

Mon père	a planté	la plupart des	arbres.
Charles	apprend	la plupart des	règles.
Pauline	connaît	la plupart des	étudiants.
Nous	avons	la plupart des	livres.
Vous	avez vu	la plupart des	tableaux.

Jeanne	a bu	la plus grande partie du	lait.
André	mange	la plus grande partie de la	viande.
Pierre	boit	la plus grande partie de l'	eau.
Vous	mangez	la plus grande partie du	pain.
Il	dépense	la plus grande partie de l'	argent.

Bien des	gens	n'aiment pas aller à la pêche.
Bien des	hommes	ont déjà fait des sottises pareilles.
Bien des	élèves	font leurs devoirs.
Bien des	monuments	seront détruits au cours de cette année.

Pierre	veut	encore du	café.
Marie	désire	encore de l'	eau.
Nous	achetons	encore de la	viande.
Prenez-	vous	encore des	gâteaux?
Ils	voient	encore des	maisons.

There is no difference in meaning between la plupart des (la majorité des) and la plus grande partie du (de la, etc.).

Bien des means the same as beaucoup de . Encore des (du, etc.) means "some more."

5. Special Problems

5.1 Weather expressions.

Learn the following expressions. Note the use of the partitive article in the second group of examples.

Quel temps fait-il ce matin?	Il	fait	chaud.	
	Il	fait	froid.	
	Il	fait	frais.	
	Il	fait	beau.	
	Il	fait	mauvais.	
Quel temps fait-il ce soir?	Il	fait	du	soleil.
	Il	fait	du	vent.
	Il	fait	du	brouillard.
Quel temps fait-il ce matin?	Il	pleut.		
	Il	pleut	à verse.	
	Il	neige.		

Fait-il	du	vent?	Non, il ne fait pas	de	vent.
Fait-il	du	soleil?	Non, il ne fait pas	de	soleil.
Fait-il	du	brouillard?	Non, il ne fait pas	de	brouillard.

5.2 Tout le monde.

Note the partitive expressions used in most of the following examples.

Est-ce qu'il y a du monde là-bas?
Oui, il y a beaucoup de monde là-bas.

Est-ce que vous allez regarder tous les tableaux? Je vais regarder la plupart des tableaux
Est-ce que vous allez manger tous les fruits? Je vais manger la plupart des fruits
Est-ce que vous allez apprendre toute la leçon? Je vais apprendre la plus grande partie de la leçon
Est-ce que vous allez voir tous vos amis? Je vais voir la plupart des amis
Est-ce que vous allez manger toute cette viande? Je vais manger la plus grande partie de la viande
Est-ce que vous allez apprendre toutes ces règles? Je vais apprendre la plupart des règles.
Est-ce que vous allez parler à tous mes amis? Je vais parler à la plupart des amis,

b) Répondez aux questions suivantes en employant l'expression "bien des":

Avez-vous visité beaucoup de monuments à Paris? J'ai visité bien des monuments à Paris.
Avez-vous vu beaucoup de gens à la soirée? J'ai vu bien des gens à la soirée.
Avez-vous étudié beaucoup de leçons? J'ai étudié bien des leçons,
Avez-vous parlé à beaucoup de vos amis? J'ai parlé à bien des vos amis.
Avez-vous rencontré beaucoup de mes amis? J'ai rencontré bien des mes amis.
Avez-vous écouté beaucoup de disques? J'ai écouté bien des disques,
Avez-vous répondu à beaucoup de lettres? J'ai répondu à bien des lettres,

c) Répondez affirmativement aux questions suivantes en employant l'expression "encore du", etc.:

Voulez-vous du café? Je veux encore du café.
Voulez-vous de la viande? Je veux encore de la viande,
Voulez-vous de l'eau fraîche? Je veux encore de l'eau fraîche,
Voulez-vous des gâteaux? Je veux encore des gâteaux
Voulez-vous de la crème? Je veux encore de la crème,

Votre frère veut-il des livres? Mon frère veut encore des livres.
Votre frère veut-il des chansons? Mon frère veut encore des chansons.
Votre frère veut-il de l'argent? Mon frère veut encore de l'argent.
Votre frère veut-il du vin rouge? Mon frère veut encore du vin rouge.
Votre frère veut-il de la viande? Mon frère veut encore de la viande.

5.1 a) Mettez au négatif:

Il fait chaud. Il ne fait pas chaud,
Il fait froid. Il ne fait pas froid.
Il fait beau. Il ne fait pas beau.
Il fait du soleil. Il ne fait pas de soleil
Il fait du brouillard. Il ne fait pas de brouillard
Il fait du vent. Il ne fait pas de vent
Il neige. Il ne neige pas.
Il fait mauvais. Il ne fait pas mauvais.
Il pleut. Il ne pleut pas
Il pleut à vèrse. Il ne pleut pas à verse,

b) Répétez l'exercice précédent en mettant chaque phrase à l'interrogatif (employez l'inversion).

c) Traduisez en français:

What's the weather like today? It's sunny.

Quel temps fait-il aujourd'hui? Il fait du soleil.

It's raining; it's pouring down!

Il pleut; il pleut à verse.

How's the weather today? It's warm.

Quel temps fait-il aujourd'hui? Il fait chaud.

It's snowing but it's not very cold.

Il neige mais il ne fait pas froid.

5.2 a) Dites en français:

everyone tout le mond
few people peu de monde
too many people trop de monde
many people beaucoup de monde
enough people assez de monde
more people plus de monde

tant = so

b) Répondez aux questions suivantes:

Avez-vous vu beaucoup de monde là-bas?
Est-ce que tout le monde vient ce matin?
Est-ce que je connais trop de monde?
A-t-il vu peu de monde à la soirée?
Est-ce que vous allez inviter assez de monde?
Est-ce que tout le monde est ici?
Avez-vous invité beaucoup de monde?
Est-ce qu'il y a du monde dans la maison?
Y a-t-il vraiment tant de monde là-bas?

5.3 a) Répondez affirmativement:

Est-ce que j'ai de la chance?
Pensez-vous que Paul a de la chance?
Avez-vous de la chance?
Est-ce que nous avons de la chance?
Ont-ils de la chance?
Est-ce que j'ai de la chance d'être ici?
Est-ce que Paul a de la chance de rencontrer Marie?
Est-ce que Jacques a de la chance de voir son amie?

b) Répondez négativement:

Est-ce que j'ai de la chance?
Avez-vous de la chance?
Vos parents ont-ils de la chance?
Est-ce que Maurice a de la chance?
Paul a-t-il de la chance?
Ont-ils de la chance?

c) Traduisez en français:

We are lucky; we are going to France this summer.

Are you going to his house? Good luck!

Marie doesn't like Paul. He isn't lucky.

He met Paul by chance. He is always lucky.

I think you are lucky to be here.

Est-ce que vous avez vu beaucoup de monde?
Au contraire, j'ai vu très peu de monde.

Pouvez-vous trouver mon frère?
Il y a tant de monde ici que je ne peux pas le trouver.

Est-ce que tout le monde est ici?
Oui, tout le monde est ici sauf Roger; il est en retard.

Note also that the expressions using monde (translated as "people") are plural in meaning, but they are grammatically singular.

5.3 Avoir de la chance.

Note the partitive article used in the expression avoir de la chance ("to be lucky"). This structure may be followed by de + infinitive.

Robert ne travaille pas. Il est très paresseux. Mais il a beaucoup d'argent. Il a de la chance, n'est-ce pas?

Paul et Maurice étaient amoureux de la plus belle jeune fille de la ville. Savez-vous lequel elle a fini par choisir pour mari? C'était Paul. Oui, Paul a de la chance, mais le pauvre Maurice n'a pas de chance!

Est-ce vrai que vous allez vous présenter à cet examen? Bonne chance! Je suis sûr que vous y réussirez.

Vous avez vraiment de la chance de me trouver ici.

English "by chance" corresponds to French par hasard or par accident . "Chance" meaning "opportunity" usually corresponds to occasion .

Robert cherchait son livre. Il l'a trouvé (tout) par hasard dans un coin du salon.

Je n'ai pas encore eu l'occasion de parler français avec cette jolie Française.

LESSON III

GENERAL REVIEW: VERB (SIMPLE TENSES)

1. The Imperfect Indicative

The imperfect indicative denotes a state of affairs, a continuous action, and a habitual or repeated action in the past. See XIII. 2-3 for details.

nous donn ons	[dɔnɔ̃]	je	donn	ais	[dɔnɛ]
		tu	donn	ais	[dɔnɛ]
		il	donn	ait	[dɔnɛ]
		ils	donn	aient	[dɔnɛ]
		nous	donn	ions	[dɔnjɔ̃]
		vous	donn	iez	[dɔnje]
nous finiss ons	[finisɔ̃]	je	finiss	ais	[finisɛ]
		tu	finiss	ais	[finisɛ]
		il	finiss	ait	[finisɛ]
		ils	finiss	aient	[finisɛ]
		nous	finiss	ions	[finisjɔ̃]
		vous	finiss	iez	[finisje]
nous vend ons	[vɑ̃dɔ̃]	je	vend	ais	[vɑ̃dɛ]
		tu	vend	ais	[vɑ̃dɛ]
		il	vend	ait	[vɑ̃dɛ]
		ils	vend	aient	[vɑ̃dɛ]
		nous	vend	ions	[vɑ̃djɔ̃]
		vous	vend	iez	[vɑ̃dje]

Note that the imperfect is formed from the first person plural (nous) present indicative by replacing the ending -ons [ɔ̃] with the endings -ais, -ais, -ait, -ions, -iez, -aient. Être is the only exception to this: j'étais, tu étais, etc.

Note also that four of the six forms of the imperfect sound alike.

2. The Present Conditional

The present conditional is used to denote the result of an action not based on facts ("contrary-to-the-fact" statements) or a future action after the main verb in the past tense ("sequence of tenses").

Qu'est-ce que vous feriez si vous étiez riche?
Je ne sais pas...j'irais en Europe, peut-être.

Si j'étais à votre place, Paul, je ne ferais pas de choses pareilles.

Est-ce que Marianne viendra cet après-midi?
Elle m'a dit qu'elle viendrait vers une heure.

pres + fut.
imp (past) + cond.

1. a) Mettez à l'imparfait:

nous parlons	vous parlez	je parle
nous dansons	vous dansez	je danse
nous marchons	vous marchez	je marche
nous répétons	vous répétez	je répète
nous finissons	vous finissez	je finis
nous punissons	vous punissez	je punis
nous vendons	vous vendez	je vends
nous attendons	vous attendez	j' attends
nous courons	vous courez	je cours
nous mentons	vous mentez	je mens
nous sortons	vous sortez	je sors
nous pouvons	vous pouvez	je peux
nous écrivons	vous écrivez	j' écris
nous voulons	vous voulez	je veux
nous comprenons	vous comprenez	je comprends

b) Achevez chaque phrase d'après le modèle:

Maintenant je comprends ma leçon; autrefois je ne comprenais pas ma leçon.

Maintenant je parle à Paul;
Maintenant je regarde la télévision;
Maintenant je punis cet enfant;
Maintenant je comprends cette leçon;

Maintenant nous disons la vérité;
Maintenant nous prenons le petit déjeuner;
Maintenant nous pouvons patiner;
Maintenant nous écoutons la radio;

Maintenant vous savez la vérité;
Maintenant vous saluez Pierre;
Maintenant vous allez à l'école;
Maintenant vous chantez bien;

2. a) Mettez au présent du conditionnel:

je danse	vous dansez	nous dansons
je répète	vous répétez	nous répétons
je jette	vous jetez	nous jetons
je mène	vous menez	nous menons
je crée	vous créez	nous créons
je parle	vous parlez	nous parlons
je préfère	vous préférez	nous préférons
je finis	vous finissez	nous finissons
je choisis	vous choisissez	nous choisissons
je descends	vous descendez	nous descendons
j' entends	vous entendez	nous entendons
je comprends	vous comprenez	nous comprenons
je lis	vous lisez	nous lisons
je dis	vous dites	nous disons
je fais	vous faites	nous faisons
je pars	vous partez	nous partons

b) Achevez chaque phrase d'après le modèle:

Je ne comprends pas cela; et on a dit que je comprendrais cela.

Je ne parle pas;
Je ne trouve pas mon chapeau;
Je ne dis pas la vérité;
Je ne pleure pas;

Tu ne danses pas avec Marie;
Tu ne finis pas la leçon;
Tu ne regardes pas la télévision;
Tu ne lis pas le journal;

Nous ne parlons pas anglais;
Nous n'achetons pas de pommes;
Nous ne jetons pas de pierres;
Nous ne partons pas à midi;

Vous ne sortez pas de la maison;
Vous ne servez pas de pain;
Vous ne comprenez pas cela;
Vous ne dormez pas assez;

Il ne dit pas cela;
Il n'écoute pas la radio;
Il ne prend pas de café;
Il ne lit pas de livres;

Ils ne boivent pas de vin;
Ils ne choisissent pas de journaux;
Ils ne désirent pas de viande;
Ils ne mangent pas de fromage;

c) Ecrivez chaque phrase en la changeant d'après le modèle:

Si Paul ne vient pas, je vendrai son livre.
Si Paul ne venait pas, je vendrais son livre.

Si Marie ne vient pas, nous partirons à midi.

Si vous partez maintenant, vous y arriverez trop tôt.

Si je sors avec Charlotte, Jean ne sera pas content.

Si vous restez ici, nous jouerons au tennis.

S'il est intelligent, il réussira à l'examen.

Je ne viendrai pas si je suis trop occupé.

Nous fermerons la porte s'il n'entre pas.

Ils diront la vérité si vous êtes avec eux.

The present conditional of second and third conjugation verbs (-ir and -re) is based on the infinitive.

finir	je	finir	ais	[finiʀɛ]
	tu	finir	ais	[finiʀɛ]
	il	finir	ait	[finiʀɛ]
	ils	finir	aient	[finiʀɛ]
	nous	finir	ions	[finiʀjɔ̃]
	vous	finir	iez	[finiʀje]
vendre	je	vendr	ais	[vɑ̃dʀɛ]
	tu	vendr	ais	[vɑ̃dʀɛ]
	il	vendr	ait	[vɑ̃dʀɛ]
	ils	vendr	aient	[vɑ̃dʀɛ]
	nous	vendr	ions	[vɑ̃dʀijɔ̃]
	vous	vendr	iez	[vɑ̃dʀije]

Note that the present conditional of first conjugation verbs (-er) is pronounced as if it were the first person singular of the present indicative followed by [ʀɛ], [ʀɛ], [ʀɛ], [əʀjɔ̃], [əʀje], and [ʀɛ].

donner	je	donne	rais	[dɔnʀɛ]
	tu	donne	rais	[dɔnʀɛ]
	il	donne	rait	[dɔnʀɛ]
	ils	donne	raient	[dɔnʀɛ]
	nous	donne	rions	[dɔnərjɔ̃]
	vous	donne	riez	[dɔnərje]
acheter	j'	achète	rais	[aʃɛtʀɛ]
	tu	achète	rais	[aʃɛtʀɛ]
	il	achète	rait	[aʃɛtʀɛ]
	ils	achète	raient	[aʃɛtʀɛ]
	nous	achète	rions	[aʃɛtəʀjɔ̃]
	vous	achète	riez	[aʃɛtəʀje]

There are two exceptions to the above observation concerning the first conjugation verbs: If the verb has -é- in the stem of the infinitive, this vowel is kept, although in the present indicative it changes to -è- (espérer , préférer , considérer , etc.), and the [ʀɛ] endings are pronounced [əʀɛ].

préférer	je préf è re	je	préf	é	rerais
		tu	préf	é	rerais
		il	préf	é	rerait
		ils	préf	é	reraient
		nous	préf	é	rerions
		vous	préf	é	reriez

Also, if the stem of the verb ends in two consonants (parl-er), or in r (prépar-er), or in a vowel (cré-er), then the [ʀɛ] endings are pronounced [əʀɛ]. See the example of parler given below.

parler	je	parle	rais	[paʀlərɛ]
	tu	parle	rais	[paʀlərɛ]
	il	parle	rait	[paʀlərɛ]
	ils	parle	raient	[paʀlərɛ]
	nous	parle	rions	[paʀlərjɔ̃]
	vous	parle	riez	[paʀlərje]

3. The Future Indicative

The future tense is used to denote a future action. In conversation, this tense is often replaced by the construction present tense of aller + infinitive.

> Qu'est-ce que vous ferez ce soir?
>
> Je resterai à la maison jusqu'à sept heures et demie, et après, je sortirai avec Marie.
>
> Qu'est-ce que vous allez faire ce soir?
>
> Je vais rester à la maison jusqu'à sept heures et demie, et après, je vais sortir avec Marie.

acheter	j'	achète	rai	[aʃɛtʀe]
	vous	achète	rez	[aʃɛtʀe]
	tu	achète	ras	[aʃɛtʀa]
	il	achète	ra	[aʃɛtʀa]
	nous	achète	rons	[aʃɛtʀɔ̃]
	ils	achète	ront	[aʃɛtʀɔ̃]
finir	je	finir	ai	[finiʀe]
	vous	finir	ez	[finiʀe]
	tu	finir	as	[finiʀa]
	il	finir	a	[finiʀa]
	nous	finir	ons	[finiʀɔ̃]
	ils	finir	ont	[finiʀɔ̃]
vendre	je	vendr	ai	[vɑ̃dʀe]
	vous	vendr	ez	[vɑ̃dʀe]
	tu	vendr	as	[vɑ̃dʀa]
	il	vendr	a	[vɑ̃dʀa]
	nous	vendr	ons	[vɑ̃dʀɔ̃]
	ils	vendr	ont	[vɑ̃dʀɔ̃]

The future tense is formed in the same manner as the present conditional, but the endings are -ai, -as, -a, -ons, -ez, -ont. Note that the verb forms for tu and il, nous and ils, je and vous sound alike.

The remarks made concerning the -er verbs in the present conditional are also applicable to the future.

4. The Present Subjunctive

The subjunctive usually occurs in the subordinate clause preceded by certain signals which call for its use. Lessons XXIII and XXIV deal with the subjunctive. At this point you should know at least the following cases:

a) after the main verb of wish.

> Je veux que vous fassiez cela tout de suite.
>
> Voulez-vous que je vienne demain matin?

b) after the main verb expressing emotions.

> Je suis content que Marie soit si intelligente.
>
> Je regrette vivement que Paul ne vienne pas.

3. a) Mettez au futur:

je parle
je pleure
je monte

je finis
je bats

je lis
je fais
je prends
je sers

il donne
il regarde
il jette

il choisit
il attend

il sort
il boit
il comprend
il suit

vous dansez
vous marchez
vous achetez

vous punissez
vous descendez

vous dites
vous dormez
vous apprenez
vous partez

b) Achevez chaque phrase d'après le modèle:

Je ne veux pas pleurer et je ne pleurerai pas.

Je ne veux pas marcher...
Je ne veux pas danser...
Je ne veux pas rester...

Nous ne voulons pas parler...
Nous ne voulons pas répondre...
Nous ne voulons pas monter...

Il ne veut pas venir...
Il ne veut pas sortir...
Il ne veut pas descendre...

Vous ne voulez pas partir...
Vous ne voulez pas tomber...
Vous ne voulez pas entrer...

Tu ne veux pas écrire...
Tu ne veux pas lire...
Tu ne veux pas obéir...

4. a) Mettez au présent du subjonctif:

je finis
je vends
je perds

je lis
je sors
je bois
je viens
je conduis

tu obéis
tu descends
tu bats

tu écris
tu sers
tu prends
tu crains
tu apprends

vous punissez
vous attendez
vous entendez

vous dites
vous dormez
vous comprenez
vous connaissez
vous partez

b) Ajoutez l'expression "il faut que" à chaque phrase et faites le changement nécessaire:

(e.g., Je viens.--Il faut que je vienne.)

Je comprends cette leçon.
Il vient vers midi et demi.
Nous parlons français.
Ils prennent du café.
Tu sors de la maison.
Vous dites la vérité.

c) Cette fois, ajoutez la phrase "je veux que" et faites le changement nécessaire:

Marie finit la leçon.
Il lit ce journal.
Elle part demain matin.
Ils viennent ce soir.
Marie attend le train.
Paul punit cet enfant.

d) Ajoutez maintenant la phrase "voulez-vous que" et faites le changement nécessaire.

e) Commencez chaque phrase par "je fais ceci pour que" et faites le changement nécessaire:

Vous apprenez la vérité.
Nous obéissons à la règle.
Il boit ce café.
Elle regarde le tableau.
Tu entends la musique.
Marie répond à la lettre.
Jacques vient à l'heure.
Paul lit ma composition.

f) Répétez l'exercice précédent en mettant la phrase "je fais ceci avant que" devant chaque phrase.

g) Faites de même avec la phrase "je fais ceci jusqu'à ce que".

h) Répondez aux questions suivantes:

Faut-il que je parte de si bonne heure?
Voulez-vous que je lise cet article?
Attendra-t-il jusqu'à ce que je vienne?
Partira-t-elle avant que Paul vienne?
Faites-vous cela pour que je sois fâché?
Est-il nécessaire que nous partions?
Voulez-vous que je parle plus lentement?
Voulez-vous que je danse avec elle?

5. Mettez au passé simple et puis prononcez les verbes donnés ci-dessous:

je parle	il choisit	vous devez
il parle	vous choisissez	je cours
vous parlez	je descends	il court
je mange	il descend	vous courez
il mange	vous descendez	tu parles
vous mangez	je dois	nous parlons
je choisis	il doit	ils parlent

c) after il faut que .

Il faut bien que je fasse cela avant ce soir.
Faut-il que vous partiez de si bonne heure?

d) after certain conjunctions.

Nous attendrons ici jusqu'à ce qu'il vienne.
Partez avant qu'il pleuve à verse.
Je fais ceci pour que vous soyez content.

ils march ent	que	je	march	e
	que	tu	march	es
	qu'	il	march	e
	qu'	ils	march	ent
	que	nous	march	ions
	que	vous	march	iez

ils finiss ent	que	je	finiss	e
	que	tu	finiss	es
	qu'	il	finiss	e
	qu'	ils	finiss	ent
	que	nous	finiss	ions
	que	vous	finiss	iez

ils vend ent	que	je	vend	e
	que	tu	vend	es
	qu'	il	vend	e
	qu'	ils	vend	ent
	que	nous	vend	ions
	que	vous	vend	iez

ils prenn ent	que	je	prenn	e
	que	tu	prenn	es
	qu'	il	prenn	e
	qu'	ils	prenn	ent
	que	nous	pren	ions
	que	vous	pren	iez

Note that for most verbs, all the singular forms and the third person plural (je , tu , il , ils) of the present subjunctive sound like the third person plural of the present indicative (see I. 1. 1-3).

Note also that the forms for nous and vous are identical with the same persons of the imperfect indicative.

5. The Passé Simple

The passé simple (also called the "past definite" or "simple past") is used in written literary French where it replaces the passé composé.

parl er	je	parl	ai	[paʀle]
	tu	parl	as	[paʀla]
	il	parl	a	[paʀla]
	nous	parl	âmes	[paʀlɑm]
	vous	parl	âtes	[paʀlɑt]
	ils	parl	èrent	[paʀlɛʀ]

fin ir	je	fin	is	[fini]
	tu	fin	is	[fini]
	il	fin	it	[fini]
	nous	fin	îmes	[finim]
	vous	fin	îtes	[finit]
	ils	fin	irent	[finiʀ]
vend re	je	vend	is	[vãdi]
	tu	vend	is	[vãdi]
	il	vend	it	[vãdi]
	nous	vend	îmes	[vãdim]
	vous	vend	îtes	[vãdit]
	ils	vend	irent	[vãdiʀ]

Note that the second and third conjugation verbs (-ir , -re) take the same endings. The singular forms of the second conjugation verbs are identical with those of the present indicative.

A few irregular verbs take another set of endings. Most of these verbs have the past participle ending in -u .

paraître (paru)	je	par	us	[paʀy]
	tu	par	us	[paʀy]
	il	par	ut	[paʀy]
	nous	par	ûmes	[paʀym]
	vous	par	ûtes	[paʀyt]
	ils	par	urent	[paʀyʀ]

faire - il fit
être - il fut

6. The Imperfect Subjunctive

The imperfect subjunctive is a literary tense. It is called for by the same signals as those of the present subjunctive and whenever the main verb is in the past indicative (and sometimes in the conditional mood).

il parl a	que	je	parl	asse	[paʀl*a*s]
	que	tu	parl	asses	[paʀl*a*s]
	qu'	il	parl	ât	[paʀl*a*]
	que	nous	parl	assions	[paʀl*a*sjɔ̃]
	que	vous	parl	assiez	[paʀl*a*sje]
	qu'	ils	parl	assent	[paʀl*a*s]
il fin it	que	je	fin	isse	[finis]
	que	tu	fin	isses	[finis]
	qu'	il	fin	ît	[fini]
	que	nous	fin	issions	[finisjɔ̃]
	que	vous	fin	issiez	[finisje]
	qu'	ils	fin	issent	[finis]
il vend it	que	je	vend	isse	[vãdis]
	que	tu	vend	isses	[vãdis]
	qu'	il	vend	ît	[vãdi]
	que	nous	vend	issions	[vãdisjɔ̃]
	que	vous	vend	issiez	[vãdisje]
	qu'	ils	vend	issent	[vãdis]

tu manges	ils choisissent	nous devons
nous mangeons	tu descends	ils doivent
ils mangent	nous descendons	tu cours
tu choisis	ils descendent	nous courons
nous choisissons	tu dois	ils courent

6. Copiez chaque phrase en mettant le temps du verbe dans la proposition principale à l'imparfait et en faisant le changement nécessaire:

Il faut que j'arrive avant midi.

On veut que Paul parle français.

Il est nécessaire que je reconnaisse ce tableau.

On veut que le garçon coure de toute sa force.

Elle ne veut pas qu'il proteste.

Il est nécessaire qu'il attende son arrivée.

On veut que nous choisissions quelqu'un.

Il semble que Paul voie cette personne.

Il exige que tout le monde arrive à l'heure.

Il faut que nous vendions la voiture.

Tout le monde veut que je finisse mon discours.

Il est impossible que nous partions à l'heure.

Vous voulez que je punisse cet enfant.

Il faut qu'ils vendent cet objet.

Il faut que je descende par cet escalier.

On veut que je réponde à son appel. répondisse

On regrette qu'il ne coure pas assez vite. courût

Il est essentiel qu'il choisisse ce poème. choisît.

7.1 a) Répondez aux questions suivantes:

Est-ce que j'ai toujours raison? vous avez raison toujours.
Est-ce que vous avez tort? vous avez tort
Avez-vous sommeil? J'ai sommeil
Avez-vous faim? J'ai faim
Qu'est-ce que vous faites quand vous avez faim? Je mange quel qu'on.
Qu'est-ce que vous faites quand vous avez sommeil? Je boive une tasse du lait
Qu'est-ce que vous faites quand vous avez soif? Je s'endorme
Est-ce que vous avez peur des examens? Je n'ai pas peur des examens.
Est-ce que vous avez de la chance? Je n'ai pas de la chance
Est-ce que ce café est chaud? Ce café est chaud.
Fait-il trop froid dans cette salle? Il fait froid dans cette salle
Fait-il trop chaud dans cette salle? Il fait chaud " "

b) Dites et puis écrivez en français:

If I am wrong, he is right. (you/ they/ she)

Si j'ai tort, il a raison (as, ont, a)

When we are hungry, we eat something. (he/ she/ I)

Quand nous avons faim, nous prenons quelque chose.

This milk is cold and I am hot. (coffee/ tea/ water)

Cette lait est froid et j'ai chaud

When it is hot, we are hot also. (I/ they/ you)

Quand il fait chaud, nous avons chaud aussi.

Paul is always sleepy in class. (Marie/ Jack/ Robert)

Paul a sommeil toujours dans la salle.

I don't like to drink hot coffee when I am hot. (tea/ chocolate)

Je n'aime pas boire café chaud quand j'ai chaud.

Paul is not afraid of oral exams. (Marie/ he/ she)

Paul n'a pas peur des examens orale.

7.2 Exercice de substitution:

La soeur de Marie sait jouer du piano .

du violon; du hautbois; de la clarinette; de la flûte; du cor; de la harpe; du violoncelle; de la trompette; du basson; de la petite flûte.

Le frère de Jacques sait jouer au tennis .

au football; au baseball; au golf; au croquet; au ping-pong(au tennis de table); aux quilles; aux cartes; au bridge.

il par ut					
	que	je	par	usse	[paʀys]
	que	tu	par	usses	[paʀys]
	qu'	il	par	ût	[paʀy]
	que	nous	par	ussions	[paʀysjɔ̃]
	que	vous	par	ussiez	[paʀysje]
	qu'	ils	par	ussent	[paʀys]

Note that the third person singular of the imperfect subjunctive is identical with the same person of the passé simple, except for the addition of a circumflex (^) over the vowel of the ending in all conjugations and the addition of a final -t in the first conjugation.

7. Special Problems

7.1 Idioms with avoir ("to be").

In a number of expressions, French uses the noun without the article after the verb avoir . In the translation of all these expressions, English uses the verb "to be."

Mon ami	a	raison.	My friend	is	right.
Mon ami	a	tort.	My friend	is	wrong.
Mon ami	a	sommeil.	My friend	is	sleepy.
Mon ami	a	faim. [fɛ̃]	My friend	is	hungry.
Mon ami	a	soif. [swaf]	My friend	is	thirsty.
Mon ami	a	peur.	My friend	is	afraid.

Note that in the following expressions adjectives and also a noun with the partitive article are used.

Mon ami	a	froid.	My friend	is	cold.
Mon ami	a	chaud.	My friend	is	hot.
Mon ami	a	de la chance.	My friend	is	lucky.

Compare some of the above expressions with the following.

Ce café	est	froid.	This coffee	is	cold.
Ce thé	est	chaud.	This tea	is	hot.
Il	fait	froid.	It (weather)	is	cold.
Il	fait	chaud.	It (weather)	is	hot.

Il fait froid	dans cette chambre.	This room	is cold.
Il fait chaud	dans cette chambre.	This room	is hot.

7.2 Jouer vs. jouer de vs. jouer à.

Mon frère sait bien jouer du piano, mais je préfère jouer de la flûte ou de la clarinette.

S'il fait beau, nous allons jouer au tennis chez Paul. S'il pleut, nous allons jouer au bridge chez moi.

Tous les étudiants ont bien joué leur rôle, sauf Roger, qui, d'ailleurs, n'avait jamais su jouer son rôle.

Note the construction of jouer with musical instruments, games, and other nouns.

7.3 Inversion after certain expressions.

Inversion occurs when the following adverb or adverbial expression is placed at the beginning of a sentence or clause.

La mère de Paul est Française. Peut-être parle-t-il français aussi bien qu'elle.

Il n'a pas pu trouver son stylo. En vain l'a-t-il cherché dans sa chambre.

Il est trop timide pour demander cela. Ainsi ne saura-t-il jamais la vérité.

Personne n'est venu me voir ce matin. Sans doute Pierre avait-il raison quand il l'a prédit.

Il est évident que Marie ne me déteste pas. Du moins me sourit-elle chaque fois que je la vois.

La soeur de Victor est très intelligente. Aussi sait-elle toujours la réponse. (Aussi used in this way means ainsi .)

A peine...que ("hardly...when") is used primarily in literary French. Note the tenses used in the following examples.

A peine le professeur était-il entré dans la salle de classe que les étudiants l'ont reconnu.

A peine le professeur fut-il entré dans la salle de classe que les étudiants le reconnurent. (literary)

After a direct discourse ("quotation"), the main verb and the subject are inverted.

Je ne sais pas au juste, dit le professeur, lequel d'entre eux vous a dit cela.

Comme elle est belle, s'écria le jeune homme en regardant la petite Marie.

Les plus forts, affirma-t-il, n'ont pas toujours raison.

7.4 Manquer vs. manquer de vs. manquer à + noun.

Robert s'est levé tard ce matin. Voilà pourquoi il a manqué le train de sept heures.

Marie n'était pas encore prête quand je suis allé la chercher. C'est pourquoi nous avons manqué le début du film.

Charles manque de courage. Voilà pourquoi il n'a pas encore dit la vérité à son père.

Pierre manque de patience. C'est pourquoi il a décidé d'aller à pied au lieu d'attendre l'autobus.

Jeanne est séparée de ses parents. Elle est toute seule. Voilà pourquoi ses parents lui manquent.

Mon amie Charlotte est partie en vacances. Elle ne sera pas de retour avant mercredi prochain. Elle me manque beaucoup.

7.3 a) Exercice de substitution:

[Peut-être] chante-t-elle très bien.

en vain; ainsi; sans doute; du moins; aussi.

[En vain] a-t-il cherché son stylo.

peut-être; ainsi; aussi; sans doute; du moins.

[Sans doute] Marie sait-elle la réponse.

en vain; peut-être; du moins; aussi; ainsi.

b) Ajoutez la phrase "dit-il" à la fin de chaque phrase:

Tout le monde a tort,
Il fera très froid demain,
Il est impossible d'étudier,
Le professeur a raison,

Ma soeur est très belle,
Je ne comprends pas cela,
Vous ne savez pas la vérité,
Elle chante assez bien,

c) Répétez l'exercice précédent en ajoutant la phrase "a-t-il dit".

d) Ecrivez en français:

"You are wrong," he said, "but your father is right."

"Everyone is hungry and thirsty," he says.

"Why didn't you come on time," he asked me.

"Perhaps it's going to rain," he said.

He says to Paul: "You don't know the answer."

She asked John: "Why didn't you come?"

7.4 a) Exercice de substitution:

Vous manquez de [courage] .

enthousiasme; intelligence; patience; curiosité; esprit; imagination; inspiration; sincérité; tact; éloquence; lucidité; perspicacité.

Vous manquez à [vos parents] .

à votre frère; à votre ami; à vos amis; à tout le monde; à Michel; à Paul; à mes amis.

Vous avez manqué [le train] , n'est-ce pas?

l'autobus; la classe; le début de ce film; le bal; l'occasion de parler; cette opportunité.

b) Ecrivez en français:

We missed the seven o'clock train.

Nous avons manqué le train de sept heures.

They lack courage, perhaps.

Ils manquent de courage.

Paul misses Marie. Does Marie miss Paul, too?

Marie manque à Paul - Est-ce que Paul manque à Marie, aussi?

Your brother lacks money.

Votre frère manque d'argent

We missed the chance to see your father.

Nous avons manqué de la chance à voir votre père.

You lack patience (in order) to do this work.

I have the impression that she lacks sincerity.

J'ai l'impression qu'elle manque de sincérité

We are going to miss the bus this morning.

Nous allons manqué l'aut

Come back quickly; we miss you very much.

Revenez vites — Vous nous manquez

Manquer means to miss something due to some kind of failure.
Manquer de + noun means to lack something.
Manquer à referring to people means someone's presence is "lacking to" another, i.e., the latter "misses" the former.

Compare the following English and French sentences.

Peter misses Charlotte.
Charlotte manque à Pierre.

I miss my parents.
Mes parents me manquent.

They miss me.
Je leur manque.

LESSON IV

GENERAL REVIEW: VERB (COMPOUND TENSES)

1. Formation of the Past Participle

1.1 All compound tenses are made up of the auxiliary verb être or avoir and the past participle of a verb. Note in the following examples how the past participle is formed.

parl [er]	j'	ai	parl	é
	tu	as	parl	é
	il	a	parl	é
	nous	avons	parl	é
	vous	avez	parl	é
	ils	ont	parl	é
fin [ir]	j'	ai	fin	i
	tu	as	fin	i
	il	a	fin	i
	nous	avons	fin	i
	vous	avez	fin	i
	ils	ont	fin	i
vend [re]	j'	ai	vend	u
	tu	as	vend	u
	il	a	vend	u
	nous	avons	vend	u
	vous	avez	vend	u
	ils	ont	vend	u

1.2 Past participles of some of the most common irregular verbs are given below.

avoir	j'ai	eu	dire	j'ai	dit	ouvrir	j'ai	ouvert
boire	j'ai	bu	écrire	j'ai	écrit	pouvoir	j'ai	pu
conduire	j'ai	conduit	faire	j'ai	fait	savoir	j'ai	su
connaître	j'ai	connu	lire	j'ai	lu	voir	j'ai	vu
croire	j'ai	cru	mettre	j'ai	mis			

1.3 Verbs conjugated with [être] .

aller	Ses soeurs	sont allées	à Chicago.
venir	Ses soeurs	sont venues	de Chicago.
arriver	Ses soeurs	sont arrivées	à Chicago.
partir	Ses soeurs	sont parties	de Chicago.
retourner	Ses soeurs	sont retournées	à Chicago.
revenir	Ses soeurs	sont revenues	de Chicago.
entrer	Ses soeurs	sont entrées	dans la salle.
sortir	Ses soeurs	sont sorties	de la salle.
monter	Ses soeurs	sont montées	dans le train.
descendre	Ses soeurs	sont descendues	du train.
naître	Cette dame	est née	en 1920.
mourir	Cette dame	est morte	en 1920.

1.1, 2 Prononcez et puis écrivez le participe passé de chaque verbe:

parler — parlé
croire — crû
envahir — envahi
prendre — pris
lire — lu
obéir — obéi
battre — battu
manger — mangé
pouvoir — ~~pot~~ pu
trahir — ~~traître~~
voir — vu
choisir — choisi
perdre — perdu
mettre — mis
ouvrir — ouvert

dormir — dormi
faire — fait
entendre — entendu
comprendre — comprendu
conduire — conduit
finir — fini
sortir — (suis) sorti
avoir — eu
mentir — menti
descendre — descendu
danser — dansé
apprendre — apprend
dégénérer — dégénéré
traduire — tradu
acheter — acheté

dire — dit
laisser — laissé
écrire — écrit
demander — demandé
punir — puni
connaître — connu
rompre — separate — rompu
offrir — offert
bâtir — bâti
~~rompre~~ — ~~rompu~~
promettre — promis
savoir — su
produire — produit
remarquer — remarqué
venir — (suis) venu

1.3 a) Exercice de substitution:

Je suis **arrivé** ce matin.

venu; parti; revenu; reparti; entré; sorti; ressorti; monté; descendu; redescendu; resté; rentré; tombé.

Quand est-ce que vous êtes **tombé** ?

rentré; resté; redescendu; descendu; monté; ressorti; sorti; entré; reparti; revenu; parti; venu; arrivé.

b) Répondez aux questions suivantes:

Est-ce que vous êtes arrivé de bonne heure?
Etes-vous sorti de la maison?
N'êtes-vous pas parti en retard?

Est-ce que je ne suis pas venu à temps?
Est-ce que je suis resté à la maison?
Est-ce que je suis monté dans la chambre?

A quelle heure sommes-nous rentrés hier soir?
A quelle heure sommes-nous partis de Chicago?
A quelle heure sommes-nous allés à la gare?

2. Mettez au passé composé:

Je comprends le français.
Nous parlons de votre ami.
Il devient furieux.
Elle va à la classe de français.
Vous arrivez avant midi.

Pauline ne vient pas ce matin.
Je ne vais pas à ma classe d'histoire.
Il n'arrive pas à temps.
Nous ne pensons pas à cette possibilité.
Vous ne savez pas la vérité.

Est-ce que je comprends votre question?
Est-ce que nous disons cela à Paul?
Est-ce que vous allez à l'école?

3. Mettez au plus-que-parfait:

Je viens à midi.
Il danse pendant des heures.
Ils arrivent de bonne heure.
Vous finissez votre travail.
Tu regardes la télévision.
Nous parlons de votre frère.

Vous avez parlé au professeur.
Il a donné sa réponse.
Tu as conduit cette voiture.
Je suis partie pour Chicago.
Nous avons écouté la radio.
Ils ont entendu le bruit.

Je ne suis pas encore arrivé.
Tu n'es pas encore sorti.
Il n'a pas encore parlé.

4. Mettez chaque phrase au conditionnel passé:

Je suis arrivé en retard.
Paul n'a pas su la réponse.
Nous ne sommes pas ressortis.
Ils n'ont pas compris la question.
Tu as été très sage.
Vous avez pu faire cela.

Marie n'était pas encore partie.
Je n'étais pas arrivé à temps.
Nous n'avions pas parlé français.
Vos amis n'étaient pas venus.

rester	Pierre	est resté	dans la salle.
tomber	Pierre	est tombé	de l'échelle.
devenir	Pierre	est devenu	furieux.

All the verbs given above are intransitive verbs. Since most of them express a motion toward some place, they are often referred to as "verbs of motion."

Note that the past participle of the above verbs agrees in gender and number with the subject.

2. The Passé Composé

The passé composé consists of the auxiliary verb in the present tense followed by the past participle. This tense is fully discussed in Lesson XII.

J'	ai	dansé.
Tu	as	dansé.
Il	a	dansé.
Nous	avons	dansé.
Vous	avez	dansé.
Ils	ont	dansé.

Je	n'	ai	pas	dansé.
Tu	n'	as	pas	dansé.
Il	n'	a	pas	dansé.
Nous	n'	avons	pas	dansé.
Vous	n'	avez	pas	dansé.
Ils	n'	ont	pas	dansé.

Je	suis	venu(e).
Tu	es	venu(e).
Il	est	venu.
Nous	sommes	venu(e)(s).
Vous	êtes	venu(e)(s).
Ils	sont	venus.

Je	ne	suis	pas	venu(e).
Tu	n'	es	pas	venu(e).
Il	n'	est	pas	venu.
Nous	ne	sommes	pas	venu(e)s.
Vous	n'	êtes	pas	venu(e)(s).
Ils	ne	sont	pas	venus.

3. The Pluperfect Indicative

This tense consists of the auxiliary verb in the imperfect tense and the past participle. This tense usually corresponds to English "had" followed by the past participle. It is discussed in Lesson XIII.

J'	avais	parlé.
Tu	avais	parlé.
Il	avait	parlé.
Nous	avions	parlé.
Vous	aviez	parlé.
Ils	avaient	parlé.

Je	n'	avais	pas	parlé.
Tu	n'	avais	pas	parlé.
Il	n'	avait	pas	parlé.
Nous	n'	avions	pas	parlé.
Vous	n'	aviez	pas	parlé.
Ils	n'	avaient	pas	parlé.

J'	étais	parti(e).
Tu	étais	parti(e).
Il	était	parti.
Nous	étions	parti(e)s.
Vous	étiez	parti(e)(s).
Ils	étaient	partis.

Je	n'	étais	pas	parti(e).
Tu	n'	étais	pas	parti(e).
Il	n'	était	pas	parti.
Nous	n'	étions	pas	parti(e)s.
Vous	n'	étiez	pas	parti(e)(s).
Ils	n'	étaient	pas	partis.

4. The Conditional Perfect

This tense is also called "past conditional" and it is made up of the conjugated form of the auxiliary in the present conditional and the past participle. The conditional mood is treated fully in Lesson XVII.

J'	aurais	dit.	Je	n'	aurais	pas	dit.
Tu	aurais	dit.	Tu	n'	aurais	pas	dit.
Il	aurait	dit.	Il	n'	aurait	pas	dit.
Nous	aurions	dit.	Nous	n'	aurions	pas	dit.
Vous	auriez	dit.	Vous	n'	auriez	pas	dit.
Ils	auraient	dit.	Ils	n'	auraient	pas	dit.

Je	serais	allé(e).	Je	ne	serais	pas	allé(e).
Tu	serais	allé(e).	Tu	ne	serais	pas	allé(e).
Il	serait	allé.	Il	ne	serait	pas	allé.
Nous	serions	allé(e)s.	Nous	ne	serions	pas	allé(e)s.
Vous	seriez	allé(e)(s).	Vous	ne	seriez	pas	allé(e)(s).
Ils	seraient	allés.	Ils	ne	seraient	pas	allés.

5. The Future Perfect

This tense consists of the conjugated form of the auxiliary verb in the future tense and the past participle. This tense is discussed in Lesson XXVI.

J'	aurai	obéi.	Je	n'	aurai	pas	obéi.
Tu	auras	obéi.	Tu	n'	auras	pas	obéi.
Il	aura	obéi.	Il	n'	aura	pas	obéi.
Nous	aurons	obéi.	Nous	n'	aurons	pas	obéi.
Vous	aurez	obéi.	Vous	n'	aurez	pas	obéi.
Ils	auront	obéi.	Ils	n'	auront	pas	obéi.

Je	serai	tombé(e).	Je	ne	serai	pas	tombé(e).
Tu	seras	tombé(e).	Tu	ne	seras	pas	tombé(e).
Il	sera	tombé.	Il	ne	sera	pas	tombé.
Nous	serons	tombé(e)s.	Nous	ne	serons	pas	tombé(e)s.
Vous	serez	tombé(e)(s).	Vous	ne	serez	pas	tombé(e)(s).
Ils	seront	tombés.	Ils	ne	seront	pas	tombés.

6. The Present Perfect Subjunctive

This tense is composed of the conjugated form of the auxiliary in the present subjunctive and the past participle.

Marie est contente	que	j'	aie	parlé.
Marie est contente	que	tu	aies	parlé.
Marie est contente	qu'	il	ait	parlé.
Marie est contente	que	nous	ayons	parlé.
Marie est contente	que	vous	ayez	parlé.
Marie est contente	qu'	ils	aient	parlé.

Georges regrette	que	je	sois	parti(e).
Georges regrette	que	tu	sois	parti(e).
Georges regrette	qu'	elle	soit	partie.
Georges regrette	que	nous	soyons	parti(e)s.
Georges regrette	que	vous	soyez	parti(e)(s).
Georges regrette	qu'	ils	soient	partis.

7. The Past Anterior

This tense is composed of the conjugated form of the auxiliary in the passé simple and the past participle. It is a literary tense and is rarely used.

Tu n'avais pas posé cette question.
Vous n'étiez pas encore né.

Est-ce que j'étais venu?
Est-ce que Marie avait su cela?
Est-ce que Jacques n'était pas parti?

5. Mettez chaque phrase au futur antérieur:

J'arriverai demain après-midi.
Vous finirez cela avant ce soir.
Il ne comprendra pas la réponse.
Ils ne partiront pas.
Tu finiras tes devoirs.
Nous prenons le petit déjeuner.

Il ne serait pas venu.
Nous n'aurions pas parlé.
Tu ne serais pas arrivé.
Vous ne seriez pas partis.
Ses amis n'auraient pas dansé.
Je n'aurais pas quitté la maison.

Est-ce que vous déjeunez à une heure?
Est-ce que tu n'as pas encore fini cela?
Est-ce que tout le monde partira?

6. Ajoutez la phrase "je regrette tellement que" au début de chaque phrase (faites le changement nécessaire):

Le train a été en retard.
Il a plu à verse.
Vous avez parlé à Alice.
Marianne a dit cela.
Ils sont déjà partis.
Vous êtes arrivé trop tôt.
Mes amis ont appris la vérité.

L'autobus n'est pas arrivé à l'heure.
Vous n'avez pas pensé à cette question.
Il n'a pas fait ses devoirs.
Nous ne sommes pas venus à temps.
Vous n'êtes pas resté là-bas.
Il n'a pas neigé hier soir.
Tu n'as pas compris cette histoire.

7. Ecrivez et puis prononcez le passé antérieur:

j'avais parlé

il avait réussi

vous aviez pleuré

j'étais descendu

tu étais partie

nous étions venus

ils étaient sortis

tu avais remarqué

il était reparti
il fut reparti

vous étiez monté
vous fûtes

nous avions mangé
nous eûmes mangé

ils avaient attendu
ils eurent attendu

8. Ecrivez et prononcez le plus-que-parfait du subjonctif de chaque verbe:

Je suis arrivé.
je fusse arrivé

Il est parti.
il fût parti

Vous êtes ressorti.
Vous fussiez ressorti

Marie a dansé.
Marie eût dansé

J'ai compris.
j'eusse

Tu as dit la vérité.
tu eusses dit

Nous avons parlé.
Nous eussions parlé

Ils ont compris cela.
Ils eussent compris

Il a voulu protester.
Il eût voulu

Vous avez demandé cela.
vous eussiez demandé

9.1 a) Conjuguez les verbes suivants au présent de l'indicatif:

se réveiller — je me réveille
se raser — je me rase
se promener — je me promène
s' arrêter — je m'arrête
se coucher — je me couche
s' asseoir — je m'assieds

se lever — je me leve
s'habiller — je m'habille
se dépêcher — je me dépêche
s' appeler — je m'appelle
s' endormir — je m'endorme
se rendormir — je me rendorme

b) Répondez affirmativement aux questions suivantes:

Est-ce que vous vous levez à six heures? — je me leve
Est-ce que vous vous promenez dans le parc? — je me promene
Est-ce que vous vous couchez avant minuit? — je me couche
Est-ce que vous vous arrêtez à temps? — je m'arrête
Est-ce que vous vous endormez en classe? — je m'endorme
Est-ce que vous vous asseyez sur cette chaise? — je m'assieds

Est-ce que je me couche de bonne heure? — ~~je me co~~ vous vous couchez
Est-ce que je me promène le long de la route? — vous vous promenez
Est-ce que je me lève tard? — vous vous levez
Est-ce que je me dépêche pour arriver à temps? — vous vous dépêchez
Est-ce que je m'assieds sur cette chaise? — vous vous asseyez
Est-ce que je me réveille à six heures? — vous vous réveillez

Est-ce que nous nous promenons là-bas?
Est-ce que nous nous dépêchons ce matin?
Est-ce que nous nous asseyons ici?

Est-ce que Michel se souvient (remember) de cet accident?
Est-ce que Philippe se couche à onze heures?
Est-ce que Louise s'endort en classe?

9.2 a) Répétez l'exercice précédent en répondant négativement à chaque question.

b) Répondez affirmativement et puis négativement aux questions suivantes:

Est-ce que vous vous êtes levé de bonne heure?
Est-ce que vous vous êtes dépêché ce matin?

J'	eus	remarqué.
Tu	eus	remarqué.
Il	eut	remarqué.
Nous	eûmes	remarqué.
Vous	eûtes	remarqué.
Ils	eurent	remarqué.

Je	fus	entré(e).
Tu	fus	entré(e).
Il	fut	entré.
Nous	fûmes	entré(e)s.
Vous	fûtes	entré(e)(s).
Ils	furent	entrés.

8. The Pluperfect Subjunctive

This tense consists of the conjugated form of the auxiliary verb in the imperfect subjunctive and the past participle. It is a literary tense, discussed in Lesson XXVII.

J'	eusse	parlé.
Tu	eusses	parlé.
Il	eût	parlé.
Nous	eussions	parlé.
Vous	eussiez	parlé.
Ils	eussent	parlé.

Je	fusse	revenu(e).
Tu	fusses	revenu(e).
Il	fût	revenu.
Nous	fussions	revenu(e)s.
Vous	fussiez	revenu(e)(s).
Ils	fussent	revenus.

9. The Reflexive Verb

9.1 Contrast the following French and English sentences. Note that many reflexive verbs have meanings that are usually not expressed reflexively in English.

Je	me	couche.		I	go to bed.	
Je	m'	endors.		I	fall asleep.	
Je	me	réveille.		I	wake up.	
Je	me	lève.		I	get up.	
Je	me	souviens	de cela.	I	remember	that.
Je	me	promène.		I	take a walk.	
Je	m'	assieds.		I	sit down.	
Je	me	dépêche.		I	hurry.	
Je	m'	arrête.		I	stop.	

Note that the reflexive verb is distinguished from other verbs by the addition of reflexive pronouns.

Je	me	souviens	de leur promesse.
Tu	te	souviens	de leur promesse.
Il	se	souvient	de leur promesse.
Elle	se	souvient	de leur promesse.
Nous	nous	souvenons	de leur promesse.
Vous	vous	souvenez	de leur promesse.
Ils	se	souviennent	de leur promesse.
Elles	se	souviennent	de leur promesse.

Je	vais	me	lever	de très bonne heure.
Tu	vas	te	lever	de très bonne heure.
Il	va	se	lever	de très bonne heure.
Nous	allons	nous	lever	de très bonne heure.
Vous	allez	vous	lever	de très bonne heure.
Ils	vont	se	lever	de très bonne heure.

9.2 Note the position of the negative element in the simple and compound tenses.

Je	ne	me	promène	pas	au bord de la mer.
Tu	ne	te	promènes	pas	au bord de la mer.
Il	ne	se	promène	pas	au bord de la mer.

Nous	ne	nous	promenons	pas	au bord de la mer.
Vous	ne	vous	promenez	pas	au bord de la mer.
Ils	ne	se	promènent	pas	au bord de la mer.

Je	ne	me	suis	pas	promené(e).
Tu	ne	t'	es	pas	promené(e).
Il	ne	s'	est	pas	promené.
Nous	ne	nous	sommes	pas	promené(e)s.
Vous	ne	vous	êtes	pas	promené(e)(s).
Ils	ne	se	sont	pas	promenés.

Note also that the reflexive verbs are conjugated with être in compound tenses.

The past participle generally agrees in gender and number with the preceding direct object. In many cases the reflexive pronoun is the direct object. See XII. 4. 3 for details.

9.3 Note the position of the subject pronoun in inversion.

Ne te	couches	- tu	pas	avant minuit?	
Ne se	couche	- t-il	pas	avant minuit?	
Ne nous	couchons	- nous	pas	avant minuit?	
Ne vous	couchez	- vous	pas	avant minuit?	
Ne se	couchent	- ils	pas	avant minuit?	
Ne t'	es	- tu	pas	endormi(e)	en classe?
Ne s'	est	- il	pas	endormi	en classe?
Ne nous	sommes	- nous	pas	endormi(e)s	en classe?
Ne vous	êtes	- vous	pas	endormi(e)(s)	en classe?
Ne se	sont	- ils	pas	endormis	en classe?

10. Special Problems

10.1 Depuis, pendant, pour.

Study the following constructions using depuis. Note that the present tense is used in French if the action that began in the past is still going on in the present.

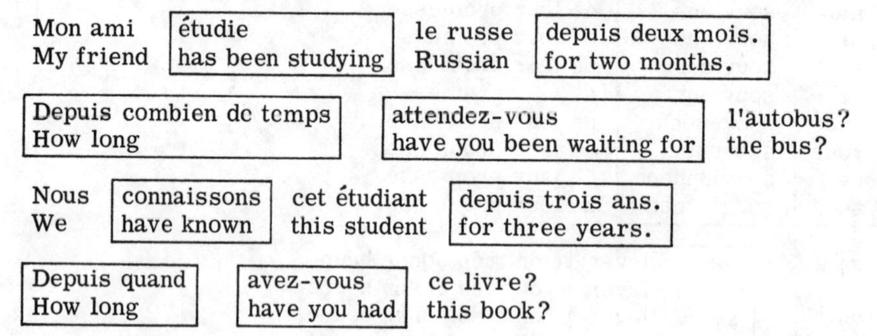

Mon ami	étudie	le russe	depuis deux mois.
My friend	has been studying	Russian	for two months.

Depuis combien de temps	attendez-vous	l'autobus?
How long	have you been waiting for	the bus?

Nous	connaissons	cet étudiant	depuis trois ans.
We	have known	this student	for three years.

Depuis quand	avez-vous	ce livre?
How long	have you had	this book?

Note the difference in answer to the two types of questions given below: For depuis combien de temps you give the amount of time, and for depuis quand you give the starting point of the action.

Depuis combien de temps travaillez-vous pour André?
Je travaille pour lui depuis deux ans.

Depuis combien de temps étudiez-vous le français?
J'étudie le français depuis deux ans.

Est-ce que vous vous êtes promené ce soir?
Est-ce que vous vous êtes assis sur cette chaise?

Est-ce que je me suis couché de bonne heure?
Est-ce que je me suis souvenu de ma promesse?
Est-ce que je me suis arrêté à temps?
Est-ce que je me suis dépêché ce matin?

Est-ce que nous nous sommes arrêtés juste à temps?
Est-ce que nous nous sommes assis là-bas?
Est-ce que nous nous sommes endormis en classe?
Est-ce que nous nous sommes couchés à minuit?

Est-ce que Marie s'est levée avant sept heures?
Est-ce que Marie s'est souvenue de sa parole?
Est-ce que Marie s'est assise sur cette chaise?
Est-ce que Marie s'est dépêchée ce matin?

9.3 Mettez chaque phrase à l'interrogatif en employant l'inversion:

Tu te couches avant minuit.
Il se couche avant onze heures.
Nous nous réveillons très tôt.
Vous vous arrêtez juste à temps.
Ils se souviennent de cette histoire.

Tu ne te promènes pas ce matin.
Il ne se dépêche pas cet après-midi.
Nous ne nous arrêtons pas.
Vous ne vous souvenez pas de cela.
Ils ne se lèvent pas de si bonne heure.

10.1 a) Exercice de substitution:

Depuis combien de temps aidez -vous Marie?

connaissez; attendez; regardez; aimez; écoutez; grondez; voyez; punissez; suivez; cherchez.

Nous employons ce livre depuis ce matin.

cherchons; avons; connaissons; lisons; possédons; comprenons; étudions; regardons; montrons.

Je n'ai pas vu Marie depuis l'année dernière.

parlé à; téléphoné à; grondé; puni; compris.

Combien de temps avez-vous frappé à la porte ?

parlé à Jean; regardé la télévision; écouté la musique; étudié le français; aidé votre ami; passé en Europe; attendu cet autobus; marché sous la pluie.

J'ai attendu cet autobus pendant deux heures.

regardé la télévision; écouté les disques; parlé à votre mère; raconté cette aventure; montré des diapositives; expliqué la leçon; vu mon amie.

b) Répondez aux questions suivantes:

Depuis combien de temps êtes-vous ici?
Depuis quand parlez-vous français?
Depuis quand attendez-vous le train?
Depuis combien de temps avez-vous ce livre?

Depuis quand savez-vous la vérité?
Depuis combien de temps étudiez-vous le français?
Depuis combien de temps fait-il beau?
Depuis quand sommes-nous en automne?

Combien de temps resterez-vous ici?
Combien de temps avez-vous marché dans la neige?
Combien de temps avez-vous marché sous la pluie?
Combien de temps avez-vous attendu cet autobus?
Combien de temps avez-vous regardé la télévision?
Combien de temps avez-vous écouté les disques?
Combien de temps avez-vous chanté?
Combien de temps avez-vous étudié?

c) Dites et puis écrivez en français:

I haven't spoken French for two days. (studied/ taught/ read)

He has had this book for a week. (letter/ photo/ record)

I haven't seen your family for a long time. (friend/ sister/ parents)

We are going to New York for five days. (Chicago/ Paris/ London)

He stayed with us for ten days . (five days/ two weeks/ one month)

How long have you been in Chicago ? (New York/ Marseilles/ Madrid/ Tokyo)

I have been here for two years. (one/ ten/ five)

How long have you been waiting for the bus ? (your friend/ the train/ your brother)

It has been raining for two hours. (snowing/ sunny/ hot/ cold/ windy/ foggy)

They studied the lesson for an hour.

I have been waiting for you for one hour.

He has known the answer for a long time.

He hasn't seen John for a week.

10.2 a) Répondez aux questions suivantes:

Combien de temps avez-vous passé à Louisville?
Avez-vous travaillé toute la journée?
Est-ce que vous étudiez tous les jours?
Est-ce que vous restez ici toute la matinée?

Depuis combien de temps êtes-vous ici?
Je suis ici depuis longtemps.

Depuis quand travaillez-vous pour André?
Je travaille pour lui depuis 1963.

Depuis quand étudiez-vous le français?
J'étudie le français depuis ma première année à l'université.

Depuis quand êtes-vous ici?
Je suis ici depuis mon enfance.

Note the use of the compound tense in the following.

Nous	n'avons	pas reçu	de ses nouvelles	depuis deux mois.
Je	n'ai	pas vu	Marie	depuis un mois.
Elle	n'a	pas vu	son frère	depuis juin.
Il	n'est	pas allé	à l'école	depuis trois ans.
Vous	n'avez	pas vu	mon frère	depuis longtemps.

Pendant is used to indicate a completed action, or an action that will be completed in the future. Note the omission of pendant when the time expression follows the verb immediately.

Nous	avons étudié	la leçon	pendant	deux heures.
Elle	a travaillé	avec moi	pendant	un mois.
Paul	a parlé	-----	-------	deux heures.
Vous	êtes restée	-----	-------	trois jours.
Nous	travaillerons	avec lui	pendant	deux heures.
Elle	va rester	-----	-------	une semaine.
Jean	va lire	le journal	pendant	une heure.
Jean	va étudier	-----	-------	trois heures.

Note also that depuis...? is not used in questions when the expected answer involves pendant .

Combien de temps resterez-vous à Paris?
Je resterai à Paris pendant deux mois.
Je resterai deux mois à Paris.

Combien de temps a-t-il travaillé chez vous?
Il a travaillé chez nous pendant une semaine.
Il a travaillé une semaine chez nous.

Combien de temps avez-vous marché dans la neige?
J'ai marché dans la neige pendant toute la nuit.
J'ai marché toute la nuit dans la neige.

Pour is used to indicate the terminal point of an anticipated action. It implies "so much time and no more."

Nous	partons	en vacances	pour	quinze jours.
Je	suis venu	à Chicago	pour	deux jours.
Ils	iront	en Europe	pour	une année.
Je	resterai	ici	pour	la nuit.

10.2 Jour, journée; an, année; matin, matinée, etc.

Jour , an , matin , soir are simple divisions of time. After cardinal numbers, those forms are used.

Journée , année , matinée , soirée refer to duration of time.

Gustave	a passé	deux ans	en Angleterre.
Gustave	a passé	cette année	à Paris.
Gustave	a passé	quelques années	en Europe.
Gustave	est dans	sa première année	de français.
Gustave	va passer	toute l'année	à Chicago.

Pauline	a passé	trois jours	à New York.
Pauline	a passé	(toute) la journée	chez sa tante.
Pauline	va étudier	toute la journée	chez elle.

Michel	est venu	ce matin.	
Michel	est venu	hier matin.	
Michel	viendra	demain matin.	
Michel	va passer	(toute) la matinée	à travailler.

Félix	est parti	ce soir.	
Félix	est parti	hier soir.	
Félix	partira	demain soir.	
Félix	passera	la soirée	avec sa famille.

C'était	une longue matinée;	elle m'a semblé interminable.
C'était	une longue soirée;	elle m'a semblé interminable.
C'était	une longue journée;	elle m'a semblé interminable.

10.3 Equivalents of "first" and "then."

Note the difference between premier (first in order of importance), le premier (first one to do something), and d'abord (first before another event).

Je suis premier en géométrie, mais c'est Paul qui est premier en mathématiques.

Robert et Charles sont allés à la conférence. Après le discours, Robert a parlé le premier; mais c'est Charles qui a réfuté le premier la théorie qu'on avait avancée.

D'abord, je vais faire mon devoir de français, puis je vais téléphoner à Marie, et puis j'irai chez elle.

Je vais d'abord au bureau de tabac. Ensuite (puis), je vais chez la modiste. Ensuite (puis) je vais chez les Duval.

Note that d'abord (sometimes tout d'abord for more emphasis) is usually followed by puis or ensuite .

Tu ne veux pas travailler? Alors (en ce cas-là), tu resteras pauvre toute ta vie.

D'abord Robert a parlé à Charles; puis ils ont quitté la maison. Alors (à ce moment-là) j'ai compris leurs intentions.

Je voulais acheter tant de choses, mais alors (à ce moment-là) j'étais très pauvre et je n'avais pas d'argent.

Il est donc vrai que Paul a emporté tous vos livres. Qu'est-ce que vous allez faire, alors (en ce cas)?

Qu'est-ce que vous faites le matin?
Qu'est-ce que vous faites le soir?
Qu'est-ce que vous faites l'après-midi?
Où avez-vous passé la journée?
Quel est le dernier mois de l'année?
Quel est le sixième mois de l'année?
Qu'est-ce que vous avez fait hier matin?
Avez-vous étudié hier après-midi?
Etes-vous allé au cinéma hier soir?

b) Dites et puis écrivez en français:

I am a [freshman]. (sophomore/ junior/ senior)

He is going to spend the whole year in [France]. (Belgium/ Spain/ Italy)

At the end of the [day] we are all tired. (evening/ week/ morning)

We spent the whole [day] at home. (evening/ day/ afternoon)

10.3 a) Répondez aux questions suivantes:

Est-ce que Paul est premier en français?
Est-ce que Marie est première en français?
Qui est premier en histoire?
Qui est premier en chimie?

Est-ce que vous êtes le premier à parler?
Est-ce que Jean est le premier à danser?
Qui a parlé le premier?
Qui a répondu le premier?

Qu'est-ce que vous avez fait hier soir?
Qu'est-ce que vous avez fait ensuite?
Qu'est-ce que vous avez fait après?
Qu'est-ce que vous avez fait après cela?

b) Ecrivez en français:

First I go to Paul's, then I go to Mary's.

I was always first in biology.

We were poor then, but we were very happy.

He said good-bye and then left for Detroit.

What are you going to do, then?

We won't stay here in that case.

Who spoke first?

1.1 Répondez aux questions suivantes:

Est-ce que vous comprenez la leçon?
Est-ce que je comprends votre question?
Est-ce que tu écris une lettre?
Est-ce que Marie envoie le paquet?
Est-ce que nous aidons votre ami?

Avez-vous regardé la télévision?
Paul a-t-il fini ses devoirs?
Est-ce que vous avez battu mon frère?
Marie a-t-elle oublié son livre?
Est-ce que nous avons fermé la porte?

Voyez-vous cette maison rouge?
Aimez-vous ce jeune homme?
Dites-vous toujours la vérité?
Lisez-vous beaucoup de journaux?
Habitez-vous une belle maison?

1.2 a) Répondez aux questions suivantes:

Obéissez-vous à vos parents?
Echappez-vous à la punition?
Remédiez-vous à cette situation?
Renoncez-vous à la liberté?
Ressemblez-vous à votre mère?
Plaisez-vous à votre amie?

Est-ce que je réponds à votre lettre?
Est-ce que j'obéis toujours à mon père?
Est-ce que je renonce à mon projet?
Paul veut-il remédier à cette situation?
Marie ressemble-t-elle à sa soeur?
Est-ce que ce livre vous plaît?

b) Dites et écrivez le suivant en français:

We are looking for a [house]. (book/ man/ chair)
Nous cherchons une maison

Are you looking at the [boy] ? (girl/ men/ students)
Regardez-vous le garcon?

How long are you going to wait for the [bus] ? (train/ professor/ student)
Combien de temps attendez-vous l'autobus.

We pay for our [notebook]. (bread/ book/ table)
Nous payons notre cahier.

I don't listen to [Paul]. (Mary/ John/ Jane)
Je n'ecoute pas Paul.

2.1 a) Répondez aux questions suivantes:

Expliquez-vous la leçon à l'étudiant? J'explique la leçon à l'étudiant.
Lisez-vous la lettre à l'étudiant? Je lis la lettre à l'étudiant.
Ecrivez-vous la lettre à l'étudiant? J'écrit la lettre à l'étudiant.
Dites-vous la vérité à l'étudiant? Je dis la vérité à l'étudiant.

Racontez-vous cette histoire à Marie? Je raconte cette histoire à Marie.
Refusez-vous ce livre à Marie? Je refuse ce livre à Marie
Apportez-vous de l'argent à Jacques? J'apporte de l'argent à Jacques.
Prêtez-vous ce livre à Martin? Je prête ce livre à Martin

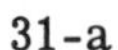

LESSON V

GENERAL REVIEW: BASIC STRUCTURAL PATTERNS

1. Patterns with One Object

1.1 French and English parallels: In many cases, French and English structures follow the same pattern.

Le	professeur	voit	le	livre.
The	professor	sees	the	book.
Ces	hommes	apporteront	mes	lettres.
These	men	will bring	my	letters.
Votre	soeur	a parlé	au	professeur.
Your	sister	spoke	to the	professor.

1.2 French and English contrasts: French structures which do not follow the same patterns as English must be learned with special attention.

L'enfant	obéit	à	la mère.
Cet homme	échappe	à	la punition.
Roger	remédiera	à	cette situation.
Mon ami	renonce	à	la liberté.
L'étudiant	répond	à	la question.
Ce garçon	ressemble	à	son père.
Maurice	plaît	à	Jeanne.

In the above sentences, French uses a preposition, but English does not.

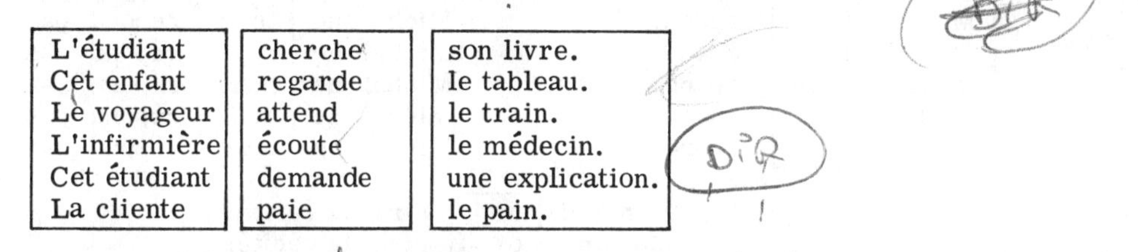

L'étudiant	cherche	son livre.
Cet enfant	regarde	le tableau.
Le voyageur	attend	le train.
L'infirmière	écoute	le médecin.
Cet étudiant	demande	une explication.
La cliente	paie	le pain.

In the above sentences, French has no preposition (i.e., the above verbs require a direct object), whereas English uses prepositions.

2. Patterns with Two Objects

2.1 French and English parallels: In the following examples, English has two patterns, but French has only one. The French corresponds to the first English pattern (a).

a) The professor	gives	the money	to Charles.
b) The professor	gives	Charles	the money.
Le professeur	donne	l'argent	à Charles.

a) The professor	explains	the lesson	to the student.
b) The professor	explains	the student	the lesson.
Le professeur	explique	la leçon	à l'étudiant.

When a French verb has two noun objects, the direct object comes before the indirect object. Exceptions occur only when the direct object is modified by a relative clause.

Le professeur	écrit	une lettre	à	Charles.
L'étudiant	envoie	une lettre	au	professeur.
Albert	raconte	l'histoire	à	ses amis.
Pierre	refuse	l'argent	à	son ami.
Le facteur	apporte	la boîte	à	Marie.
Ces hommes	disent	la vérité	au	prêtre.

Michel	montre	à son amie	la voiture	qu'il vient d'acheter.
Je	vais vendre	à Jacques	le livre	qui lui plaît tellement.

2.2 French and English contrasts: Note the difference in the French and English constructions given below.

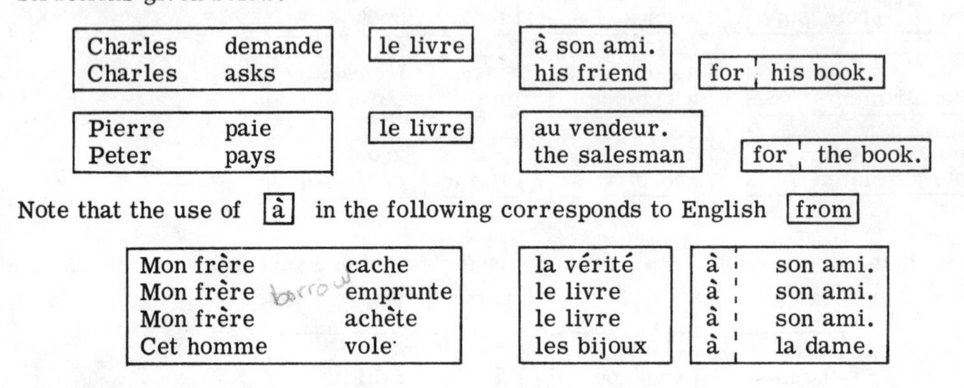

Charles	demande	le livre	à son ami.	
Charles	asks		his friend	for his book.

Pierre	paie	le livre	au vendeur.	
Peter	pays		the salesman	for the book.

Note that the use of à in the following corresponds to English from

Mon frère	cache	la vérité	à	son ami.
Mon frère	emprunte	le livre	à	son ami.
Mon frère	achète	le livre	à	son ami.
Cet homme	vole	les bijoux	à	la dame.

3. Personal Object Pronouns

3.1 Indirect object: Note the use of the indirect object pronouns in the following.

Michel	me	répond.	Michel	ne	me	répond	pas.
Michel	te	répond.	Michel	ne	te	répond	pas.
Michel	lui	répond.	Michel	ne	lui	répond	pas.
Michel	nous	répond.	Michel	ne	nous	répond	pas.
Michel	vous	répond.	Michel	ne	vous	répond	pas.
Michel	leur	répond.	Michel	ne	leur	répond	pas.

Mon ami	me	dira	la vérité.
Mon ami	te	dira	la vérité.
Mon ami	lui	dira	la vérité.
Mon ami	nous	dira	la vérité.
Mon ami	vous	dira	la vérité.
Mon ami	leur	dira	la vérité.

3.2 Direct object: Note the use of the direct object pronouns in the following.

Philippe	me	regarde.	Philippe	ne	me	regarde	pas.
Philippe	te	regarde.	Philippe	ne	te	regarde	pas.
Philippe	le	regarde.	Philippe	ne	le	regarde	pas.
Philippe	la	regarde.	Philippe	ne	la	regarde	pas.
Philippe	nous	regarde.	Philippe	ne	nous	regarde	pas.
Philippe	vous	regarde.	Philippe	ne	vous	regarde	pas.
Philippe	les	regarde.	Philippe	ne	les	regarde	pas.

Pose-t-elle une question au professeur?
Demande-t-elle une explication à son ami?
Présente-t-elle sa soeur à son ami?
Envoie-t-elle le cadeau à son frère?

b) Dites en français:

We give Charles the money.
We write Marie a letter.
We tell John the truth.
We explain Charles this lesson.

I give Pauline some money.
I send my mother some flowers.
I bring Charles some records.
I taught Charlotte French.

2.2 Dites en français:

Why do you borrow the book from Paul?
Why do you ask Charles for the book?
Why do you pay John for the book?
Why do you hide the truth from Mary?
Why do you buy flowers from Julie?
Why do you steal money from your father?

I pay Charles for the record.
I ask George for money.
I hide the book from my brother.
I borrow money from your friend.
I buy a watch from her friend.
I steal the book from this man.

3.1 Répondez à chaque question en employant le pronom convenable:

Est-ce que je vous réponds toujours?
Est-ce que je vous obéis quelquefois?
Est-ce que je vous parle en français?

Est-ce que vous me répondez en anglais?
Est-ce que vous me parlez toujours?
Est-ce que vous me ressemblez?

Parlons-nous à votre ami?
Parlons-nous à vos amis?
Envoyons-nous un cadeau à Jacques?
Envoyons-nous un cadeau aux amis de Jean?
Obéissons-nous à votre père?
Répondons-nous à vos frères?

3.2 Répondez à chaque question en employant le pronom convenable:

Est-ce que je vous gronde sévèrement?
Est-ce que je vous vois chaque jour?
Est-ce que je vous comprends bien?

Me regardez-vous toujours?
Me punissez-vous sévèrement?
Me réveillez-vous avant sept heures?

Est-ce que nous avons vu Marie?
Est-ce que nous aimons votre frère?
Est-ce que nous battons votre enfant?

Est-ce que j'écoute vos amis?
Est-ce que j'aime Marie et sa soeur?
Est-ce que j'embrasse vos enfants?

3.3 Répondez à chaque question en employant le pronom convenable:

Est-ce que je sors avec vous?
Est-ce que je danse avec toi?
Est-ce que je chante avec Marie?
Est-ce que je vais chez Maurice?
Est-ce que je reste chez vos parents?
Est-ce que je parle de vos soeurs?

Sortez-vous avec moi?
Etudiez-vous chez mon frère?
Venez-vous chez nous ce soir?
Restez-vous chez vos parents?
Parlez-vous de mes soeurs?
Dansez-vous avec vos amis?

4.1 a) Mettez les phrases suivantes à l'impératif:

Tu ne fais pas les devoirs.
Tu ne te promènes pas souvent.
Tu ne parles pas anglais.
Tu arrives toujours en retard.
Tu te lèves trop tard.
Tu te couches de bonne heure.

Vous ne regardez pas la télévision.
Vous ne restez pas ici.
Vous n'obéissez pas à cet homme.
Vous vous dépêchez autant que possible.
Vous vous endormez en classe.
Vous dansez toujours avec eux.

Nous ne cherchons pas votre ami.
Nous ne dérangeons pas Marie.
Nous ne nous levons pas tard.
Nous lui répondons en français.
Nous nous asseyons près d'eux.
Nous nous couchons avant minuit.

b) Dites en français en employant la forme "vous" et la forme "nous":

Don't speak! — Let's not speak!
Don't come! — Let's not come!
Don't answer! — Let's not answer!

Don't answer her! — Let's not answer her!
Don't obey them! — Let's not obey them!
Don't look at them! — Let's not look at them!
Don't scold her! — Let's not scold her!

Don't get up! — Let's not get up!
Don't fall asleep! — Let's not fall asleep!
Don't go to bed! — Let's not go to bed!
Don't sit down! — Let's not sit down!

Suzanne	me	présente	à	son frère.
Suzanne	te	présente	à	son frère.
Suzanne	le	présente	à	son frère.
Suzanne	la	présente	à	son frère.
Suzanne	nous	présente	à	son frère.
Suzanne	vous	présente	à	son frère.
Suzanne	les	présente	à	son frère.

3.3 Disjunctive pronouns: Disjunctive pronouns (also called "stressed personal pronouns") are used after prepositions. For other uses, see Lesson XX.

Cette jeune fille	veut danser	avec	moi.
Cette jeune fille	veut danser	avec	toi.
Cette jeune fille	veut danser	avec	lui.
Cette jeune fille	veut danser	avec	nous.
Cette jeune fille	veut danser	avec	vous.
Cette jeune fille	veut danser	avec	eux.

Cet étudiant	veut danser	avec	elle.
Cet étudiant	veut danser	avec	elles.

Note the distinction made in gender in third person singular and plural.

4. The Imperative

4.1 The negative imperative: The imperative is distinguished from the declarative by the absence of the subject and the descending intonation. See Pronunciation Lesson, Section II.

Nous	ne	parlons	pas.	Ne	parlons	pas!
Vous	ne	parlez	pas.	Ne	parlez	pas!
Tu	ne	parles	pas.	Ne	parle	pas!
Nous	n'	entrons	pas.	N'	entrons	pas!
Vous	n'	entrez	pas.	N'	entrez	pas!
Tu	n'	entres	pas.	N'	entre	pas!

Note that the -s of the second person singular (tu) of the first conjugation verbs (-er) is dropped.

Nous	ne	lui	obéissons	pas.	Ne	lui	obéissons	pas!
Nous	ne	leur	obéissons	pas.	Ne	leur	obéissons	pas!
Vous	ne	me	parlez	pas.	Ne	me	parlez	pas!
Vous	ne	lui	parlez	pas.	Ne	lui	parlez	pas!
Vous	ne	nous	parlez	pas.	Ne	nous	parlez	pas!
Vous	ne	leur	parlez	pas.	Ne	leur	parlez	pas!
Tu	ne	me	réponds	pas.	Ne	me	réponds	pas!
Tu	ne	lui	réponds	pas.	Ne	lui	réponds	pas!
Tu	ne	nous	réponds	pas.	Ne	nous	réponds	pas!
Tu	ne	leur	réponds	pas.	Ne	leur	réponds	pas!
Nous	ne	le	grondons	pas.	Ne	le	grondons	pas!
Vous	ne	la	grondez	pas.	Ne	la	grondez	pas!
Tu	ne	les	grondes	pas.	Ne	les	gronde	pas!
Nous	ne	nous	levons	pas.	Ne	nous	levons	pas!
Vous	ne	vous	levez	pas.	Ne	vous	levez	pas!
Tu	ne	te	lèves	pas.	Ne	te	lève	pas!

4.2 The affirmative imperative.

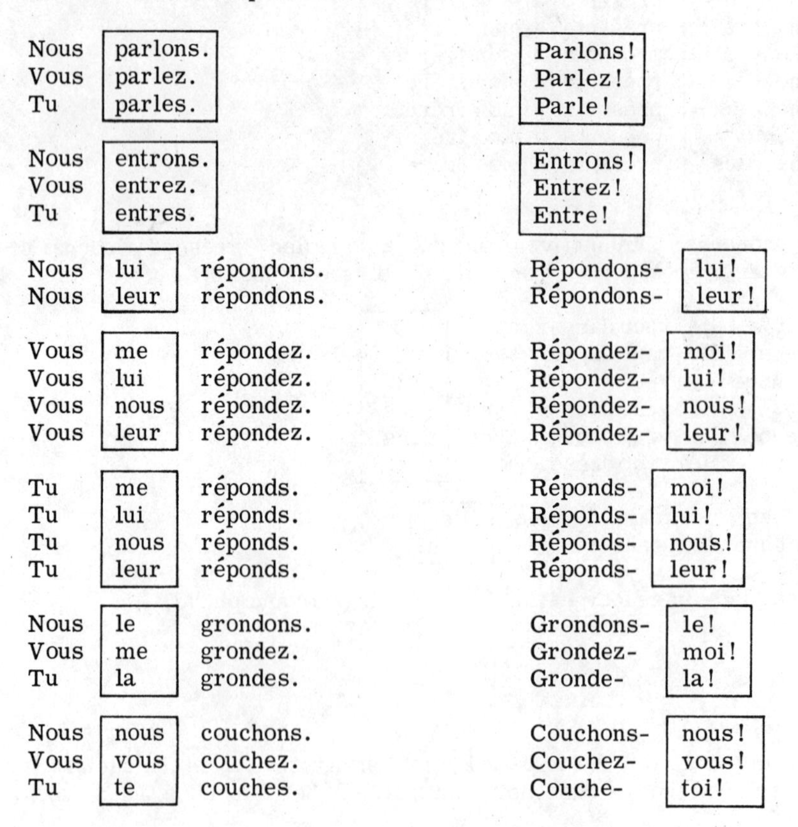

Nous	parlons.		Parlons!
Vous	parlez.		Parlez!
Tu	parles.		Parle!
Nous	entrons.		Entrons!
Vous	entrez.		Entrez!
Tu	entres.		Entre!

Nous	lui	répondons.	Répondons-	lui!
Nous	leur	répondons.	Répondons-	leur!
Vous	me	répondez.	Répondez-	moi!
Vous	lui	répondez.	Répondez-	lui!
Vous	nous	répondez.	Répondez-	nous!
Vous	leur	répondez.	Répondez-	leur!
Tu	me	réponds.	Réponds-	moi!
Tu	lui	réponds.	Réponds-	lui!
Tu	nous	réponds.	Réponds-	nous!
Tu	leur	réponds.	Réponds-	leur!
Nous	le	grondons.	Grondons-	le!
Vous	me	grondez.	Grondez-	moi!
Tu	la	grondes.	Gronde-	la!
Nous	nous	couchons.	Couchons-	nous!
Vous	vous	couchez.	Couchez-	vous!
Tu	te	couches.	Couche-	toi!

Note that the object pronoun comes after the verb (with a hyphen) and that moi , toi instead of me , te are used.

4.3 Note that for the following three verbs, special forms (subjunctive) must be used in the imperative.

Ayons	de la patience!	N'	ayons	pas	de patience!
Ayez	de la patience!	N'	ayez	pas	de patience!
Aie	de la patience!	N'	aie	pas	de patience!
Soyons	contents!	Ne	soyons	pas	contents!
Soyez	content(s)!	Ne	soyez	pas	content(s)!
Sois	content!	Ne	sois	pas	content!
Sachons	la vérité!	Ne	sachons	pas	la vérité!
Sachez	la vérité!	Ne	sachez	pas	la vérité!
Sache	la vérité!	Ne	sache	pas	la vérité!

5. Special Problems

5.1 French equivalents of "to bring" and "to take."

Prenez	cette lettre.
Portez	cette lettre au bureau de poste.
Apportez	tous vos disques.
Emportez	ces livres; je n'en ai plus besoin.

4.2 a) Changez les impératifs suivants du négatif à l'affirmatif:

Ne réponds pas à cette lettre!
Ne parle pas anglais en classe!
Ne la regarde pas comme ça!

Ne te lève pas de bonne heure!
Ne te promène pas dans ce parc!
Ne danse pas avec eux!

Ne parlez pas comme ça!
N'entrez pas tout de suite!
Ne la punissez pas sévèrement!

Ne vous couchez pas avant minuit!
Ne vous endormez pas ici!
Ne les dérangez pas!

Ne lui disons pas la vérité!
Ne nous souvenons pas de cela!
Ne les regardons pas!

Ne nous réveillons pas à six heures!
Ne leur répondons pas maintenant!
Ne dansons pas avec eux!

b) Ecrivez en français:

If Marie comes, speak to her in French.

If the weather is fine, let's take a walk.

Is it you, John? Come in! Sit down here!

Don't be silent! Answer me right away!

Don't drink coffee! Drink water!

4.3 Mettez les phrases suivantes à l'impératif:

Nous n'avons pas peur de lui.
Nous ne sommes pas à l'heure.
Nous ne savons pas la vérité.

Vous n'avez pas peur d'eux.
Vous n'êtes pas en retard.
Vous ne savez pas la vérité.

Nous avons de la patience.
Nous sommes très patients.
Nous savons la vérité.

Vous avez de la patience.
Vous êtes heureux.
Vous savez la réponse.

Tu as pitié de lui.
Tu es contente.
Tu sais ce poème par coeur.

5.1 a) Exercice de substitution:

Amenez [tous vos amis] à la maison.

tous mes amis; Marie; Pierre; votre frère; Jean; Jacqueline; vos enfants; mes enfants; Charlotte.

Apportez [vos disques] à notre classe.

vos cahiers; votre composition; votre dictionnaire; votre lettre; mon livre; des crayons; du papier.

Emmenez [Pierre] ; il fait trop de bruit.

Roger; cet enfant; ce garçon; Marie; Jean; Paul.

Emportez ce [dictionnaire] .

cahier; livre; journal; cadeau; disque; crayon.

b) Dites et écrivez en français:

She brought her children yesterday. (books/ friends/ records/ letters)

Take this letter to the professor. (book/ notebook/ apple/ flower)

Take this child away, please. (boy/ suitcase/ book/ dog)

He took Marie to the movies. (Charlotte/ my sister/ Alice/ Jane)

Take this apple and eat it. (fruit/ orange/ cake/ egg)

Someone took away my newspaper ! (magazine/ book/ shoes/ chair)

5.2 Dites et puis écrivez en français:

Don't leave the house now! (room/ building)

I left my book at her house. (your/ their)

We went out with Pauline. (I/ he)

They are leaving for Kansas City this afternoon. (Chicago/ Denver)

When did Paul leave you? (Mary/ your friend)

Let's not leave our gift here. (friend/ brother)

When did you leave? (she/ we)

When did Mary go out? (Jack/ Rose)

5.3 a) Répondez aux questions suivantes:

Qui est-ce que vous avez rencontré ce matin?
Qui est-ce que vous avez rencontré dans la rue?
A quelle heure avez-vous retrouvé Marie?
Quand retrouverez-vous mon frère?
De qui avez-vous fait la connaissance?
Avez-vous fait la connaissance de ma soeur?
A quelle heure nous retrouverons-nous?
A quelle heure nous rejoindrez-vous?
Quand est-ce qu'ils se sont rencontrés?
Où est-ce que vous avez rencontré Jean?

b) Dites et puis écrivez en français:

Let's meet in front of the library . (your house/ his garage)

Menez	vos enfants à leur chambre.
Amenez	vos amis chez nous.
Emmenez	ces enfants; ils font trop de bruit.

Note that porter, emporter, apporter are basically used for things, and mener, emmener [ãmne], amener [amne] are used for living beings. Amener may occasionally be used for things.

Est-ce que vous avez amené votre voiture ce soir?

Porter means "to take" in the sense of "to carry (along)"; used in this sense, the destination is mentioned.
Emporter and emmener are used in the sense of "taking along" or "taking away"; used in this way, the destination does not have to be mentioned.
Mener means "to take" in the sense of "to lead" and the destination is always mentioned.
Apporter and amener mean "to bring along" or "to bring to."
Prendre means to "take" in the sense of "to seize," "to pick up," "to take hold of."

Robert, nous allons donner une soirée chez nous demain soir. Amenez vos amis. N'oubliez pas d'apporter vos disques.

Il est presque deux heures du matin! Emmenez vos amis, puisqu'ils tombent de sommeil. Emportez aussi vos disques.

Je suis occupé ce matin. Voulez-vous bien mener mon petit frère chez le dentiste? Et portez-lui cette lettre, s'il vous plaît.

5.2 French equivalents of "to leave."

Study the following examples. Note that quitter and laisser must have a direct object.

Quand est-ce que vous allez	quitter	la maison?
Quand est-ce que vous allez	partir?	
Quand est-ce que vous allez	sortir?	
Quand est-ce que vous allez	laisser	mes livres là?

Quitter means "to leave a place or person."
Laisser means "to leave behind an object or a person."
Partir (de) means "to depart."
Sortir (de) means "to go out of a place."

Je vais	quitter	New York	pour aller à Boston.
Je vais	partir	de New York	pour Boston.
Je vais	sortir	de la maison.	
Je vais	laisser	ce livre	à la maison.

5.3 French equivalents of "to meet."

Je	rencontre	Pauline	dans la rue.
Je	retrouve	Pauline	à six heures.
Je	rejoins	mes amis	ce soir.
Je	fais la connaissance de		Pauline.

Nous	nous	rencontrons	tout par hasard dans la rue.
Nous	nous	retrouvons	devant le guichet du cinéma.
Nous	nous	rejoignons	ce soir vers sept heures.

Rencontrer means "to meet by accident," or "to encounter."
Retrouver means "to meet by previous arrangement."
Rejoindre means "to rejoin," or "to get together."
Faire la connaissance de means "to meet for the first time," or "to make the acquaintance of."

Note that some of the above verbs, when used reflexively, imply "each other," and can be used only in the plural.

J'ai rencontré Henri cet après-midi. Nous nous sommes rencontrés dans l'autobus. Je ne l'avais pas vu depuis deux semaines.

Je vous retrouverai devant le bureau du professeur Smith. D'accord. Je vous attendrai là vers deux heures.

Je ne peux pas vous rejoindre tout de suite, puisque j'ai un tas de choses à faire.

Je voulais faire la connaissance de la soeur de Paul depuis longtemps. Ce matin j'ai enfin fait sa connaissance.

5.4 French equivalents of "about."

Study the following expressions.

De quoi	parlez-vous?	Je parle	de	l'auto de Jean.
De qui	parlez-vous?	Je parle	de	Marie.
Sur quoi	écrivez-vous?	J'écris	sur	la musique moderne.
Sur qui	écrivez-vous?	J'écris	sur	Claude Debussy.
A quelle heure viendrez-vous?		Je viendrai	vers	midi.
A quelle heure est-il parti?		Il est parti	vers	une heure.
Avez-vous de l'argent?		J'ai	environ	vingt dollars.
Avez-vous de l'argent?		J'ai	à peu près	vingt dollars.

Nous parlons souvent du professeur Garnier. Il a beaucoup lu sur la littérature de la Renaissance et il a publié un livre sur le style de Rabelais. Nous l'avons rencontré hier soir vers six heures. Il nous a dit qu'il écrivait un autre livre, cette fois sur Marot. Il a déjà fini à peu près la moitié de ce livre.

5.5 False cognate: user.

M. Raymond ne veut pas que les ouvriers emploient des machines usées. Ils se serviront donc des machines neuves qu'on vient d'acheter.

Regardez ce livre que j'ai acheté ce matin. C'est un livre d'occasion, mais il est comme neuf!

Ne faites pas ce voyage dans une auto usée comme celle-là. Achetez une nouvelle auto, même si c'est une auto d'occasion.

User means "to wear out," hence usé means "worn out." "To use" is translated by employer or se servir de . "Used" meaning "second-hand" is translated by d'occasion .

Last night I met [Peter] at the post office. (you/ them)

I met [her] for the first time at a party. (you/ Paul/ Jean/ them)

I want to meet Paul's [sister] . (family/ brother)

I cannot meet you this [afternoon] . (morning/ evening)

I finally met her [sister] at Paul's. (brother/ friend)

I met your [friend] this morning on the street. (uncle/ father)

5.4 Ecrivez en français:

He gave a speech on the Revolution of 1789.

We have about twenty dollars on us.

They were talking about Roger when I came in.

We worked for about three hours.

We will come (at) about seven tonight.

About what time did he leave?

There are about seven persons in the room.

Don't talk about them; they are here.

5.5 a) Répondez aux questions suivantes:

Avez-vous acheté une voiture d'occasion?
Se sert-il encore de cette machine usée?
Va-t-il faire un voyage dans une auto usée?
Est-ce que vous avez un livre d'occasion?
Vous servez-vous d'une machine usée?
Employez-vous toujours des livres d'occasion?

b) Dites et puis écrivez les phrases suivantes en français:

I bought this used [car] yesterday. Look at it, it's like new! (book)

Don't use a worn out [car] ! (machine)

He bought a used [book] because he didn't have much money. (table)

VI: REVIEW LESSON

1.1 Ecrivez des phrases pour illustrer les mots et les expressions suivantes (e.g., ces--Je n'aime pas ces livres.):

1. année
2. manquons
3. eux
4. soyons
5. la plupart La plupart de la gallette est ici.
6. peuvent Ils peuvent manger beaucoup de bons-bons que moi.
7. soleil Le soleil est bris.
8. chance Vouz avez de la chance hier.
9. obéissent Ils obéissent les parents touts les temps.
10. mauvaises
11. intéressants Les professeurs de français sont intéressants
12. journée
13. quittent ~~Ils~~ quittent la maison à six heure tout les temps.
14. moi cet~~te~~ homme veut danser avec moi.
15. café Prenez du café.
16. froid Il fait froid, aujard'hui.
17. depuis Nous irons à la parque depuis venons ici.
18. trop Il est trop difficile pour moi venir chaque jour.
19. demandez Vous me me demandez pas cela.

20. d'occasion J'achete cette auto d'occasion aujourd'hu

21. à peu près Il a à peu près assez d'argent.

22. emprunter Nous avons emprunté à environ vingt dollars.

23. jouons Nous jouons au tennis chez lui.

24. retrouverai Je retrouverai Marie à la poste demain

25. amènerons Nous amènerons les livres à l'école.

1.2 Traduisez le dialogue suivant:

Robert: Hello, Martin. Where are you going?

Martin: Hello, Robert. I'm going to the meeting of the International Club at Professor Dupont's house.

Robert: What time does it begin?

Martin: At about 3:30. Do you want to go (there) with me?

Robert: With pleasure. I worked all morning and now I'm free for the afternoon. By the way (=à propos), what do you (=on) do at the meeting?

Martin: Lots of things. We have several foreign students. There's a boy from (=who comes from) Mexico, a girl from France, another girl from Belgium, etc. We play cards, we sing together, we talk about their countries. If the weather is fine, we get together (<se réunir) in the garden. We have coffee, tea, cake, etc.

Robert: And if it rains?

Martin: Then we meet in the house, of course. Sometimes we have a little concert. The girl from Belgium can play the violin very well. Her name is (<s'appeler) Marie-Claire. You know her, don't you?

Robert: I think so. Is she (=ce) the girl who gave a little talk (=causerie) about Belgium in our class?

Martin: That's right (=c'est ça). She is very charming, isn't she?

Robert: Indeed (=en effet). Do you speak to her in French?

Martin: A little. I have known her since September, and we have lunch (<déjeuner) together from time to time, and I practice my French.

Robert: You are lucky. I should (=devrais) do the same thing. You know, I have so few chances to speak French.

Martin: You are right. Do you want to have lunch with Marie and me next Monday?

Robert: That's a good idea. By the way, Martin, are there many people at the meeting of the Club?

Martin: That depends. Today there will be many people because most of the members will bring a friend or two (=one or two friends)--I hope so, anyway.

1.3 Apprenez les phrases et les expressions suivantes:

A. Salutations

Bonjour! (Monsieur/Mademoiselle/Madame, etc.)
Bonsoir!
Salut! [s'emploie entre camarades]

Au revoir!
A demain (ce soir/jeudi prochain, etc.)!
Bonne journée!
Bonne soirée!
Adieu! [s'emploie pour une séparation prolongée]

B. Questions sur la santé

Comment allez-vous?
Comment (ça) va?
Ça va (bien)? [familièrement]

Très bien, merci (et vous/toi?).
Pas mal, merci.
Comme ci comme ça.
Ça va bien.
Ça ne va pas (bien).

J'ai mal à la tête (à la gorge/aux yeux/aux dents, etc.).
Je suis fatigué (épuisé/fourbu, etc.).
J'ai mal dormi.
J'ai des insomnies.

C. Remerciements

Merci. [implique souvent un refus]
S'il vous plaît. [implique souvent une acceptation]

Merci beaucoup (mille fois/infiniment, etc.).
Merci quand même. [après un refus]
Mille mercis.

Il n'y a pas de quoi (me remercier).
Pas de quoi.
De rien.
Je vous en prie. [forme très polie]

2.1 Lisez le conte suivant. Relisez-le avec soin, en essayant de tout comprendre sans traduire en anglais. Vous trouverez la définition de certains mots à la fin du conte. Copiez-la en marge, si vous voulez, mais pas entre les lignes.

LE PETIT CHAPERON ROUGE

Il était[1] une fois une petite fille de village, la plus jolie qu'on eût pu[2] voir: sa mère était folle d'elle, et sa grand'mère plus folle encore. Cette bonne femme lui donna un petit chaperon rouge, qui lui allait si bien, que partout on l'appelait le petit Chaperon rouge. 5

Un jour, sa mère ayant fait des galettes,[3] lui dit: "Va voir comment se porte[4] ta grand'mère, car[5] on m'a dit qu'elle était malade. Porte-lui une galette et ce petit pot de beurre." Le

petit Chaperon rouge partit aussitôt pour aller chez sa grand'
mère, qui demeurait dans un autre village. 10

En passant dans un bois, elle rencontra le Loup, qui eut bien
envie de la manger; mais il n'osa, à cause de quelques bûcherons[6]
qui étaient dans la forêt. Il lui demanda où elle allait. La pauvre
enfant, qui ne savait pas qu'il était dangereux de s'arrêter à
écouter un loup, lui dit: "Je vais voir ma grand'mère, et lui 15
porter une galette, avec un petit pot de beurre, que ma mère lui
envoie. --Demeure-t-elle bien loin? lui dit le Loup. --Oh! oui,
dit le petit Chaperon rouge, c'est par delà[7] le moulin que vous
voyez là-bas, à la première maison du village. --Eh bien! dit
le Loup, je veux aller la voir aussi: j'irai par ce chemin-ci, et 20
toi par ce chemin-là; et nous verrons[8] à qui plus tôt y sera."

Le Loup se mit à[9] courir de toute sa force par le chemin qui était
le plus court, et la petite fille s'en alla[10] par le chemin le plus
long, s'amusant à cueillir[11] des noisettes,[12] à courir après des
papillons, et à faire des bouquets des petites fleurs qu'elle trouvait. 25

Le Loup ne fut pas long à arriver à la maison de la grand'mère. Il
heurte:[13] toc, toc. --Qui est là? --C'est votre fille, le petit
Chaperon rouge, dit le Loup en contrefaisant sa voix, qui vous
apporte une galette et un petit pot de beurre, que ma mère vous
envoie. La bonne femme, qui était dans son lit parce qu'elle avait 30
un rhume,[14] lui dit d'entrer. Le Loup se jeta sur la bonne femme,
et la dévora en moins de rien,[15] car il y avait plus de trois jours[16]
qu'il n'avait pas mangé.

Ensuite, il ferma la porte, et alla se coucher dans le lit de la
grand'mère, en attendant le petit Chaperon rouge, qui, quelque 35
temps après, vint heurter à la porte: toc, toc. --Qui est là? Le
petit Chaperon rouge, qui entendit la grosse voix du Loup, eut peur
d'abord, mais, croyant que sa grand'mère était enrhumée,[17] ré-
pondit: "C'est votre fille, le petit Chaperon rouge, qui vous apporte
une galette et un petit pot de beurre, que ma mère vous envoie." 40
Le Loup lui dit d'entrer, en adoucissant[18] un peu sa voix.

Le Loup, la voyant entrer, lui dit en se cachant sous la couverture: "Mets la galette et le petit pot de beurre sur la table, et
viens t'asseoir près de moi." Le petit Chaperon rouge s'assit près
de la grand'mère et fut bien étonnée de voir comment sa grand' 45
mère était faite en son déshabillé. Elle lui dit: "Ma grand'mère,
que vous avez de grands bras! --C'est pour mieux t'embrasser, ma
fille! --Ma grand'mère, que vous avez de grandes jambes! --C'est
pour mieux courir, mon enfant! --Ma grand'mère, que vous avez de
grandes oreilles! --C'est pour mieux t'écouter, ma petite! --Ma 50
grand'mère, que vous avez de grands yeux! --C'est pour mieux te
voir, mon enfant! --Ma grand'mère, que vous avez de grandes
dents! --C'est pour te manger!"

Et, en disant ces mots, ce méchant Loup se jeta sur la petite fille, et
la mangea.

(Charles Perrault, Contes de ma mère Loye)

2.2 Notes

[1]il y avait. [2](on emploie le subjonctif après le superlatif de l'adjectif. Voir XXIV.2.1) [3]gâteaux plats faits de farine, de beurre et d'oeufs. [4]comment va. [5]parce que. [6]gens qui abattent du bois dans une forêt. [7]de l'autre côté du. [8](le futur de voir) [9]commença à. [10]partit. [11]ramasser. [12]"hazel-nuts." [13]frappe à la porte. [14]"cold. [15]très vite. [16]depuis plus de trois jours. [17]avait contracté un rhume. [18]en rendant plus douce.

2.3 Questions

1. Pourquoi est-ce qu'on appelle cette petite fille le "petit Chaperon rouge"? (3-5)
2. Pourquoi la mère envoie-t-elle sa fille à la grand'mère? (7-8)
3. Qu'est-ce que la fille apporte à sa grand'mère? (8)
4. Où demeure la grand'mère? (10)
5. Qu'est-ce que la fille rencontre dans le bois? (11)
6. Pourquoi le Loup ne mange-t-il pas la fille tout de suite? (12-13)
7. Quel chemin le Loup prend-il? Et la fille? (22-24)
8. Depuis combien de jours le Loup n'a-t-il pas mangé? (32-33)
9. Pourquoi la grand'mère est-elle dans son lit? (30-31)
10. Qu'est-ce qui arrive à la grand'mère? (32)
11. Où se cache le Loup quand la fille entre dans la maison? (42)
12. Pourquoi la fille est-elle si étonnée quand elle voit sa grand'mère en son déshabillé? (45-53)

2.4 Exercices

1. Examinez soigneusement le temps des verbes. Expliquez l'emploi du présent, du passé simple, et de l'imparfait. Remarquez que l'emploi du présent rend le récit plus vivant.

2. Changez au passé composé tous les verbes qui sont au passé simple.

3. Racontez cette histoire au présent (sauf le premier paragraphe, qui se terminera ainsi: voici ce qui arriva un jour).

4. Ecrivez deux phrases en employant chacune des expressions suivantes: *

   a) on me dit que (7) On me dit quelle s'appelle Jeanne.

   b) se mettre à (22) Je me mets à acheter les reglas de Noël

   c) de toute sa force (22) Il traverse à la nage de toute sa force.

   d) ne pas être long à (26) Ils ne pas être long à manger la galette.

   e) en moins de rien (32) Il a conduit la voiture à l'ecole en moins de rien.

   f) être étonné de voir (45)

   J Vous serez étonné de voir quand leur petite garcon arrive.

2.5 Discussions

1. Pensez-vous que cette histoire contient une leçon de morale? Quelle serait cette leçon, à votre avis?

2. Connaissez-vous d'autres contes de Perrault? Quels autres contes trouve-t-on dans les Contes de ma mère Loye?

3. Est-ce que les contes de fées devraient avoir un but moralisateur?

4. Si on avait à dramatiser ce conte, combien de scènes et de personnages y faudrait-il?

5. Quel effet la phrase finale a-t-elle sur le lecteur?

6. Pourquoi est-ce qu'il y a souvent un élément de cruauté dans beaucoup de contes de fées qui datent du moyen âge?

7. Racontez cette histoire à la première personne, du point de vue du Loup.

3.1 Causeries et Compositions: Choisissez un des sujets suivants que vous développerez sous forme de composition de 2-4 paragraphes (pour la lire en classe).

1. Changez l'histoire du petit Chaperon rouge de la façon suivante:

   a) Le Loup, n'ayant pas le temps de manger la grand'mère, l'enferme dans une armoire.
   b) Au moment où le Loup va se jeter sur la fille, elle pousse un cri. Par bonheur, un chasseur passe devant la maison. Il entend le cri, se précipite et tue le Loup juste à temps avec son fusil.

2. Choisissez un conte de fées bien connu et assez simple, et racontez-le à la classe. On pourrait choisir, par exemple, un des contes de Grimm ou d'Andersen, qu'on diviserait ensuite en plusieurs parties pour que chaque étudiant ait sa part.

3. Tracez votre propre portrait en répondant aux questions suivantes:

   a) Comment vous appelez-vous?
   b) Quel âge avez-vous?
   c) Où demeurez-vous?
   d) Avez-vous des frères et des soeurs?
   e) Quel est votre passe-temps favori?
   f) Quels sont les sports que vous préférez?
   g) Comment passez-vous les fins de semaines?
   h) Qu'est-ce que vous voulez faire quand vous aurez terminé vos études?

4. Décrivez vos actions du moment où vous vous réveillez le matin jusqu'au moment où vous sortez de la maison pour aller à l'école:

   a) Comment vous réveillez-vous? Est-ce que quelqu'un vous appelle, ou avez-vous un réveille-matin?
   b) A quelle heure vous levez-vous? Avez-vous l'habitude de vous rendormir?
   c) Prenez-vous une douche ou un bain après vous être levé?
   d) A quelle heure prenez-vous votre petit déjeuner? Où le prenez-vous? Qu'est-ce que vous mangez?
   e) A quelle heure sortez-vous de la maison?

5. Tracez un portrait d'un de vos amis en répondant aux questions suivantes:

   a) Son âge?
   b) Son occupation?
   c) Comment avez-vous fait sa connaissance?
   d) Votre opinion de lui?
   e) Son passe-temps favori?
   f) Qu'est-ce que vous aimez faire avec lui?
   g) Ses projets d'avenir?

3.2 Débats: Préparez un débat sur un des thèmes suivants.

1. Devrait-on aller à une grande université ou à un petit "college"?

2. Quels sont les avantages et les inconvénients de la vie dans une grande (ou petite) ville?

3. Un examen hebdomadaire est-il nécessaire dans un cours de français élémentaire?

4. Si on voulait raconter l'histoire du petit Chaperon rouge à un enfant, devrait-on modifier la fin de cette histoire? Ou bien vaut-il mieux ne pas la lui raconter du tout?

LESSON VII

DETERMINATIVES

1. The Demonstrative Adjective

1.1 The demonstrative adjective may be translated into English as "this" or "that" (or "these" or "those"), depending on the context. Note that the masculine singular form cet is used before a word beginning with a vowel sound.

Voici	un	livre.	Regardez	ce	livre!
Voici	un	arbre.	Regardez	cet	arbre!
Voici	une	maison.	Regardez	cette	maison!
Voici	une	armoire.	Regardez	cette	armoire!
Voici	des	livres.	Regardez	ces	livres!
Voici	des	arbres.	Regardez	ces	arbres!
Voici	des	maisons.	Regardez	ces	maisons!
Voici	des	armoires.	Regardez	ces	armoires!

Note also that before a singular noun beginning with a vowel sound or a plural noun, regardless of the gender, there is no difference in the pronunciation of the demonstrative adjective.

cet	ami	[sɛtami]	cet	Américain	[sɛtameʀikɛ̃]
cette	amie	[sɛtami]	cette	Américaine	[sɛtameʀikɛn]
ces	manteaux	[semɑ̃to]	ces	exemples	[sezegzɑ̃pl]
ces	montres	[semɔ̃tʀ]	ces	études	[sezetyd]

1.2 The demonstrative adjective must be repeated before each noun, even though in English one demonstrative adjective may modify more than one noun.

Je	connais	ce	monsieur	et	cette	dame.
J'	ai lu	ce	livre	et	cette	revue.
Il	a pris	cette	plume	et	ce	crayon.
Je	connais	cet	homme	et	cette	femme.
Il	connaît	ces	hommes	et	ces	femmes.
He	knows	these	men	and	-----	women.

1.3 -ci and -là are added to a noun if it is absolutely necessary to make the distinction between "this" ("these") and "that" ("those"). When the context or situation makes the distinction clear, they are not used.

Je prends cette revue -ci puisque Paul a cette revue -là.
Je prends ces revues -ci puisque Paul a ces revues -là.

Voici plusieurs robes; voulez-vous cette robe -ci?
Voici plusieurs robes; voulez-vous cette robe -là?

Voici plusieurs romans; je vais lire ce roman -ci d'abord.
Voici plusieurs romans; je vais lire ce roman -là d'abord.

1.1 a) Prononcez chaque phrase en remplaçant l'article défini par l'adjectif démonstratif:

Je vais aider l'étudiant.
Nous remplissons le verre.
Il allume la cigarette.
Elle comprend la leçon.
Vous jetez les pierres.
Vous racontez l'histoire.
Elle raconte les aventures.
Il répond aux questions.

Elle a effacé tous les mots.
Tout l'effort a été en vain.
Nous avons payé les livres.
Il a laissé le livre chez lui.
Je n'ai pas compris les leçons.
On a tué le petit chien.
Votre voiture a écrasé le chien.
Nous avons abattu l'arbre.

b) Dites en français:

this boy ce garçon
this window cette fenetre
this address cet address
this table ce table
this afternoon cet après-midi
these windows ces fenetres
these men ces hommes.
these records ces discs.
these questions ces questions
these poems ces poems.

this girl cette fille
this door cette porte
this tree cet arbre.
this morning ce matin
this evening ce soir
these girls ces filles
these trees ces arbres.
these cars ces voitures
these problems ces problems
these rooms ces chambres.

1.2 Ecrivez en français:

We know these students and professors.
Nous conaissons ces étudiants et ces professeurs

She brought these men and women.
Elle amenont ces hommes et ces dames.

Do you know these boys and girls?
Conaissez-vous ces garcons et ces filles?

I haven't read these magazines and papers.
Je ne lis pas ces journaux et ces papiers.

When did you meet these soldiers and officers?
Quand est-ce que vous faites recontré ces soldiers et ces officiers.

1.3 Répondez aux questions suivantes d'après le modèle:

Veut-il ce livre-ci?--Non, il veut ce livre-là.

Comprend-il cette leçon-ci?
A-t-elle étudié ce chapitre-ci?
Achetez-vous cette robe-là?
Dansez-vous avec ce garçon-là?
Avez-vous lu ce roman-ci?
Voulez-vous acheter ce disque-là?

Comprenez-vous ces leçons-là?
Parlez-vous de ces hommes-ci?
Sortez-vous avec ces étudiants-ci?
Avez-vous lu ces revues-là?
A-t-il apporté ces disques-ci?
Va-t-elle acheter ces écharpes-là?

2.1 a) Remplacez chaque article indéfini par "mon", "ma", ou "mes", selon le cas:

une affaire mon
des camarades mes
une amie mon
des maisons mes
une adresse mon
des ordres mon

un exemple mon
une infirmière mon
des fleurs mes
des arbres mes
un ami mon
une armoire mon

des tableaux mes
un enfant mon
une femme ma
des études mes
un médecin mon
un groupe mon

b) Répondez aux questions suivantes:

Est-ce que j'ai vu votre maison?
Est-ce que je vais parler à vos parents?
Est-ce que je réponds à votre question?

Est-ce que je comprends ta question?
Est-ce que je lis ton journal?
Est-ce que je respecte ton père?

Lisez-vous ma composition?
Avez-vous regardé mon tableau?
Comprenez-vous mon problème?

Veux-tu regarder mon livre?
N'aimes-tu pas mon chapeau?
Aimes-tu mes livres?

Est-ce que vous connaissez leur enfant?
Avez-vous lu leurs articles?
Connaissez-vous leur oncle?

c) Répondez en employant l'adjectif possessif convenable:

Connaissez-vous la soeur de Jacques?
Est-ce que vous aimez la voiture de mon père?
Avez-vous vu les tableaux de Maurice?
Comprenez-vous la question de cet étudiant?
Voulez-vous aider la soeur de Jean?
Avez-vous parlé au frère de Marie?
Chanterez-vous avec la soeur de Jeanne?
Sortirez-vous avec le frère de Charlotte?
Voulez-vous venir avec le père de Suzanne?

2.2 Ecrivez en français:

Why didn't you bring your brothers and sisters?

Pourquoi est-ce que vous n'avez pas votres frères et votres soeurs?

We saw your brother and sister yesterday.

Nous voyons votre frère et votre soeur hier.

Do you know her friends and relatives?

Connaissez-vous ses amies et ses relatives?

They don't like our neighbors and friends.

Il n'aiment pas nos voicins et nos amis.

Voici mes valises;	ces	valises	-ci	sont très lourdes.
Voici mes valises;	ces	valises	-là	sont très légères.

Voici quelques livres;	ces	romans	-ci	sont intéressants.
Voici quelques livres;	ces	romans	-là	sont ennuyeux.

2. The Possessive Adjective

2.1 The possessive adjective agrees in gender and number with the noun it modifies.

Voici	mon	frère.	Voici	notre	frère.
Voici	ma	soeur.	Voici	notre	soeur.
Voici	mes	frères.	Voici	nos	frères.
Voici	mes	soeurs.	Voici	nos	soeurs.
Voici	ton	cousin.	Voici	votre	cousin.
Voici	ta	cousine.	Voici	votre	cousine.
Voici	tes	cousins.	Voici	vos	cousins.
Voici	tes	cousines.	Voici	vos	cousines.
Voici	son	oncle.	Voici	leur	oncle.
Voici	sa	tante.	Voici	leur	tante.
Voici	ses	oncles.	Voici	leurs	oncles.
Voici	ses	tantes.	Voici	leurs	tantes.

Voici	une	armoire;	c'est	mon	armoire.
Voici	une	adresse;	c'est	ton	adresse.
Voici	une	élève;	c'est	son	élève.

Note that mon , ton , son rather than ma , ta , sa are used before feminine nouns beginning with a vowel sound. It means that there is no difference in the pronunciation of the possessive adjective before a singular noun beginning with a vowel sound.

Voilà Jean;	c'est	mon	ami.	[mɔnami]
Voilà Jeanne;	c'est	mon	amie.	[mɔnami]

Voilà une image;	c'est	son	image.	[sɔnimaʒ]
Voilà un enfant;	c'est	son	enfant.	[sɔnɑ̃fɑ̃]

Note also that the possessive adjective for the third person singular does not distinguish between "his" and "her"--it agrees with the following noun, not with the possessor.

Je ne connais pas le père de	Jeanne	mais je connais	son	frère.
Je ne connais pas le père de	Jean	mais je connais	son	frère.
Je ne connais pas le mère de	Roger	mais je connais	son	père.
Je ne connais pas la mère de	Marie	mais je connais	son	père.
Je ne connais pas l'oncle de	Paul	mais je connais	sa	tante.
Je ne connais pas l'oncle de	Lucie	mais je connais	sa	tante.

2.2 The possessive adjective must be repeated before each noun. Do not follow the English construction.

Il	connaît	mon	oncle	et	ma	tante.
Elle	connaît	notre	frère	et	notre	soeur.
J'	ai amené	mes	amis	et	mes	voisins.
Nous	voyons	son	père	et	sa	mère.
Il	a amené	ses	amis	et	ses	voisins.
He	brought	his	friends	and	---	neighbors.

3. The Interrogative Adjective

3.1 The interrogative adjective agrees in gender and number with the noun it modifies.

Quel	livre	préférez-vous?	Je préfère	son	livre.
Quels	livres	préférez-vous?	Je préfère	ses	livres.
Quelle	robe	préférez-vous?	Je préfère	sa	robe.
Quelles	robes	préférez-vous?	Je préfère	ses	robes.

Quel	cahier	voulez-vous?	Je veux	un	cahier	bleu.
Quels	cahiers	voulez-vous?	Je veux	des	cahiers	bleus.
Quelle	revue	voulez-vous?	Je veux	une	revue	anglaise.
Quelles	revues	voulez-vous?	Je veux	des	revues	anglaises.

3.2 Note that the interrogative adjective may be translated into English as "what" or "which." Used with the verb être , it may be separated from the noun it modifies.

Quel	journal	est-ce que vous cherchez?
Quels	journaux	est-ce que vous cherchez?
Quelle	revue	est-ce que vous cherchez?
Quelles	revues	est-ce que vous cherchez?

Quel	est	son	sport	préféré?
Quels	sont	vos	problèmes?	
Quelle	est	votre	adresse?	
Quelle	est	votre	nationalité?	
Quelle	est	votre	décision?	
Quelles	sont	vos	idées	là-dessus?
Quelle	sera	votre	opinion?	

3.3 The interrogative adjective must be repeated before each noun.

Quel	problème	et	quelle	solution	discutez-vous?
Quels	amis	et	quels	voisins	amènerez-vous?
Quelle	femme	et	quel	homme	cherche-t-elle?
Quelles	tasses	et	quels	verres	as-tu cassés?
Quels	journaux	et	quelles	revues	voulez-vous?
Quel	livre	et	quel	journal	lisez-vous?
What	book	and	----	paper	do you read?

4. Special Problems

4.1 French equivalents of "how" in questions.

Though English "how" is often translated by French comment , there are no literal equivalents for "how fast," "how old," "how long," "how much," etc. French comment cannot be used before an adjective or adverb.

Depuis combien de temps	êtes-vous ici?	How long...?
Depuis quand	êtes-vous ici?	How long...?
Quelle est la longueur	de cette auto?	How long...?
Combien de fois	y allez-vous?	How often...?
Combien d'argent	avez-vous?	How much...?
A quelle distance	allez-vous?	How far...?
Jusqu'où	allez-vous?	How far...?
A quelle vitesse	allez-vous?	How fast...?

3.1 Dites et puis écrivez en français:

What season do you prefer? (books/ dress/ city)

Quel saison preferez-vous?

Which children do you know? (students/ pupils/ professors)

Quels enfants connaissez-vous?

What book are you reading? (magazine/ paper/ novel)

Quel livre lisez-vous?

Which chair do you like better? (table/ car/ lamp)

Quelle chaise aimez-vous mieux?

What records does he want to bring? (books/ wine/ slides)

Quels discs veut-il apporter?

3.2 a) Exercice de substitution:

Quelle est votre nationalité ?

adresse; décision; idée; opinion; profession.

Quel est votre problème ?

sport favori; tableau préféré; avis; bureau; livre.

b) Dites en français:

What is your nationality?
What is your problem?
What is your address?
What is your phone number?
What is your decision?

What is his nationality?
What is his opinion?
What are their ideas?
What are our decisions?
What is her address?

3.3 Ecrivez en français:

What problems and solutions is he discussing?

Quels problèmes et quelles solution discute-t-il?

What paper and magazines do you read?

Quels journaux et quelles revues lisez-vous?

What friends and neighbors will he bring?

Quels amis et quels voisins amene-t-il?

What men and women are you afraid of?

Quels hommes et quelles femmes as-tu peur?

Which boys and girls did you speak to?

Quels fils et quelles filles parlez-vous?

4.1 a) Répondez aux questions suivantes:

Depuis combien de temps étudiez-vous le français?
Depuis quand êtes-vous ici?
Quelle est la longueur de cette voiture?
Combien de fois par semaine allez-vous au cinéma?
Combien d'argent avez-vous sur vous?
A quelle distance est Chicago d'ici?
Jusqu'où voulez-vous m'accompagner?
A quelle vitesse roulez-vous?
De quelle hauteur est cette tour?

Quel âge avez-vous?
Combien coûtent les cigarettes françaises?
Comment avez-vous déchiré ce mouchoir?

b) Posez des questions en français qui exigent les réponses suivantes:

J'ai dix-neuf ans.
Nous allons à soixante-dix kilomètres à l'heure.
Nous étudions le français depuis deux ans.
J'attends le train depuis ce matin.
Je vous accompagnerai jusqu'à la gare.
Je la vois deux fois par semaine.
Ma maison est à deux kilomètres d'ici.
Je n'ai qu'un dollar cinquante sur moi.
Cette voiture de sport est longue de cinq mètres.
Je me suis fait mal en jouant avec Charles.

c) Dites et puis écrivez en français:

How long have you been waiting for me ? (us/ her)
Depuis combien de temps m'attendez-vous?

How often do you go to the movies ? (to his house)
Combien de fois allez-vous aux cinemas?

How far is it from here? (Paris/ New York/ London)
A quelle distance est-il d'ici?

How much did you pay for this book ? (car/ dress)
Combien d'argent payez-vous pour ce livre?

How fast do you drive ? (speak/ walk)
A quelle vitesse conduisez-vous une auto?

How old is your friend ? (mother/ father/ brother)
Quel âge a-t-il votre ami?

How did you tear these dresses ? (books/ papers)
Comment ——— -vous ces robes?

How long is your car ? (room/ desk/ table/ kitchen)
Quelle est la longeur de votre auto?

How much does this watch cost? (book/ magazine/ car)
Combien d'argent est-ce que pour cette montre?

How far do you go when the weather is good? (she)
Jusqu'où allez-vous quand il fait beau?

I don't know how he tore out those pages.
Je ne sais pas comment il ———

Those eggs cost sixty cents per dozen [la douzaine].
C coûte soisante

4.2 a) Ajoutez "comme" à chaque phrase:

(e.g., Il chante bien. --Comme il chante bien!)

Vous travaillez bien.
Il marche vite.
Nous détestons cet homme.
Elle chante mal.
Tu me connais mal.
Il lit rapidement.
Vous êtes belle.
Vous êtes gentil.

De quelle hauteur	est la tour?	How high... ?
Quel âge	avez-vous?	How old... ?
Combien	coûte cela?	How much... ?
Comment	allez-vous?	How... ?

In the following examples, compare the question phrases and answers:

Depuis combien de temps est-ce que vous êtes ici?
Je suis ici depuis deux ans.

Depuis quand est-ce que vous êtes ici?
Je suis ici depuis janvier.

Quelle est la longueur de cette voiture de sport?
Elle a six mètres de long.

Combien de fois par mois allez-vous au cinéma?
J'y vais trois ou quatre fois par mois.

Combien d'argent est-ce que vous avez sur vous?
J'ai à peu près dix dollars.

A quelle distance est New York d'ici?
C'est à (la distance de) quelque 300 kilomètres d'ici.

Jusqu'où voulez-vous m'accompagner?
Je vous accompagnerai jusqu'à la gare.

A quelle vitesse conduisez-vous cette auto?
Je vais à 65 kilomètres à l'heure.

De quelle hauteur est la Tour Eiffel?
Elle a 300 mètres de haut.

Quel âge a votre soeur?
Elle a dix-neuf ans.

Combien coûtent ces mouchoirs, mademoiselle?
Ils sont (coûtent) deux dollars la douzaine.

Comment avez-vous cassé ma montre?
Je l'ai laissée tomber de la table.

4.2 French equivalents of "what" and "how" in exclamations.

English "how" in exclamatory sentences is translated by que or comme . Note that in French the adverb or adjective comes after the verb.

Que (comme)	cet homme	chante	bien!
Que (comme)	Robert	travaille	bien!
Que (comme)	ma soeur	chante	mal!
Que (comme)	tu	parles	vite!

Que (comme)	vous	êtes	gentil!
Que (comme)	vous	êtes	belle!
Que (comme)	vous	êtes	bête!
Que (comme)	je	suis	content!
Que (comme)	cet homme	est	fâché!
Que (comme)	Marie	est	jolie!

Note that the preceding construction is impossible without the subject and the verb.

Que (comme)	c'est	curieux!	How	interesting!
Que (comme)	c'est	joli!	How	nice!
Que (comme)	c'est	bizarre!	How	odd!
Que (comme)	c'est	beau!	How	beautiful!
Que (comme)	c'est	étrange!	How	strange!

English "what" is translated by quel . Note the absence of the indefinite article in French.

Quel	homme!
Quel	professeur!
Quels	beaux tableaux!
Quels	jolis livres!
Quelle	femme!
Quelle	coïncidence!
Quelles	belles fleurs!
Quelles	jolies jeunes filles!

"What" in independent expressions is translated by quoi and comment .

Ton petit chien a été écrasé par une voiture.
Quoi? qu'est-ce que tu dis là?

On m'a appris que mon argent a été volé hier soir.
Comment? vous ne saviez pas cela?

4.3 Il est (ils sont) vs. c'est (ce sont).

Voici Robert.	Il	est	jeune.
Voici Marie.	Elle	est	jolie.
Voici Robert et Marie.	Ils	sont	intelligents.
Voici Julie et Nicole.	Elles	sont	belles.
Voilà Léon.	Il	est	ingénieur.
Voilà Yvonne.	Elle	est	secrétaire.
Voilà René et Denise.	Ils	sont	étudiants.
Voilà Marie et Anne.	Elles	sont	infirmières.

Note that il , elle , ils , elles are used when the verb être is followed by adjectives alone or by unmodified nouns designating nationality, profession, etc.

Voici Robert.	C' est	mon		élève.	
	C' est	un		élève.	
	C' est	un	bon	élève.	
	C' est	un		élève	paresseux.
	C' est	un		élève	de Jeanne.
	C' est	l'		élève	de Jeanne.
Voici Jean et Anne.	Ce sont	mes		amis.	
	Ce sont	des		élèves.	
	Ce sont	de	bons	élèves.	
	Ce sont	des		élèves	paresseux.
	Ce sont	des		élèves	de Jacques.
	Ce sont	les		élèves	de Jacques.

Votre soeur est intelligente.
Vos parents sont sympathiques.
Mon frère est fâché.

b) Exercice de substitution:

Comme c'est [curieux] !

bizarre; étrange; beau; joli; intéressant; amusant; effrayant; formidable; sensationnel; bon.

c) Dites en français:

What a man!
What a nice girl!
What an accident!
What a professor!

What a good idea!
What a girl!
What a beautiful car!
What a woman!

What a soldier!
What a bad boy!
What good news!

d) Ecrivez en français:

Your friend left today. What? Is that true?

We met him twice this morning. How curious it is!

He phoned her ten times today. How interesting!

What? Don't you know that?

How well he speaks! What a man!

How beautiful you are, Rose!

What beautiful flowers! Did he send them to me?

How strange, he couldn't answer my question.

4.3 a) Changez chaque phrase d'après le modèle:

Ce soldat est jeune.--C'est un jeune soldat.

Cet étudiant est jeune.
Cet étudiant est bon.
Cet étudiant est mauvais.
Cet étudiant est intelligent.
Cet étudiant est médiocre.
Cet étudiant est paresseux.

Cette infirmière est jolie.
Cette infirmière est jeune.
Cette infirmière est intelligente.
Cette infirmière est mécontente.

Ces hommes sont vieux.
Ces hommes sont jeunes.
Ces hommes sont paresseux.
Ces hommes sont sérieux.

Ces livres sont petits.
Ces livres sont mauvais.
Ces livres sont amusants.
Ces livres sont coûteux.

b) Exercice de substitution:

Je suis étudiant .

médecin; professeur; Français; Américain; institutrice; enfant; secrétaire; étudiante; élève.

Mon frère est ingénieur .

médecin; professeur; étudiant; élève; chimiste; petit; méchant; content; reporter; docteur; sage; intelligent; philosophe; mécanicien.

c) Répondez aux questions suivantes d'après le modèle:

Est-ce que c'est vous?--Oui, c'est moi.

Est-ce que c'est vous?
Est-ce que c'est toi?
Est-ce que c'est nous?
Est-ce que c'est moi?
Est-ce que c'est elle?
Est-ce que c'est lui?
Est-ce que ce sont eux?
Est-ce que ce sont elles?

d) Ecrivez en français:

I know him; he is a very intelligent student.

What do you think of Mary? She is very pretty.

Do you know Paul? Yes, he is my friend.

She is a very lazy student.

Do you know this book? Yes, it's very good.

Did you go to the party? Yes, it was interesting.

What do you think of that? It's rather good.

4.4 a) Répondez aux questions suivantes:

Est-ce que tout le monde a levé la main?
A-t-elle baissé les yeux?
Est-ce que j'ai les yeux noirs?
Est-ce que vous avez les cheveux bruns?
Avez-vous mal à la tête?
Avez-vous mal aux dents?
Vous lavez-vous les mains?
Vous faites-vous mal au doigt?
Vous brossez-vous les dents?

Voici Anne et Gina.	Ce sont	vos	amies.	
	Ce sont	des	amies	intelligentes.
	Ce sont	de jeunes	amies.	
	Ce sont	des	amies	de Marie.
	Ce sont	les	amies	de Marie.

Note that if the noun after être is modified (by adjectives, including the determinatives, by adjective phrases, clauses, etc.), then ce is used.

Qui est là?	C' est	moi.
Qui est là?	C' est	lui (elle).
Qui est là?	C' est	nous.
Qui est là?	Ce sont	eux (elles).
Qui sait la réponse?	C' est	vous.
Qui sait la réponse?	C' est	toi.

Note that c'est (ce sont for the third plural) is used before the disjunctive pronouns.

Que pensez-vous de mon idée?	Elle	est	excellente.	
	C'	est	une bonne	idée.
	C'	est	excellent.	

Qu'est-ce que vous pensez de cela?	C'est	très bon (bien).
Voulez-vous prendre ce café?	C'est	trop chaud.
Etes-vous allé à l'exposition?	C'était	excellent.
Voulez-vous encore du café?	C'est	assez.
Travaillez-vous toujours?	C'est	fait (fini).

C'est followed by an adjective (or past participle or adverb) refers to ideas or objects pointed out or previously mentioned. It is not used in speaking of people. It always takes the masculine singular adjective (or past participle).

4.4 Definite article with parts of the body.

Tout le monde	a levé	la	main.
Marie-Claire	a baissé	les	yeux.
Son oncle	a mal à	la	tête.
Elle	a froid	aux	pieds.

Note that the possessive adjectives are rarely used before parts of the body. If the subject performs an action on some part of his own body, a reflexive pronoun (in this case an indirect object) is used.

Marie	s'	est	cassé	les	doigts.
Je	me	suis	fait mal	au	pied.
Vous	vous	êtes	lavé	les	cheveux.
Elle	s'	est	lavé	la	figure.
Jeanne	s'	est	brossé	les	dents.

If the similar action is performed by the subject on someone else, then the indirect pronoun replaces the reflexive pronoun.

Marie		a cassé	le	doigt	à Paul.
Je	lui	ai fait mal	au	pied.	
Vous		avez lavé	les	cheveux	à Jeanne.
Elle	lui	a lavé	la	figure.	
Jean		a brossé	les	dents	à Pierrot.

Note, however, that the possessive adjective is used rather than the definite article if the part of the body is modified by an adjective other than droit or gauche .

Elle	lève	les	yeux.	-----
Elle	lève	ses	yeux	bleus.

Elle	baisse	les	yeux.	-----
Elle	baisse	ses	yeux	noirs.

Elle	lève	la	main.	-------
Elle	lève	sa	main	blanche.

Il	se	lave	les	mains.	-----
Il	--	lave	ses	mains	sales.

b) Dans chaque phrase suivante, remplacez "me" par "lui" et faites le changement nécessaire:

Je me suis lavé les mains.
Je me suis lavé les cheveux.
Je me suis cassé le doigt.
Je me suis fait mal au bras.
Je me suis fait mal au pied.
Je me suis brossé les cheveux.
Je me suis brossé les dents.

c) Répétez l'exercice précédent, en remplaçant "me" par "vous".

d) Dites et puis écrivez en français:

How did you break your finger ? (arm/ leg)

Comment vous etes vous cassé la doigt?

I washed my face this morning. (hands/ feet/ hair)

Je me suis lavé la visage ce matin.

I washed their hands before lunch. (feet/ hair/ faces)

Je leur ai lavé les mains.

I hurt my arm . (hand/ foot/ leg)

Je me suis fait mal au bras.

I hurt his hand . (arm/ finger/ leg/ foot)

Je lui ai fait mal à la main
bra

test - WED

on Lesson VII

1.1 a) Prononcez chaque phrase, à la fin de laquelle vous ajouterez "mais sa soeur est...", en employant la forme féminine de l'adjectif qui est dans cette phrase:

(e.g., Paul n'est pas sérieux; mais sa soeur est sérieuse.)

Michel n'est pas content;
Michel n'est pas amusant;
Michel n'est pas intelligent;
Michel n'est pas mécontent;

Charles n'est pas sérieux;
Charles n'est pas généreux;
Charles n'est pas heureux;
Charles n'est pas malheureux;

Jacques n'est pas gros;
Jacques n'est pas las;
Jacques n'est pas jaloux;
Jacques n'est pas doux;

Victor n'est pas inquiet;
Victor n'est pas discret;
Victor n'est pas satisfait;
Victor n'est pas indiscret;

b) Dites et puis écrivez en français:

His house is white but his garage isn't white. (grey)

Sa maison est blanche mais son garage n'est pas blanc.

He is the first to speak but he is also the last to leave. (she)

Il parle le premier mais il est le dernier à partir.

My suitcase is not heavy but my package is very heavy. (your)

Ma valise n'est pas lourd mais mon paquet est très lourde.

That is his favorite film and that is his favorite song. (our)

C'est son filme favori et c'est sa chanson favorite.

Their living room is not very large but their kitchen is rather large. (our)

Leur salon n'est pas très long mais leur cuisine est assez large.

Your brother is not very tall but your sister is very tall. (my)

Votre frère n'est pas très grande mais votre soeur est très grande

My problem isn't important, but my question is very important. (his)

Mon problème n'est pas important, mais ma question est très importante

My water is hot but my coffee is cold. (your)

Mon eau est chaud mais ma café est froid.

My bed isn't too short but my blanket is very short. (his)

Mon lit n'est pas trop de petit, mais ma blankete est très petite

1.2 Mettez chaque adjectif à la forme masculine:

Je ne suis pas Américaine.
Je ne suis pas très certaine de cela.
Je ne suis pas maligne.
Je ne suis pas Parisienne.
Je ne suis pas hautaine.
Je ne suis pas Européenne.
Je ne suis pas vilaine.

LESSON VIII

ADJECTIVES

1. Feminine and Masculine Forms of Adjectives

1.1 Adjectives agree in gender and number with the nouns they modify. The final consonant of most adjectives is heard in the feminine form, but not in the masculine. Study the following examples, paying attention to orthographic changes.

Charlotte	est	paresseuse.	[paʀɛsøz]
Charles	est	paresseux.	[paʀɛsø]
Pauline	est	discrète.	[diskʀɛt]
Paul	est	discret.	[diskʀɛ]
Gisèle	est	intelligente.	[ɛ̃teliʒɑ̃t]
Victor	est	intelligent.	[ɛ̃teliʒɑ̃]
Cette rose	est	blanche.	[blɑ̃ʃ]
Ce papier	est	blanc.	[blɑ̃]

heureuse	heureux	[œʀøz]	[œʀø]
curieuse	curieux	[kyʀjøz]	[kyʀjø]
dangereuse	dangereux	[dɑ̃ʒəʀøz]	[dɑ̃ʒəʀø]
sérieuse	sérieux	[seʀjøz]	[seʀjø]
creuse	creux	[kʀøz]	[kʀø]
basse	bas	[bɑs]	[bɑ]
douce	doux	[dus]	[du]
épaisse	épais	[epɛs]	[epɛ]
fausse	faux	[fos]	[fo]
grosse	gros	[ɡʀos]	[ɡʀo]
lasse	las	[lɑs]	[lɑ]
jalouse	jaloux	[ʒaluz]	[ʒalu]
grise	gris	[ɡʀiz]	[ɡʀi]
complète	complet	[kɔ̃plɛt]	[kɔ̃plɛ]
inquiète	inquiet	[ɛ̃kjɛt]	[ɛ̃kjɛ]
secrète	secret	[səkʀɛt]	[səkʀɛ]
légère	léger	[leʒɛʀ]	[leʒe]
dernière	dernier	[dɛʀnjɛʀ]	[dɛʀnje]
première	premier	[pʀəmjɛʀ]	[pʀəmje]
étrangère	étranger	[etʀɑ̃ʒɛʀ]	[etʀɑ̃ʒe]
gentille	gentil	[ʒɑ̃tij]	[ʒɑ̃ti]
favorite	favori	[favɔʀit]	[favɔʀi]

1.2 If the final consonant heard in the feminine form is a nasal, the [n] of the masculine form is not pronounced and the vowel preceding it is nasalized.

Sa tante	est	maligne.	[maliɲ]
Son frère	est	malin.	[malɛ̃]
Cette idée	est	bonne.	[bɔn]
Ce projet	est	bon.	[bɔ̃]

parisienne	parisien	[paʀizjɛn]	[paʀizjɛ̃]
américaine	américain	[ameʀikɛn]	[ameʀikɛ̃]
européenne	européen	[œʀɔpeɛn]	[œʀɔpeɛ̃]

1.3 There are adjectives whose feminine and masculine forms sound alike.

Ma soeur	est	jeune.	[ʒœn]
Mon frère	est	jeune.	[ʒœn]
Cette auto	est	noire.	[nwaʀ]
Ce cheval	est	noir.	[nwaʀ]
Marianne	est	fière.	[fjɛʀ]
Maurice	est	fier.	[fjɛʀ]
La montre	est	chère.	[ʃɛʀ]
Le tableau	est	cher.	[ʃɛʀ]
Cette femme	est	cruelle.	[kʀyɛl]
Cet homme	est	cruel.	[kʀyɛl]

1.4 There are adjectives whose masculine form has a final consonant different from that of the feminine form.

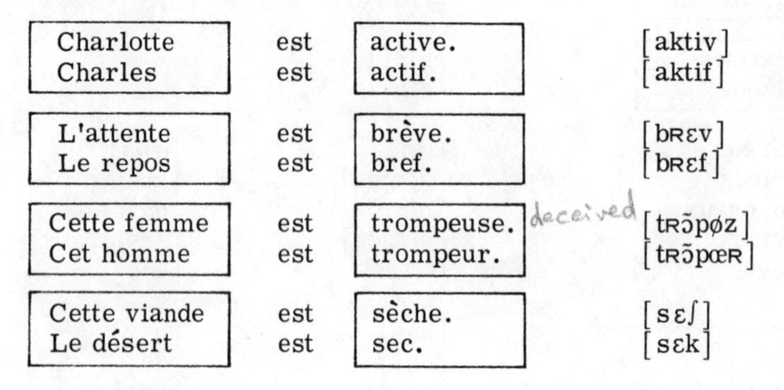

Charlotte	est	active.	[aktiv]
Charles	est	actif.	[aktif]
L'attente	est	brève.	[bʀɛv]
Le repos	est	bref.	[bʀɛf]
Cette femme	est	trompeuse.	[tʀɔ̃pøz]
Cet homme	est	trompeur.	[tʀɔ̃pœʀ]
Cette viande	est	sèche.	[sɛʃ]
Le désert	est	sec.	[sɛk]

2. Plural Forms of Adjectives

2.1 The plural form of most adjectives sounds like the singular form.

Jean et Michel	sont	paresseux.	[paʀɛsø]
Anne et Marie	sont	paresseuses.	[paʀɛsøz]
Paul et Victor	sont	jeunes.	[ʒœn]
Alice et Julie	sont	jeunes.	[ʒœn]

Note that an adjective modifying masculine and feminine nouns assumes the masculine plural form.

Jean et Jeanne	sont	intelligents.
Paul et Pauline	sont	petits.
Marie et ses frères	sont	grands.
Anne et ses amis	sont	méchants.

2.2 Many adjectives having [-al] ending in the masculine singular form have [-aux] ending in the masculine plural.

Voici le	principal	personnage	du roman.
Voici les	principaux	personnages	du roman.

Je ne suis pas surhumaine.
Je ne suis pas inhumaine.
Je ne suis pas incertaine.

1.3 Ecrivez en français:

My mother is very proud of her children.

My car is black and his car is red.

My sister is young, but your brother is younger.

My aunt is rich, but your uncle is richer.

His hands are dirty, but my hands are dirtier.

My room is pleasant, but the living room is more pleasant.

The question is simple, but the problem is even simpler.

My story is sad, but your story is even sadder.

1.4 Dites en français:

This meat is too dry.
Your brother is very active.
The waiting was very short.
The desert is always dry.
The meeting was short.
Your car is brand new.

My dictionary is brand new
Your uncle is old.
My aunt is very old.
This idea is new.
Your plan isn't new.

2.1 Ajoutez "et Jacques" au sujet de chaque phrase:

Mon frère est très paresseux.
Marie est très heureuse.
Alice est très gentille.
Paul est assez intelligent.
Mon oncle est riche.
Cet étudiant est sourd.
Cette jeune fille est triste.

Charles est un étudiant intelligent.
Maurice est un ingénieur français.
Robert est un professeur pauvre.
Louise est une jeune étudiante.
Denise est une belle enfant.
Léon est un mauvais élève.
Michel est un bon chanteur.

2.2 Mettez chaque nom au pluriel:

On discute un problème social.
On discute un problème moral.
On discute un problème national.

C'est un trait national.
C'est un trait régional.
C'est un trait libéral.

Nous écrivons sur un thème musical.
Nous écrivons sur un thème banal.
Nous écrivons sur un thème médical.

Il donne un examen final.
Il donne un sujet banal.
Il parle d'un problème national.
Il parle d'un instrument musical.
Il va passer un examen oral.
Il pose une question banale.
Il mentionne une question sociale.

3.1 a) Exercice de substitution (faites le changement nécessaire):

Voici un [jeune] [étudiant] .

bon; professeur; vieux; ouvrier; facteur; beau; élève; gros; chauffeur; nouveau; employé; autre.

Je connais une étudiante [intelligente] .

paresseuse; mauvaise; bonne; amusante; contente; grosse; petite; malade; gentille; mécontente; autre; heureuse; belle; jolie; jeune.

b) Répondez aux questions suivantes d'après le modèle ci-dessous:

Est-ce que cet enfant est petit? --Oui, c'est un petit enfant.

Est-ce que cette jeune fille est belle?
Est-ce que ce professeur est beau?
Est-ce que cet homme est beau?
Est-ce que cette voiture est longue?
Est-ce que cet étudiant est nouveau?
Est-ce que cet élève est paresseux?
Est-ce que cette voiture est française?

Est-ce que ces enfants sont petits?
Est-ce que ces professeurs sont Américains?
Est-ce que ces jeunes filles sont jolies?
Est-ce que ces hommes sont vieux?
Est-ce que ces autos sont petites?
Est-ce que ces femmes sont heureuses?
Est-ce que ces chaises sont vieilles?

3.2 Ecrivez en français:

I had the rare occasion to see a very rare book.

J'ai eu la rare occasion de voir une livre rare.

This charming child read a charming story.

Cette charmante enfant à lu une conte charmante

This dirty individual stole my money yesterday.

Ce sale individu a volé mon argent hier.

I spent the night in a truly excellent hotel.

J'ai passé la noire en un excellant hôtel.

They gave him a warm reception.

On lui a donné une chaude réception

Je n'aime pas du tout	ce style	colonial.
Je n'aime pas du tout	ces styles	coloniaux.

Il va discuter	ce problème	social.
Il va discuter	ces problèmes	sociaux.

Il va nous donner	un examen	oral.
Il va nous donner	des examens	oraux.

(but)

Je vais me présenter à	l'examen	final.
Je vais me présenter aux	examens	finals.

Le résultat	en a été	fatal.
Les résultats	en ont été	fatals.

3. Position of Adjectives

3.1 While the majority of adjectives in French follow the noun they modify, there are a small number of frequently used adjectives which precede the noun.

Est-ce que vous connaissez	ce	jeune	homme?
Est-ce que vous avez lu	un	autre	conte?
Savez-vous si c'est	un	bon	livre?
Savez-vous si c'est	un	mauvais	chien?
Est-ce que vous voyez	ce	petit	enfant?
Est-ce que vous voyez	ce	grand	arbre?
Est-ce que vous voyez	cette	jolie	lampe?
Est-ce que vous aimez	ce	gros	chat?
Est-ce que vous voyez	ce	haut	mur?
Voulez-vous lire	ce	long	roman?
Est-ce que vous voulez	cette	longue	voiture?

C'est un	vieux	professeur.
C'est un	vieil	hôtel.
C'est une	vieille	femme.

C'est un	nouveau	garçon.
C'est un	nouvel	élève.
C'est une	nouvelle	voiture.

C'est un	beau	tableau.
C'est un	bel	homme.
C'est une	belle	femme.

Note that the forms vieil , bel , nouvel are used before masculine nouns beginning with a vowel sound (vowel or mute h in orthography). Two other adjectives, though used less often, follow the same pattern.

fou	fol	folle	mou	mol	molle

nutty person — soft.

The form fol or mol is seldom encountered since these adjectives usually come after the noun.

3.2 Certain adjectives may precede the noun, when its use is epithetical or when it is in established usage.

un	excellent	hôtel	une	charmante	femme
un	célèbre	auteur	une	charmante	enfant
la	blanche	neige	la	blanche	main
une	rare	occasion	un	terrible	spectacle

Many adjectives change meaning according to position; the meaning is usually literal after the noun and figurative before the noun.

un	noir	soupçon
une	maigre	pension
une	chaude	réception
un	sale	individu

un	manteau	noir
une	femme	maigre
du	café	chaud
une	main	sale

3.3 The following adjectives, quite commonly used, also change meaning according to position.

ancien — J'ai suivi le cours du professeur Durant; c'est donc mon ancien professeur. ("former")
On a bâti cette maison vers la fin du dix-huitième siècle; c'est une maison ancienne. ("old")

brave — Paul est un brave garçon; il m'obéit toujours et il ne ment jamais. ("honest," "worthy")
Paul n'est pas un garçon brave; il a peur de rester tout seul dans cette maison. ("courageous")

cher — Chère Suzanne, si tu savais combien je t'aime! ("dear," "beloved")
Pourquoi avez-vous acheté une montre si chère? ("expensive")

dernier — C'est la dernière fois que je lui prête le dernier roman de Camus. ("last in a series," "most recent")
J'ai vu Pierre samedi matin; je ne l'avais pas vu depuis l'année dernière. ("just elapsed")

même — Jean m'a dit la même chose quand je l'ai vu hier soir. ("same")
Vous devez croire Marie; elle vous dit la vérité même. ("very")
Même la vérité paraît un mensonge dans une situation pareille. ("even")

pauvre — Roger est un pauvre homme; il vient de perdre son fils. ("unfortunate," "to be pitied")
Jules est un garçon pauvre; il n'a que deux dollars pour passer le weekend. ("financially poor").

prochain — Le prochain train pour Paris ne partira pas avant trois heures. ("next in a series")
Je vais visiter ce musée la semaine prochaine. ("next," referring to divisions of time)

propre — Regardez ma maison; je l'ai construite avec mes propres mains. ("own")
Charlot vient de se laver; il a les mains très propres. ("clean")

seul — Mon ami seul peut m'aider dans cette situation. ("alone," "only")
Un seul mot d'amitié suffira. ("single," "only")

grand — Beethoven est un grand compositeur. ("great")
Pourtant Beethoven n'était pas un homme très grand. ("tall," referring to people)

I still see her white hand which I held in mine [=la mienne].

Do you know Louise? She is a charming girl, indeed.

A well-known author gave a speech on one of his novels.

3.3 Dites et puis écrivez en français.

Paul isn't a brave boy. (John/ Roger)

The poor man is very ill. (woman/ boy)

Why did you buy this expensive watch ? (dress/ hat)

The last time I saw him was last month . (week/ year)

His own house is white. (her/ their)

We are going to England next summer . (fall/ spring)

John is a very honest student. (Jack/ Mike)

What time does the next train leave? (bus/ boat)

Suzanne is a very tall girl. (Mary/ Frances)

Where did you go last night ? (month/ week)

I went to see the latest film of Alfred Hitchcock. (program)

She gave us her own records . (books)

I met my former professor the other day. (student)

You have a very clean room . (house)

His dear child has been ill for a month. (wife)

I finished reading the latest novel of F. Sagan. (first)

You know, he gave us the same answer . (sentence)

Freedom alone will change their attitude.

Poor Roger! Last night he lost his only friend.

This great composer died last month.

That's the very book he wants to buy.

Even my brother doesn't have any expensive books.

4.1 a) Exercice de substitution (faites le changement nécessaire):

Mon cousin est plus grand que votre ami.

intelligent; paresseux; jeune; grand; important; maigre; amusant; sage; beau; ennuyeux; gros.

Votre frère est plus grand que moi.

content; méchant; meilleur; maigre; pire; jeune; moins; intelligent; petit; aussi; gros; adroit; intelligent; grand; plus; mécontent.

b) Répondez aux questions suivantes:

Lequel est plus grand, votre livre ou mon livre?
Laquelle est moins jolie, Marie ou sa cousine?
Est-ce que mon cahier est aussi joli que ce livre?
Est-ce que Jean est aussi grand que votre ami?
Les garçons sont-ils plus intelligents que les jeunes filles?
Un gratte-ciel est-il moins haut qu'une maison?

4.2 Dites en français:

We have more friends than you.
We have more than fifty books.
They have more intelligent brothers.
They brought more than five friends.
You have younger friends than Paul.
You have more young friends than your brother.
I have less dresses than you.
My dresses are prettier than her dresses.
Mary read as many books as I.
Mary doesn't have as many books as you.
John has more than twenty ties.
His grades are better than my grades.

5.1 Répondez aux questions suivantes:

Qui est la meilleure étudiante de la classe?
Qui est le garçon le plus grand?
Qui est l'enfant le plus gâté de la famille?
Qui est le pire acteur?

Lequel est le livre le plus intéressant?
Lequel est le journal le plus ridicule?
Laquelle est la maison la plus grotesque?
Laquelle est la plus belle maison?

Est-ce le livre le plus ennuyeux?
Est-ce la jeune fille la plus intelligente?
Est-ce l'enfant le plus gâté?
Est-ce le pire acteur de la troupe?

4. Comparison of Adjectives

4.1 Comparison is expressed by plus...que ("more...than"), moins...que ("less...than"), and aussi...que ("as...as").

Charles	est	plus	intelligent	que	son frère.
Charles	est	moins	intelligent	que	son frère.
Charles	est	aussi	intelligent	que	son frère.

Hélène	est	plus	belle	que	Suzanne.
Hélène	est	moins	belle	que	Suzanne.
Hélène	est	aussi	belle	que	Suzanne.

Note the irregular comparative form of bon and mauvais . The latter has a regular form also.

Votre	maison	est	plus	belle	que	sa maison.
Votre	maison	est	----	meilleure	que	sa maison.
Votre	maison	est	----	pire	que	sa maison.
Votre	maison	est	plus	mauvaise	que	sa maison.

4.2 Observe the construction of the quantitative comparison of a noun with the partitive article. Distinguish it from the comparison of adjectives.

Jeannette	achète	plus	de	livres	que	vous.
Jeannette	achète	moins	de	livres	que	vous.
Jeannette	achète	autant	de	livres	que	vous.

Les livres de Jeannette sont	plus	amusants	que	vos livres.
Les livres de Jeannette sont	moins	amusants	que	vos livres.
Les livres de Jeannette sont	aussi	amusants	que	vos livres.

Note also that "more than" followed by a number is expressed by plus de .

Clara	a apporté	plus de dix	livres.
Marie	m'a donné	plus de cinq	disques.
Henri	l'a grondé	plus de dix	fois.
Robert	a lu	plus de six	revues.

5. The Superlative of Adjectives

5.1 The superlative is expressed by plus preceded by the definite article. Note the use of de after the adjective.

Denise	est	la plus	belle	étudiante	de	la classe.
Michel	est	le plus	jeune	enfant	de	la famille.
C'	est	la plus	jolie .	maison	de	la rue.
Gaston	est	le ----	meilleur	étudiant	du	groupe.
Claude	est	le ----	pire	acteur	de	ce groupe.
Claude	est	le plus	mauvais	acteur	de	ce groupe.

Pierre	est	le	garçon	le plus	intelligent	de	la classe.
Marie	est	l'	étudiante	la plus	ridicule	de	l' école.
Paul	est	l'	enfant	le plus	gâté	de	la famille.
C'	est	le	livre	le plus	intéressant	de	l'année.

5.2 Note the use of the subjunctive if the superlative adjective is followed by a modifying clause.

C'est	le plus beau	tableau	que	nous ayons vu.
C'est	le plus mauvais	élève	que	je connaisse.
Voilà	la plus jolie	maison	que	vous puissiez acheter.

C'est	la pierre	la plus précieuse	qu'	il y ait au monde.
Voilà	la leçon	la plus difficile	qu'	on puisse trouver.
Voici	le garçon	le plus paresseux	que	je connaisse.

6. Special Problems

6.1 Nouveau vs. neuf.

Study the following sentences. Note that neuf (neuve) is never used before the noun.

Votre frère m'a offert son livre qu'il avait employé l'année passée. Mais je préfère un livre neuf. ("brand new")

On me dit que vous avez acheté une nouvelle auto. Est-ce vrai? Oui, j'ai acheté une auto neuve. ("brand new")

Combien d'argent avez-vous dépensé pour faire réparer votre auto, Robert? Je ne vous le dirai pas, mais elle est maintenant comme neuve. ("brand new")

Ce livre n'est pas très intéressant. Je veux lire un nouveau livre. ("different," "another," "new to the person")

Il ne s'est pas présenté à cet examen. Il veut attendre une nouvelle occasion. ("another," "different")

Je ne connais pas ce livre. Est-ce un livre nouveau? ("recent," "just out")

Dites-moi cela encore une fois. C'est une idée nouvelle. ("new to everyone")

6.2 French equivalents of "old" and "young."

There are no single words in French that fulfill all the functions of the English words "old" and "young." Study the following constructions.

Quel âge	avez-vous?	J'	ai	dix-neuf	ans.
Quel âge	a votre soeur?	Elle	a	seize	ans.
Quel âge	a son père?	Il	a	quarante	ans.

Voilà	une	femme	(âgée) de trente ans.
Voilà	un	garçon	(âgé) de douze ans.
Voilà	un	homme	(âgé) de trente ans.

Cet homme	est	vieux.	Cet homme	est	âgé.
Cette femme	est	vieille.	Cette femme	est	âgée.
Ce livre	est	vieux.	Ce livre	est	ancien.
Cette auto	est	vieille.	Cette auto	est	ancienne.

5.2 Répondez aux questions suivantes:

Lequel est le roman le plus intéressant que vous ayez lu?
Laquelle est l'élève la plus paresseuse que nous connaissions?
Est-ce la plus belle cravate qu'on puisse acheter?
Est-ce le document le plus précieux qu'il y ait?
Est-ce la leçon la plus facile qu'on puisse trouver?
Est-ce le garçon le plus intelligent que nous connaissions?

6.1 a) Répondez aux questions suivantes:

Est-ce que vous voulez une voiture neuve?
Avez-vous lu un nouveau roman?
Est-ce que votre idée est vraiment nouvelle?
Votre voiture est-elle comme neuve?
Avez-vous lu ce livre nouveau?
Est-ce que vous connaissez ce nouvel élève?

b) Ecrivez en français:

Mary wants to buy another dress.

Marie veut acheter une autre robe neuve,

Charles has a new idea; listen to him!

Charles a une nouvelle idée ecoutez-le !

He bought a new car. His former car was five years old and his new car is brand new.

Il a acheté une voiture neuve. Sa voiture ancienne avait cinq ans et sa nouvelle voiture est neuve,

This man created a new style.

Cet homme a créa un nouveau style.

He is a new student; I don't know him.

Il est un nouvel étudiant ; Je ne le connais pas.

Did you buy a new dress?

Achetez-vous une robe neuve?

Roger has a new plan; I hope he will succeed.

Roger a un plan nouveau; J'espère qu'il reussiss.

They bought a brand new suitcase yesterday.

Ils ont acheté une valise neuve hier.

6.2 a) Répondez aux questions suivantes:

Quel âge avez-vous?
Quel âge a votre père?
Quel âge a votre mère?
Quel âge a votre voisin?
Quel âge a votre frère?
Quel âge a votre soeur?

Est-ce que ce livre est plus vieux que mon livre?
Est-ce que votre voiture est plus vieille que ma voiture?
Est-ce que votre frère est plus âgé que Paul?
Est-ce que votre mère est plus âgée que moi?
Est-ce que votre maison est plus ancienne que la maison de Marie?
Est-ce que ma machine à écrire est moins vieille que mon bureau?

b) Dites et puis écrivez en français:

I am ten years younger than [Paul]. (Daniel)

J'ai dix ans de moins que Paul

Irene is two years younger than her [husband]. (sister)

Irène a deux ans de moins que son mari.

Are you younger than your [brother]? (sister)

Est-ce que tu as moins d'âge que ton frère?

Peter is a year older than his [cousin]. (friend)

Pierre a un an de plus que son cousin.

Do you know Paul? He is twenty-one years old, the same age as my brother.

Connais-tu Paul? Il a vingt et un ans, la meme age que mon frere.

Her mother seems to grow younger each time I see her.

Sa mere (comme) rajeunir chaque fois je la vois

She has a fifteen-year old daughter.

Elle a une fille de quinze ans.

Her daughter is four or five years younger than you.

Sa fille est de quatre ou cinq ans moins âgé que vous

I think you are about twenty, aren't you?

Je pense que tu as environs vingt ans, n'est-ce pas?

Her husband has grown old since last summer.

Son mari a vieilli depuis l'ané dernier.

Do you have a ten-year old cousin?

Avez-vous une cousine de dix ans.

6.3 a) Répondez aux questions suivantes:

Cherchez-vous un homme tel que Paul?
Voulez-vous vous marier avec un jeune homme tel que mon ami?
Pensez-vous à une jeune fille telle que Marie?
Voulez-vous épouser une jeune fille telle que Jacqueline?
Cherchez-vous un homme tel que lui?
Cherchez-vous des étudiants tels qu'eux?
Avez-vous lu de tels romans?
Voulez-vous un tel livre?

Avez-vous jamais vu un si joli tableau?
Voulez-vous une montre si chère?
Connaissez-vous un homme si intelligent?
Avez-vous jamais connu un élève si paresseux?
Avez-vous lu un roman si amusant?
Voulez-vous détruire un si beau tableau?
Achèterez-vous des robes si chères?
Sortez-vous avec de si jeunes étudiants?

b) Ecrivez en français:

Who has seen such a beautiful girl?

Qui a vu de si belle fille?

We are looking for a student like you.

Nous cherçons une étudiant telle que vous.

Such students will not succeed.

De Tels étudiants ne reussironts pas,

You have such lazy students.

Vous avez de si étudiants parasseux

Pierre	a	huit	ans	de plus	que son frère.
Maurice	a	six	ans	de plus	que son cousin.
Irène	a	cinq	ans	de plus	que vous.
Vous	avez	deux	ans	de moins	que moi.
J'	ai	trois	ans	de moins	que lui.
Marie	a	dix	ans	de moins	que son mari.

Pierre	est	de huit	ans	plus âgé	que son frère.
Maurice	est	de six	ans	plus âgé	que son cousin.
Irène	est	de cinq	ans	plus âgée	que vous.
Vous	êtes	de deux	ans	moins âgé	que moi
Je	suis	de trois	ans	moins âgé	que lui.
Marie	est	de dix	ans	moins âgée	que son mari.

Note below the special verbs vieillir "to become old" and rajeunir "to become young (again)."

Ne travaillez pas tellement; comme ça on vieillit trop vite!
Depuis qu'il a cessé de travailler, il vieillit rapidement. Regardez-le, comme il a vieilli!

Ma chérie, teindre les cheveux n'est pas le meilleur moyen de rajeunir!
Depuis qu'elle a cessé de travailler pour lui, elle rajeunit. Regardez-la, comme elle a rajeuni!

6.3 French equivalents of "such."

Study the position of tel in the following.

Nous	cherchons	un	tel	homme.
Nous	cherchons	une	telle	femme.
Nous	cherchons	de	tels	hommes.
Nous	cherchons	de	telles	femmes.

Robert	veut épouser	une jeune fille	telle	que	vous.
Lucie	adore	un garçon	tel	que	lui.
Nous	cherchons	des étudiants	tels	que	vous.
On	aime	des infirmières	telles	que	vous.

Si must be used if the noun is modified by an adjective.

Où avez-vous acheté	un	si	beau	livre?
Où avez-vous acheté	une	si	belle	montre?
Où avez-vous acheté	de	si	jolis	tableaux?
Où avez-vous acheté	de	si	belles	fleurs?

Pourquoi avez-vous acheté	un tableau	si	ridicule?
Pourquoi avez-vous acheté	une montre	si	chère?
Pourquoi avez-vous acheté	des gants	si	rouges?
Pourquoi avez-vous acheté	des tables	si	anciennes?

LESSON IX

INTERROGATIVE AND NEGATIVE PATTERNS

1. Interrogative Patterns

1.1 A statement may be transformed into a question by a change in intonation. The declarative pattern (rising and falling) is changed to the question pattern (rising). See Pronunciation Lesson, Section II.

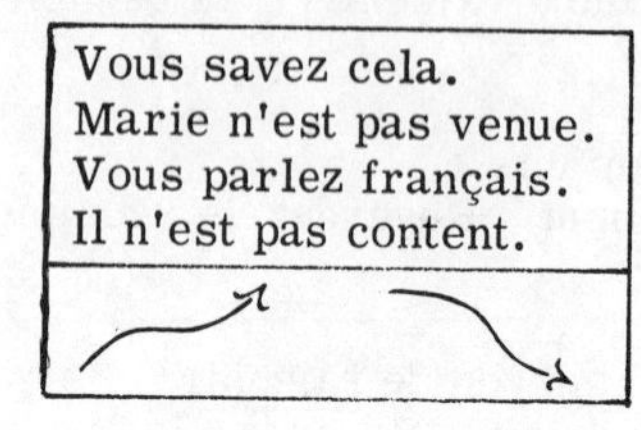

Vous savez cela.
Marie n'est pas venue.
Vous parlez français.
Il n'est pas content.

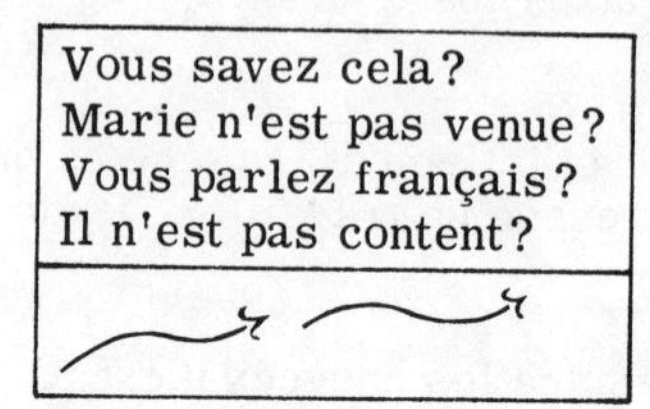

Vous savez cela?
Marie n'est pas venue?
Vous parlez français?
Il n'est pas content?

1.2 The addition of n'est-ce pas? at the end of a statement changes it to a question. The speaker using this form is usually expecting agreement rather than contradiction.

Vous savez la vérité.	Vous savez la vérité,	n'est-ce pas?
Il me ment.	Il me ment,	n'est-ce pas?
Elle va bien.	Elle va bien,	n'est-ce pas?
Paul n'est pas jeune.	Paul n'est pas jeune,	n'est-ce pas?
Je ne me trompe pas.	Je ne me trompe pas,	n'est-ce pas?
Il ne pleuvra pas.	Il ne pleuvra pas,	n'est-ce pas?

1.3 A statement can be turned into a question by prefixing est-ce que... ? . See I.4.1.

Tu me dis la vérité.	Est-ce que	tu me dis la vérité?
Je connais Blanche.	Est-ce que	je connais Blanche?
Rose danse très bien.	Est-ce que	Rose danse très bien?
Il n'est pas ridicule.	Est-ce qu'	il n'est pas ridicule?
Tu ne comprends rien.	Est-ce que	tu ne comprends rien?
Il ne fera pas chaud.	Est-ce qu'	il ne fera pas chaud?

1.4 A statement can be changed to a question by inverting the usual word order: pronoun subject + verb . A hyphen is used between the inverted words.

Tu	finis	la leçon.	Finis-	tu	la leçon?
Il	finit	la leçon.	Finit-	il	la leçon?
Elle	finit	la leçon.	Finit-	elle	la leçon?
Nous	finissons	la leçon.	Finissons-	nous	la leçon?
Vous	finissez	la leçon.	Finissez-	vous	la leçon?
Ils	finissent	la leçon.	Finissent-	ils	la leçon?
Elles	finissent	la leçon.	Finissent-	elles	la leçon?

Remember that the third person subject pronouns are always pronounced [til] and [tɛl] in inversion. It means that in case of the singular forms, if the verb ends in a vowel, a -t- is inserted between the verb and the subject pronoun. See I.4.2.

1.1 Mettez chaque phrase à l'interrogatif en changeant l'intonation:

J'ai tort.
Je suis indulgent.
Je vais faire tout cela.

Tu dis quelque chose.
Tu as parlé à mon ami.
Tu es allé à la gare.

Il comprend la leçon.
Il ne parle pas français.
Elle ne veut pas te revoir.

Nous devons faire cela.
Nous ne voulons pas étudier.
Vous ne savez rien.
Vous avez compris l'explication.
Ils sont très dociles.
Elles ne parlent pas français.

1.2 Répétez l'exercice précédent, mais cette fois employez "n'est-ce pas?".

1.3 a) Répétez l'exercice précédent en employant "est-ce que...?".

b) Mettez les phrases suivantes à l'interrogatif:

Vous n'avez pas dit la vérité.
Marie ne comprend pas ce que vous dites.
Je dois parler à votre frère.
Il a peur des examens oraux.
Nous ne voulons pas rester ici.
Ils ne partiront pas avant demain.
Tu n'as pas fait ton devoir de français.

1.4 a) Mettez les phrases suivantes à l'interrogatif en employant l'inversion:

Tu ne descends pas l'escalier.
Il ne finit pas son travail.
Elle ne comprend pas cette question.
Nous n'avons pas encore fait cela.
Vous n'êtes pas allé en Russie.
Ils n'ont pas compris l'explication.
Elles ne sont pas sorties hier soir.

André aide son ami.
Henri allume une cigarette.
Pierre apporte un journal.
Claude n'a pas gagné d'argent.
Michel n'est pas allé à l'école.
Jacques n'a pas reçu de lettres.

Marie a compris cette question.
Jeanne va à la gare ce soir.
Suzanne n'est pas venue ce matin.
Françoise n'a pas appris la leçon.
Mes frères ne vous ont pas répondu.
Vos amis n'ont pas appris cette leçon.

Tu te promènes dans le parc.
Il se lève avant sept heures.
Elle se dépêche d'aller à la classe.
Nous nous levons assez tôt.
Vous vous réveillez à six heures.
Ils se couchent de bonne heure.
Elles se souviennent de ma promesse.

Tu t'es brossé les cheveux.
Il s'est lavé la figure.
Nous nous sommes endormis en classe.
Vous vous êtes dépêché ce matin.
Ils se sont promenés ensemble.

1.5 Dites et puis écrivez en français:

How does your brother sing? (friend/ sister)

When does the train leave? (bus/ boat)

Where is Marie coming from? (Rose/ Anne)

Where is your father going? (uncle/ mother)

What is John looking for? (Mary/ Louis)

How much does this book cost? (notebook/ car)

How much did you pay for the book ? (pen/ hat)

When did Mary arrive? (John/ the train)

How did Alice sing? (Pauline/ Yvonne)

2.1 Exercice de substitution:

Je ne regarde pas de livres .

jamais; jeunes filles; plus; garçons; guère; tableaux; point; fleurs; jamais; plus; guère.

Je ne vois aucune étudiante .

table; différence; lettre; femme; nulle; voiture; jeune fille; élève; aucun; livre; cahier.

Il n'y a rien sur la table .

dans le bureau; personne; dans la salle; dans la chambre; rien; sous le lit; derrière la table.

Parlent-	ils	français ou espagnol?
Donnent-	elles	des cadeaux à Marie?
Vont-	ils	à l'église le dimanche?

Parle-	t-il	français ou espagnol?
Donne-	t-elle	des cadeaux à Marie?
Va-	t-il	à l'église le dimanche?
A-	t-elle	beaucoup de livres?

Inversion involving the first person singular (je) occurs mainly in literary style. Note what happens when the verb ends in -e .

Je	suis belle.	Suis-	je	belle?
Je	dois m'en aller.	Dois-	je	m'en aller?
Je	peux m'asseoir ici.	Puis-	je	m'asseoir ici?
Je	reste à la maison.	Resté-	je	à la maison?
Je	donne de l'argent.	Donné-	je	de l'argent?
J'	explique le secret.	Expliqué-	je	le secret?

Other than the form puis-je , the above forms are practically never used in conversation.

1.5 Interrogative word order after "question" words: Note that in the examples below, the expressions on the left side correspond to the "question" words on the right.

Adèle	chante	bien.	Comment	chante	Adèle?
Adèle	arrive	demain.	Quand	arrive	Adèle?
Adèle	viendra	de Paris.	D'où	viendra	Adèle?
Adèle	va	à Paris.	Où	va	Adèle?
Adèle	regarde	le chat.	Que	fait	Adèle?
Cela	coûte	dix francs.	Combien	coûte	cela?

Note that with such "question" words, it is not necessary to use est-ce que or the inverted word order with a pronoun. This type of construction is possible only if the verb is in a simple tense and if it has no object or modifier, so that the noun ends up in final position.

Quand	arrive	le train?	
Quand		le train	arrive-t-il?
Quand	est-ce que	le train	arrive?
Quand	est-ce que	le train	est arrivé?

2. Negative Patterns

2.1 Learn the following negative particles which may replace pas .

Je	ne	regarde	pas	ce livre.	(not)
Je	ne	regarde	jamais	ce livre.	(never)
Je	ne	regarde	plus	ce livre.	(no more, longer)
Je	ne	regarde	guère	ce livre.	(hardly, seldom)
Je	ne	regarde	point	ce livre.	(not at all)
Je	ne	regarde	que	ce livre.	(only)
Je	ne	regarde	personne.		(no one)
Je	ne	regarde	rien.		(nothing)
Je	ne	regarde	aucun	-- livre.	(not a single)
Je	ne	regarde	nul	-- livre.	(not a single)
Je	ne	regarde	ni	ce livre ni ce stylo.	(neither...nor)

2.2 The partitive article de is used after the negative (see II. 4. 5). Note, however, the construction required for ne...que and ni...ni .

Je bois	du	café.	Je	ne	bois	pas	de	café.
Je mange	de la	viande.	Je	ne	mange	jamais	de	viande.
Je reçois	de l'	argent.	Je	ne	reçois	plus	d'	argent.
Je désire	du	thé.	Je	ne	désire	point	de	thé.
Je lis	des	revues.	Je	ne	lis	guère	de	revues.

Je mange	du	fromage.	Je	ne	mange	que	du	fromage.
Je désire	de l'	encre.	Je	ne	désire	que	de l'	encre.
Je lirai	des	revues.	Je	ne	lirai	que	des	revues.

Je	ne	mange	ni	viande	ni	pommes de terre.
Je	ne	lirai	ni	revues	ni	journaux.
Je	ne	vois	ni	hommes	ni	femmes.

Remember, however, that it is only the partitive article which appears as de after the negative. In other words, pas , plus , etc., are not always followed automatically by de :

Il mange	du	fromage.	Il	ne	mange	pas	de	fromage.
Il voit	des	livres.	Il	ne	voit	pas	de	livres.
Il achète	de la	crème.	Il	n'	achète	pas	de	crème.
Il donne	de l'	argent.	Il	ne	donne	pas	d'	argent.

Il aime	le	fromage.	Il	n'	aime	pas	le	fromage.
Il préfère	les	livres.	Il	ne	préfère	pas	les	livres.
Il déteste	le	vin.	Il	ne	déteste	pas	le	vin.
Il vient	du	Canada.	Il	ne	vient	pas	du	Canada.
Il parle	du	Mexique.	Il	ne	parle	pas	du	Mexique.

2.3 Some of the negative particles may be used without the verb.

Qui est venu hier soir?	Personne.
Qu'est-ce que vous avez dit?	Rien.
Qu'est-ce que voyez là-dedans?	Rien du tout.
Lequel de ces livres veut-il?	Aucun (nul).
Connaissez-vous Marie?	Pas du tout.
Est-ce que vous êtes prêt?	Pas encore.
Voulez-vous danser avec ce type?	Absolument pas.
Voulez-vous sortir avec ce type?	Jamais.

Note that pas by itself cannot be used in an independent position.

2.4 Some of the negative particles may be used as the subject pronoun.

Paul	est venu.	Personne	n'	est venu.
Ce roman	m'intéresse.	Rien	ne	m'intéresse.
Cet homme	partira demain.	Nul	ne	partira demain.
La femme	viendra.	Nulle	ne	viendra.
L'enfant	chante bien.	Aucun	ne	chante bien.
La femme	parle français.	Aucune	ne	parle français.

2.2 a) Répondez aux questions suivantes en employant "ne...que":

Est-ce que vous regardez la télévision?
Est-ce que Marie ne comprend pas cette leçon?
Maurice aime-t-il les pommes?
Jeannine ne préfère-t-elle pas les oranges?

Est-ce que vous mangez des pommes?
Est-ce que vous buvez du café?
Est-ce que vous prenez du thé?
Est-ce que vous lisez des revues?

Ne buvez-vous pas de citronnade?
Ne mangez-vous pas de viande?
Ne prenez-vous plus de crème?
Ne lisez-vous guère de journaux?

b) Répondez aux questions suivantes en employant "ni...ni...":

Marie boit-elle du café ou du thé?
Jean prend-il du vin ou de la bière?
Vos amis mangent-ils du pain ou du fromage?
Ses frères veulent-ils des livres ou des revues?

Voulez-vous de l'eau ou de la citronnade?
Mangez-vous du pain ou de la viande?
Achetez-vous des revues ou des journaux?
Voyez-vous des garçons ou des jeunes filles?

Voulez-vous des livres ou des journaux?
Prendrez-vous des revues ou des journaux?
Mangez-vous des pommes ou des bananes?
Achetez-vous des oranges ou des poires?

2.3 Répondez aux questions suivantes:

Voulez-vous aller au cinéma?
Dansez-vous avec ce jeune homme?
Connaissez-vous cet homme?
Voulez-vous me donner de l'argent?
Est-ce que vous êtes prêt?
Avez-vous déjà parlé à mon père?
Voyez-vous quelque chose là-dedans?
Connaissez-vous quelqu'un là-bas?
Savez-vous quelque chose là-dessus?
Aimez-vous parler de votre ami?
Voulez-vous un de mes livres?
Connaissez-vous un de ces étudiants?

2.4 Exercice de substitution:

[Aucun étudiant] ne viendra ce soir.

aucune femme; personne; nul homme; nul élève; aucun professeur; personne; aucun; aucune; nul.

[Rien] ne se passera aujourd'hui.

aucun accident; nul accident; rien; nul incident.

2.5 Dites en français:

We never saw this book.
He hardly studied his lesson.
We didn't come yesterday.
We read nothing.
We saw no one in the house.

We saw no student.
We saw only students.
We no longer saw Paul.
We read no books today.
We didn't read a single book today.

3.1 Répondez affirmativement et puis négativement à chaque question:

Est-ce que vous lisez quelque chose?
Est-ce que vous mangez quelque chose?
Est-ce que vous regardez quelqu'un?
Est-ce que vous parlez à quelqu'un?
Est-ce que vous allez quelque part?
Est-ce que vous venez de quelque part?

Ne lisez-vous rien?
Ne comprenez-vous rien?
Ne regardez-vous personne?
Ne choisissez-vous personne?
N'allez-vous nulle part?
Ne trouvez-vous cela nulle part?

Est-ce que je peux dire n'importe quoi?
Est-ce que je peux parler à n'importe qui?
Est-ce que je peux aller n'importe où?

Pouvez-vous lire n'importe quoi?
Pouvez-vous choisir n'importe qui?
Pouvez-vous trouver cela n'importe où?

Veut-elle faire n'importe quoi?
Veut-elle voir n'importe qui?
Veut-elle aller n'importe où?

3.2 Ecrivez en français:

Have you found anything interesting?

Didn't you see anyone interesting last night?

I'll bring you something good.

She will introduce you to someone intelligent.

Something serious happened last night.

We know no one more intelligent than you.

Can't you give me something easier?

Don't they want anything cheaper?

You won't find anything better.

2.5 Note the position of the negative particles in the compound tense.

Nous	n'	avons	pas	vu	cette maison.
Nous	n'	avons	jamais	vu	cette maison.
Nous	n'	avons	plus	vu	cette maison.
Nous	n'	avons	guère	vu	cette maison.
Nous	n'	avons	point	vu	cette maison.
Nous	n'	avons	rien	vu.	

Nous	n'	avons vu	que	cette maison.			
Nous	n'	avons vu	aucune	---- maison.			
Nous	n'	avons vu	nulle	---- maison.			
Nous	n'	avons vu	personne.				
Nous	n'	avons vu	ni	cette maison	ni	ce garage.	

3. Special Problems

3.1 French equivalents of "anyone," "anything," "anywhere," "someone," "something," and "somewhere."

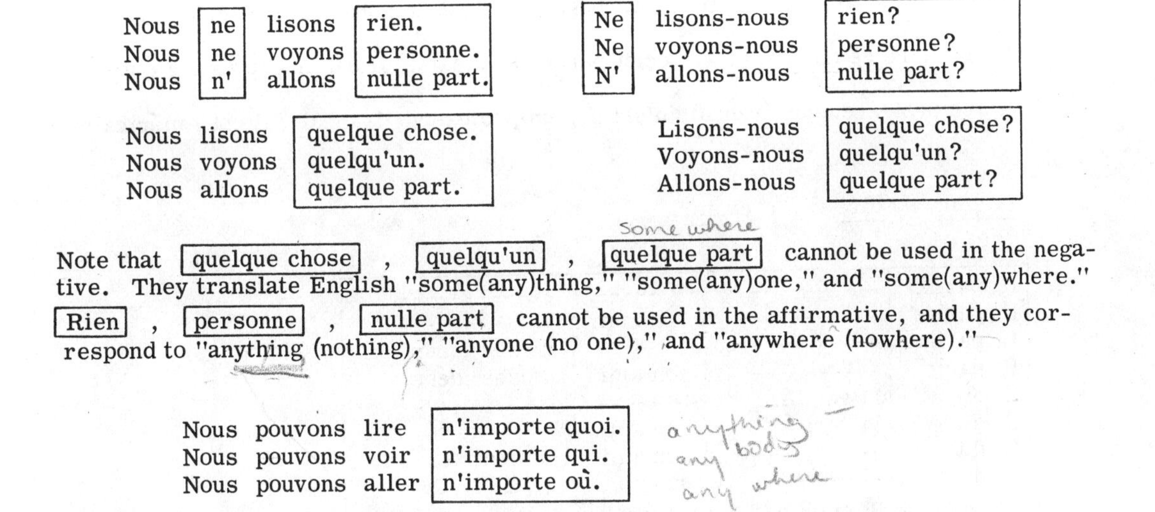

Nous	ne	lisons	rien.
Nous	ne	voyons	personne.
Nous	n'	allons	nulle part.

Ne	lisons-nous	rien?
Ne	voyons-nous	personne?
N'	allons-nous	nulle part?

Nous	lisons	quelque chose.
Nous	voyons	quelqu'un.
Nous	allons	quelque part.

Lisons-nous	quelque chose?
Voyons-nous	quelqu'un?
Allons-nous	quelque part?

Note that quelque chose , quelqu'un , quelque part cannot be used in the negative. They translate English "some(any)thing," "some(any)one," and "some(any)where." Rien , personne , nulle part cannot be used in the affirmative, and they correspond to "anything (nothing)," "anyone (no one)," and "anywhere (nowhere)."

Nous	pouvons	lire	n'importe quoi.
Nous	pouvons	voir	n'importe qui.
Nous	pouvons	aller	n'importe où.

The above expressions translate "anything," "anyone," and "anywhere" in stressed positions (that is, "anything at all, no matter what," "anyone at all, no matter who," "anywhere at all, no matter where").

3.2 De after quelque chose, quelqu'un, rien, and personne.

Note the use of de and the position of adjectives in the following examples.

	Voyez-vous	quelque chose	d'	intéressant?
	Voyez-vous	quelqu'un	d'	intéressant?
Ne	voyez-vous	rien	d'	intéressant?
Ne	voyez-vous	personne	d'	intéressant?

Quelque chose	de	grave		est arrivé hier soir.
Quelqu'un	d'	amusant		est venu me voir.
Rien	de	sérieux	n'	est arrivé ce matin.
Personne	d'	amusant	n'	est venu me voir.

Cette robe n'est pas de très bonne qualité. Est-ce que vous avez quelque chose de meilleur?
Nous n'avons rien de meilleur que ce que vous voyez.

Paul n'est pas un étudiant sérieux. Connaissez-vous quelqu'un de plus intelligent?
Je ne connais personne de plus intelligent que Michel.

3.3 Un livre de français vs. un livre français.

a FRENCH professor	un professeur de français
a French PROFESSOR	un professeur français

Note the difference between de français (invariable, meaning "of the French language") and the adjective français(e)(s) (from France, of French nationality). This difference is expressed in English by stress.

Je vais à ma classe de français. Notre professeur de français s'appelle monsieur Traubel et il vient d'Autriche.

Je lis un roman français très intéressant. C'est Stendhal qui l'a écrit.

Notre livre de français a été écrit par un Français. Il est un peu difficile à lire.

Notre professeur de français n'est pas un professeur français; il est Américain.

3.4 Parler vs. dire vs. raconter.

Il parle.	----------	---------	------------
Il parle	----------	à son ami.	------------
Il parle	----------	---------	de ses idées.
Il parle	----------	à son ami	de ses idées.
Il dit	la vérité.	---------	------------
Il dit	la vérité	à son ami.	------------
Il dit	----------	à son ami	de venir chez lui.
Il dit	----------	(à son ami)	qu'il viendra.
Il raconte	une histoire.	---------	------------
Il raconte	une histoire	à son ami.	------------

Note that parler ("to speak," "talk") is used by itself, or before de + noun ("about," "concerning "), and/or à + noun ("to").

Dire ("to say," "tell") is used with the direct object. There may be an indirect object ("say to," "tell to someone"). The direct object may be replaced by a clause or de + infinitive.

Raconter means "to tell a story."

De quoi est-ce que Marie vous a parlé? Elle m'a parlé de ses projets d'avenir.

Qu'est-ce que Maurice vous a dit? Il m'a dit de quitter cette maison. Il m'a dit aussi qu'il viendrait me chercher ce soir.

Ne me racontez pas d'histoires! Allez changer de vêtements dans la chambre. On vous attend depuis une heure.

I can't find anything cheaper.

Je ne peux pas trouvé quelque de moins chère.

We'll bring you something good to eat.

Nous vous amenerons quelque chose de bon à manger.

3.3 Ecrivez en français:

Paris-Match is a French magazine.

Paris-Match est une revue francais.

Our French teacher comes from Canada.

Notre professeur de français vient de Canada.

We have read two French novels this year.

Nous avons lu deux livres français cette année,

Our French class begins at nine in the morning.

Notre classe de français commence à neuf heures dan le matin

We have a French test this afternoon.

Nous avons un examen de français cet après-midi.

He is a very well known French writer.

Il est français, très famoux.

Our French professor was born in Reims.

Notre professeur français est né en Reims.

There are two French students in our school.

Il y a deux étudiants français dans notre école.

The French Club will have a meeting tomorrow.

La Club Français aura un réunion demain

French students study modern languages.

Les étudiants français étudient les langues modernes.

3.4 a) Exercice de substitution:

Nous parlons de Marie à [Paul].

l'étudiant; Jacques; Roger; Jean; Martin; Alfred.

Nous parlons de [l'examen] au professeur.

la leçon; la question; la lettre; l'élève; la jeune fille; l'étudiant; Marie; la maison.

Je dis à [Charles] de venir ici.

Marie; l'étudiant; la jeune fille; Julie; François; l'enfant; l'infirmière.

Il raconte [une histoire] à ses amis.

une aventure; cet incident; cette histoire; son expérience; son malheur; une histoire amusante.

b) Dites et puis écrivez en français:

She is talking about her [aunt]. (exam/ friend)

They are telling [a story] to Paul. (their experience)

He talks a lot but says very little. (so much)

Il parle beaucoup mais he dit que très peu.

I say that you are wrong . (right)

Je dis que vous avez tort.

He speaks too fast . (slowly)

Il parle trop de vite.

3.5 Dites et puis écrivez en français:

Do you want to rest here until noon ? (one o'clock)

Voulez-vous rester ici jusque midi.

Do you have change for ten dollars? (five)

Avez-vous de la monnaie pour dix dollars?

Keep the book , if you want to use it. (notebook)

Gardez le livre, si vous voulez l'utiliser.

I'll give you two dollars; keep the change. (twelve)

Je vous donnerai deux dollars; gardez la monnaie.

I want a few hours' rest. (days')

Je veux quelqu'heures d'un repas.

Will you stay here until I come back? (we)

Est-ce que vous resterez ici jusque au moment reviens.

How long is he going to stay in New York ? (Paris)

Combien de temps restera-t-il à New York?

3.5 False cognates: rester, garder, monnaie.

André a décidé de ne pas aller à Londres cette semaine. Il va rester à Paris. Il veut avoir quelques jours de repos. Il se reposera chez son oncle qui demeure à Versailles.

Rester means "to stay, remain." "To rest" is se reposer and its noun is un repos .

Combien est-ce que je vous dois? Voici un billet de cinq dollars; avez-vous la monnaie de cinq dollars? C'est bien, vous pouvez garder la monnaie.

Garder means "to keep" or "to retain." La monnaie means "change" and not "money" (which is l'argent).

X: REVIEW LESSON

1.1 Ecrivez des phrases pour illustrer les mots et les expressions suivantes (e.g., restée--Elle est restée trois jours chez nous.):

1. guère

2. disent

3. n'importe où

4. gros

5. chères

6. personne

7. c'est

8. âgé

9. n'importe quoi

10. comme...!

11. meilleur

12. gardez

13. rien

14. aucune

15. dernier

16. bel

17. d'autres

18. vitesse

19. prochaine

20. mêmes

21. repos

22. moins

23. la plus

24. propres

25. se laver

1.2 Traduisez le dialogue suivant en employant la forme "vous" dans la première partie et ensuite la forme "tu" dans la seconde partie:

John: Hello, Robert. Where are you going?

Robert: I'm going to the bookstore. I want to sell those books.

John: Where did you find such old books?

Robert: In the attic. I think they were (<appartenir à) my grandfather's.

John: Why do they have (<porter) the same title?

Robert: They are two different editions of the same novel by (=of) Balzac.

John: Did you say Balzac? Which edition is older?

Robert: This edition; in fact (=en effet) it is the oldest edition of the novel.

John: I can buy this edition, can't I?

Robert: Absolutely not. You must (<il faut que) buy the two books.

John: How much do you want?

Robert: I want at least (=au moins) six dollars.

John: That's a little expensive.

Robert: Then, four dollars and fifty cents.

John: Good. I don't know if that's too much, but I'll give you a five-dollar bill. You can keep the change.

Bill: John, where have you been (=gone)?

John: I went to the Post Office. I met Robert on (=dans) the street. Do you know him?

Bill: He is Betty's brother, isn't he?

John: That's right. He is two years younger than she. I bought these books from him. He was going to sell them.

Bill: What kind of (= quelle sorte de) books? Well (= tiens)! it's the first edition of Balzac's novel. How terrific! I would give ten dollars for that.

John: Good, give me ten dollars--no, to tell you the truth (= à vrai dire), they cost me only five dollars.

Bill: Let me see (= voyons)...I have only four dollars on me. Keep this money, and I'll give you one dollar later.

1.3 Apprenez les phrases et les expressions suivantes:

A. Présentations

Permettez-moi de vous présenter M. Smith.
Je voudrais (Puis-je) vous présenter Mlle Smith.
J'ai le plaisir (l'honneur) de vous présenter Mme Smith.

Je suis enchanté de faire votre connaissance.
Enchanté, monsieur.
Je suis très charmé (honoré, heureux) de vous connaître, monsieur.

(Tout) le plaisir est pour moi, monsieur.
Moi de même, monsieur.

B. Alphabet

a -	a	[a]	n -	enne	[ɛn]
b -	bé	[be]	o -	o	[o]
c -	cé	[se]	p -	pé	[pe]
d -	dé	[de]	q -	ku	[ky]
e -	e	[ə]	r -	erre	[ɛʀ]
f -	effe	[ɛf]	s -	esse	[ɛs]
g -	gé	[ʒe]	t -	té	[te]
h -	hache	[aʃ]	u -	u	[y]
i -	i	[i]	v -	vé	[ve]
j -	ji	[ʒi]	w -	double vé	[dubləve]
k -	ka	[ka]	x -	iks	[iks]
l -	elle	[ɛl]	y -	i grec	[igrɛk]
m -	emme	[ɛm]	z -	zède	[zɛd]

(´) accent aigu
(`) accent grave
(^) accent circonflexe
(ç) cé cédille
(¨) tréma

maçon -- emme/a/cé cédille/o/enne
préfère -- pé/erre/e accent aigu/effe/e accent grave/erre/e

C. Nombres

1)

0	zéro	8	huit	16	seize
1	un	9	neuf	17	dix-sept
2	deux	10	dix	18	dix-huit
3	trois	11	onze	19	dix-neuf
4	quatre	12	douze	20	vingt
5	cinq	13	treize	21	vingt et un
6	six	14	quatorze	22	vingt-deux
7	sept	15	quinze	23	vingt-trois

30	trente	60	soixante	90	quatre-vingt-dix
31	trente et un	61	soixante et un	91	quatre-vingt-onze
32	trente-deux	62	soixante-deux	92	quatre-vingt-douze
40	quarante	70	soixante-dix	100	cent
41	quarante et un	71	soixante et onze	101	cent un
42	quarante-deux	72	soixante-douze	200	deux cents
50	cinquante	80	quatre-vingts	201	deux cent un
51	cinquante et un	81	quatre-vingt-un		
52	cinquante-deux	82	quatre-vingt-deux		

1.000 mille (mil)
1.001 mille un
1.000.000 un million (de)
1.000.000.000 un milliard (de)

1955 (date) -- dix-neuf cent/cinquante-cinq
1789 (date) -- dix-sept cent/quatre-vingt-neuf
54.341 -- cinquante-quatre mille/trois cent/quarante et un
5,6 (nombre décimal) -- cinq virgule six

2)

Ier (Ière)	premier (première)	VIe	sixième
IInd (II^{nde})	second (seconde)	VIIe	septième
IIIe	troisième	VIIIe	huitième
IVe	quatrième	IXe	neuvième
V^{e}	cinquième	X^{e}	dixième

3)

une dizaine de livres (environ dix livres)
une quinzaine de livres
une vingtaine de livres
une trentaine de livres
une centaine de livres

4)

1/2	un demi, une moitié	3/7	trois-septièmes
1/3	un tiers	3/8	trois-huitièmes
1/4	un quart	1/10	un-dixième
2/3	deux tiers	5/16	cinq-seizièmes
3/4	trois quarts	1/20	un-vingtième

2.1 Lisez l'histoire suivante. Relisez-la avec soin, en essayant de tout comprendre sans traduire en anglais. Vous trouverez la définition de certains mots à la fin de l'histoire. Copiez-la en marge, si vous voulez, mais pas entre les lignes:

UNE LEÇON D'ASTRONOMIE

Le lendemain matin, je lui propose un tour de promenade avant le déjeuner; il ne demande pas mieux; pour courir, les enfants sont toujours prêts, et celui-ci[1] a de bonnes jambes. Nous montons dans la forêt, nous parcourons les Champeaux, nous nous égarons,[2] nous ne savons plus où nous sommes, et, quand il s'agit de[3] revenir, nous ne pouvons plus retrouver notre chemin. Le temps passe, la chaleur[4] vient, nous avons faim; nous nous pressons,[5] nous errons vainement de côté et d'autre,[6] nous ne trouvons partout que des bois; nul renseignement[7] pour nous reconnaître.[8]

Bien échauffés,[9] bien recrus,[10] bien affamés, nous ne faisons avec nos courses[11] que nous égarer davantage.[12] Nous nous asseyons enfin pour nous reposer, pour délibérer. Emile, que je suppose élevé comme un autre enfant, ne délibère point, il pleure; il ne sait pas que nous sommes à la porte de Montmorency, et qu'un simple taillis[13] nous la cache; mais ce taillis est une forêt pour lui, un homme de sa stature est enterré dans des buissons.

Après quelques moments de silence, je lui dis d'un air inquiet: "Mon cher Emile, comment ferons-nous pour sortir d'ici?"

Emile, en pleurant à chaudes larmes. -- Je n'en sais rien. Je suis las; j'ai faim; j'ai soif; je n'en peux plus. 20

Jean-Jacques -- Me croyez-vous en meilleur état que vous, et pensez-vous que je me fasse faute de[14] pleurer, si je pouvais déjeuner de mes larmes? Il ne s'agit pas de pleurer, il s'agit de se reconnaître. Voyons votre montre; quelle heure est-il?

Emile -- Il est midi, et je suis à jeun.[15] 25

Jean-Jacques -- Cela est vrai, il est midi, et je suis à jeun.

Emile -- Oh! que vous devez avoir faim!

Jean-Jacques -- Le malheur est que mon dîner ne viendra pas me trouver ici. Il est midi, c'est justement l'heure où nous observions hier de Montmorency la position de la forêt. Si[16] 30 nous pouvions de même[17] observer de la forêt la position de Montmorency?

Emile -- Oui, mais hier nous voyions la forêt, et d'ici nous ne voyons pas la ville.

Jean-Jacques -- Voilà le mal. Si nous pouvions nous passer[18] 35 de la voir pour trouver sa position?

Emile -- O mon bon ami!

Jean-Jacques -- Ne disions-nous pas que la forêt était...?

Emile -- Au nord de Montmorency.

Jean-Jacques -- Par conséquent, Montmorency doit être... 40

Emile -- Au sud de la forêt.

Jean-Jacques -- Nous avons un moyen de trouver le nord à midi.

Emile -- Oui, par la direction de l'ombre.

Jean-Jacques -- Mais le sud!

Emile -- Comment faire? 45

Jean-Jacques -- Le sud est l'opposé du nord.

Emile -- Cela est vrai; il n'y a qu'à chercher l'opposé de l'ombre. Oh! voilà le sud! voilà le sud! sûrement Montmorency est de ce côté; cherchons de ce côté.

Jean-Jacques -- Vous pouvez avoir raison; prenons ce sentier[19] 50 à travers le bois.

Emile, frappant des mains et poussant un cri de joie. -- Je vois Montmorency! le voilà tout devant nous! Allons déjeuner, allons dîner, courons vite; l'astronomie est bonne à quelque chose. 55

Prenez garde[20] que, s'il ne dit pas cette dernière phrase, il la pensera; peu importe, pourvu que[21] ce ne soit pas moi qui la dise. Or, soyez sûr qu'il n'oubliera de sa vie la leçon de cette journée; au lieu que,[22] si je n'avais fait que lui supposer tout cela dans sa chambre, mon discours eût été[23] oublié dès le lendemain. 60

(Jean-Jacques Rousseau, Emile ou l'Education, III)

2.2 Notes

[1]Emile, l'élève de Jean-Jacques. [2]nous nous perdons. [3]il est question de. [4]"heat." [5]nous nous dépêchons. [6]un peu partout. [7]indication. [8]nous orienter. [9](à cause de la chaleur, etc.) [10]harassés de fatigue. [11]action de courir. [12]plus (voir XX.3.1). [13]"brushwood." [14]je manquerais de. [15]je n'ai rien mangé depuis le matin. [16]"suppose" (voir XIII.5.3). [17]de la même façon. [18]"do without" (voir XVI.5.1). [19]petit chemin. [20]faites attention. [21]à condition que (cette conjonction exige le subjonctif (voir XXIV.1.1). [22]tandis que. [23]aurait été.

2.3 Questions

1. Qu'est-ce que l'auteur propose à Emile de faire? (1)
2. Qu'est-ce qui arrive à Emile et à Jean-Jacques dans la forêt? (6)
3. Est-ce qu'ils trouvent des renseignements pour se reconnaître? (9)
4. Pourquoi Emile ne sait-il pas qu'on est si près de la ville? (15-16)
5. Quelle est l'attitude d'Emile au début? (19-20)
6. Comment Emile sait-il l'heure qu'il est? (24)
7. Qu'est-ce que Jean-Jacques et Emile faisaient le jour précédent? (29-30)
8. Comment Emile trouve-t-il le nord à midi? (43)
9. Comment Emile exprime-t-il sa joie? (52)
10. Qu'est-ce qu'Emile propose à Jean-Jacques quand il aperçoit la ville? (53-54)

2.4 Exercices

1. Définissez les mots suivants:

l'astronomie	délibérer	vainement
le lendemain	le déjeuner	se reconnaître

2. Ecrivez deux phrases en employant chacune des expressions suivantes:

a) s'égarer (4)

b) se presser (7)

c) d'un air inquiet (17)

d) le malheur est que (28)

e) (ne pas) se faire faute de (22)

f) par conséquent (40)

g) à travers (51)

h) pourvu que (57)

2.5 Discussions

1. Quel âge Emile paraît-il avoir?

2. Où se trouve Montmorency? A quelle distance est-ce de Paris?

3. En quoi consiste cette leçon d'astronomie?

4. Qu'est-ce qu'un homme sans l'esprit critique de Jean-Jacques Rousseau aurait fait dans une situation pareille?

5. Expliquez la pensée exprimée dans le dernier paragraphe. Cf. "A quoi cela est-il bon?" voilà désormais le mot sacré, le mot déterminant entre lui [Emile] et moi dans toutes les actions de notre vie. (Livre III)

6. Est-il possible d'enseigner n'importe quel sujet de cette manière pratique?

3.1 Causeries et Compositions: Choisissez un des sujets suivants que vous développerez sous forme de composition de 2-4 paragraphes (pour la lire en classe).

1. Vous êtes-vous jamais égaré dans une forêt ou dans une grande ville quand vous étiez petit? Si vous répondez oui à cette question:

   a) Quand cela vous est-il arrivé?
   b) Comment est-ce que cela vous est arrivé?
   c) Avez-vous essayé de vous reconnaître? avez-vous pleuré? avez-vous essayé d'interroger un passant?
   d) Comment enfin avez-vous pu retrouver votre chemin?
   e) Avez-vous raconté cette aventure à vos parents? quelle était leur réaction?

2. Ecrivez un récit d'une interrogation orale sur l'astronomie dans la chambre d'Emile. Jean-Jacques essaie de lui démontrer la forme sphérique de la terre par:

   a) la disparition graduelle d'un navire à l'horizon,
   b) les voyages de circumnavigation du globe qu'on avait accomplis,
   c) l'ombre toujours ronde de notre planète sur la lune (et comment sait-on que c'est l'ombre de la terre?),
   d) et par le fait qu'on observe l'élévation de l'étoile polaire à mesure qu'on approche du pôle nord.

3. Développez le dernier paragraphe sous forme de conversation entre le père d'Emile et Jean-Jacques:

   a) Le père est inquiet parce que son fils n'est pas encore rentré.
   b) Jean-Jacques vient lui raconter brièvement ce qui est arrivé.
   c) Jean-Jacques lui explique pourquoi il n'a pas tout simplement indiqué à Emile de quel côté il fallait marcher.
   d) Le père en est ému et il le remercie de cette leçon. Il se félicite d'avoir un si bon maître pour son fils.

4. Deux étudiants jouent le rôle du maître et de l'élève. La matière de l'interrogation est laissée à votre imagination.

5. Faites une description de votre chambre en répondant aux questions suivantes:

   a) Quels meubles y a-t-il dans votre chambre? Un lit? une table de travail? une chaise? une corbeille à papier? une armoire? un fauteuil? une bibliothèque? une lampe? des tableaux aux murs? un tapis sur le plancher? des vases de fleurs?
   b) Où sont les objets que vous venez de mentionner?
   c) De quelle couleur sont les murs? et les rideaux?
   d) A quel étage se trouve-t-elle? au rez-de-chaussée? au premier? au deuxième?
   e) Est-elle petite ou grande? Combien de fenêtres a-t-elle? Qu'est-ce qu'on peut voir par la fenêtre?

3.2 Débats: Préparez un débat sur un des thèmes suivants.

1. Vaut-il mieux avoir un examen oral ou écrit dans un cours de français élémentaire?

2. Quels sont les avantages et les inconvénients de la méthode "directe" dans l'enseignement des langues étrangères?

3. Quels moyens peut-on trouver pour ajouter à la pratique orale qu'on fait en classe?

4. Quelles sont les difficultés qu'on rencontre d'ordinaire dans les études de la langue française?

LESSON XI

OBJECT PRONOUNS

1. The Direct and Indirect Object Pronouns

1.1 The direct and indirect object pronouns referring to persons have been studied in Lesson V. Note in the examples below that [le], [la], [les] may also refer to things.

Est-ce que Paul	me	cherche?	Oui, il	te	cherche.
Est-ce que Paul	te	cherche?	Oui, il	me	cherche.
Est-ce que Paul	nous	cherche?	Oui, il	vous	cherche.
Est-ce que Paul	vous	cherche?	Oui, il	nous	cherche.

Est-ce que Paul cherche	Jean?	Oui, il	le	cherche.
Est-ce que Paul cherche	Marie?	Oui, il	la	cherche.
Est-ce que Paul cherche	son livre?	Oui, il	le	cherche.
Est-ce que Paul cherche	sa plume?	Oui, il	la	cherche.
Est-ce que Paul cherche	ses frères?	Oui, il	les	cherche.
Est-ce que Paul cherche	ses livres?	Oui, il	les	cherche.

1.2 Remember that the use of object pronouns depends only on the French construction which is being replaced. Review Lesson V for English and French parallels and contrasts.

Le garçon	me	sert	le café.	Il	me	le	sert.
Le garçon	te	sert	le café.	Il	te	le	sert.
Le garçon	nous	sert	le café.	Il	nous	le	sert.
Le garçon	vous	sert	le café.	Il	vous	le	sert.

Pauline	me	donne	la pomme.	Elle	me	la	donne.
Pauline	te	donne	la pomme.	Elle	te	la	donne.
Pauline	nous	donne	la pomme.	Elle	nous	la	donne.
Pauline	vous	donne	la pomme.	Elle	vous	la	donne.

Georges	lui	écrit	la lettre.	Il	la	lui	écrit.
Georges	lui	écrit	les lettres.	Il	les	lui	écrit.
Georges	leur	écrit	la lettre.	Il	la	leur	écrit.
Georges	leur	écrit	les lettres.	Il	les	leur	écrit.

Note also that [le], [la], [les] come after [me], [te], [nous], [vous], but before [lui] and [leur].

1.3 Study the following examples: [à] + thing (idea) becomes [y].

Je	réponds	à la lettre.	J'	y	réponds.
Je	renonce	à la liberté.	J'	y	renonce.
J'	obéis	aux règles.	J'	y	obéis.
Je	remédie	à la situation.	J'	y	remédie.

1.1 a) Répondez aux questions suivantes:

Est-ce que vous me regardez?
Est-ce que je vous aime?
Est-ce que je te gronderai?
Est-ce que tu nous puniras?
Est-ce que je vous cherche?
Est-ce que tu me cherches?
Est-ce que vous m'aidez?

b) Répondez à chaque question en remplaçant le nom par le pronom convenable:

Est-ce que vous cherchez Marie?
Est-ce que vous cherchez Paul?
Est-ce que vous cherchez Marie et Jean?

Est-ce que je vois votre frère?
Est-ce que je vois votre soeur?
Est-ce que je vois vos parents?

Est-ce que nous regardons la télévision?
Est-ce que vous écoutez la radio?
Est-ce que je pose cette question?

Est-ce qu'il cherche ses livres?
Est-ce qu'elles choisissent ces chapeaux?
Est-ce que tu regardes mon auto?

1.2 Répondez aux questions suivantes en remplaçant chaque nom par le pronom convenable:

Est-ce que je vous explique la leçon?
Est-ce que je vous donne une réponse?
Est-ce que je vous pose la question?

Nous cachez-vous la vérité?
Nous enseignez-vous le français?
Nous donnez-vous les pommes?

Ecrivez-vous la lettre à Paul?
Envoyez-vous la lettre à Marie?
Donnez-vous ces lettres à Marie?

Expliquons-nous la leçon à Jean?
Expliquons-nous les leçons à Marie?
Expliquons-nous les leçons à vos amis?

Vous écrit-elle la lettre?
Nous écrit-elle la lettre?
M'écrit-elle la lettre?

1.3 Répondez aux questions suivantes en employant "lui", "leur" ou "y", selon le cas:

Obéissez-vous à vos parents?
Ecrivez-vous à votre ami?
Allez-vous à Paris cet été?
Répondez-vous à la lettre?
Renoncez-vous à vos vacances?
Répondez-vous à mes lettres?

Est-ce que j'obéis toujours aux règles?
Est-ce que je réponds à mon oncle?
Est-ce que je vais en France?
Est-ce que je réponds à vos lettres?
Est-ce que je mets cela sur la table?

1.4 Dites et puis écrivez en français:

Will he introduce [me] to Marie? (us/ you)

I am giving it to [her]. (you/ them)

She introduced that man to [us]. (me/ you)

She will introduce [us] to them. (you/ me)

Jeanne is sending [<adresser] [us] to Paul. (you/ him)

He introduced himself to [us]. (me/ her)

I haven't answered [it] yet. (him/ her)

We never obey [it]. (him/ you)

1.5 a) Répondez aux questions suivantes en remplaçant chaque nom par le pronom convenable:

Pensez-vous toujours à vos parents?
Pensez-vous déjà à votre avenir?
Pensez-vous souvent à vos examens?
Pensez-vous souvent à votre amie?
Rêvez-vous souvent à un tel projet?
Rêvez-vous toujours à votre amie?
Songez-vous à votre avenir?
Songez-vous à vos amis?

Est-ce que ce livre est à Marie?
Est-ce que ce livre est à Paul?
Est-ce que ce livre est à vos amis?
Marie vient-elle à son frère?
Marie court-elle à son frère?
Marie va-t-elle à son frère?

b) Dites et puis écrivez en français:

This record isn't [mine]. (yours/ his/ theirs)

I think of [you] very often. (her/ him/ them)

She is running to her [friend]. (parents/ sister/ brother)

Are those books [yours]? (Paul's/ Mary's/ theirs)

A noun denoting an idea, a thing or place, preceded by a preposition indicating location is replaced by y .

Allez-vous		à Paris?	J'		y	vais.
Demeurez-vous		en France?	J'		y	demeure.
Mettez-vous	la carte	dans le tiroir?	Je	l'	y	mets
Mettez-vous	le livre	sur la table?	Je	l'	y	mets.
Mettez-vous	les cahiers	sous le bureau?	Je	les	y	mets.
Mettez-vous	les plumes	près du bureau?	Je	les	y	mets.

1.4 If me , te , se , nous , vous are used as the direct object, the indirect object is expressed by à followed by a disjunctive pronoun.

Jean	me	présente	cet	homme.	Il	me	le	présente.
Jean	te	présente	cette	femme.	Il	te	la	présente.
Jean	nous	présente	ces	hommes.	Il	nous	les	présente.
Jean	vous	présente	ces	femmes.	Il	vous	les	présente.

Marie	me	sert	le café.	Elle	me	le	sert.
Marie	te	sert	le café.	Elle	te	le	sert.
Marie	se	sert	le café.	Elle	se	le	sert.

Jean	me	présente	à	Robert.	Jean	me	présente	à	lui.
Jean	te	présente	à	Marie.	Jean	te	présente	à	elle.
Jean	se	présente	à	Isabelle.	Jean	se	présente	à	elle.
Jean	nous	présente	à	ses tantes.	Jean	nous	présente	à	elles.
Jean	vous	présente	à	ses oncles.	Jean	vous	présente	à	eux.

1.5 With a limited number of verbs, à + person is not replaced by a pronoun before the verb, but the preposition à is retained, followed by a disjunctive pronoun.

Louis	pense	à	son avenir.	Il	y	pense.		
Louis	pense	à	son livre.	Il	y	pense.		
Louis	pense	à	Maurice.	Il	-	pense	à	lui.
Louis	pense	à	Marie.	Il	-	pense	à	elle.
Louis	pense	à	ses frères.	Il	-	pense	à	eux.
Louis	pense	à	ses soeurs.	Il	-	pense	à	elles.
				Il	-	pense	à	moi.
				Il	-	pense	à	toi.
				Il	-	pense	à	vous.
				Il	-	pense	à	nous.

Roger	songe	à	son avenir.	Il	y	songe.		
Roger	songe	à	Jean.	Il	-	songe	à	lui.
Roger	songe	à	Lucie.	Il	-	songe	à	elle.
Roger	rêve	à	ses parents.	Il	-	rêve	à	eux.
Roger	rêve	à	ses soeurs.	Il	-	rêve	à	elles.

Marie	vient	à	Victor.	Elle	vient	à	lui.
Marie	court	à	Michèle.	Elle	court	à	elle.
Marie	va	à	ses frères.	Elle	va	à	eux.

Ce livre	est	à	Paul.	Il	est	à	lui.
Ce livre	est	à	Jeanne.	Il	est	à	elle.
Ces livres	sont	à	Jacques.	Ils	sont	à	lui.
Ces plumes	sont	à	Marie.	Elles	sont	à	elle.

2. The use of en

2.1 Note that en is the pronoun which replaces a noun preceded by a partitive article.

Je	bois	du	café.	J'	en	bois.
Tu	manges	de la	viande.	Tu	en	manges.
Il	prend	de l'	eau.	Il	en	prend.
Nous	avons	du	thé.	Nous	en	avons.
Vous	voyez	des	hommes.	Vous	en	voyez.
Ils	vendent	des	livres.	Ils	en	vendent.

Je bois	beaucoup	de	bière.	J'	en	bois	beaucoup.
Je bois	trop	de	thé.	J'	en	bois	trop.
Je bois	tant	d'	eau.	J'	en	bois	tant.
Je vois	assez	d'	hommes.	J'	en	vois	assez.
Je vois	peu	d'	enfants.	J'	en	vois	peu.
Je vois	autant	d'	amis.	J'	en	vois	autant.

Study also the following examples:

Il a vu	trois	hommes.	Il	en	a vu	trois.
Il a écrit	une	lettre.	Il	en	a écrit	une.
Il veut	deux	cahiers.	Il	en	veut	deux.
Il envoie	deux	cadeaux.	Il	en	envoie	deux.
Il a	sept	enfants.	Il	en	a	sept.
Il achète	plusieurs	livres.	Il	en	achète	plusieurs.

2.2 In the expression de + noun other than the partitive, de + thing (idea) alone becomes en. De + person becomes de + disjunctive pronoun.

Je	parle	de	mon auto.	J'	en	parle.
Tu	as peur	de	ce train.	Tu	en	as peur.
Il	a besoin	de	son stylo.	Il	en	a besoin.
Nous	écrivons	de	ces choses.	Nous	en	écrivons.
Vous	êtes sûr	de	la réponse.	Vous	en	êtes sûr.
Ils	sortent	de	la maison.	Ils	en	sortent.

Je	parle	de	Paul.	Je	parle	de	lui.
Tu	as peur	de	cette femme.	Tu	as peur	d'	elle.
Il	a besoin	de	son amie.	Il	a besoin	d'	elle.
Nous	écrivons	de	ses frères.	Nous	écrivons	d'	eux.
Vous	êtes sûr	de	votre fils.	Vous	êtes sûr	de	lui.

2.3 Study the following sentences:

Je déteste le style de ce roman.
J' en déteste le style.

Je déteste le style de cet auteur.
Je déteste son style.

De + thing following another noun is replaced by en, but de + person following another noun is replaced by the possessive adjective before that noun.

Nous regardons le toit de cette maison.
Nous en regardons le toit.

Nous regardons le cahier de votre frère.
Nous regardons son cahier.

2.1 Répondez aux questions suivantes en employant le pronom "en":

Est-ce que vous mangez du fromage?
Voulez-vous des pommes de terre?
Achetez-vous du lait?
Servez-vous de la viande?
Voyez-vous des livres?
Est-ce que vous buvez de la bière?

Est-ce que j'ai beaucoup de livres?
Est-ce que j'ai trop d'amis?
Est-ce que je bois assez de vin?
Y a-t-il autant de bière?
Y a-t-il plus de café?
Y a-t-il peu de sucre?

Combien de lettres écrivez-vous?
Combien de professeurs connaissez-vous?
Combien d'amis allez-vous inviter?
Avez-vous dix dollars sur vous?
Avez-vous apporté deux ou trois lettres?
Avez-vous envoyé trois lettres?

Boit-il deux tasses de café?
A-t-elle plusieurs amis?
Va-t-elle chanter plusieurs chansons?
Avons-nous amené dix amis?
Avons-nous beaucoup d'eau fraîche?
Avons-nous de l'argent?

2.2 Répondez aux questions suivantes en remplaçant chaque nom par le pronom convenable:

Avez-vous peur de votre professeur?
Etes-vous sûr de votre frère?
Parlez-vous de vos plans?
Avez-vous besoin de mes amis?
Avez-vous peur des examens oraux?
Est-ce que vous êtes sûr de cette réponse?

Avez-vous parlé de mes amis?
Etes-vous content de votre voiture?
Est-ce que vous avez peur de l'avenir?
Avez-vous besoin de mon aide?
Avez-vous besoin de parler français?
Sortez-vous de la salle de classe?

2.3 Ecrivez en français:

They are looking at the entrance of the house; they are looking at its entrance.

She is admiring Adèle's hat; she is admiring her hat.

We read the first chapter of the book; we read its first chapter.

She tore several pages from the book; she tore several pages from it.

I don't like John's way of speaking; I don't like his way of speaking.

I see the roof of the house; I see its roof.

3.1 a) Remplacez chaque nom par le pronom convenable:

Elle me donne le disque.
Elle te donne les disques.
Elle lui donne le cadeau.
Elle lui donne les livres.
Elle nous envoie les lettres.
Elle vous envoie les présents.
Elle leur envoie les fleurs.

Elle me donne de l'argent.
Elle te demande du lait.
Elle lui demande des chaises.
Elle nous explique des leçons.
Elle vous donne du café.
Elle leur envoie des robes.

Nous le mettons sur la table.
Nous le mettons dans la chambre.
Nous les mettons sous le lit.
Vous y envoyez des lettres.
Vous y mettez des fleurs.
Vous y mettez du papier.

b) Dites en français:

I give it to you.
I teach them to you.

I give it to her.
I teach them to her.

I give it to them.
I teach them to them.

You show it to me.
You bring them to me.

I show them to you.
I bring it to you.

I show them to her.
I bring it to her.

I show them to them.
I bring them to them.

You teach them to me.
You give it to me.

3.2 Remplacez chaque nom par le pronom convenable:

Ne cachons pas la lettre.
Ne donnons pas de café.
N'écrivons pas les lettres.
Ne le mettons pas sur la table.
Ne parlons pas de cet incident.

Ne cachez pas la vérité.
Ne mentez pas à vos parents.
Ne me racontez pas d'histoires.
Ne lui servez pas de café.
Ne leur écrivez pas cette lettre.

Ne parle pas à Paul comme cela.
Ne me dis pas la vérité.

Vous		aimez	la couverture [de ce livre.]
Vous	[en]	aimez	la couverture.

Vous	aimez	le	chapeau [de Marie.]
Vous	aimez	[son]	chapeau.

3. Sequence of Object Pronouns

3.1 Sequence in the declarative or interrogative.

		I	II	III	IV	V		
Marie	(ne)	me	le				sert	(pas).
Marie	(ne)	te	le				sert	(pas).
Marie	(ne)	se	la				sert	(pas).
Marie	(ne)	nous	les				sert	(pas).
Marie	(ne)	vous	les				sert	(pas).
Marie	(ne)	m'				en	sert	(pas).
Marie	(ne)	t'				en	sert	(pas).
Marie	(ne)	s'				en	sert	(pas).
Marie	(ne)	nous				en	sert	(pas).
Marie	(ne)	vous				en	sert	(pas).
Marie	(ne)		le	lui			sert	(pas).
Marie	(ne)		la	lui			sert	(pas).
Marie	(ne)		les	lui			sert	(pas).
Marie	(ne)		les	leur			sert	(pas).
Marie	(ne)			lui		en	sert	(pas).
Marie	(ne)			leur		en	sert	(pas).
Marie	(ne)		l'		y		envoie	(pas).
Marie	(ne)		les		y		envoie	(pas).
Marie	(n')				y	en	envoie	(pas).

I		II		III		IV		V
me te se nous vous	before	le la les	before	lui leur	before	y	before	en

3.2 The sequence with the negative imperative is the same as that of a statement or a question (see above).

Nous	le	lui	donnons.	Ne	le	lui	donnons	pas!
Nous	la	leur	donnons.	Ne	la	leur	donnons	pas!
Nous	les	leur	donnons.	Ne	les	leur	donnons	pas!
Vous	me	le	donnez.	Ne	me	le	donnez	pas!
Vous	nous	les	donnez.	Ne	nous	les	donnez	pas!
Vous	m'	en	donnez.	Ne	m'	en	donnez	pas!
Vous	le	lui	envoyez.	Ne	le	lui	envoyez	pas!
Vous	la	leur	envoyez.	Ne	la	leur	envoyez	pas!
Vous	l'	y	mettez.	Ne	l'	y	mettez	pas!

Tu	me	le	dis.	Ne	me	le	dis	pas!
Tu	nous	le	dis.	Ne	nous	le	dis	pas!
Tu	nous	en	parles.	Ne	nous	en	parle	pas!
Tu	lui	en	donnes.	Ne	lui	en	donne	pas!
Tu	leur	en	donnes.	Ne	leur	en	donne	pas!

3.3 Sequence with the affirmative imperative: Note that the sequence given in 3.1 (I-II-III-IV-V) now becomes II-I-III-IV-V, which follows the verb. Note also the use of moi and toi when me and te stand at the end of the pronoun group.

Vous	me	le	donnez.	Donnez-	le - moi!
Vous	nous	les	donnez.	Donnez-	les - nous!
Vous	m'	en	donnez.	Donnez-	m' en!
Vous	nous	en	donnez.	Donnez-	nous- en!
Vous	le	lui	donnez.	Donnez-	le - lui!
Vous	les	leur	donnez.	Donnez-	les - leur!
Vous	lui	en	donnez.	Donnez-	lui - en!
Vous	leur	en	donnez.	Donnez-	leur - en!
Tu	me	le	donnes.	Donne-	le - moi!
Tu	nous	les	donnes.	Donne-	les - nous!
Tu	m'	en	donnes.	Donne-	m' en!
Tu	nous	en	donnes.	Donne-	nous- en!
Tu	le	lui	donnes.	Donne-	le - lui!
Tu	les	leur	donnes.	Donne-	les- leur!
Tu	me		regardes.	Regarde-	moi!
Tu	te		couches.	Couche-	toi!

4. Special Problems

4.1 Use of invariable le.

Etes-vous	malade?	Je	le	suis, en effet.
Etes-vous	étudiants?	Nous	le	sommes.
Es-tu	sérieux?	Je	le	suis.
Est-il	méchant?	Il	l'	est, je crois.
Est-elle	méchante?	Elle	l'	est.
Sont-ils	paresseux?	Ils	le	sont.
Sont-elles	paresseuses?	Elles	le	sont.
Sont-elles	élèves?	Elles	le	sont.
Croyez-vous	ce que je dis?	Je	le	crois.
Voulez-vous	que je parte?	Je	le	veux.
Dit-il	qu'elle viendra?	Il	le	dit.
Sait-elle	qu'elle a tort?	Elle	le	sait.
Prétend-il	qu'ils ont tort?	Il	le	prétend.

Note that le may be used to replace an entire clause, an adjective, or a noun used in the general sense after être . But:

Etes-vous	les	étudiants?	Nous	les	sommes.
Etes-vous	la	dame?	Je	la	suis.
Etes-vous	le	facteur?	Je	le	suis.
Etes-vous	les	ouvriers?	Nous	les	sommes.

Ne mange pas de viande.
N'achète pas cette robe chère.
Ne lui écris pas de lettres.

3.3 Mettez chaque phrase à l'affirmatif:

Ne la lui donnons pas!
Ne lui en envoyons pas!
Ne leur en expliquons pas!
Ne les y mettons pas!
N'y allons pas ensemble!

Ne me la donnez pas!
Ne la lui donnez pas!
Ne m'en donnez pas!
Ne les leur écrivez pas!
Ne me les expliquez pas!

Ne me la montre pas!
Ne me le dis pas!
Ne nous en donne pas!
Ne les leur cache pas!
Ne lui en apporte pas!

Ne nous promenons pas!
Ne nous souvenons pas de cet accident!
Ne vous lavez pas les mains!
Ne vous dépêchez pas!
Ne te couche pas!
Ne te brosse pas les cheveux!

4.1 a) Répondez aux questions suivantes en employant "le", "les", etc., selon le cas:

Etes-vous fatigué?
Est-elle malade?
Sommes-nous contents?
Sont-ils intelligents?
Dit-il que je suis bête?
Crois-tu qu'il viendra?
Etes-vous les étudiants de M. Brown?
Sommes-nous les élèves?
Etes-vous l'étudiante de M. Jones?
Savez-vous que Paul est arrivé?

b) Dites et puis écrivez en français:

Is he the [doctor] ? He is. (the professor/ the salesman)

Are we [tired]? Yes, we are. (happy/ sad)

Did they say they were [ill] ? They said so. (bored/ unhappy)

Do you know that Paul got married? Yes, I do.

Are you Professor Duval's students? Yes, we are.

4.2 a) Remplacez le nom par le pronom convenable:

Je me rappelle cette histoire.
Tu te rappelles cet incident.
Se rappelle-t-il cette promesse?
Nous nous rappelons notre enfance.
Vous rappelez-vous cet accident?
Vos amis se rappellent-ils ce livre?

Je ne me souviens pas de ce film.
Ne te souviens-tu plus de mon cousin?
Il ne se souvient pas de sa promesse.
Nous nous souvenons de votre soeur.
Vous vous souvenez de votre enfance.
Se souviennent-ils de cet accident?

b) Ecrivez en français:

Do you remember my cousin? Yes, I remember her.

Does she remember her childhood? Yes, she remembers it.

Do you remember the film? No, we don't remember it.

Did he remember his promise? No, he no longer remembers it.

4.3 a) Répondez aux questions suivantes:

Vous ne m'en voulez pas, n'est-ce pas?
Est-ce que vous en voulez toujours à Marie?
Leur en veut-elle toujours?
Est-ce que tu nous en veux?
Votre frère m'en veut-il?
Est-ce que Paul en veut à votre ami?

b) Ecrivez en français:

I know he broke your glasses; don't be mad at him!

We came late and she was angry with us.

Let's not be angry with them; they don't know what they are doing.

I think your sister will be angry with you.

4.4 a) Répondez aux questions suivantes en employant le pronom convenable suivi de "voici" ou "voilà":

Où êtes-vous?
Où sont vos devoirs?
Où sont les livres de Marie?
Où sont Charles et son ami?
Où est Marie?
Où es-tu?
Où est ma bicyclette?
Où sont vos amis?

b) Répétez l'exercice précédent, mais cette fois employez les phrases "je suis ici", "ils sont là", etc.

4.2 Se souvenir de vs. se rappeler ("to remember").

Study the constructions given below:

Je	me	rappelle	sa promesse.
Tu	te	rappelles	la réponse.
Il	se	rappelle	ce livre.
Nous	nous	rappelons	ces plans.
Vous	vous	rappelez	ces idées.
Ils	se	rappellent	ces maisons.

Je	me	la	rappelle.
Tu	te	la	rappelles.
Il	se	le	rappelle.
Nous	nous	les	rappelons.
Vous	vous	les	rappelez.
Ils	se	les	rappellent.

Je	me	souviens	de	ce livre.
Tu	te	souviens	de	ta soeur.
Il	se	souvient	de	ces amis.
Nous	nous	souvenons	de	nos plans.
Vous	vous	souvenez	de	Georges.
Ils	se	souviennent	de	ces idées.

Je	m'	en	souviens.	----
Tu	te	--	souviens	d'elle.
Il	se	--	souvient	d'eux.
Nous	nous	en	souvenons.	----
Vous	vous	--	souvenez	de lui.
Ils	s'	en	souviennent.	----

4.3 En vouloir à.

Study the examples of en vouloir à ("to be angry," "to bear a grudge").

Je suis arrivé en retard. J'espère bien que vous ne m'en voudrez pas.

Ce n'est pas leur faute. Ne leur en veuillez pas.

Elle ne sait pas ce qu'elle fait. Ne lui en veuillons pas.

Je ne savais pas que c'était ton frère. Ne m'en veuille pas.

Robert a offensé sa femme. Elle lui en veut.

Lucien l'a interpellé sévèrement devant tout le monde. Il lui en voudra.

Note the irregular imperative forms: veuillons , veuillez , and veuille .

4.4 Voici, voilà, and il y a.

Voici ("here is, are") and voilà ("there is, are") are used to point at things or persons. They both require a direct object.

Où	êtes-	vous?	Me	voici.	Je	suis	ici.
Où	est-	il?	Le	voici.	Il	est	ici.
Où	est-	elle?	La	voici.	Elle	est	ici.
Où	êtes-	vous?	Nous	voici.	Nous	sommes	ici.
Où	sont-	ils?	Les	voici.	Ils	sont	ici.

Où	est-	il?	Le	voilà.	Il	est	là.
Où	est-	elle?	La	voilà.	Elle	est	là.
Où	sont-	ils?	Les	voilà.	Ils	sont	là.
Où	sont-	elles?	Les	voilà.	Elles	sont	là.

Voici refers also to an idea to be expressed, while voilà refers to an idea that has been expressed.

> Voici ce que Paul a dit: "Je pense que vous êtes tous très indulgents."
>
> Voici ce que je vais faire: j'irai d'abord à la pharmacie, et ensuite à la librairie.
>
> "Tu ne te rends pas compte de mes sacrifices," voilà ce qu'il m'a dit.
>
> Si tu ne m'aimes plus et si tu décides de me quitter... voilà les idées qui me tourmentent depuis quelque temps.

Il y a merely indicates that there exists something or someone. It has no implication as to the location of such objects.

> Il y a deux très belles maisons dans la rue de la Paix.
> Voilà deux très belles maisons!
> Voici deux très belles maisons!
>
> Il y a un problème en ce que vous dites.
> Voilà un problème.
> Voici un problème.

Both il y a and voilà may be used instead of depuis in certain constructions.

> Il y a | presque deux heures que je l'attends.
> Voilà | presque deux heures que je l'attends.
>
> Il y a | deux ans que j'étudie le français.
> Voilà | deux ans que j'étudie le français.
> = J'étudie le français depuis | deux ans.
>
> Il y a | une heure que je chante.
> Voilà | une heure que je chante.
> = Je chante depuis | une heure.
>
> Depuis combien de temps étudiez-vous le français?
> Combien de temps y a-t-il que vous étudiez le français?

Il y a followed by time expression may also mean "...ago." It is usually placed at the end of a sentence.

> Mon frère est venu à Chicago il y a | deux ans.
> J'ai fait cela il y a | huit jours.
> Nous avons dit la vérité il y a | quelque temps.
> Elle est partie pour Paris il y a | une heure.
>
> Il y a deux ans que mon frère est venu à Chicago.
> Il y a huit jours que j'ai fait cela.
> Il y a quelque temps que nous avons dit la vérité.
> Il y a une heure qu' elle est partie pour Paris.

Do not confuse the last group of examples with the construction il y a ... que (an equivalent of depuis) discussed above.

c) Ecrivez les phrases suivantes en français:

There are the books I was looking for!

There are many books in the library.

I am not living here; I am living there.

She is not here; she is there.

There is a chair; why don't you sit down?

There are the questions I don't understand.

Why are there so many people here?

I have been here for almost two hours.

How long have you been waiting for the train?

How long have you not studied Spanish?

We studied this lesson a week ago.

Three days ago a man came to see you.

Some time ago our French teacher taught us that.

I haven't seen you for a long time!

I saw your brother two years ago.

We went to Paris almost five years ago.

d) Répondez aux questions suivantes:

Combien de temps y a-t-il que vous attendez votre ami?
Depuis combien de temps étudiez-vous cette leçon?
Combien de temps y a-t-il que vous avez fait cela?
Combien de temps y a-t-il que vous regardez la télévision?
Quand est-ce que vous avez vu mon frère?
Quand avons-nous vu ce film?
Quand est-ce que cet homme est venu me voir?
Quand est-ce que le train est parti?
Combien de temps y a-t-il que le professeur enseigne cette classe?
Combien de temps restez-vous ici?
Combien de temps passez-vous à écouter la radio?
Combien de temps y a-t-il que vous parlez?

1.1 Mettez les phrases suivantes au passé composé:

Je ne parle pas russe.
Tu ne finis pas tes devoirs.
Il ne vend pas de journaux.
Nous ne chantons pas cette chanson.
Vous ne choisissez pas ce chapeau.
Ils ne battent pas mon enfant.

L'ennemi fuit.
Votre soeur sourit.
Ton enfant rit.
Cela suffit.
Le chien me suit.

Pourquoi est-ce que vous ne fuyez pas?
Pourquoi est-ce que vous ne souriez pas?
Pourquoi est-ce que vous ne riez pas?
Pourquoi est-ce que vous ne me suivez pas?
Pourquoi est-ce que cela ne suffit pas?

1.2 Mettez les phrases suivantes au passé composé:

Marie a des amis.
Marie boit du lait.
Marie connaît ma famille.
Marie coud une belle robe.

Eugène croit cette histoire.
Eugène lit ce journal.
Eugène plaît à son amie.
Eugène reçoit des cadeaux.

Michel sait la réponse.
Michel vit à la campagne.
Michel voit ce film.
Michel veut protester.

Il faut parler français.
Il vaut mieux parler français.

Denise court à son frère.
Denise tient une auberge en face de la gare.
Denise devient furieuse.
Denise vient en retard.
Denise revient de France.
Denise maintient que tu parles français.
Denise entretient ses amis.

1.3 Mettez les phrases suivantes au passé composé:

Où est-ce que tu acquiers cette réputation?
Quel pays est-ce que Napoléon conquiert?
Où est-ce que vous vous asseyez?

Où est-ce que vous mettez ma lettre?
Où est-ce que vous apprenez le français?
Où est le mot que vous ne comprenez pas?
Où est-ce que vous prenez ce café?

Est-ce que Jean conduit sa voiture?
Est-ce que Jean construit le garage?
Est-ce que l'usine produit des autos?
Est-ce que le professeur traduit le passage?

LESSON XII

THE PASSÉ COMPOSÉ

1. The Formation of the Past Participle

1.1 Past participles of the regular verbs have been studied in Lesson IV.

Infinitive		Past participle		
parl	er	J' ai	parl	é
fin	ir	J' ai	fin	i
vend	re	J' ai	vend	u

Study the irregular past participles ending in -i .

Infinitive		Past participle
fuir	J' ai	fui
rire	J' ai	ri
sourire	J' ai	souri
suivre	J' ai	suivi
suffire	Cela a	suffi

1.2 Learn the following irregular verbs in -oir and -re which have past participles ending in -u .

Infinitive		Past participle
avoir	J' ai	eu
boire	J' ai	bu
connaître	J' ai	connu
coudre	J' ai	cousu
croire	J' ai	cru
lire	J' ai	lu
plaire	J' ai	plu
recevoir	J' ai	reçu
savoir	J' ai	su
vivre	J' ai	vécu
voir	J' ai	vu
vouloir	J' ai	voulu
falloir	Il a	fallu
valoir	Il a	valu

The only important irregular verbs in -ir with a past participle ending in -u are:

Infinitive		Past participle
courir	J' ai	couru
devenir	Je suis	devenu
tenir	J' ai	tenu
venir	Je suis	venu

1.3 The following verbs have irregular past participles ending in a consonant. This consonant is heard when the past participle is in the feminine form.

Infinitive		Past participle
acquérir	J' ai	acquis
conquérir	J' ai	conquis
s'asseoir	Je me suis	assis

mettre	J'	ai	mis
prendre	J'	ai	pris
dire	J'	ai	dit
écrire	J'	ai	écrit
faire	J'	ai	fait
conduire	J'	ai	conduit
construire	J'	ai	construit
produire	J'	ai	produit
traduire	J'	ai	traduit
découvrir	J'	ai	découvert
couvrir	J'	ai	couvert
ouvrir	J'	ai	ouvert
souffrir	J'	ai	souffert
offrir	J'	ai	offert
craindre	J'	ai	craint
éteindre	J'	ai	éteint
peindre	J'	ai	peint
mourir	Je	suis	mort

2. The Agreement of the Past Participle

2.1 Most verbs have avoir as the auxiliary verb. The past participle of such verbs agrees in gender and number with the direct object if it precedes the past participle.

J'ai	construit	la maison.	Je	l'	ai	construite.
J'ai	écrit	les lettres.	Je	les	ai	écrites.
J'ai	pris	la plume.	Je	l'	ai	prise.
J'ai	ouvert	la porte.	Je	l'	ai	ouverte.
J'ai	éteint	la lumiere.	Je	l'	ai	éteinte.
J'ai	découvert	la vérité.	Je	l'	ai	découverte.
J'ai	compris	les leçons.	Je	les	ai	comprises.
Il a	donné	ces lettres.	Il	les	a	données.
Il a	posé	la question.	Il	l'	a	posée.
Il a	fini	la carte.	Il	l'	a	finie.
Il a	choisi	les cahiers.	Il	les	a	choisis.
Il a	vendu	la maison.	Il	l'	a	vendue.
Il a	demandé	ses livres.	Il	les	a	demandés.

Note that unless the past participle ends in a consonant in the masculine singular form, the difference between the masculine and feminine forms is mostly orthographic.

The preceding direct object is not necessarily a pronoun.

Où est	la lettre	que	tu	as	écrite?
Où est	la carte	que	Marie	a	reçue?
Où sont	les cadeaux	que	Jean	a	envoyés?
Où sont	les maisons	que	Paul	a	bâties?
Voici	les lettres	que	j'	ai	écrites.
Voici	les livres	que	tu	as	achetés.
Voilà	les journaux	qu'	elle	a	lus.
Voilà	les enfants	que	Jean	a	punis.

Comment découvrez-vous cela?
Pourquoi couvrez-vous ce livre?
Quand ouvrez-vous cette fenêtre?
Quand offrez-vous ce cadeau?
Pourquoi souffrez-vous de cette injustice?

Est-ce que je crains votre père?
Est-ce que j'éteins cette lumière?
Est-ce que je peins des tableaux?
Est-ce que je me plains de vous?
Est-ce que je dépeins ma misère?

Quand est-ce que cet enfant naît?
Quand est-ce que cet homme meurt?

2.1 a) Remplacez chaque nom par le pronom convenable:

J'ai écrit la lettre.
Il a ouvert la porte.
Il a offert la photo.
Tu as compris la question.
Il a craint la vérité.

Nous avons pris la plume.
Vous avez fait cette faute.
Ils ont éteint la lumière.
Ils ont découvert la vérité.
Nous avons pris la photo.

b) Copiez les phrases suivantes, en remplaçant chaque nom par le pronom convenable:

Il a répondu à toutes les questions.

Il nous a demandé son argent.

J'ai déjà compris ces leçons.

Nous avons appris toutes les règles.

Nous avons parlé à Marie ce soir.

Marie a commis ces erreurs.

Nous avons obéi à nos professeurs.

Jacques a résisté à vos ordres.

Votre frère a dit la vérité.

Est-ce que vous avez ouvert cette porte?

J'ai vendu mes disques à Jacqueline.

Tu n'as pas entendu cette nouvelle.

2.2 Ecrivez vos réponses aux questions suivantes (employez le pronom "en"):

Maurice est-il sorti de son appartement?

Avez-vous douté de sa sincérité?

Avez-vous parlé de vos plans?

Avez-vous vu beaucoup de monuments?

2.3 a) Mettez les phrases suivantes au passé composé:

Je vais à l'école.
Il vient de Paris.
Je retourne en France.
Tu sors de la classe.
Il rentre chez lui.
Je descends du train.
Je reste là-bas.
Elle devient pâle.

Il arrive en retard.
Nous partons à midi.
Elle revient en France.
Tu entres dans la classe.
Elle ressort de la maison.
Il monte dans le train.
Il tombe de l'échelle.
Elle redevient calme.

b) Dites en français:

I came at noon.
I went at noon.
I came in at noon.

I left at noon.
I arrived at noon.
I went out at noon.

He went back at one.
He came home at one.
He went up at one.

He came back at one.
He went out again at one.
He came down at one.

They stayed here.
They became angry.
They died.

They fell down.
They were born.
They left.

We came yesterday.
We studied yesterday.
We spoke yesterday.

We went out yesterday.
We stayed here yesterday.
We fell down yesterday.

She cried today.
She arrived today.
She came today.

She left today.
She walked today.
She traveled today.

2.4 Dites et puis écrivez en français:

I am taking [this book] out of the library. (these books/ these magazines)

We took our [suitcases] out of the house. (chairs/ records)

He brought up his [books] to his room. (notebooks/ records)

They brought down their [blankets] from their room. (beds/ lamps)

[He] turned the card over again and saw my address. (she/ you)

I went down the stairs, saw the bus, got on it, and got off near the park.

2.2 When the object is replaced by [en] , the past participle is masculine singular, regardless of the noun which [en] has replaced.

Nous avons écrit	des lettres.	Nous en avons écrit.
Nous avons lu	des livres.	Nous en avons lu.
Vous avez connu	des amis.	Vous en avez connu.
Vous avez vu	des jardins.	Vous en avez vu.
Ils ont mangé	de la viande.	Ils en ont mangé.
Ils ont bu	de la bière.	Ils en ont bu.

2.3 Certain verbs are conjugated with [être] in compound tenses. They are all intransitive when used in this way. Some of them are referred to as "verbs of motion" (see IV.2.1). Note that the past participle agrees in gender and number with the subject.

aller	Elles	sont allées	à	la gare.
venir	Elles	sont venues	à	la maison.
arriver	Elles	sont arrivées	à	Paris.
partir	Elles	sont parties	pour	Paris.
retourner	Elles	sont retournées	en	France.
revenir	Elles	sont revenues	en	France.
entrer	Elles	sont entrées	dans	la salle.
sortir	Elles	sont sorties	de	la salle.
rentrer	Elles	sont rentrées	à	la maison.
ressortir	Elles	sont ressorties	de	la maison.
monter	Elles	sont montées	dans	le train.
descendre	Elles	sont descendues	du	train.
naître	Elles	sont nées	en	1945.
mourir	Elles	sont mortes	en	1945.
rester	Elles	sont restées	à	la maison.
tomber	Elles	sont tombées	de	l'échelle.
devenir	Elles	sont devenues		furieuses.

2.4 Some of the above verbs may be used transitively, i.e., with a direct object. In such cases, they are conjugated with [avoir] .

J'	ai sorti	le livre	de la bibliothèque.	took out
J'	ai sorti	le papier	de ma poche.	took out
J'	ai retourné	la tête	pour le voir.	turned again
J'	ai retourné	la carte.		turned over
J'	ai descendu	la malle	de ma chambre.	took down
J'	ai descendu	la malle	de ma chambre.	brought down
J'	ai monté	la valise	dans l'appartement.	took up
J'	ai monté	la valise	dans l'appartement.	brought up
J'	ai rentré	la chaise	au salon.	took back
J'	ai rentré	la chaise	au salon.	brought back

Je	suis descendu	de l'autobus.
J'	ai descendu	[l'escalier.]

Note the difference in construction in the last two sentences. The verb [descendre] in both cases is translated as "to come down" or "to go down."

2.5 The reflexive verbs are conjugated with [être] in compound tenses. The past participle agrees with the preceding direct object. In most cases the reflexive pronoun is the direct object.

Elle	se	réveille.	Elle	s'	est	réveillée.
Elle	se	lève.	Elle	s'	est	levée.
Elle	se	dépêche.	Elle	s'	est	dépêchée.
Elle	s'	habille.	Elle	s'	est	habillée.
Elle	se	promène.	Elle	s'	est	promenée.
Elle	s'	assied.	Elle	s'	est	assise.
Elle	se	couche.	Elle	s'	est	couchée.
Elle	s'	endort.	Elle	s'	est	endormie.

In a few cases, the reflexive pronoun is not the direct object of the verb. Note that in the first group of examples below, [se] is the direct object; but in the second group, [se] is the indirect object:

Elle	se	lave.	Elle	s'	est	lavée.
Elle	se	brosse.	Elle	s'	est	brossée.
Elle	se	coupe.	Elle	s'	est	coupée.

(but)

Elle	se	lave	la figure.	Elle	s'		est	lavé	la figure.
Elle	se	brosse	les cheveux.	Elle	s'		est	brossé	les cheveux.
Elle	se	brosse	les dents.	Elle	s'		est	brossé	les dents.
Elle	se	coupe	le doigt.	Elle	s'		est	coupé	le doigt.
				Elle	se	l'	est	lavée.	
				Elle	se	les	est	brossés.	
				Elle	se	les	est	brossées.	
				Elle	se	l'	est	coupé.	

Some reflexive verbs indicating a reciprocal action ("each other") may have the reflexive pronoun which is also the indirect object of the verb. This is treated in XXVI. 3.3.

3. Negative and Interrogative Patterns

3.1 Note that some of the negative particles come between the auxiliary verb and the past participle, while others come after the past participle.

Nous	n'	avons	pas	lu	cet article.
Nous	n'	avons	jamais	vu	cet enfant.
Nous	n'	avons	plus	parlé	à Marie.
Nous	n'	avons	guère	écouté	la radio.
Nous	n'	avons	rien	dit.	

Nous	n'	avons	regardé	aucun	livre.		
Nous	n'	avons	regardé	nul	livre.		
Nous	n'	avons	regardé	que	ce livre.		
Nous	n'	avons	regardé	personne.			
Nous	n'	avons	regardé	ni	ce livre	ni	ce cahier.

2.5 a) Répondez aux questions suivantes:

Est-ce que je me suis levé de bonne heure?
Est-ce que je me suis dépêché?
Est-ce que je me suis endormi?

Vous êtes-vous couché à neuf heures?
Vous êtes-vous levé à sept heures?
Vous êtes-vous promené ce matin?

Paul s'est-il rasé ce matin?
Paul s'est-il habillé?
Paul s'est-il souvenu de cela?

Marie s'est-elle levée très tôt?
Marie s'est-elle assise là?
Marie s'est-elle réveillée?

b) Ecrivez en français:

We did not fall asleep in class.

Jacqueline washed her hair; she washed it.

Did she remember our promise?

How did you cut your finger?

Mary and Pauline took a walk this morning.

Did Christine wash her hands before lunch?

They did not recall our promise.

They did not brush their teeth before eating.

Jeanne and Suzanne sat down.

3.1 a) Exercice de substitution:

Je n'ai [pas] écouté [la radio] .

jamais; le professeur; plus; l'étudiant; votre ami; guère; rien.

Vous n'avez regardé [aucun livre] .

aucun tableau; nul tableau; personne; que mon livre; ni mon livre ni son cahier; personne.

b) Mettez les phrases suivantes au négatif en employant les mots donnés entre parenthèses:

J'ai compris son explication. (pas/ jamais)
Nous avons regardé la télévision. (pas/ guère)
Avez-vous lu ce livre? (aucun/ nul)
Il a vu quelque chose. (rien/ personne)
Tu es arrivé en retard. (pas/ jamais)

3.2 Mettez chaque phrase à l'interrogatif en employant l'inversion:

J'ai entendu cette nouvelle.
Tu n'as pas compris ma question.
Il n'a pas voulu sortir avec elle.
Nous sommes partis de bonne heure.
Vous avez aidé mon ami.

Ces hommes n'ont pas répondu à la question.
Vos enfants ne sont pas encore arrivés.
Mes amis n'ont pas oublié leurs revues.
Cet étudiant n'a pas fait ses devoirs.
Cette jeune fille n'est pas sortie ce matin.

4.1 a) Exercice de substitution:

Le professeur est dans son bureau .

sa chambre; son appartement; un fauteuil; la cour; le corridor; sa tour d'ivoire.

Il a passé la matinée à l'eglise .

à la maison; à la gare; au bureau de poste; au salon; à l'église; à la bibliothèque; à l'école.

Un de mes amis est en ville .

pension; prison; classe; province.

Un enfant sur dix est très intelligent.

étudiant; élève; garçon; ouvrier; homme.

b) Répondez aux questions suivantes sans employer de pronoms:

Est-ce que vous êtes dans le corridor?
Est-ce que vous êtes en France?
Est-ce que vous êtes en prison?
Est-ce que vous demeurez dans un appartement?
Est-ce que vous allez à l'église?
Est-ce que vous êtes à l'école?
Est-ce que vous voulez aller à Paris?
Est-ce que vous buvez dans mon verre?
Est-ce que vous jetez le livre par la fenêtre?
Est-ce que vous voyagez en auto?

Est-ce que le professeur est dans son bureau?
Est-ce que Marie est à l'église?
Est-ce que Jean demeure dans un appartement?
Est-ce que vos amis sont venus en auto?
Est-ce que je bois du lait dans ce verre?
Est-ce que vous sortez de la maison?
Est-ce que Roger a le crayon dans la main?
Est-ce que l'étudiant est en classe?
Est-ce que l'étudiant est dans la classe de français?
Est-ce que deux élèves sur cinq ont réussi?

c) Dites et puis écrivez en français:

Do you live in an apartment? (we)

Did he put the letter in the envelope ? (box)

3.2 The inversion occurs between the subject pronoun and the auxiliary verb.

As-	tu	grondé	cet enfant?	Ne l'	as-	tu	pas grondé?
A-t-	il	grondé	cet enfant?	Ne l'	a-t-	il	pas grondé?
Avons-	nous	grondé	cet enfant?	Ne l'	avons-	nous	pas grondé?
Avez-	vous	grondé	cet enfant?	Ne l'	avez-	vous	pas grondé?
Ont-	ils	grondé	cet enfant?	Ne l'	ont-	ils	pas grondé?

Le professeur	a-t-	il	regardé	la télévision?
Ce garçon	a-t-	il	servi	le café?
Cet homme	a-t-	il	puni	notre élève?
Les étudiants	ont-	ils	fini	leur composition?
Les écoliers	ont-	ils	répondu	à ses questions?

4. Special Problems

4.1 French equivalents of "in," "at," etc., + place.

The main distinction between the use of dans and à is that the former implies "inside of a specific location," while the latter does not stress the idea of "inside" or "specific location." Study the following examples.

Le professeur est	dans	son bureau.
Nous demeurons	dans	un appartement.
Votre lettre est	dans	le tiroir.
Nous sommes maintenant	dans	la cour.
La pièce d'argent est	dans	sa main.
Mon cadeau est	dans	ce paquet.
Pierre et Jean sont	dans	le corridor.
Mes amis sont	à	la maison.
Il passe la matinée	à	l' église.
On achète des timbres	au	bureau de poste.
On achète des livres	à	la librairie.
Paul a son livre	à	la main.
Les enfants sont	à	l' école.

En usually has the same meaning as à (general location, not specifically inside), but it is used only in a limited number of expressions.

Où allez-vous ce matin?	Je vais	en	ville.
Où demeure-t-il?	Il demeure	en	ville.
Où est votre soeur?	Elle est	en	pension.
Où sont les enfants?	Ils sont	en	classe.
Où est Robert?	Il est	en	province.
Comment voyage-t-il?	Il voyage	en	auto.

Note however:

Nous allons	dans	l'auto de Robert.
Nous allons	en	- auto.
Nous sommes	dans	la classe du professeur Duval.
Nous sommes	en	-- classe.

Usually de is used to express the English "from, out of," but note other ways to express the same idea.

Jeannine sort de la maison.
Jeannine va de Chicago à New York.
Jeannine vient de Détroit.

Auguste boit la bière dans la bouteille.
Auguste copiera la réponse dans son livre.
Auguste a bu le vin dans ce verre.

Philippe a jeté le cahier par la fenêtre.
Philippe a jeté le cahier par la porte.

Un élève sur dix va échouer à cet examen.
Un élève sur deux est très intelligent.

	cities	countries (m)	countries (f)	continents
(in, at, to)	à	au (aux)	en	en
(of, from, out of)	de	du (des)	de	de

Cet été mon frère va au Portugal et sa fiancée sera en Italie. Paul, mon frère, va passer la plus grande partie de l'été à Lisbonne, mais sa fiancée veut visiter plusieurs villes en Italie. Elle sera donc à Rome, à Florence, à Naples.

J'ai remarqué que ce monsieur parlait avec un accent espagnol. Est-ce qu'il vient d'Espagne? Vous dites qu'il vient du Mexique, de Monterrey?

Mon père a beaucoup voyagé. Il est allé en Europe quand il avait dix ans. Il a passé sa jeunesse dans l'Afrique du Nord et ensuite dans l'Afrique du Sud. Quand il avait vingt ans il est allé en Asie. Il est actuellement dans l'Amérique du Sud, plus précisément au Brésil.

Note the use of dans with the continents when the latter are modified by du Sud, du Nord, etc.

4.2 French equivalents of "in," "at," etc. + time.

En is used before year, months, and seasons (except au printemps), while à is used before the hours of the day, and au before siècle.

Je suis allé chez eux en juin (au mois de juin). En mai (au mois de mai) j'étais chez mon oncle, et le mois précédent, j'étais en Italie.

Il fait trop froid en hiver. Tout le monde est un peu triste en automne, parce que c'est le commencement de la saison morte. En été je vais au bord de la mer. Au printemps il fait parfois assez chaud. En quelle saison allez-vous au bord de la mer?

A midi je déjeune avec mon amie. A une heure et demie je vais à la bibliothèque, où je reste jusqu'à trois heures. A quelle heure rentrez-vous à la maison?

André Gide est né au dix-neuvième siècle, plus précisément en 1869. Il est mort en 1951, c'est-à-dire au vingtième siècle.

Did you put the tie in the [package] ? (drawer)

Will he throw it out of the [door] ? (window)

Don't drink out of this [glass] . (bottle)

Four out of five did not know the [answer] . (address)

One student out of five copied the answer from the [book] . (magazine)

[We] went to Portugal and then to Spain. (she)

He left [London] and came to the United States. (Madrid)

He took the paper out of his [pocket] . (box)

My brother is going to South America next year.

My cousin lives in the country in a small house.

The teacher is at school but not in the classroom.

4.2 a) Exercice de substitution:

Je vais en France en [janvier] .

février; mars; avril; mai; juin; juillet; août; septembre; octobre; novembre; décembre.

Il aime faire une promenade [en été] .

en automne; en hiver; au printemps.

Je sortirai avec Jean [lundi] soir.

mardi; mercredi; jeudi; vendredi; samedi; dimanche.

Nous serons prêts dans [une heure] .

une minute; un quart d'heure; une demi-heure; deux heures; une semaine; un mois.

Je peux faire cela en [une heure] .

deux heures; cinq jours; une demi-heure; un quart d'heure; un mois; une minute.

b) Dites et puis écrivez en français:

My father was born in [1920] . (1918/1899)

We go to the country in the [summer]. (fall/ spring)

He came to see me at [noon]. (midnight/ one)

They are coming on the [first] of March. (second/ third)

That play was very popular in the [nineteenth] century. (eighteenth/ seventeenth)

We are going to France in the month of [May]. (April/ July)

He comes to see us on [Sundays]. (Mondays/ Saturdays)

I'll call you back in [an hour]. (two hours/ fifteen minutes)

You can go from here to [Chicago] in ten hours by train. (New York/ Louisville)

He doesn't go to school on Tuesdays and Thursdays.

In four or five years I'll be able to teach French.

They stay home every Saturday morning.

4.3 Ecrivez en français:

How do you translate the passage on page 20?

Are we ready? We will be ready in five minutes.

How do you say that in French? Well, that is not said in French.

They say you are in love with my sister.

You don't do such things before everyone.

They were making such noise over there.

Do you remember the question that was asked?

People don't travel by train any more.

Does anyone understand English in this store?

Be patient; dinner will be served very soon.

Note the use of the definite article and cardinal numbers (except le premier) before dates. No preposition is used.

> J'ai vu Marie le premier juin. J'ai vu son frère le trois juin. Tous les deux étaient à Paris le quatorze juillet pour célébrer le jour de la fête nationale.

Before the days of the week nothing is required. The use of the definite article implies a regular occurrence ("every Sunday," etc.):

> Je vais faire un petit voyage la semaine prochaine. Lundi, je serai à Chicago. Mardi et mercredi, je serai à Saint Louis, où j'ai des parents. Je partirai pour Louisville jeudi ou vendredi, et je serai de retour samedi soir.

> Mon frère a de la chance. Il ne va à l'université que le mardi et le jeudi. Le lundi il dort jusqu'à midi. Nous travaillons tous deux le soir jusqu'à onze heures.

With reference to time, dans means "at the end of a period" (i.e., how much time will have gone by before doing something) and en means "in the course of a period" (i.e., how much time it takes to do something).

> Il est dix heures. Le train pour Paris part à dix heures et quart, c'est-à-dire, il faut que je sois prêt dans une demi-heure. On peut aller d'ici à la gare en vingt minutes, mais il vaut mieux se dépêcher quand même.

> Je viens de rentrer chez moi. J'ai l'intention de commencer mon devoir de français dans une heure (car il faut que je me repose un petit peu avant de travailler, n'est-ce pas?) et je le finirai sûrement en moins de deux heures.

4.3 Use of on.

On is an indefinite personal pronoun and takes the third person singular verb form. Note the various uses of on in the following examples.

> On sait très bien de quoi il s'agit. (= tout le monde)

> On parle anglais dans ce pays. (= tout le monde, les habitants)

> On n'aime pas parler des fautes qu'on a commises. (= tout le monde, les hommes en général)

> On a posé cette question à tout le monde qui y passait. (= quelqu'un, les enquêteurs, etc.)

> On est arrivé en retard, on a été puni. (= quelqu'un, quelques personnes)

On may also refer to a specific person, when used colloquially. It may be used when the speaker does not wish to mention specific names for any reason.

> Eh bien, on est prêt? On y va tout de suite? (= nous)

> Soyez patients, on y arrivera tôt ou tard. (= nous, vous, etc.)

> On ne fait pas une chose pareille, tu sais! (= tu ne devrais pas faire cela)

LESSON XIII

THE IMPERFECT AND PLUPERFECT INDICATIVE

1. The Formation of the Imperfect

The imperfect tense derives regularly from the first person plural (nous) of the present indicative. See III. 1. 1.

Nous regard ons le livre.	Je	regard	ais	le livre.
	Tu	regard	ais	le livre.
	Il	regard	ait	le livre.
	Nous	regard	ions	le livre.
	Vous	regard	iez	le livre.
	Ils	regard	aient	le livre.
Nous obéiss ons au père.	J'	obéiss	ais	au père.
	Tu	obéiss	ais	au père.
	Il	obéiss	ait	au père.
	Nous	obéiss	ions	au père.
	Vous	obéiss	iez	au père.
	Ils	obéiss	aient	au père.
Nous vend ons du pain.	Je	vend	ais	du pain.
	Tu	vend	ais	du pain.
	Il	vend	ait	du pain.
	Nous	vend	ions	du pain.
	Vous	vend	iez	du pain.
	Ils	vend	aient	du pain.

The only exception to the above rule is être .

Nous sommes là.	J'	étais	là.
	Tu	étais	là.
	Il	était	là.
	Nous	étions	là.
	Vous	étiez	là.
	Ils	étaient	là.

2. Use of the Imperfect Denoting a State of Affairs

2.1 The basic difference between the passé composé and the imperfect is that the latter denotes a state of affairs, or a continuous action. The imperfect does not indicate clearly when the action began or when it was over; it merely implies that something was going on at a given moment. Study the following examples.

Daniel	chantait		quand je l'	ai	vu.
Daniel	pleurait		quand je l'	ai	vu.
Daniel	étudiait	la leçon	quand je	suis	entré.
Daniel	lisait	le livre	quand je	suis	venu.

1. Mettez les phrases suivantes à l'imparfait:

Je suis très content de mon auto.
Tu vas à l'école le lundi.
Il donne de l'argent aux pauvres.
Nous venons aux Etats-Unis.
Vous pensez toujours à votre petit ami.
Ils lisent des journaux français.

J'écris chaque jour à Marie.
Tu vends des fleurs dans la rue.
Il finit la leçon de chimie.
Elle comprend enfin la vérité.
Nous faisons toujours nos devoirs.
Vous savez mon adresse.
Ils se souviennent de ce bâtiment.

Est-ce que je vous dérange?
Est-ce que je gagne de l'argent?
Est-ce que je me lève de bonne heure?
Est-ce que je prends du café?
Est-ce que je connais votre ami?
Est-ce que je choisis Madeleine?

Allez-vous à la pêche le samedi?
Ecoutez-vous la radio chaque matin?
Regardez-vous la télévision le soir?
Tenez-vous une auberge en face de la gare?
Aidez-vous le frère de Charlotte?
Savez-vous mon numéro de téléphone?

Nous ne suivons pas son cours.
Nous ne disons jamais la vérité.
Nous ne voyageons guère en auto.
Vous ne répondez jamais à Jacques.
Vous ne parlez plus à mon ami.
Vous ne fumez pas de cigarette.

2.1 a) Répondez aux questions suivantes:

Qu'est-ce que vous faisiez quand je suis entré?
Qu'est-ce que vous lisiez quand je suis entré?
Qu'est-ce que vous chantiez quand je suis entré?
Qu'est-ce que vous regardiez quand je suis entré?
Qu'est-ce que vous écoutiez quand je suis entré?

Quel temps faisait-il quand vous êtes venu?
Quelle heure était-il quand vous êtes venu?
Où était mon ami quand vous êtes venu?
Qu'est-ce que Paul faisait quand vous êtes venu?
Qu'est-ce qu'il étudiait quand vous êtes venu?

Où étiez-vous cet après-midi?
Que disiez-vous à Marie quand je suis arrivé?
Pourquoi pleurait-il quand vous l'avez vu?
Pourquoi chantait-il quand vous l'avez vu?
A quelle vitesse alliez-vous au moment de l'accident?

b) Ecrivez en français:

He was sleeping while I was working.

I studied in Paris for ten years.

He wept when he saw us.

When I came in, he was hiding under a table.

He knew the answer but he did not say a word.

She was crying when we saw her.

2.2 Dites et puis écrivez en français:

We [knew] Paul and his sister. (liked)

We were very [rich] at that time. (poor)

No one [knew] the answer. (wanted)

I was very [hungry] . (thirsty)

They thought of [him] every day. (them)

I could [answer] that question. (repeat)

[We] hoped that you would succeed. (I)

2.3 Ecrivez en français:

I suddenly understood the explanation.

For a moment I thought it was your friend.

They tried to protest but it was useless.

Paul isn't here; he couldn't come today.

I invited John but he wouldn't come.

I finally could learn the truth.

He was severely punished by the teacher.

2.4 a) Relisez les deux premiers paragraphes d'"Une leçon d'astronomie" de Jean-Jacques Rousseau et mettez chaque verbe au temps passé convenable (X.2.1).

Roger	n'est pas venu	parce qu'il	était	malade.
Roger	n'est pas venu	parce qu'il	pleuvait	à verse.
Roger	n'est pas venu	parce qu'il	était	occupé.

Vous	jouiez	avec Charlot	pendant que je	lisais.
Vous	parliez	à Marie	pendant que j'	étudiais.
Vous	lisiez	le journal	pendant que je vous	attendais.
Vous	marchiez	vite	pendant que je vous	observais.

Jacques	pleurait	amèrement	quand	nous	sommes arrivés.
Jacques	a pleuré	de joie	quand	nous	sommes arrivés.

Note in the last group of examples given above that pleurait implies that "Jacques had been crying" before we arrived, and that "he was still crying" when we arrived. The passé composé used in the second sentence implies that he had probably not been crying when we arrived, but the moment we arrived and when he saw us, he cried.

2.2 Since the imperfect denotes a state of affairs or a condition, certain verbs are usually used in the imperfect rather than the passé composé.

Nous	étions	très contents de sa réponse.
Nous	étions	très malades à cette époque-là.
Nous	avions	beaucoup d'argent.
Nous	avions	peu d'amis.
Nous	espérions	que vous y réussiriez.
Nous	aimions	cela tellement.
Nous	savions	la réponse tout le temps.
Nous	connaissions	Paul assez bien.
Nous	comprenions	cela avant la classe.
Nous	voulions	partir de bonne heure.
Nous	pensions	que vous ne le feriez jamais.
Nous	croyions	que vous aviez tort.
Nous	pouvions	répondre à cette question.

2.3 If any of the above verbs are used in the passé composé, the implication somewhat changes: Such a use may imply a sudden occurrence or an emphasis on the action rather than the condition.

J'	ai	compris	cela tout d'un coup.
J'	ai	cru	que c'était un tremblement de terre.
J'	ai	voulu	punir ce mauvais enfant.
J'	ai	pu	répondre à cette question.

The main verb in the last two examples may be translated thus:

J'	ai	voulu	punir cet enfant.	I tried to...
J'	ai	pu	répondre à la question.	I succeeded in...

2.4 Study the use of the passé composé and imperfect in the following passages.

C'était vendredi soir. J'ai décidé d'inviter Charlotte à aller au cinéma. Je n'avais que cinq dollars sur moi--c'était tout ce que j'avais pour passer le weekend, mais je pensais que cela suffirait quand même. Je suis allé chercher Charlotte vers six heures et demie, puisque le film commençait à sept heures. Elle n'était pas encore prête et j'ai dû attendre un bon quart d'heure. Il se faisait tard. Nous avons quitté sa maison à sept heures moins dix. Nous nous sommes dépêchés. Quand nous sommes arrivés au cinéma, il y avait une foule de gens devant le guichet. Inutile de vous dire que nous avons manqué le début du film.

Dès le matin il est allé à la recherche d'un appartement pour cette année. Il a essayé de s'approcher du bureau--essayé est le mot car il y avait une multitude d'étudiants qui cherchaient, eux aussi, des appartements. Finalement avec quelques adresses dans sa poche, il s'est mis en route. Le premier appartement qu'il a visité était affreux, petit, sale, déprimant, avec une vue sur un toit noir, où il pleuvait continuellement à cause du conditionnement d'air du voisin. La brave femme en voulait soixante-quinze dollars par mois! Il a visité ensuite cinq ou six appartements, mais ceux qui avaient l'air convenable étaient tous loués. Il est retourné à l'université pour se munir de nouvelles adresses. A ce moment-là, il trouvait la situation plutôt ridicule.

3. Use of the Imperfect Denoting a Habitual Action

In addition to denoting a state of affairs and a continuous action, the imperfect tense may also denote a habitual action. This corresponds to the English "used to" + verb (occasionally "would" instead of "used to").

Last year	I ate	three times	a week.
Last year	I used to eat	three times	a week.
L'année passée	je mangeais	trois fois	par semaine.

He	went fishing	every day	when	he was small.
He	would go fishing	every day	when	he was small.
He	used to go fishing	every day	when	he was small.
Il	allait à la pêche	tous les jours	quand il était petit.	

Study the difference in the following two sentences.

Nous	voyions	Paul	chaque jour	l'année dernière.
Nous	avons vu	Paul	chaque jour	la semaine passée.

4. The Pluperfect

4.1 For a quick review of the pluperfect tense, see Lesson IV. This tense is used to denote an action in the past more remote than the passé composé or the imperfect. It is the "past tense of a past tense."

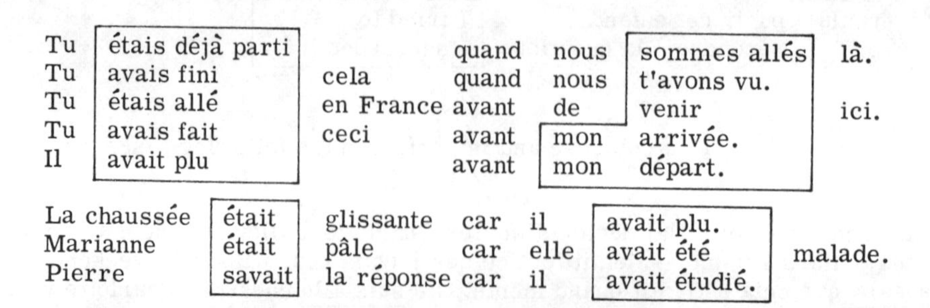

Tu	étais déjà parti		quand	nous	sommes allés	là.
Tu	avais fini	cela	quand	nous	t'avons vu.	
Tu	étais allé	en France	avant	de	venir	ici.
Tu	avais fait	ceci	avant	mon	arrivée.	
Il	avait plu		avant	mon	départ.	

La chaussée	était	glissante	car	il	avait plu.	
Marianne	était	pâle	car	elle	avait été	malade.
Pierre	savait	la réponse	car	il	avait étudié.	

b) Lisez le passage suivant en mettant chaque verbe au temps passé convenable:

Quand il a dix-huit ans, il fait la connaissance d'une jeune fille très agréable, qui demeure à New York. Puisqu'il n'habite pas à New York, il lui faut faire un voyage chaque semaine pour aller voir sa petite amie. Peu de temps après, il tombe follement amoureux d'elle et il veut l'épouser. Le pauvre jeune homme ne sait pas que cette jeune fille veut se marier avec un homme assez riche. Bien entendu, lui n'est pas très riche et parfois il a à peine assez d'argent pour faire son voyage habituel à New York. Il travaille nuit et jour et met de côté tout ce qu'il gagne. Un jour, elle lui dit qu'elle ne veut plus le revoir. Elle ne lui dit pas pourquoi elle ne veut plus sortir avec lui, mais il comprend soudain qu'elle a l'intention d'épouser quelqu'un de plus riche et de plus âgé. Pauvre homme! il pleure amèrement quand il rentre chez lui. Mais ce n'est là que le début de son malheur. Quelques jours plus tard, il apprend le mariage de son ancienne amie avec un de ses amis qu'il connaît depuis longtemps.

3. Ecrivez en français:

When I was small, I could swim very well.

I saw him every day last week.

I saw her every day when I was going to school.

He would go fishing every time when it was good weather.

She used to spend each summer in Michigan.

She would cry every time she was angry with someone.

We used to go to school on Saturdays.

John used to write me long letters.

Paul never used to speak so slowly.

4.1 Ecrivez en français:

The sidewalk was slippery because it had snowed.

He lost the money I had given him.

When we got there, he had already gone.

He knew the answer because he had studied.

She showed me a photo that she had taken in Paris.

It was very cold because it had snowed.

I didn't know that he had an accident.

Roger thought that everyone had come.

He was rich then because he had worked hard.

We weren't hungry because we had eaten breakfast.

4.2 Mettez chaque verbe au temps passé convenable:

Marie va à un bal avec son ami Charles. Il fait très froid car il a neigé. Elle a faim parce qu'elle a à peine eu le temps de prendre son dîner. Quand ils arrivent chez leur ami, ils apprennent qu'on a déjà commencé à danser.

Je sais le sujet du discours de Philippe parce qu'il me l'a dit. Je m'intéresse tellement à ce qu'il a à dire là-dessus et je me dépêche d'aller à la salle de réunion. Mais il y a tant de voitures que je suis obligé de stationner mon auto loin de la mairie. Quand j'arrive enfin à la salle, il a déjà terminé son discours.

5.1 a) Exercice de substitution:

Charles est [puni] par le professeur.

loué; grondé; observé; aidé; invité; choisi.

Charles est [aimé] de tout le monde.

admiré; déteste; haï; accompagné; suivi; craint.

b) Répondez aux questions suivantes:

Par qui est-ce que vous êtes puni?
Par qui est-ce que Marie est grondée?
Par quoi est-ce que le pont est détruit?
Par quoi est-ce que le jardin est ravagé?
Par qui est-ce que Jean est aidé?
Par qui est-ce que Jeanne est choisie?

De qui est-ce que je suis aimé?
De qui est-ce que vous êtes admiré?
De qui est-ce que vous êtes haï?
De qui serez-vous accompagné?
De qui serez-vous compris?
De qui est-ce que Paul est craint?

Par qui est-ce que le problème a été considéré?
Par qui est-ce que Jean a été puni?
Par qui est-ce que le chien a été tué?
Par qui est-ce que vous avez été loué?

De qui étiez-vous admiré?
De qui est-ce que j'étais aimé?
De qui est-ce que Paul était accompagné?
De qui est-ce que Jeanne était crainte?

Robert	a montré	la composition	qu' il	avait écrite.
Charlot	a perdu	le cadeau	qu' on	avait envoyé.
Maurice	a oublié	le discours	qu' il	avait préparé.

4.2 Note how the pluperfect tense is used in the following passage. Compare its relationship to other past tenses.

Je suis sorti de la maison après le déjeuner pour faire une petite promenade. Il avait neigé et le trottoir était très glissant. Mais j'aime marcher dans la neige! J'ai rencontré Alice près de la librairie. Elle m'a dit qu'elle allait au bureau de poste. Elle m'a demandé si je voulais l'accompagner jusque là. Puisque je n'avais rien à faire, j'y ai consenti. Elle m'a invité ensuite à aller chez elle écouter les disques qu'elle avait achetés le jour précédent. J'ai passé deux heures chez elle. J'ai quitté sa maison vers trois heures. Il avait commencé de nouveau à neiger, et il faisait très froid. Je me suis dépêché pour regagner ma maison aussi vite que possible.

5. Special Problems

5.1 French equivalents of the English passive voice.

Study the following sentences. Note that in French only the direct object of the active voice can become the subject in the passive voice.

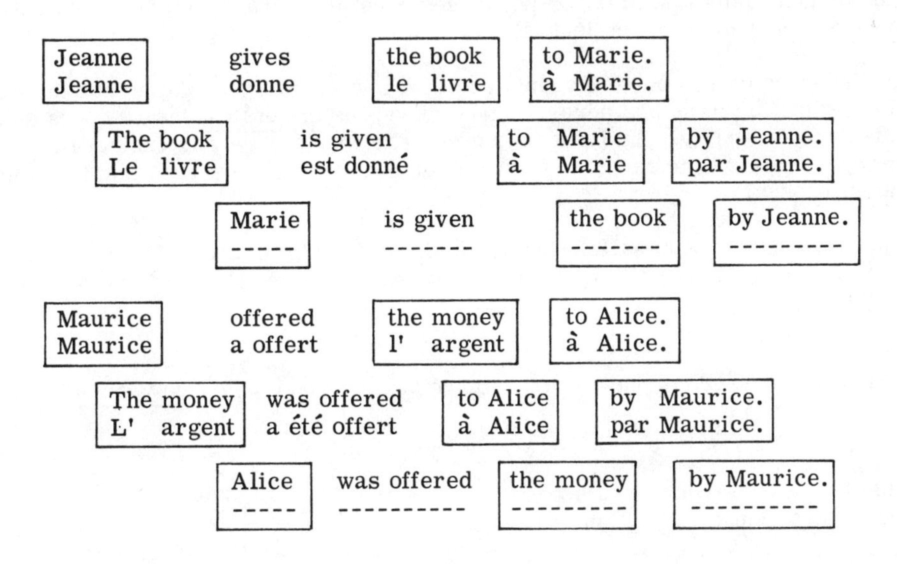

Note that the "agent" of the passive voice is expressed in French by par or de
Generally speaking, de is used with verbs denoting condition or mental actions.

Charlot	est	puni	par	son frère.
Le bâtiment	est	détruit	par	les ouvriers.
Le dîner	est	servi	par	le garçon.
Le problème	est	considéré	par	les délégués.
Le chien	est	écrasé	par	le camion.
Les enfants	sont	grondés	par	le maître.
Les fleurs	sont	cueillies	par	la femme.

Mon père	est	admiré	de	tout le monde.
Marie	est	admirée	de	tous ses amis.
Ces hommes	sont	détestés	de	nos étudiants.
Ce roi	est	haï	de	son peuple.
Cette femme	n'est	comprise	de	personne.
Le maître	est	craint	de	ses élèves.
Jeanne	est	accompagnée	de	son frère.

In the past tense, verbs denoting a state of affairs or condition are usually in the imperfect.

Charlot	a été	puni	par	son frère.
Le bâtiment	a été	détruit	par	les ouvriers.
Le problème	a été	considéré	par	les délégués.
Le chien	a été	écrasé	par	le camion.

Mon père	était	admiré	de	tout le monde.
Cet homme	était	détesté	de	nos étudiants.
Ce maître	était	craint	de	ses élèves.
Ce roi	était	haï	de	son peuple.

This does not mean that other verbs are not put into the imperfect tense. Consider the following examples.

Je suis arrivé en retard à cause du mauvais temps qu'il faisait. Il y avait une foule de gens dans la salle. On posait des questions. Les problèmes étaient considérés par ceux qui étaient là.

Pendant l'absence de son père, Roger a décidé d'inviter quelques amis chez lui. Il leur a servi le vin de son père. Plusieurs verres ont été cassés au cours de cette surprise-party. Le lendemain soir, son père a ouvert le cabinet pour prendre du vin. Il ne savait pas que quelques-uns de ses verres dans le cabinet étaient cassés.

Quand je suis entré dans la salle, Charles était puni par le maître. Il n'en a rien dit à ses parents, de sorte qu'ils ne savent pas que leur fils a été puni par le maître.

If the "agent" is not expressed or has no importance at all, on + active verb may be used.

	They	were given	a book.
On	leur	a donné	un livre.
	I	was told	to come here.
On	m'	a dit	de venir ici.
		The dog	was killed.
On	a tué	le chien.	
	She	was forbidden	to go out.
On	lui	a défendu	de sortir.

In certain instances, French uses a reflexive construction where English uses the passive voice.

c) Ecrivez en français:

The door was opened by the maid.

The man was feared by everybody.

He was greeted by my father.

They think I'm hated by you.

She was admired by all her friends.

The idea was well-received by the delegates.

The poor dog was run over by a car.

Paul will be praised by the professor.

d) Mettez à l'actif d'après le modèle ci-dessous:

Paul est puni par Jean.--Jean punit Paul.
Paul est admiré.--On admire Paul.

Nous sommes grondés par le professeur.
Vous avez été puni par vos parents.
Roger est accompagné de son frère.
Je ne suis pas aimé de mon amie.

Jacqueline était admirée.
Le pauvre chat a été tué.
Ces pages ont été déchirées.
Le problème est considéré.

Le repas est servi par le garçon.
Le criminel est arrêté.
La maison a été vendue.
Le sujet est choisi par moi.
Mon frère est craint.
Le pont est détruit par les soldats.
Marie est accompagnée de Jean.
Vous êtes puni tous les jours.

e) Dites et puis écrivez en français:

[They] were offered five dollars. (we)

She was told to [come here] . (learn the rules)

That is not [done] in France. (said)

She is called [beautiful] Marie. (little)

These books are sold over there.

This door doesn't open easily.

He has been arrested and thrown into prison.

This word isn't written like that.

This expression is not easily translated into English.

I was given a beautiful book.

5.2 <u>Ecrivez en français:</u>

We have been studying French for many years.

How long have you known the answer?

My friend has been in Paris many times.

Have you ever read the works of Dickens?

Last year I saw him almost every week.

At the end of the meeting he got up and left.

She was tired but she decided to go out anyway.

His suggestion was well received by them.

Finally I understood that you had been telling the truth.

I had just finished my breakfast when he came.

He had been sick for over a month when he finally sent for a doctor.

John had been in Paris before, but his friends kept telling him that Paris had changed.

Who has just come in?

Who has been making that noise?

He became furious when I told him the truth.

Charles had not seen her for some time.

Cela	ne	se	dit	pas	en français.
Ce mot	ne	s'	emploie	pas	en France.
Ces livres		se	vendent		assez cher.
Cela	ne	se	fait	pas	en public.
Ce livre		se	vend		presque partout.
La porte	ne	s'	ouvre	pas	facilement.

5.2 Various translations of the French past tenses.

It is particularly dangerous to equate certain English tenses with those of French. Study the following tenses and explanations.

Il [pleut] depuis trois heures du matin.

It indicates that "it began to rain" in the past (at 3 a.m.) and "it is still raining" at this moment (that is, "it has been raining" since 3 a.m.).

Il [a plu] plusieurs fois la semaine dernière.

It indicates that "it rained" in the past (during last week).

Il [pleuvait] à verse quand je suis rentré.

It indicates that "it had been raining" for some time, and "it was still raining" at the time when I came home.

Il [pleuvait] depuis trois heures du matin.

It indicates that "it had been raining" for some time (since 3 a.m.) and "it was still raining" at some moment in the past.

La chaussée était glissante parce qu'il [avait plu] .

It indicates that the street was wet, and "it had rained" before. It was no longer raining at the time when the street was wet, indicated in the first half of the sentence.

Il [vient de] pleuvoir.

It indicates that "it has just rained," i.e., the rain stopped probably only a few minutes ago.

Il [venait de] pleuvoir.

It indicates that "it had just rained," i.e., the rain had just stopped before something else took place in the past.

Il [pleuvait] à verse pendant que j'attendais l'autobus.

It indicates that "it was raining" at the same time when I was waiting for the bus.

Analyze the verb tenses in the following sentences:

Robert	chante.	
Robert	chante	depuis quelques minutes.
Robert	vient de chanter.	
Robert	a chanté	deux fois.
Robert	chantait	pendant que je l'attendais.
Robert	chantait	quand je l'ai vu.
Robert	chantait	depuis quelque temps.
Robert	avait chanté	et il était fatigué.
Robert	venait de chanter.	

5.3 Special use of the imperfect.

Si + imperfect is the French equivalent of "how about...?" This is the same construction which is used in the "if" clause of a conditional sentence (see XVII. 2. 3).

How about going	to the movies?
What if we went	to the movies?
Suppose we go	to the movies?
Si nous allions	au cinéma?

Si nous allions au cinéma?
(nous nous y amuserions, etc.)
Si je parlais à Marie?
(on pourrait apprendre la vérité, etc.)
Si nous étudiions maintenant?
(nous pourrions sortir plus tard, etc.)
Si elle venait ce matin?
(qu'est-ce qu'on ferait? etc.)
Si Jean échouait à son examen?
(alors quoi? ce serait bien dommage, etc.)
Si Georges était en colère?
(on ne saurait que faire, etc.)

We had been in London for a month, when the letter arrived.

He was explaining the lesson when I came in.

I have had this book for over two years.

He had been watching television for two hours and was getting tired.

The dictator was hated by his people; finally he was killed by his own soldiers.

5.3 Ecrivez en français:

How about going to the movies tonight?

Suppose he came right now?

What if we didn't study our lesson?

Suppose she didn't want to come?

How about my speaking to Paul?

What if they got angry at us?

Suppose we leave now?

How about phoning him this afternoon?

Suppose he had been run over by a truck?

How about sending him a gift?

Suppose I sent her some flowers?

XIV REVIEW LESSON

1.1 Ecrivez des phrases pour illustrer les mots et les expressions suivantes (e.g., parties--Ces jeunes filles sont parties pour New York.):

1. espérais

2. retournées

3. racontée

4. le dimanche

5. rappelles

6. il y a deux ans

7. s'est

8. printemps

9. à eux

10. si nous

11. on

12. moi

13. pendant que

14. souvenait

15. assises

16. se fait

17. m'en voulait

18. écrite

19. à elle

20. en trois jours

21. dans deux jours

22. étudiions

23. voilà

24. soyons

25. te

1.2 Traduisez le dialogue suivant (employez la forme "tu"):

Bill: Say (=dis donc), John, where were you this afternoon?

John: I was in the library--but why?

Bill: Don't you remember? We were supposed to (=devions) go to Betty's house at two o'clock.

John: You are right, I have completely forgotten it! I hope she isn't mad at me.

Bill: I don't think so. I came home at one but you were not in your room. No one knew where you were.

John: What did you (=on) do at Betty's house?

Bill: There were five of us (=nous étions cinq). We talked about a lot of things. Betty served us the cake she made. She asked me why you weren't there. I didn't know what to say (=que dire).

John: Well, suppose I telephone her tonight to (=pour) apologize.

Bill: You don't need to. Anyway, I was going to tell you that we are going to the movies Friday evening. You want to go (there) with us, don't you?

John: Let me see...I am free Friday. What are you going to see?

Bill: There is an Italian film in town. They say it's excellent.

John: Fine, I won't forget it this time. By the way, what did you talk about at Betty's house?

Bill: We talked about the exams, (about) the trip (which) she took (<faire) to California two weeks ago, (about) our teachers, (about) the books (which) we had read, and so on.

John: It seems to me that you had a lot of fun (<s'amuser). What time did you come home?

Bill: About five. What about you (=et toi)?

John: I went to the library at one and came home at four-thirty. I stayed there for more than three hours. I was surprised not to find [too] many students there.

Bill: I suppose Robert was there, too.

John: No, I didn't see him there. He had told me that he would be in the reading room (salle de lecture). I was counting on it because I needed his help. There were things in my French book that I didn't understand. Anyway, I studied alone, and after some time I did understand all the rules.

1.3 Apprenez les phrases et les expressions suivantes:

A. Si vous avez une question, vous lèverez la main pour attirer l'attention de votre professeur. Vous pouvez dire "Monsieur (Madame/Mademoiselle)", mais ne dites pas "S'il vous plaît". C'est une phrase qu'on emploie pour attirer l'attention d'une vendeuse dans un magasin.

Monsieur, j'ai une question (à poser).
Je voudrais vous poser une question.
Permettez-moi de vous demandez quelque chose.
Il y a quelque chose que je ne comprends pas très bien.

B. Vous indiquerez où se trouve le mot (l'expression, la phrase, la locution, etc.) que vous ne comprenez pas:

C'est à la page 116.
C'est en haut de la page 116.
C'est au bas de la page 116.
C'est au milieu de la page 116.
C'est à la ligne 15.
C'est dans le deuxième paragraphe.

C. Vous allez préciser votre question en disant:

Pourquoi dit-on "demain" au lieu de "le lendemain"?
Quelle est la différence entre ces deux mots?
Comment est-ce qu'on emploie cette expression?
Voulez-vous bien expliquer l'emploi de ce mot?
Quel temps faut-il employer ici?
Quel est le mot qu'il faut?
Que veut dire cette phrase?
Qu'est-ce que cela signifie?
Voulez-vous bien traduire cela en anglais?

D. Si vous cherchez un mot, vous direz:

Quel est le mot français pour "typewriter"?
Comment dit-on "it is cloudy" en français?
Comment traduisez-vous l'expression "it is cloudy"?
Les mots me manquent pour exprimer...
Les mots m'échappent.

E. Si vous n'avez pas très bien compris l'explication de votre professeur, dites:

Excusez-moi, mais je ne vous ai pas entendu (compris).
Voulez-vous bien répéter ce que vous venez de dire?
Voulez-vous bien répéter la phrase que vous avez dite?
Voulez-vous bien donner un autre exemple?
Voulez-vous bien donner encore des (d'autres) exemples?

F. Si vous avez compris l'explication de votre professeur, vous direz:

Merci, monsieur (madame, etc.)
Merci beaucoup, monsieur.
Je comprends cela très bien maintenant; merci, monsieur.
C'est très clair maintenant; merci, madame.

2.1 Lisez l'article suivant. Relisez-le, en essayant de tout comprendre sans traduire en anglais. Vous trouverez la définition de certains mots à la fin de l'article. Copiez-la, si vous voulez, en marge mais pas entre les lignes.

LA FRANCE: UNE AUBERGE QUI PEUT DOUBLER SES NUITÉES[1]

Parler d'industrie touristique, cela fait parfois sourire. Où sont les hauts fourneaux,[2] les vastes usines, les signes les plus tangibles du solide et du sérieux? Cependant, les chiffres sont là: le tourisme fait vivre directement 300.000 salariés[3] et des régions entières. Demain, les loisirs l'emporteront[4] sur le travail classique. Il sera l'une des activités essentielles. Nous devons nous préparer à cette échéance,[5] nous le pouvons. 5

En premier lieu, quel est le marché?

Les touristes étrangers sont essentiellement américains, anglais, allemands, belges, suisses.... Les Américains. Ce sont--et de loin--les clients les plus intéressants. Les touristes européens nous ont procuré 234 millions de dollars en 1960, mais nous avons dépensé en Europe 214 millions de dollars. Les touristes américains nous ont procuré 253 millions de dollars, tandis que nous avons seulement dépensé 45 millions de dollars aux Etats-Unis. Ces statistiques sont éloquentes: la chance du tourisme, ce sont d'abord les Américains. Ils étaient 680.000 l'an dernier. Ils peuvent être plus du double en 1965, peut-être le quadruple en 1970. Sans doute le gouvernement américain a-t-il suggéré l'austérité en matière de dépenses extérieures, mais il s'agit de conjoncture. Par ailleurs, il cherchera probablement à développer son propre tourisme. 10 15 20

Mais, dans l'ensemble, les prévisions[6] faites sont vraisemblables. Elles tiennent compte de l'accroissement du niveau de vie aux Etats-Unis. La part de revenus américains supérieure à 6.000 dollars par an (chiffre à partir duquel[7] l'Américain a les moyens de s'offrir un séjour en Europe) sera largement multipliée par deux dans les dix prochaines années. Les femmes ont pris l'habitude de se déplacer[8] et vont le faire de plus en plus (on sait l'importance des veuves aux Etats-Unis). Les loisirs et les voyages deviennent un des postes essentiels du budget américain type. Les étudiants sont de plus en plus tentés par l'Europe. Enfin, d'une manière générale, tant les liens d'affaires que les liens politiques sont en train de[9] se multiplier. 25 30

Les Américains venant en Europe y effectuent un circuit,[10] six jours à Londres, cinq à Paris, trois à Rome, trois à Madrid, deux à Venise, quelques-uns à Hambourg, à Copenhague, etc. Là où on ne peut pas les accueillir,[11] ils passent. Leur but n'est pas de séjourner dans un endroit précis. Ils sont par définition itinérants. Pour accroître[12] les rentrées de devises[13] qu'ils apportent, il faut obligatoirement en recevoir un plus grand nombre. Les Américains veulent donc venir à Paris (le terme "passer par" serait encore plus vrai). Le reste de la France, Nice et Cannes mises à part,[14] ne les intéresse pas. A très long terme, nous pourrons peut-être modifier leur optique.[15] Mais dans les années qui viennent, notre argument de "vente" essentiel, c'est la capitale. 35 40 45

Il faut, pour cela, que nous puissions les recevoir. Or, le développement de l'hôtellerie[16] n'a pas suivi l'expansion touristique nord-américaine. La dernière construction importante, celle du 50

George V, remonte à 1929. Les hôtels de qualité sont toujours pleins. Le groupe Gibson, qui veut organiser un congrès de 7.000 personnes en 1962 par vagues successives de 600 personnes, a dû renoncer à Paris parce que Paris n'a pas été en mesure d'[17] en assurer l'hébergement.[18] Cet exemple est loin d'être le seul. 55

L'insuffisance de ses possibilités d'accueil a trois causes: l'ancienneté de notre équipement, le caractère familial et le manque de rentabilité[19] de l'hôtellerie.

Il en va pour l'hôtellerie parisienne comme pour l'administration française. C'est parce qu'elle a été la première du monde qu'elle 60 éprouve aujourd'hui beaucoup de difficultés à se transformer. La plupart des grands hôtels parisiens correspondaient à la clientèle d'une époque--comme ceux de Nice ou des villes d'eaux. Ils ont largement contribué à faire de la France un pays de tourisme. Mais les données[20] ne sont plus les mêmes. Les goûts des clients 65 ont changé. Ceux des Américains ne peuvent guère s'accommoder du style existant. Ils se plaignent tous des prix qu'ils payent, non pas que les prix de l'hôtellerie en général soient beaucoup plus élevés en France qu'à l'étranger, mais les hôtels des autres pays européens où ils passent leur proposent un ensemble de services 70 bien supérieur à ce que nous leur offrons.

Les spécialistes disent: "L'Américain cherche à l'étranger ce qu'il ne trouve pas chez lui, mais la seule exception est l'hôtel et la nourriture." Il a le souci d'un certain confort. Il veut avoir "tout sous la main". Il veut voyager dans son univers matériel. 75 Les hôteliers français affirment qu'il aime les "palaces" et les hôtels de luxe. En réalité, il les choisit à défaut de[21] trouver des établissements qui soient adaptés à ses besoins....

(Michel Drancourt, Réalités, juillet 1961, No 186)

2.2 Notes

[1]ce qui est dû pour une nuit passée dans une auberge. [2]"furnaces." [3]qui reçoivent un salaire. [4]auront la supériorité. [5]date (du paiement d'une dette, etc.). [6]conjonctures. [7]"beginning with which." [8]voyager (voir XXIV.4.3). [9]"in the process of" (voir XXI.5.2). [10]mouvement circulaire. [11]recevoir. [12]augmenter. [13]"taking-in of currency." [14]exceptées. [15]point de vue. [16]"hotel trade." [17]en état de. [18]logement. [19]rentable signifie 'qui donne un revenu suffisant'. [20]"data." [21]faute de (parce qu'il ne peut pas...).

2.3 Questions

1. Quelle sera l'une des activités essentielles de notre vie? (1-6)
2. Quels sont les touristes qui viennent en France? (9-10)
3. Pourquoi est-ce qu'on est heureux d'accueillir les touristes américains? (13-17)
4. Qu'est-ce que le gouvernement américain essaiera de faire? (21-22)
5. Quelle habitude les femmes américaines ont-elles prise? (28-29)
6. Par quoi est-ce que les étudiants américains sont tentés? (32)
7. Comment la plupart des Américains voyagent-ils en Europe? (35-37)
8. Qu'est-ce qui n'intéresse pas les Américains? (43-44)
9. Qu'est-ce que c'est que le George V? (51)
10. Qu'est-ce que le groupe Gibson a voulu faire? (52-53)
11. A quoi ce groupe a-t-il dû renoncer? (53-55)
12. Quelles sont les causes de l'insuffisance des possibilités d'accueil? (56-58)
13. Pourquoi l'hôtellerie française éprouve-t-elle tant de difficultés à se transformer? (60-61)
14. De quoi est-ce que les touristes américains se plaignent? (67)

15. Les prix de l'hôtellerie en France sont-ils beaucoup plus élevés qu'ailleurs? (67-69)
16. Qu'est-ce que les spécialistes disent des touristes américains? (72-74)
17. Pourquoi les Américains choisissent-ils les hôtels de luxe? (77-78)

2.4 Exercices

1. Définissez les mots suivants:

familial	la clientèle	la prévision	les villes d'eaux
la veuve	un itinérant	l'hébergement	un marché

2. Ecrivez deux phrases en employant chacune des expressions suivantes:

a) de loin (10-11)

b) tandis que (14)

c) chercher à (21)

d) prendre l'habitude de (28-29)

e) de plus en plus (29, 32)

f) devoir renoncer à (53-54)

g) être en mesure de (54)

h) à défaut de (77)

2.5 Discussions

1. "L'Américain cherche à l'étranger ce qu'il ne trouve pas chez lui, mais la seule exception est l'hôtel et la nourriture." Cette observation vous semble-t-elle juste?

2. Pourquoi, à votre avis, a-t-on pu dépenser moins d'argent aux Etats-Unis qu'en Europe pour encourager le tourisme? (voir lignes 11-15)

3. Comment le gouvernement américain pourra-t-il développer son propre tourisme pour les Européens?

4. "On sait l'importance des veuves aux Etats-Unis." Expliquez cette idée.

5. Quels seraient les endroits en Amérique que vous recommanderiez à un touriste européen?

6. "La plupart des grands hôtels parisiens correspondaient à la clientèle d'une époque--comme ceux de Nice ou des villes d'eaux." De quelle sorte de clientèle s'agit-il ici?

7. "Il [l'Américain] veut avoir 'tout sous la main'." Expliquez cette idée.

8. Dans le même article d'où le passage précédent a été tiré, on lit:
   "Quand un touriste entre dans un musée et en ressort au bout de quelques minutes, c'est un Américain; quand il réapparaît au bout d'un quart d'heure, c'est un Anglais; quand il y séjourne deux heures, c'est sûrement un Allemand."

   Discutez cette observation.

3.1 Causeries et Compositions: Choisissez un des sujets suivants que vous développerez sous forme de composition de 2-4 paragraphes (pour la lire en classe).

1. Si vous êtes allé en Europe, décrivez un des hôtels où vous avez passé la nuit en mentionnant:

   a) La date.
   b) Le nom de cet hôtel.
   c) L'emplacement de l'hôtel (où se trouve-t-il?).
   d) La condition de cet hôtel.
   e) La description de votre chambre.
   f) La description des services.
   g) Recommanderiez-vous cet hôtel à vos amis qui vont en Europe?

2. Avez-vous fait un petit voyage récemment? Si vous répondez oui, parlez de ce voyage en mentionnant:

   a) Le but de votre voyage.
   b) Le mode de transport.
   c) Le temps qu'il faisait pendant le voyage.
   d) Les premières activités après votre arrivée à la destination.
   e) La durée de votre séjour.
   f) Vos impressions de ce voyage.

3. Si vous aviez trois jours à passer à Paris où vous ne connaissez personne, où iriez-vous et qu'est-ce que vous feriez? Donnez votre emploi du temps.

3.2 Débats: Préparez un débat sur un des thèmes suivants.

1. Discutez les avantages et les inconvénients de la façon de voyager dont on parle aux lignes 35 - 37 dans l'article que nous venons de lire.

2. Si vous aviez une semaine à passer à Paris, voudriez-vous être là au mois de juillet ou au mois de décembre?

3. Quels seraient les moyens de faire connaître notre genre de vie aux Etats-Unis aux gens des autres pays?

4. Si vous deviez voyager de Détroit jusqu'à Saint Louis, feriez-vous ce voyage en auto, par le train ou en avion? Quels sont les avantages et les inconvénients de ces trois modes de transport?

LESSON XV

THE INTERROGATIVE PRONOUNS

1. Subject of a Sentence

1.1 Note the difference between the subject denoting persons and the subject denoting things.

Mon ami	aime	le café.	Qui	aime	le café?
Marie	parle	français.	Qui	parle	français?
Charles	écrit	la lettre.	Qui	écrit	la lettre?
L'élève	arrive	en retard.	Qui	arrive	en retard?
Jeanne	finit	le travail.	Qui	finit	le travail?

Le train	part	à midi.	Qu'est-ce qui	part	à midi?
Son idée	étonne	ses amis.	Qu'est-ce qui	étonne	ses amis?
Ce livre	est	ennuyeux.	Qu'est-ce qui	est	ennuyeux?
L'auto	fait	du bruit.	Qu'est-ce qui	fait	du bruit?
La page	est	déchirée.	Qu'est-ce qui	est	déchiré?

1.2 Note the equivalent of qui in the following. Do not confuse this with qu'est-ce qui.

Qui	est arrivé?	Qui est-ce qui	est arrivé?
Qui	parle français?	Qui est-ce qui	parle français?
Qui	vient d'entrer?	Qui est-ce qui	vient d'entrer?
Qui	veut sortir?	Qui est-ce qui	veut sortir?
Qui	apportera cela?	Qui est-ce qui	apportera cela?

2. Direct Object of a Verb

2.1 Note that the direct object is represented by two types of interrogative pronouns: one for persons, and the other for things.

Mon oncle	connaît	Robert.	Qui	mon oncle	connaît-il?
Son ami	regarde	Marie.	Qui	son ami	regarde-t-il?
Le maître	punit	l'enfant.	Qui	le maître	punit-il?
Jacques	voit	son ami.	Qui	Jacques	voit-il?
Jean	cherche	Paul.	Qui	Jean	cherche-t-il?

Pauline	cherche	son cahier.	Que	cherche	Pauline?
Marie	regarde	son livre.	Que	regarde	Marie?
Jacques	voit	la maison.	Que	voit	Jacques?
Maurice	veut	un crayon.	Que	veut	Maurice?

The above construction is possible only when the verb is in a simple tense without any complement.

Tu	choisis	un chapeau.	Que	choisis-tu?
Il	choisit	un chapeau.	Que	choisit-il?
Nous	choisissons	un chapeau.	Que	choisissons-nous?
Vous	choisissez	un chapeau.	Que	choisissez-vous?
Ils	choisissent	un chapeau.	Que	choisissent-ils?

1.1 Remplacez le sujet de chaque phrase par le pronom interrogatif "qui" ou "qu'est-ce qui" selon le cas:

Mon ami aime cette bicyclette.
Jeanne va se marier dimanche prochain.
Votre ami a emporté mes livres.
Son père ne mange pas de viande.
Françoise va préparer le dîner.

La poésie m'intéresse beaucoup.
Ce livre est très amusant.
Cette machine marche très bien.
Cette moto fait trop de bruit.
Le fruit tombe de l'arbre.

Votre chapeau est affreux.
Mon père n'aime pas la bière.
Rien n'est arrivé ce matin.
Personne ne veut sortir ce soir.

Maurice n'a pas préparé sa leçon.
L'auto de Robert est comme neuve.
Robert a fait réparer cette auto.
L'excès de vitesse cause beaucoup d'accidents.

1.2 Répétez l'exercice précédent, mais cette fois employez "qui est-ce qui" au lieu de "qui".

2.1 Remplacez le complément direct de chaque phrase par le pronom interrogatif "qui" ou "que" selon le cas:

Mon oncle connaît Robert.
Nous aidons le frère de Jean.
Vous avez grondé mon enfant.
Marie amène ses amis.
Le professeur rencontre son étudiant.
Elle voit son patron.
Le père bat son enfant.

Paul regarde la télévision.
Marie cherche son stylo.
Tu comprends cette question.
Nous lisons un journal français.
Vous voyez la maison de Paul.
Jean dit la vérité.

Elle n'aime pas les pommes de terre.
Roger fait ses devoirs.
Nous connaissons cette revue.
Marie fait une longue promenade.
Paul aime la soeur de Marie.
Michel aime les pommes.

Jacques voit un grand arbre.
Alfred connaît mon frère.
Rose retrouve ses amis.
Anne ne comprend pas son frère.
Tu achètes une belle robe.
Victor déteste la bière.

2.2 Dites et puis écrivez en français, en employant "qui est-ce que" ou "qu'est-ce que" selon le cas:

What did [Roger] find? (Paul)

Whom did [you] see yesterday? (they)

Whom are [you] going to bring to the dance? (we)

What did [she] bring this morning? (you)

What are [you] looking at? (they)

Whom is [Paul] going to listen to? (Marie)

What is [John] going to listen to? (Robert)

3.1 Remplacez l'objet de la préposition par le pronom interrogatif convenable:

Mon frère obéit à ses parents.
Roger va chez son ami.
Il travaille pour nous.
Vous dansez avec Marie.

Nous parlons de nos amis.
Mon oncle pense à votre ami.
Ils sont fâchés contre toi.

Nous pensons à notre voyage.
Vous obéissez aux règles.
Elle répondra à la lettre.
Marie est partie sans sa valise.

Jean se moque de votre tableau.
Il a écrit la lettre avec son stylo.
Nous travaillons sans argent.

Pauline parle de son avenir.
Pauline parle de son oncle.
Jean écrit sur la musique baroque.
Jean écrit sur Vivaldi.

Je vais chez mes amis.
Marie renonce à son voyage.
Il compte sur votre aide.

Marianne répond à la lettre de mon frère.
Lucien obéit toujours à cette règle.
Lucien obéit toujours à ce professeur.

3.2 Dites et puis écrivez en français en employant le pronom interrogatif convenable:

What is [he] thinking about? (she)

Whom is [Paul] talking to? (Jeanne)

[What] is Rose talking about? (whom)

[Whom] did you not obey? (what)

[Whom] are they going to answer? (what)

To whose house are [we] going? (you)

2.2 Note the use of est-ce que in the following.

Qui	Pauline connaît-elle?	Qui est-ce que	Pauline connaît?
Qui	Marie regarde-t-elle?	Qui est-ce que	Marie regarde?
Qui	Jean cherche-t-il?	Qui est-ce que	Jean cherche?
Qui	punissions-nous?	Qui est-ce que	nous punissions?
Qui	amenez-vous?	Qui est-ce que	vous amenez?
Qui	emmènent-ils?	Qui est-ce qu'	ils emmènent?

Que	cherche Pauline?	Qu'est-ce que	Pauline cherche?
Que	regarde Marie?	Qu'est-ce que	Marie regarde?
Que	dit son père?	Qu'est-ce que	son père dit?
Que	voulez-vous?	Qu'est-ce que	vous voulez?
Que	veux-tu?	Qu'est-ce que	tu veux?
Que	prennent-ils?	Qu'est-ce qu'	ils prennent?

3. Object of a Preposition

3.1 Note that in French, if the verb requires a preposition, the question always begins with that preposition, whereas in English the preposition may occur either in the beginning or at the end of a question.

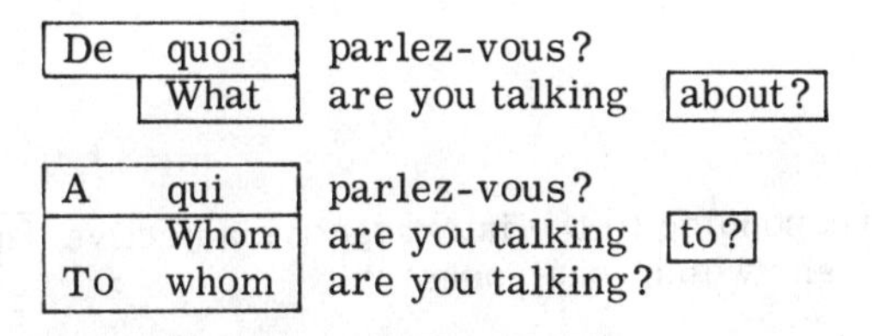

De quoi parlez-vous?
What are you talking about?
A qui parlez-vous?
Whom are you talking to?
To whom are you talking?

Note again that there are two types of object pronouns: the one used for persons, and the other used for things.

Robert parle	de	Paul.	De	qui	Robert parle-t-	il?
Jean écrit	à	Marie.	A	qui	Jean écrit-	il?
Nous sortons	avec	Louis.	Avec	qui	sortons-	nous?
Vous comptez	sur	René.	Sur	qui	comptez-	vous?
Ils vont	chez	Paul.	Chez	qui	vont-	ils?

Jean parle	de	l'examen.	De	quoi	Jean parle-t-	il?
Paul écrit	sur	le livre.	Sur	quoi	Paul écrit-	il?
Nous comptons	sur	ce plan.	Sur	quoi	comptons-	nous?
Vous obéissez	aux	règles.	A	quoi	obéissez-	vous?
Ils répondent	aux	lettres.	A	quoi	répondent-	ils?

3.2 Note the use of est-ce que in the following.

A qui	obéissez-vous?	A qui	est-ce que	vous obéissez?
A qui	répondez-vous?	A qui	est-ce que	vous répondez?
A qui	ressemblez-vous?	A qui	est-ce que	vous ressemblez?
A qui	parlez-vous?	A qui	est-ce que	vous parlez?
A qui	écrivez-vous?	A qui	est-ce que	vous écrivez?

De quoi	a-t-il besoin?	De quoi	est-ce qu'	il a besoin?
De quoi	a-t-il peur?	De quoi	est-ce qu'	il a peur?
De quoi	parle-t-il?	De quoi	est-ce qu'	il parle?
De quoi	se charge-t-il?	De quoi	est-ce qu'	il se charge?
De quoi	s'occupe-t-il?	De quoi	est-ce qu'	il s'occupe?

4. Qu'est-ce que c'est que

Qu'est-ce que c'est que is a special, invariable form which is used when asking for a definition or description. Do not confuse this with quel (see VII. 3).

Qu'est-ce que c'est qu'	un	restaurant?
Qu'est-ce que c'est que	la	langue?
Qu'est-ce que c'est que	des	hors-d'oeuvre?
Qu'est-ce que c'est que	l'	homme?
Qu'est-ce que c'est qu'	une	épicerie?

The answer to this type of question usually begins with c'est or ce sont .

Qu'est-ce que c'est qu'un restaurant?
C'est l'endroit où on sert des repas.

Qu'est-ce que c'est que l'ornithologie?
C'est la science qui traite des oiseaux.

Qu'est-ce que c'est que des hors-d'oeuvre?
Ce sont de petits mets qu'on sert au début d'un repas.

5. Lequel, laquelle, etc.

Lequel (laquelle, etc.) is a pronoun corresponding to the interrogative adjective quel (quelle, etc.) . It also corresponds to English "which (one, ones)."

Ces deux maisons viennent d'être bâties.
Laquelle préférez-vous?

Voici les lettres que j'ai reçues ce matin.
A laquelle avez-vous déjà répondu?

Paul a cherché ses amis américains et ses amis français.
Lesquels a-t-il fini par trouver?

Voilà deux livres que je viens d'acheter.
Duquel avez-vous besoin?

6. Special Problems

6.1 Etre de vs. être à.

Study the two patterns given below. Note that the English "whose ... ?" is expressed by two different constructions, which are not used interchangeably.

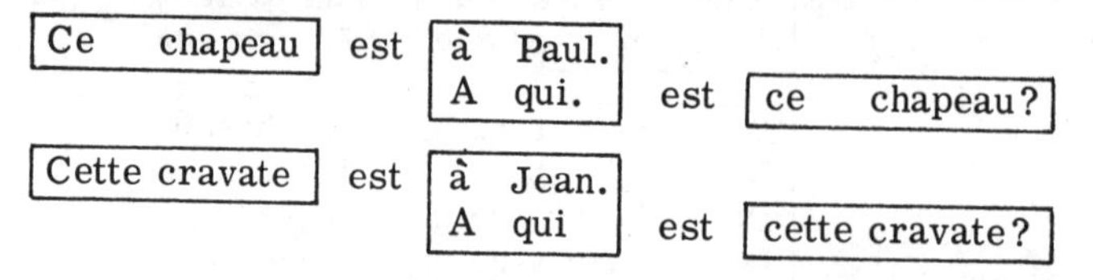

4. a) Dites et puis écrivez en français:

What is a [restaurant] ? (class/ notebook/ bed)

What is your [address] ? (nationality/ problem)

What is your favorite [sport] ? (program/ record)

What is [philosophy] ? (mathematics/ geography)

b) Ecrivez vos réponses aux questions suivantes:

Qu'est-ce que c'est qu'un facteur?

Qu'est-ce que c'est que des hors-d'oeuvre?

Qu'est-ce que c'est qu'un professeur?

Qu'est-ce que c'est qu'un étudiant?

Qu'est-ce que c'est qu'un concierge?

5. Ecrivez en français:

Here are two pens; which do you prefer?

Here are two books; which do you need?

Here are some letters; which ones did you answer?

Which are you afraid of, an oral exam or a written exam?

I brought magazines; which ones does he want?

Which of the two students did you talk to?

Which of those boys did she dance with?

6.1 a) D'après les modèles ci-dessous, posez des questions qui exigent les réponses suivantes:

Paul est le fils de Jean.--De qui Paul est-il le fils?
Ce livre est à Marie.--A qui est ce livre?

Ce professeur est le frère de mon ami.
Cette plume est au frère de Jacques.
Cette voiture est au professeur.
Je suis le frère de Maurice.
Marie est la soeur de Paul.

Ce crayon est à mon frère.
C'est le fils de François.
C'est le livre de mon ami.
Ces cahiers sont à moi.

b) Dites et puis écrivez en français:

Whose [father] is he? (brother/ cousin)

Whose [house] is this? (car/ tie)

Whose daughter is [Marie] ? (Rose/ Charlotte)

This [car] isn't Robert's. (dictionary/ record)

6.2 a) Exercice de substitution:

Je viendrai vous chercher [ce soir] .

à midi; demain matin; demain après-midi; vers une heure; à six heures.

Je suis allé chercher [Marie] à midi.

Jean; Paul; Roger; Hélène; Lucie; mon ami; Robert.

Avez-vous fait venir [le médecin] ?

Marie; mon frère; Pauline; l'ouvrier; cet enfant.

b) Dites et puis écrivez en français:

She came for [me] at seven. (you/ us)

She will come for [John] tomorrow. (Paul/ Marie)

Did you send for the [boy] ? (doctor/ that student)

We are sending for [it] right away. (them/ the book)

We went after [her] at seven. (them/ him)

6.3 Dites et puis écrivez en français:

Since [he] is here, we can begin the work. (Charles)

Has [he] seen you since you have been here? (she)

[I] will leave since you are not happy. (she)

Since it is raining, why don't [you] stay here? (we)

That isn't necessary since [Paul] isn't coming. (John)

[He] hasn't spoken to me ever since I lied to him. (she)

Marie	est	la soeur	de Jean. De qui	Marie est-elle	la soeur?
Vous	êtes	le fils	de Paul. De qui	êtes-vous	le fils?

Est-ce que may also be used in the second pattern.

Jean est	le frère	de Paul. De qui	est-ce que Jean est	le frère?

6.2 French equivalents of "to send for" and "to come for."

Note the two equivalents of "to send for."

Vous avez l'air souffrant. Reposez-vous ici. Je vais envoyer chercher le médecin.

Sophie était très malade hier soir. Nous avons dû faire venir le médecin à deux heures du matin.

Paul est le seul étudiant qui puisse répondre à cette question; attendez que j'envoie le chercher.

Evidemment, on a perdu ce livre la semaine dernière. Je vais faire venir un autre exemplaire demain matin.

Aller chercher (literally, "to go to get," "to go after") and venir chercher (literally, "to come to get," "to come after") correspond to English "to go to pick up" and "to come for."

Où étiez-vous hier soir? Nous sommes venus vous chercher à sept heures.

C'est entendu; nous viendrons te chercher vers midi.

Je suis allé chercher Charlotte à sept heures du matin, mais elle était déjà partie.

Allez la chercher vers sept heures et demie. Elle sera chez elle jusqu'à huit heures.

6.3 French equivalents of "since."

Distinguish puisque from depuis que . Puisque establishes a causal connection like comme and parce que , whereas depuis que ("ever since") corresponds to the preposition depuis :

Puisque	vous comprenez la leçon, nous nous en passerons.
Puisque	tu n'as pas fait tes devoirs, on te punira.
Puisque	vous savez la réponse, on ne vous pose pas de questions.
Puisqu'	il comprend le français, il servira de guide à Paris.
Puisqu'	il pleut maintenant, nous ne sortirons pas.

Depuis que	vous êtes ici, tout le monde a l'air content.
Depuis que	je suis arrivé, je n'ai pas eu le temps de le voir.
Depuis qu'	elle est partie, personne n'est venu me voir.
Depuis que	Marie est là, vous avez l'air mécontent.
Depuis que	nous sommes venus, Paul ne nous a pas parlé.
Depuis qu'	il a neigé, personne n'est sorti.

6.4 French equivalents of "until" and "before."

Quand M. Jones sera-t-il de retour?
Il ne sera pas de retour avant une heure et demie.

Combien de temps as-tu l'intention de travailler?
Je travaillerai jusqu'à six heures du soir.

Est-ce que la classe commence à neuf heures?
Elle ne commence pas avant dix heures.

Est-ce que Paul sera encore ici demain matin?
Il ne restera pas ici jusqu'à demain, il partira ce soir.

Jusqu'à indicates that the action takes place or does not take place until a certain time. Avant indicates that the action does not take place before a certain time. Note that English "until" may be used sometimes instead of "before." Jusqu'à and avant are not used interchangeably.

Je travaillerai ici	jusqu'à ce que	vous	veniez.	
Il restera là-bas	jusqu'à ce qu'	elle	parte.	
Je me promènerai	jusqu'à ce qu'	il	pleuve	à verse.

Finissez ce travail	avant qu'	elle	arrive.*	
Tu arriveras	avant qu'	il	vienne*	me voir.
Nous nous en allons	avant qu'	on	serve*	le repas.

* In formal style, after certain conjunctions such as avant que, the "pleonastic" ne is used before the verb in the dependent clause. See XXVI.4.2.

Jusqu'à ce que and avant que are both conjunctions, and the subjunctive must be used after them.

Je suis arrivé devant la maison avant midi. Personne n'était devant la porte. C'était vers une heure que Marie est venue pour m'ouvrir la porte. Je suis sûr que j'ai vu Marie avant vous.

Vous étiez assis devant elle, n'est-ce pas? J'étais venue la chercher avant vous, vers onze heures. Mais puisqu'il n'y avait personne là, j'ai décidé de revenir plus tard. Et quand je suis revenue, je vous ai vu devant la porte.

Avant refers to time, whereas devant refers to space.

6.5 French equivalents of "time."

Distinguish temps (time in general sense) from heure (time by the clock) and fois (idea of repetition).

Est-ce que vous avez fait vos devoirs?
Non, monsieur. Je n'ai pas eu le temps de les faire.

Vous savez, j'ai décidé de ne plus revoir Charlotte.
Bon, il est temps que vous soyez raisonnable, mon ami.

Vous avez l'air fatigué. Voulez-vous rentrer à la maison?
Oui, je crois qu'il est temps de partir.

6.4 a) Dites et puis écrivez en français:

Will he stay here until noon ? (tonight)

We don't begin our work until one . (tomorrow)

I will stay here until it rains. (she)

Don't leave until she comes. (Charlotte)

The play doesn't start until eight . (nine)

They say you were before the door . (house)

Does the bus stop before your house ? (store)

b) Ecrivez en français:

What shall we do until she comes?

Whom do you see before my house?

Until what time will you be here?

Whom did she dance with until one a.m.?

What did you do until eleven in the morning?

Which of the two books do you need until tomorrow?

Which of the two books don't you need until tomorrow?

What were you doing until two in the morning?

6.5 a) Exercice de substitution:

C'est la première fois qu'il neige cette année.

deuxième; troisième; quatrième; sixième; dernière.

Est-ce qu'il est l'heure d'aller à la classe ?

de prendre le dîner; de déjeuner; de partir pour Chicago; d'aller chercher Robert; de sortir.

Il a mis beaucoup de temps à faire cela.

assez; peu; trop; autant; plus; trop peu.

b) <u>Dites et puis écrivez en français:</u>

The next time [I] shall arrive on time. (we)

The [last] time I saw him, he was very ill. (second)

This time we will sing [twice]. (three times)

He [arrived] in time to catch his train. (came)

[Charles] never wastes his time. (Jack)

Your friends [arrived] on time. (entered)

It's time for [you] to be reasonable. (us)

I told you [several] times to come on time! (five)

6.6 a) <u>Exercice de substitution:</u>

Est-ce que vous pensez souvent à [vos parents] ?

votre petite amie; l'examen de français; Liliane; Denise; Philippe; Daniel; cet étudiant; moi; eux.

Qu'est-ce que vous pensez de [mes amis] ?

Michel; ses frères; votre professeur; votre ami; Marie; Thérèse; cet examen; ce livre; lui; moi.

b) <u>Répondez aux questions suivantes:</u>

A quoi est-ce que vous pensez?
A qui est-ce que vous pensez?
Pensez-vous à votre amie?
Est-ce que vous pensez à mon examen?
Pensez-vous à moi de temps en temps?
Votre ami pense-t-il à vous très souvent?

Qu'est-ce que vous pensez de moi?
Qu'est-ce que vous pensez de ce livre?
Que pensez-vous de vos amis?
Qu'est-ce que vos amis pensent de vous?
Que pensez-vous de mes examens?
Qu'est-ce que vous pensez du temps qu'il fait?

c) <u>Dites et puis écrivez en français:</u>

[What] are you thinking of? (whom)

Are you thinking of [it] ? (her)

What did you think of that [book] ? (exam)

Pourquoi voulez-vous vous dépêcher? Nous avons beaucoup de temps.
C'est possible, mais je ne veux pas perdre de temps.

Alors, c'est pour demain ou pour aujourd'hui? Il y a une demi-heure que nous attendons le repas.
Cela prend du temps, en effet, n'est-ce-pas?

Quelle heure est-il, Louise?
Il est presque deux heures de l'après-midi.

Est-ce qu'il n'est pas l'heure de déjeuner?
Non, on ne servira pas le déjeuner avant midi et demi.

Est-ce que je pourrai finir mes devoirs maintenant?
Non, descends maintenant même; il est l'heure de dîner.

J'ai fait une longue promenade le long de la rivière.
Cela se voit! Je vous ai téléphoné cinq fois ce matin et vous n'étiez pas chez vous.

N'oubliez pas notre rendez-vous pour ce soir!
Cette fois, je n'y manquerai pas.

La prochaine fois que vous écrivez une composition, faites attention à l'accord de l'adjectif.

La dernière fois que j'étais à Paris, il faisait si froid que je ne sortais guère le soir.

6.6 Penser à vs. penser de.

We	are thinking	of	them.
Nous	pensons	à	eux.

	What	are you thinking	of?
A	quoi	pensez-vous?	

Tu as l'air rêveur. A quoi penses-tu?
Je pense toujours à mon amie.

Paul est si paresseux! Est-ce qu'il pense à son avenir?
Non, il n'y pense guère.

Je sais que vos parents vous manquent. Pensez-vous toujours à eux?

Penser de is used only when asking for an opinion or when forming an opinion. In this construction, penser is always used with que (or qu'est-ce que) or ce que as well as with de .

What	do you think	of Charles?
Que	pensez-vous	de Charles?

	What do you think	of?
A	quoi pensez-vous?	

What	does he think	of me?
Que	pense-t-il	de moi?

	Whom	does he think	of?
A	qui	pense-t-il?	

Vous connaissez la soeur de Marie. Que pensez-vous d'elle?
Je ne vous dirai pas ce que je pense d'elle.

Vous avez suivi son cours. Qu'est-ce que vous pensez de ses examens?
Je vous ai déjà dit ce que j'en pense.

Qu'est-ce que vous pensez de Marie?
Je pense qu'elle est très belle et intelligente.

6.7 Se lever, s'asseoir vs. être debout, être assis.

Se lever and s'asseoir denote an action, whereas être debout and être assis denote a state.

Le professeur dit à Charles de s'asseoir. Alors Charles s'assied. Il reste assis jusqu'à la fin de la classe.

Le directeur dit à Robert: "Levez-vous!" Robert se lève, il est debout et il reste debout pendant dix minutes.

Je me tenais debout près de la porte quand Julie est entrée. Elle ne se doutait de rien et s'est assise sur la chaise.

Robert était assis dans ce grand fauteuil. Il s'est levé quand Jacqueline est entrée. Elle s'est assise devant la fenêtre. Il était encore debout quand elle l'a vu et lui a dit: "Ne restez pas debout; asseyez-vous près de moi."

Ne vous asseyez pas. Oui, tenez-vous debout comme cela pendant que je prends des photos.

Note that se tenir debout implies "to stand motionless." Debout itself is an adverb; hence it does not agree with the subject.

Have you ever thought about this [possibility] ? (problem)

6.7 <u>Ecrivez en français:</u>

They told her to sit down and she sat down.

The bus is crowded; there are people standing.

She is seated in that chair over there.

Get up and don't sit down!

He stood motionless near the door until she came.

Remain seated there until the end of the class.

Don't stand there like that; sit down here!

Mary and her sister were sitting near Paul.

Where were you? I was standing behind you.

Everyone stood up and only Paul was seated when I came into the room.

Get up and close that door; it's cold here.

Sit down and read this letter.

1.1 a) Exercice de substitution:

Connaissez-vous cet homme qui [vient d'entrer] ?

parle à Jacques; regarde le tableau; écoute Marie; aide mon ami; bat l'enfant; arrive; va sortir.

Je connais ce livre qui [est sur la table].

est ici; est amusant; est ennuyeux; intéresse Paul; est sous la table; est bon; a été déchiré.

b) Dites et puis écrivez en français:

The men who are [working] are tired. (studying)

The lady who is speaking is my [aunt]. (cousin)

We know the man who is in the [kitchen]. (dining room)

Who is the boy who just [came in] ? (left)

Here is a book that interests [me]. (us)

I have a magazine that is [interesting]. (amusing)

Here is a [book] that has just appeared. (magazine)

Paul was on the [train] that has just left. (bus)

1.2 a) Exercice de substitution:

Ce qui se passe ici est [étonnant].

épatant; surprenant; incroyable; sensationnel; incompréhensible; dégoûtant; affreux.

b) Dites et puis écrivez en français:

Do you know what interests [me] ? (us/ him)

[I] don't understand what's going on. (they/ you)

What bothers [me] is the noise of your motorcycle. (Paul/ Marie)

2.1, 2 a) Exercice de substitution:

L'homme que vous [écoutez] est mon père.

regardez; aidez; choisissez; dérangez; admirez; cherchez; voyez; connaissez; préférez; aimez.

LESSON XVI

THE RELATIVE PRONOUNS

1. Subject of a Clause

1.1 Note that the relative pronoun connects two clauses. The subject of the relative clause is qui .

Voici son frère; il est très intelligent.
Voici son frère qui est très intelligent.

Voici mon livre; c' est très intéressant.
Voici mon livre qui est très intéressant.

Cet étudiant (il est dans la salle) est paresseux.
Cet étudiant qui est dans la salle est paresseux.

La table (elle est là-bas) est ronde.
La table qui est là-bas est ronde.

Qui est le monsieur qui vient d'entrer?
Connais-tu le livre qui est sur la table?
Voilà la leçon qui est assez difficile.

Le professeur qui vient de parler est intelligent.
La maison qui est là-bas est petite.
Ce livre qui est ennuyeux est à Denise.

1.2 If there is no antecedent (the noun which is modified by the relative clause), ce must be inserted when referring to things.

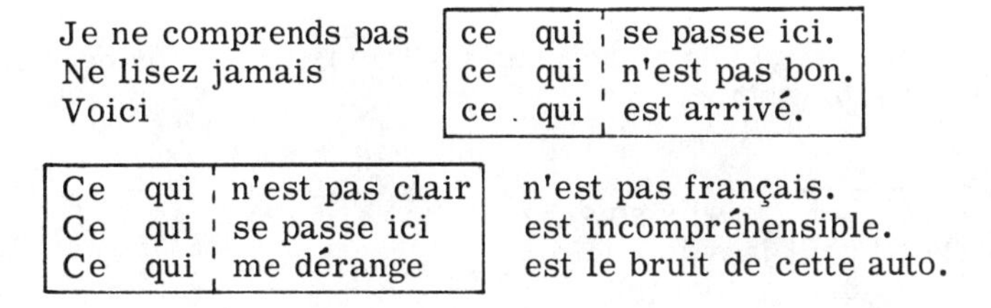

Je ne comprends pas ce qui se passe ici.
Ne lisez jamais ce qui n'est pas bon.
Voici ce qui est arrivé.

Ce qui n'est pas clair n'est pas français.
Ce qui se passe ici est incompréhensible.
Ce qui me dérange est le bruit de cette auto.

2. Direct Object of the Verb in the Clause

2.1 The direct object of the verb in the relative clause is expressed by que which begins the clause.

Voici sa soeur. (Je connais sa soeur .)
Voici sa soeur que je connais.

Voilà le journal. (J'ai lu ce journal .)
Voilà le journal que j'ai lu.

Le livre (j'ai lu ce livre) est intéressant.
Le livre que j'ai lu est intéressant.

Le garçon (nous avons grondé ce garçon) pleure.
Le garçon que nous avons grondé pleure.

2.2 Ce is inserted when there is no antecedent before the relative clause, when referring to things.

Je vous dirai ce que je déteste.
Il a parlé de ce qu' il a vu hier.
Tu me liras ce que tu as choisi.

Ce que tu m'as dit n'est pas vrai.
Ce qu' elle a vu n'est qu'une illusion.
Ce que Paul veut n'est pas possible.

Inversion of subject noun and verb occurs frequently after que . This is particularly true if the verb is shorter than the subject.

Voici les preuves que ces résultats nous donnent.
Voici les preuves que nous donnent ces résultats.

Voilà les ordres que les généraux donnent aux soldats.
Voilà les ordres que donnent les généraux aux soldats.

Je vous dirai ce que la plupart de vos amis disent.
Je vous dirai ce que disent la plupart de vos amis.

Il nous a dit ce que l'action de ses parents signifiait.
Il nous a dit ce que signifiait l'action de ses parents.

3. Object of a Preposition

3.1 If the verb in the relative clause requires a preposition, qui is used for persons, and lequel (laquelle, etc.) is used for things.

Voilà la jeune fille avec qui je suis sorti.
Voilà le professeur chez qui je suis allé.
Je connais l'enfant à qui vous parliez.
Il n'aime pas l'homme pour qui je travaille.

Le garçon avec qui je suis sortie est beau.
L'enfant à qui vous parliez est bête.
La femme pour qui elle travaille est paresseuse.
L'étudiant chez qui tu es allé parle français.

Voilà la lettre à laquelle nous avons répondu.
Voilà le stylo avec lequel Marie a écrit.
Voilà les idées sans lesquelles il ne réussira pas.
Voilà les livres dans lesquels j'ai trouvé ces idées.
Voilà le chemin par lequel vous devez partir.

Voici le livre que nous [aimons].

lisons; détestons; comprenons; étudions; analysons; vendons; achetons; choisissons; montrons; écrivons.

Savez-vous ce que Marie [a dit] ?

a écrit; a lu; a étudié; a examiné; a trouvé; a regardé; a vu; a montré; a fait; a expliqué.

b) Dites et puis écrivez en français:

Here is the [money] you gave us. (gift)

She wrote the book we are [reading]. (using)

The [painting] you are looking at is beautiful. (photo)

The table we are buying is [brown]. (black)

The [girls] you see speak French. (women)

The girl I love is [beautiful]. (intelligent)

I know what you told [him]. (them)

Do you remember what [I] said? (we)

The [book] we ordered hasn't arrived. (record)

We know what you wrote to [her]. (them)

What [you] have just said isn't true. (we)

3.1,2 a) Répondez aux questions suivantes d'après le modèle ci-dessous:

Pour qui travaillez-vous?--Voilà l'homme pour qui je travaille.

Avec qui sortez-vous?
De qui parlez-vous?
Chez qui allez-vous?
Avec qui dansez-vous?
De qui avez-vous peur?
Sur qui écrivez-vous?
A qui écrivez-vous?
A qui parlez-vous?
Pour qui travaillez-vous?
Chez qui restez-vous?
De qui avez-vous besoin?
Contre qui es-tu fâché?

b) Mettez ensemble les deux phrases par le pronom relatif convenable, d'après le modèle ci-dessous:

Voici la lettre; je réponds à cette lettre.--Voici la lettre à laquelle je réponds.

Voici le sujet; vous écrivez sur ce sujet.
Voici l'examen; vous avez peur de cet examen.

Voici le livre; vous avez besoin de ce livre.
Voici la lettre; vous répondez à cette lettre.
Voici le stylo; vous avez signé avec ce stylo.
Voici le plan; vous ne réussirez pas sans ce plan.
Voici le cahier; vous trouverez la réponse dans ce cahier.

Voici les enfants; vous trouverez Paul parmi ces enfants.
Voici les élèves; Paul se trouve entre ces élèves.
Voici les femmes; Marie est assise parmi ces femmes.
Voici les enfants; Jean est assis entre ces enfants.
Voici les garçons; Paul est sorti avec ces garçons.
Voici les hommes; Marie est fâchée contre ces hommes.
Voici les femmes; Alice se trouve parmi ces femmes.

c) Ecrivez en français:

There's Marie whose brother you know.

The man we were talking to is your husband.

The boy with whom I went out last night is stupid.

The girl about whom he is talking is very pretty.

Here are men among whom you will find my brother.

There is Paul whose house we went to.

The boys between whom you are sitting are my sons.

These are the letters I answered.

The boys among whom you were sitting are ambitious.

The men he is writing about are courageous.

That's the rule everyone obeys.

3.3 a) Répondez aux questions suivantes:

Savez-vous à qui je pense maintenant?
Savez-vous de quoi je veux parler?
Savez-vous à quoi je pense en ce moment?
Me direz-vous de quoi vous avez besoin?
Me direz-vous de qui vous avez peur?
Me direz-vous sur qui vous comptez?
Ne savez-vous pas à quoi je rêve?
Ne savez-vous pas chez qui je vais?
Ne savez-vous pas de quoi vous parlez?

b) Dites et puis écrivez en français:

What you need is clear. (evident)

Note, however, the sentences below:

Les élèves	entre lesquels	il se trouve	sont mes amis.
Les élèves	parmi lesquels	il se trouve	sont mes amis.

Voilà les femmes	parmi lesquelles	vous verrez Marie.
Voilà les femmes	entre lesquelles	Jeanne est assise.

After parmi and entre , qui is not used.

3.2 If the preposition required is de , a special relative pronoun dont is used. But de qui , duquel , etc., are not incorrect.

Je connais l'élève	dont	vous parlez.
Je connais l'élève	de qui	vous parlez.

Voici le livre	dont	je vous ai parlé.
Voici le livre	duquel	je vous ai parlé.

Voici Paul	dont	vous connaissez	la soeur.
Voici le roman	dont	vous connaissez	l' auteur.

Note that after dont the word order is quite normal (that is, subject + verb + object) in French. Compare this with English "whose."

Voici la jeune fille	dont	vous lisez	les lettres.
Here's the girl	whose letters	you read.	

Voici le docteur Dupont	dont l' auto	est neuve.
Here is Doctor Dupont	whose -- car	is brand new.

Voilà Paul	dont	j'ai vu	la soeur .
There is Paul	whose sister	I saw.	

Remember: After dont the word order is always subject + verb + object.

3.3 Study the use of qui referring to persons and quoi referring to things in the following examples.

Je sais très bien	à	qui	vous pensez.
Je ne sais pas	de	qui	vous parlez.
Il ne dit pas	sur	qui	il compte.
Nous savons	de	qui	vous vous plaignez.
Dites-moi	chez	qui	elle est allée.

Je ne sais pas	à	quoi	vous pensez.
Dites-nous	de	quoi	vous avez peur.
Il comprenait	de	quoi	il s'agissait.
Nous savons	sur	quoi	tu comptes.
Il veut savoir	à	quoi	j'ai répondu.

In the second group of the above examples, ce is omitted. Ce cannot, however, be omitted if the main verb is preceded by the relative clause, or if the relative clause follows c'est . See the examples that follow, and note also the use of ce dont and not ce de quoi .

Ce sur quoi vous comptez sera impossible.
Ce à quoi tu penses est incompréhensible.
Ce dont il a besoin lui sera donné.

C'est ce sur quoi nous comptions.
C'est ce à quoi il pensait.
C'est ce dont il avait besoin.

3.4 Study the following construction which requires the use of de qui or duquel (de laquelle, etc.) rather than dont .

J'ai trouvé la lettre au milieu de la chambre.
Voici la chambre au milieu de laquelle j'ai trouvé la lettre.

Vous trouverez ces pierres autour de ce village.
Voilà le village autour duquel vous trouverez ces pierres.

Nous parlons du père de Marie.
Voici Marie du père de qui nous parlons.

Je compte sur l'ami de Léon.
Voilà Léon sur l'ami de qui je compte.

Nous obéissons aux ordres de Michel.
Voici Michel aux ordres de qui nous obéissons.

Je donne mon argent à l'ami de Paul.
Voici Paul à l'ami de qui je donne mon argent.

As it may be observed from the above examples, dont cannot be used when the relative pronoun is preceded by a preposition + noun. Compare the following sentences.

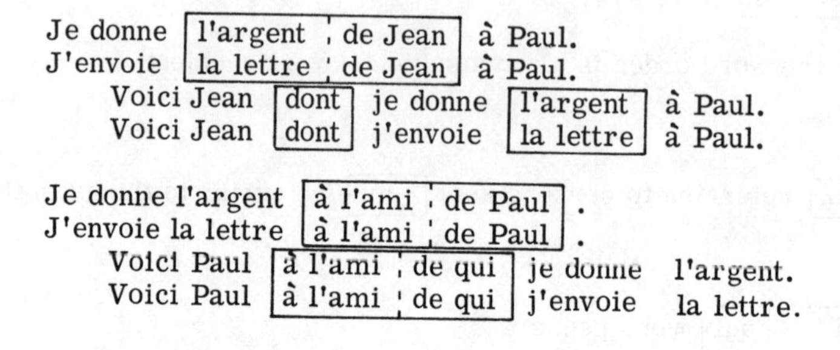
Je donne l'argent de Jean à Paul.
J'envoie la lettre de Jean à Paul.
Voici Jean dont je donne l'argent à Paul.
Voici Jean dont j'envoie la lettre à Paul.

Je donne l'argent à l'ami de Paul .
J'envoie la lettre à l'ami de Paul .
Voici Paul à l'ami de qui je donne l'argent.
Voici Paul à l'ami de qui j'envoie la lettre.

4. Relative Pronoun vs. Interrogative Pronoun

4.1 Subject.

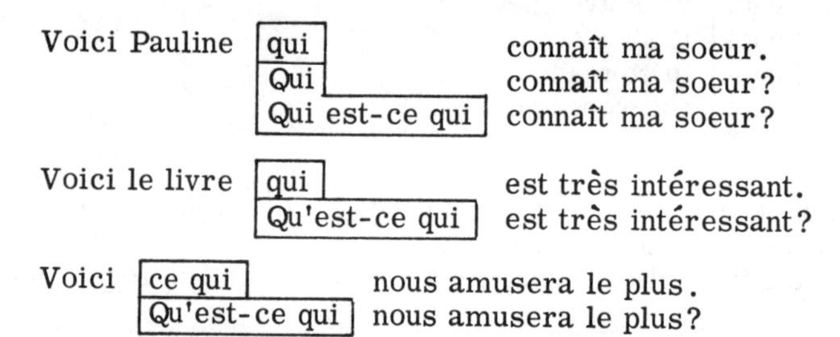
Voici Pauline qui connaît ma soeur.
Qui connaît ma soeur?
Qui est-ce qui connaît ma soeur?

Voici le livre qui est très intéressant.
Qu'est-ce qui est très intéressant?

Voici ce qui nous amusera le plus.
Qu'est-ce qui nous amusera le plus?

What you are counting on is improbable . (impossible)

We know what he is thinking of . (talking about)

That's what it was a question of. (is)

Who knows what he was talking about? (she)

What you are afraid of doesn't really exist. (they)

3.4 a) Exercice de substitution:

Voilà le garçon avec la soeur de qui j'ai dansé.

la cousine; la tante; un ami; l'oncle; le frère; une amie; le cousin; des amis; les frères.

Voici le livre sur la couverture duquel vous écrirez mon nom .

vous avez écrit mon nom; vous avez collé ce papier; j'ai vu votre écriture; il a écrit son adresse; il a trouvé votre nom.

b) Ecrivez en français:

There is John whose sister I spoke to you about.

Here is Robert whose suggestions you are following.

Do you know the boy to whose friend I gave the money?

Here is Charles whose money you gave us.

Is he the man whose orders we did not obey?

The girl to whose mother you wrote did not come.

Charles is the boy whose homework you have read.

Where is the girl whose hat we found yesterday?

4.1, 2, 3 a) Exercice de substitution:

Qu'est-ce qui se passe? Je ne sais pas ce qui se passe.

je ne comprends pas; personne ne sait; on ne comprend pas; nous ne savons pas; vous ne comprendriez pas.

Qu'est-ce que Paul a fait ? Je ne sais pas ce qu'il a fait .

a dit; a vu; a écouté; a regardé; a écrit; a apporté; a observé; a trouvé; a choisi; a bu.

Qui est-ce que Paul [a vu] ? Je ne sais pas qui il [a vu] .

a écouté; a grondé; a puni; a amené; a aidé; a trompé; a suivi; a présenté; a choisi; a battu.

De quoi est-ce qu' [il a besoin] ? Voici mon auto dont [il a besoin] .

il a peur; il parle; il se plaint; il est satisfait; il est content; il se méfie; il se moque.

A quoi est-ce qu' [il pense] ? Voici le tableau auquel [il pense] .

vous pensez; je pense; je pensais; nous pensions; le professeur pensait; l'étudiant pense.

b) Ecrivez en français:

Whom does he obey? Here is Paul whom he obeys.

What is he afraid of? Here is the exam he is afraid of.

Who is that man? What does he do?

I know the man who is there and I know what he does.

What is a restaurant? Don't you know what a restaurant is?

What did she say? I don't remember what she said.

5.1 a) Répondez aux questions suivantes:

Qu'est-ce qui se passe ici?
Qu'est-ce qui est arrivé à Paul?
Est-ce qu'il se passe quelque chose?

Quel examen avez-vous passé ce matin?
Avez-vous passé un examen de chimie?
Vous êtes-vous présenté à un examen oral?

Paul a-t-il réussi à son examen?
Marie a-t-elle échoué à son examen?
A quel examen avez-vous réussi?

Combien de temps avez-vous passé chez vous?
Allez-vous passer cet été en Europe?
Où avez-vous passé vos vacances de Noël?

De quoi est-ce que vous vous passez?
Jean est-il obligé de se passer de viande?
Est-ce que vous devez vous passer de pain?

b) Dites et puis écrivez en français:

He failed the exam for the [second] time. (third)

You will have to do without any [alcohol] . (bread)

4.2 Direct object.

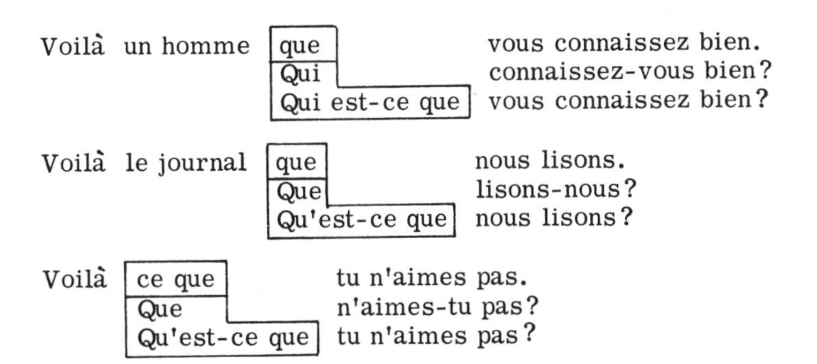

Voilà un homme que vous connaissez bien.
Qui connaissez-vous bien?
Qui est-ce que vous connaissez bien?
Voilà le journal que nous lisons.
Que lisons-nous?
Qu'est-ce que nous lisons?
Voilà ce que tu n'aimes pas.
Que n'aimes-tu pas?
Qu'est-ce que tu n'aimes pas?

4.3 Others.

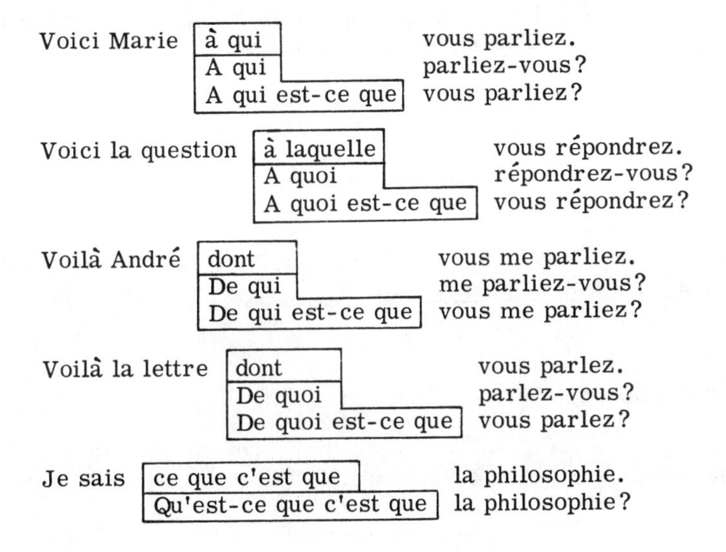

Voici Marie à qui vous parliez.
A qui parliez-vous?
A qui est-ce que vous parliez?
Voici la question à laquelle vous répondrez.
A quoi répondrez-vous?
A quoi est-ce que vous répondrez?
Voilà André dont vous me parliez.
De qui me parliez-vous?
De qui est-ce que vous me parliez?
Voilà la lettre dont vous parlez.
De quoi parlez-vous?
De quoi est-ce que vous parlez?
Je sais ce que c'est que la philosophie.
Qu'est-ce que c'est que la philosophie?

5. Special Problems

5.1 Idioms with passer.

J'ai passé l'année dernière à Paris. Pendant mon séjour là-bas j'ai dépensé tout mon argent.

Si Jean a sommeil, c'est qu'il a dépensé toute son énergie; il a passé dix heures à travailler.

On dit que Marie ne dépense pas son argent; elle veut mettre tout son argent de côté pour passer un été en Europe.

Note that passer ("to spend") is used when referring to time, while dépenser is used for other things.

Qu'est-ce qui se passe ici? Que font ces gens? Il s'est passé quelque chose, n'est-ce pas? Est-ce un accident? Mon Dieu! je vois Paul couché par terre! Un accident lui est arrivé!

C'est cela. Il est arrivé un terrible accident à cet homme-là et il est grièvement blessé. Ce camion que vous voyez là vient de l'écraser. Je vous raconterai en détail ce qui est arrivé.

Se passer means "to happen"; but when something happens to someone, or when something specific takes place, arriver is used. Note that the impersonal il is used with both verbs.

Le médecin lui a défendu de manger de la viande. Le pauvre Charles sera obligé de se passer de viande pendant huit jours.

Charlotte est au régime depuis quelques jours. Cela explique pourquoi elle se passe de chocolat et de bonbons.

Se passer de means "to do without."

Roger a passé (s'est présenté à) l'examen il y a quelques jours. Ce matin on lui a appris qu'il y avait échoué. Pauvre Roger, il n'a pas de chance!

Michel a passé toute une année à étudier pour cet examen. Il va passer (se présenter à) son examen demain matin. Il est sûr d'y réussir.

C'est la deuxième fois que Thomas échoue à cet examen. On espérait pourtant qu'il y réussirait.

Note that passer (se présenter à) means "to take" an exam. "To fail" or "to pass" an exam is expressed by échouer à or réussir à .

5.2 Various French equivalents of "what."

"What" in exclamatory sentences. (See VII.4.2.)

What	a good idea!	Quelle	bonne idée!
What	a man!	Quel	homme!
What	a beautiful park!	Quel	beau parc!
What	a surprise!	Quelle	surprise!

"What" as a question word.

What	is bothering you?	Qu'est-ce qui	vous dérange?
What	did you read?	Qu'est-ce que	vous avez lu?
What	did you see?	Qu'	avez-vous vu?
What	do you need?	De quoi est-ce que	vous avez besoin?
What	house do you like?	Quelle	maison aimez-vous?
What	is your answer?	Quelle	est votre réponse?
What	is language?	Qu'est-ce que c'est que	la langue?

"What" as a relative pronoun.

Here's	what	is good.	Voici	ce qui	est bon.
Here's	what	Jean says.	Voici	ce que	Jean dit.
Here's	what	I need.	Voici	ce dont	j'ai besoin.
I know	what	he needs.	Je sais	de quoi	il a besoin.
I know	what	book he has.	Je sais	quel	livre il a.
I know	what	it is.	Je sais	ce que	c'est.
I know	what	man is.	Je sais	ce que c'est que	l'homme.

Did you spend all your money in [Paris] ? (New York)

He took the test [Friday] ; I hope he passed it. (today)

Do you know what happened to my [friend] ? (brother)

[Nothing] is going on this morning. (something)

We are going to take a French test.

I hope you have passed your exams.

I think one student out of five failed it.

There is no bread; I'll have to do without it.

What exam did they fail?

Do you know if he passed his exam?

Everyone is hoping to pass the final exams.

You know what happens when you don't sleep enough.

5.2 Ecrivez en français:

What is your name?

What did you do this morning?

Do you know what I did?

Here is what you need to do.

What dictionary have you?

Is that what you want to know?

I want to know what "facteur" means.

What if I knew the definition of that word?

Do you know what we are talking about?

What is your answer, then?

Frankly, I don't know what it is.

What is so interesting?

Here's what you are talking about.

What an answer!

What a difficult question!

5.3 a) Exercice de substitution:

Vous souvenez-vous du temps où [j'étais heureux] ?

on ne connaissait pas Marie; vous ne saviez pas le français; nous demeurions à New York; il était amoureux de Louise; il se plaignait de son ami.

Je me rappelle l'occasion où [je lui ai parlé] .

elle m'a souri; il a fait cette faute; tu cherchais ton ami; j'ai perdu mon argent; tout le monde s'est tu.

b) Ecrivez en français:

This is the passage from which I took out the word.

That's exactly the moment when we come in.

There were times when I was so discouraged.

This is the drawer in which I found my tie.

She remembers the house from which I came out.

It was a French Club meeting at which everyone spoke French.

This is the passage where the hero kills the enemy.

5.3 Use of où as a relative pronoun.

Voici le tiroir	dans lequel	j'ai mis votre lettre.
Voici le tiroir	où	j'ai mis votre lettre.

Voilà la salle	dans laquelle	on donnera la leçon.
Voilà la salle	où	on donnera la leçon.

Voici le livre	dans lequel	j'ai trouvé la réponse.
Voici le livre	où	j'ai trouvé la réponse.

Voilà la maison	de laquelle	il est sorti.
Voilà la maison	dont	il est sorti.
Voilà la maison	d'où	il est sorti.

Voici le roman	duquel	on a tiré le passage suivant.
Voici le roman	dont	on a tiré le passage suivant.
Voici le roman	d'où	on a tiré le passage suivant.

Où is also used to refer to an antecedent which expresses time.

	the time	when	
C'était	l'époque	où	il était très riche.
Je me rappelle	l'occasion	où	il a parlé de sa soeur.
Il se souvient du	moment	où	Marie est entrée.
Il parle du	temps	où	il était encore petit.

Note that quand cannot be used in constructions like the above.

LESSON XVII

THE CONDITIONAL MOOD

1. Formation of the Present Conditional

1.1 The present conditional has been studied in Lesson III. Pay special attention to certain types of the first conjugation verbs (-er).

je	parler	ais
tu	parler	ais
il	parler	ait
nous	parler	ions
vous	parler	iez
ils	parler	aient
	parler	

je	mèner	ais
tu	mèner	ais
il	mèner	ait
nous	mèner	ions
vous	mèner	iez
ils	mèner	aient
	mener	

je	choisir	ais
tu	choisir	ais
il	choisir	ait
nous	choisir	ions
vous	choisir	iez
ils	choisir	aient
	choisir	

je	descendr	ais
tu	descendr	ais
il	descendr	ait
nous	descendr	ions
vous	descendr	iez
ils	descendr	aient
	descendre	

1.2 The following verbs have irregular conditional stems.

aller	J'	ir	ais	au Mexique cet été.
faire	Je	fer	ais	mes devoirs.
être	Je	ser	ais	fort heureux.
avoir	J'	aur	ais	beaucoup d'argent.
savoir	Je	saur	ais	la réponse.
devoir	Je	devr	ais	faire mes devoirs.
recevoir	Je	recevr	ais	un cadeau.
vouloir	Je	voudr	ais	vous parler.
venir	Je	viendr	ais	vous chercher.
tenir	Je	tiendr	ais	votre livre.
acquérir	J'	acquerr	ais	une fortune.
courir	Je	courr	ais	assez vite.
envoyer	J'	enverr	ais	des cadeaux.
mourir	Je	mourr	ais	de soif.
pouvoir	Je	pourr	ais	vous accompagner.
voir	Je	verr	ais	Paul.
falloir	Il	faudr	ait	parler français.
pleuvoir	Il	pleuvr	ait	ce soir.
valoir	Il	vaudr	ait	beaucoup.

2. Use of the Conditional Mood

2.1 The conditional mood is used in the so-called "sequence of tenses." The present conditional is used to denote a future action when the main verb is in the past.

1.1 Mettez le verbe de chaque phrase au présent du conditionnel:

Je regarde la télévision.
Tu gagnes beaucoup d'argent.
Il discute ce grand problème.
Nous ne racontons pas cette histoire.
Vous ne parlez pas à Paul.
Ils n'arrivent pas à l'heure.

Je choisis un beau chapeau.
Tu punis ton propre enfant.
Il obéit toujours à son ami.
Nous ne réussissons jamais.
Vous ne finissez pas votre travail.
Ils ne remplissent pas ce verre.

Je ne vends pas de journaux.
Tu ne perds pas ton équilibre.
Il n'attend pas ce train.
Elle ne comprend pas la vérité.
Nous ne dormons pas assez.
Vous ne servez pas de bière.
Ils n'offrent pas de prix.
Elles n'ouvrent pas cette fenêtre.

1.2 Mettez le verbe de chaque phrase au présent du conditionnel:

Il ne va pas à l'école ce matin.
Il fait très froid.
Il est content de son ami.
Il n'a pas de disques.
Il ne sait pas la réponse.

Vous devez vous soigner.
Vous recevez un beau cadeau.
Vous voulez rester ici.
Vous venez de bonne heure.
Vous tenez votre promesse.

Nous acquérons une fortune.
Nous courons aussi vite que possible.
Nous envoyons une lettre à Paris.
Nous mourons de curiosité.
Nous pouvons partir demain.
Nous voyons votre maison.

Il faut parler français en classe.
Il pleut à verse.
Il vaut mieux partir maintenant.

2.1 a) Mettez le verbe de la proposition principale au passé composé et celui de la proposition subordonnée au conditionnel:

Marie dit que nous saurons la vérité.
Marie promet que tout changera bientôt.
Marie affirme que tu ne l'aideras pas.

Je vous dis qu'il faudra partir.
Je vous promets que Paul aura sa part.
Je vous affirme que personne ne viendra.

b) Dites et puis écrivez en français:

I knew you would [come] on time. (leave)

I thought he would bring his [records] . (books)

We were hoping [he] wouldn't do that. (you)

They thought I was studying [Spanish] . (German)

How did you know he would listen to [me] ? (you)

She swore she had never seen [him] before. (me)

[You] promised that everyone would come on time. (we)

We knew he would hide his [money] . (portrait)

2.2 Dites et puis écrivez en français:

Could you tell me where [Mary] is? (my book)

Would you like to leave [now] ? (later)

You ought to [go to bed] . (get up)

Would you be kind enough to [do it] ? (see me)

[We] would like to see her. (they)

I could mention your name to [her] . (them)

[They] should come on time this time. (you)

2.3 a) Chaque phrase suivante exprime une condition réelle; changez-la de sorte qu'elle exprime une condition irréelle (ou éventuelle):

Si vous lui envoyez le paquet, il le recevra.
S'il écrit la lettre, vous la lirez.
S'il lit cet article, il me comprendra.
Si elle va à Paris, nous l'y retrouverons.
S'il fait beau, on fera une promenade.
Si Marie est là, nous serons très heureux.
S'il comprend ce livre, il me l'expliquera.
Si vous savez la vérité, vous me la direz.

Paul dit qu'il viendra de très bonne heure.
Paul a dit qu'il viendrait de très bonne heure.

Je crois que Marie partira avant son frère.
Je croyais que Marie partirait avant son frère.

Nous espérons que vous réussirez à cet examen.
Nous espérions que vous réussiriez à cet examen.

Elle affirme que son frère saura la vérité.
Elle a affirmé que son frère saurait la vérité.

The "sequence of tenses" occurs in indicative clauses as well: if the main verb is in the past, the verb in the subordinate clause must also be in a past tense. Study the examples below.

Je crois que vous allez lui rendre visite.
Je croyais que vous alliez lui rendre visite.

Pauline dit qu'elle n'a jamais fait cela.
Pauline a dit qu'elle n'avait jamais fait cela.

Il dit qu'il étudie cela depuis deux ans.
Il a dit qu'il étudiait cela depuis deux ans.

2.2 The present conditional may be used to "soften" the tone of speech.

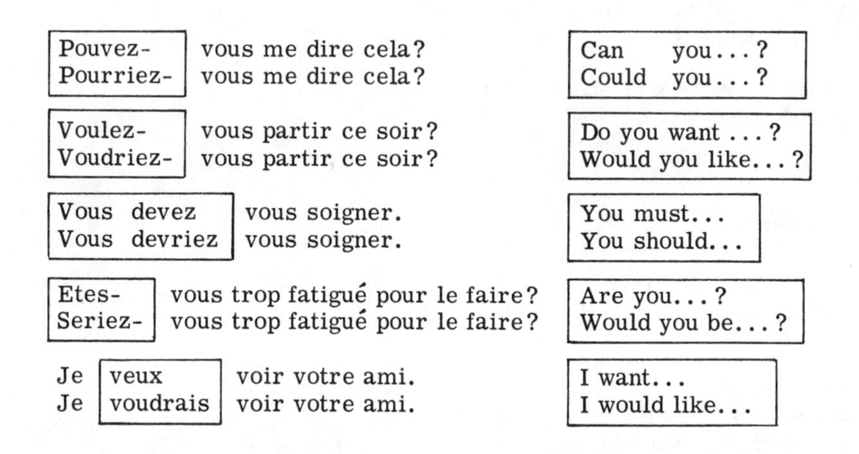

Pouvez- vous me dire cela? Pourriez- vous me dire cela?	Can you...? Could you...?
Voulez- vous partir ce soir? Voudriez- vous partir ce soir?	Do you want ...? Would you like...?
Vous devez vous soigner. Vous devriez vous soigner.	You must... You should...
Etes- vous trop fatigué pour le faire? Seriez- vous trop fatigué pour le faire?	Are you...? Would you be...?
Je veux voir votre ami. Je voudrais voir votre ami.	I want... I would like...

2.3 In the examples given below, distinguish a "real" supposition and a "contrary-to-the-fact" supposition.

S'il amène Marie (c'est possible), je serai très content.
S'il amenait Marie (mais ce n'est pas vrai), je serais très content.

Si je travaille (c'est possible), mon père sera heureux.
Si je travaillais (mais je ne travaille pas), mon père serait heureux.

S'il est intelligent, il réussira à cet examen.
S'il était intelligent, il réussirait à cet examen.

Si vous êtes libre, venez me voir.
Si vous étiez libre, vous viendriez me voir.

Si je	fais	cela,	c'	est	pour plaire à Hélène.
Si je	faisais	cela,	ce	serait	pour plaire à Hélène.

Note that in a "real" supposition, verb tenses parallel those of English very closely. In a "contrary-to-the-fact" supposition, the following tenses are used.

(situation)	"si" clause	result (main) clause
(present/future)	IMPERFECT	PRESENT CONDITIONAL
(past)	PLUPERFECT	CONDITIONAL PERFECT*

* For the formation of the conditional perfect, see IV.4.

Study the following examples:

Si j'étais riche, j'irais en Europe chaque été.
(mais hélas, je ne suis pas riche!)

Si j'avais été riche, je serais allé en Europe chaque été.
(mais je ne l'étais pas!)

S'il savait cela, il me donnerait un coup de téléphone.
(en fait, il ne le sait pas)

S'il avait su cela, il m'aurait donné un coup de téléphone.
(mais il ne le savait pas)

Même si elle n'était pas belle, je l'aimerais.
(mais elle est belle)

Même si elle n'avait pas été belle, je l'aurais aimée.
(mais elle était belle)

3. Special Problems

3.1 Various tenses of devoir, pouvoir, and vouloir.

Note the various possibilities of equating commonly used tenses of the three verbs with English expressions. If you have in mind the basic implication of the passé composé, imperfect, and conditional, you will note that the irregularities are found mostly in English equivalents.

Jean	doit	partir.
John	must	leave.
John	has to	leave.
John	is supposed to	leave.
John	is to	leave.

Jean	devait	partir.
John	was to	leave.
John	was supposed to	leave.
(John	had to	leave.)
(John	must have	left.)

Jean	a dû	partir.
John	had to	leave.
John	must have	left.

b) <u>Mettez au plus-que-parfait le verbe qui est dans la proposition commençant par "si" et mettez au conditionnel passé le verbe de la proposition principale:</u>

Qu'est-ce que vous feriez si vous étiez riche?
J'irais en France si j'étais riche.
S'il savait la vérité, il viendrait me voir.
Qu'est-ce qu'il dirait si nous étions en retard?
Qu'est-ce que vous liriez si vous aviez du temps?
S'il étudiait, il comprendrait la leçon.
Il serait ici s'il ne pleuvait pas à verse.
Elle ne vous aiderait pas même si elle avait du temps.

c) <u>Dites et puis écrivez en français:</u>

What would he [do] if he were here? (say)

We'd have [left] if it hadn't rained. (come)

If I had the chance, I would go to [Europe]. (Brazil)

I'd have been [glad] if he had told me the truth. (angry)

If I'm tall, [he] is even taller than I. (my brother)

[They] wouldn't have come, anyway. (you)

If I were his [teacher], I'd have punished him. (father)

Come to see us if you are [free]. (not busy)

3.1 <u>Ecrivez en français:</u>

If he could answer, he would do so.

We should have left long ago.

Paul is here; he was able to come.

I must have left my book at home.

No one knew he wanted to protest.

I would have liked to see him yesterday.

Would you like a cup of coffee?

Could you tell me where you put my book?

They should have studied for that exam.

You should take care of yourself, you know.

If he could have come, everyone would have been happy.

If she had a car, she could have come with us.

We had to study for two hours last night.

He was to become the president of the country.

Are you supposed to call up my friend?

He was able to come, but he did not come.

How could he have misunderstood my intentions?

He could have left sooner, but I couldn't.

I couldn't come because I was too busy.

I wouldn't have wished to see her again.

You should not have spoken in front of them.

We would have liked to meet your friend.

3.2 Ecrivez en français:

Don't worry; there must be a solution.

There should have been ten boys.

There can be no doubt.

What would you do if there were an error?

How did you know there were to be so many people?

There must have been about fifty students.

There will have to be an answer to this question.

Jean	devrait	partir.
John	should	leave.
John	ought to	leave.
(John	would have to	leave.)

Jean	aurait dû	partir.
John	should have	left.
John	ought to have	left.
(John	would have had to	leave.)

Paul	peut	venir.
Paul	can	come.
Paul	is able to	come.

Paul	pouvait	venir.
Paul	could	come.
Paul	was able to	come.

Paul	a pu	venir.
Paul	could	come.
Paul	was able to	come.
Paul	succeeded in	coming.

Paul	pourrait	venir.
Paul	could	come.
Paul	would be able to	come.

Paul	aurait pu	venir.
Paul	could have	come.
Paul	would have been able to	come.

Henri	veut	parler.
Henry	wants to	speak.

Henri	voulait	parler.
Henry	wanted to	speak.
Henry	wished to	speak.

Henri	a voulu	parler.
Henry	wanted to	speak.
Henry	wished to	speak.
Henry	tried to	speak.

Henri	voudrait	parler.
Henry	would like to	speak.
Henry	would want to	speak.

Henri	aurait voulu	parler
Henry	would have liked to	speak.
Henry	would have wanted to	speak.

3.2 Devoir and pouvoir with il y a.

Devoir and pouvoir are often used in conjunction with the expression il y a ("there is, there are"). Such constructions correspond to "there must be," "there can be," etc. See Special Problem 3.1 discussed above.

Il		y a	une réponse.	There is (are)...
Il	doit	y avoir	une réponse.	There must be...
Il	devait	y avoir	une réponse.	There was to be...
Il	a dû	y avoir	une réponse.	There must have been...
Il	devrait	y avoir	une réponse.	There should be...
Il	aurait dû	y avoir	une réponse.	There should have been...
Il	devra	y avoir	une réponse.	There will have to be...

Il	peut	y avoir	une solution.	There can be...
Il	pouvait	y avoir	une solution.	There could be...
Il	pourrait	y avoir	une solution.	There could be...
Il	aurait pu	y avoir	une solution.	There could have been...

3.3 Impersonal expressions.

Il reste

Il	me	reste	trois	dollars.	I	have	two dollars	left.
Il	vous	reste	un	livre.	You	have	one book	left.
Il	lui	reste	deux	amis.	He	has	two friends	left.
Il	leur	reste	cinq	hommes.	They	have	five men	left.

Combien d'argent est-ce qu'il vous reste encore?
Il ne me reste que dix dollars.

Après cette débacle, qu'est-ce qu'il lui restait?
Absolument rien, à ce qu'on dit.

Est-ce que vous avez dépensé tout votre argent?
Non, il me reste encore de l'argent.

Il faut

Il	me	faut	étudier.	I	must	study.
Il	vous	faut	partir.	You	must	leave.
Il	lui	faut	parler.	He	must	speak.
Il	leur	faut	se taire.	They	must	be silent.

Il	me	faut	dix dollars.	I	need	ten dollars.
Il	vous	faut	de l'argent.	You	need	money.
Il	lui	faut	deux hommes.	He	needs	two men.
Il	leur	faut	une heure.	They	need	an hour.

Qu'est-ce qu'il faut faire, alors?
Il vous faudra aller chez lui tout de suite.

Combien d'argent est-ce qu'il vous faut?
Il me faut cent dollars au moins.

Combien de temps leur faut-il pour faire ce travail?
Il leur faut toute une journée pour le faire.

Il arrive

Il	m'	est arrivé	quelque chose d'amusant.
Il	vous	arrivera	un accident.
Il	lui	arrive	une chose bien curieuse.
Il	leur	arrivera	un désastre.

Si vous ne faites pas attention à ce que vous faites, il peut vous arriver un accident.

Jean n'est pas venu à sa classe ce matin; on dit qu'il est arrivé quelque chose de grave à son frère.

Il m'est arrivé quelque chose de très curieux au cours du voyage. Je vous le raconterai plus tard.

Note that **arriver** ("to happen") may or may not take the impersonal construction. See XVI. 5. 1.

3.3 a) Répondez aux questions suivantes:

Combien d'argent vous reste-t-il?
Vous reste-t-il encore des crayons?
Combien d'amis reste-t-il à Michel?
Combien de temps est-ce qu'il vous reste encore?
Reste-t-il beaucoup d'argent à vos amis?
Est-ce qu'il reste encore du temps?

b) Dites et puis écrivez en français:

I have five [dollars] left. (books/ friends)

We have only two [records] left. (pencils/ glasses)

How much money does [he] have left? (Paul/ Marie)

c) Répondez aux questions suivantes:

Qu'est-ce qu'il vous faut faire?
Qu'est-ce qu'il vous faut dire?
Me faut-il parler français?
Est-ce qu'il vous faut partir?
Est-ce qu'il nous faut parler français?
Combien de livres vous faut-il lire?
Combien de temps vous faut-il?
Vous faut-il peu de temps pour finir cela?
Combien d'hommes lui faut-il?
Est-ce qu'il leur faut beaucoup d'argent?

d) Dites et puis écrivez en français:

[We] must leave right now. (I/ they)

[He] needs about ten minutes. (she/ Paul)

It takes [me] an hour to do it. (us/ him)

e) Exercice de substitution:

Il est arrivé un accident à [mon frère].

Paul; Jeanne; Charlotte; Roger; Victor; Gertrude.

Il [m]'est arrivé quelque chose d'amusant.

nous; vous; lui; leur; te; me.

f) Dites et puis écrivez en français:

Something [interesting] happened to Marie. (curious)

An accident happened to [me]. (him)

What happened to [you] this morning? (them)

3.4 a) Répondez aux questions suivantes:

Quand le mariage aura-t-il lieu?
Quand est-ce que cet accident a eu lieu?
Quand est-ce que la réunion a lieu?
Quand est-ce que la cérémonie a eu lieu?
A quelle heure l'examen aura-t-il lieu?
A quelle heure cet accident a-t-il eu lieu?

b) Dites et puis écrivez en français:

The incident [took] place near Dijon. (had taken)

Their marriage will take place next [Sunday]. (Monday)

The meeting takes place on [Tuesdays]. (Thursdays)

c) Répondez aux questions suivantes:

Est-ce que j'ai beau étudier cette leçon?
Est-ce que vous aurez beau parler français?
Paul a-t-il beau chercher son dictionnaire?
Pourquoi est-ce que j'aurai beau attendre Paul?
Pourquoi auriez-vous beau me parler en anglais?
Pourquoi a-t-on beau chercher la vérité?

d) Dites et puis écrivez en français:

[You] will wait for me in vain; I won't come. (they)

[We] spoke to him in vain. (you)

It's useless for [me] to try it. (him)

e) Exercice de substitution:

Cet étudiant a l'air [intelligent].

triste; fatigué; docile; content; méchant; sérieux; tranquille; satisfait.

f) Exercice de substitution (faites le changement nécessaire):

Votre frère a l'air [méchant].

triste; avoir sommeil; vouloir sortir; satisfait; avoir froid; avoir chaud; vouloir partir; chanter joyeusement; fatigué; malade.

g) Répondez aux questions suivantes:

Est-ce que j'ai l'air content?
Est-ce que nous avons l'air intelligent?
Avez-vous l'air d'avoir faim?
A-t-on l'air de vouloir sortir?
Est-ce que j'ai l'air d'avoir chaud?
Est-ce que Paul a l'air triste?

3.4 Idioms with avoir.

Avoir lieu

On dit que Paul va se marier avec Dina; quand est-ce que le mariage aura lieu (arrivera)?
Il aura lieu le trente janvier.

Il est arrivé un accident devant ma maison. Savez-vous quand cet accident a eu lieu?
D'après ce qu'on dit, il a eu lieu vers neuf heures.

Venez à la réunion du Cercle Français. Elle a lieu le jeudi, de trois heures à cinq heures de l'après-midi.

Avoir beau

Je vais lui parler en français.
Vous aurez beau (essaierez en vain de) faire cela; il ne comprend pas un mot de français.

Est-ce que Paul n'est pas encore venu?
Vous avez beau l'attendre; il ne vient pas ce matin.

Où est la lettre de Marie que j'ai reçue hier?
Tu auras beau la chercher; on l'a jetée par la fenêtre.

Compare the expression avoir beau + infinitive with the English expression "to have a fine time doing something" as in you will have a fine time convincing him (i.e., you will do it in vain; it is useless to try, etc.).

Avoir l'air

Marie, pourquoi ne vous reposez-vous pas? Vous avez l'air (vous semblez) fatiguée.

Je viens de faire la connaissance de Charles. Il a l'air très intelligent.
Vous vous trompez, mon cher; s'il paraît intelligent, ce n'est qu'en apparence.

Si nous entrions dans ce restaurant? Tu as l'air d'avoir faim.
Si j'ai l'air d'avoir faim! Mon vieux, je n'ai rien mangé depuis ce matin!

Pourquoi ne m'avez-vous pas demandé de partir?
Je ne le pouvais pas; vous aviez l'air de vous amuser tellement.

Avoir l'air is either followed by an adjective or by de + infinitive. The adjective may or may not agree with the subject.

Marie n'a pas l'air très intelligent(e).
Pauline et sa soeur ont l'air très satisfait(es).

Avoir quelque chose ("something is the matter")

Qu'est-ce que vous avez, Jeanne? Vous avez l'air souffrant.
Je n'ai rien du tout, je vous assure.

Tu as quelque chose, Rose? Tu as mauvaise mine.
  Je ne me sens pas très bien. Je crois que j'ai attrapé un rhume.

Ça va bien, Albert?
  Non, ça ne va pas du tout.
  Mais qu'est-ce qu'il y a, alors?
  J'ai mal à la tête; j'ai des insomnies.

3.5 French equivalents of "to make" (faire vs. rendre).

Pierrot a fait ses devoirs. Il a fait son lit. Il a rendu ses parents très contents.

Le fait que Marie a fait tant d'erreurs nous a rendus très mécontents.

Pauline est de retour. Cette nouvelle a rendu tout le monde fort content.

Note that "to make" + adjective is translated by rendre . For the causative use of the verb faire ("to make someone do something," etc.), see XXVI.3.1. Note below that rendre also means "to return" something.

Tu as toujours le livre que je t'ai prêté?
  Mais non, je te l'ai rendu il y a longtemps.

Qu'est-ce que Marie a dit quand vous l'avez vue?
  Rien; mais elle m'a rendu mon salut avec un sourire.

Attendez un moment, Roger. Je vais vous rendre l'argent que je vous dois.

h) Dites et puis écrivez en français:

What's the matter with [you] ? [You] look tired. (him-he)

What's the matter with [him] ? [He] seems sad. (her-she)

Nothing is the matter with [me] . (you)

Something is the matter with your friend.

Let's have lunch; you seem very hungry.

What's the matter? Why does everyone seem so sad?

3.5 a) Répondez aux questions suivantes:

Avez-vous fait vos devoirs?
Avez-vous fait beaucoup d'erreurs?
Avez-vous fait votre lit?
Avez-vous rendu votre ami très content?
Avez-vous rendu la lettre à votre ami?

Qu'est-ce que vous faites?
Qui est-ce que vous rendez heureux?
Qu'est-ce qui vous rend mécontent?
Qu'est-ce que vous rendez à Paul?
A qui avez-vous rendu ce livre?

b) Dites et puis écrivez en français:

Why does that make you [sad] (happy)?

Who returned this [book] to me? (dictionary)

Did [you] make [your] bed this morning? (he-his)

What did you do this morning?

Have you made a lot of progress?

Did that news make her very happy?

XVIII: REVIEW LESSON

1.1 Ecrivez des phrases pour illustrer les mots et les expressions suivantes (e.g., rendus--Marie les a rendus très heureux.):

1. a eu lieu
2. fois
3. jusqu'à ce que
4. serait
5. pensent de
6. l'heure
7. du temps
8. feriez
9. avant que
10. n'aurais pas su
11. puisque
12. qu'est-ce qui
13. qui
14. ce dont
15. ce sur quoi
16. qui est-ce que
17. il te faudra
18. à quoi
19. penser

20. pourriez

21. devant

22. passer

23. il te resterait

24. aurait dû

25. aviez l'air

1.2 Traduisez le dialogue suivant (employez la forme "tu"):

Louis: Hi, John. How are you?

John: So, so.

Louis: Is something the matter with you? You look very tired.

John: I am, indeed.

Louis: What's happened to you?

John: Nothing. I've just taken a chemistry test. I didn't know until last night that we were to have an exam today. I cut (<sécher) the class, you know.

Louis: Then how did you find out (=learn) that there was to be an exam?

John: I wouldn't have known it if Paul hadn't phoned me. I studied until 3 a.m. The formulas were getting longer and longer, and I was getting more and more tired. Everything was getting jumbled (=tout se brouillait) in my head. Just imagine (=figure-toi), I had to memorize (=learn by heart) 200 formulas at least!

Louis: What a story! I hope it wasn't a very hard exam.

John: On the contrary! I wouldn't have studied until 3 a.m. if I had known that it was to be such a simple exam.

Louis: But what would you have done if you hadn't known anything about it and, consequently (=par conséquent) if you hadn't studied at all?

John: You are right. I shouldn't complain. But you know, I'm not very strong in sciences. I shouldn't have registered for (<s'inscrire à) this course. How I detest it!

Louis: Do you know Martin? He's a very intelligent boy. They say he wants to become a chemist and he certainly seems to know his chemistry. He could help you perhaps. Besides, you should always try to study with someone. You could learn the lessons together. You could discuss problems and ideas. That's in fact why Peggy and I study together.

John: You know very well if you study with her, it's for some other reasons! Anyhow, I've never thought about it, but you have just given me an idea. I'm going to phone the student who is seated near me in that class. I'll ask her if she'd like to study with me for the next exam.

1.3 Apprenez les phrases et les expressions suivantes:

A. Conversation téléphonique

Mademoiselle, donnez-moi (le numéro) VENdôme 58-71.
Je désirerais VENdôme 58-71.
Combien coûte la communication jusqu'à Strasbourg?
Donnez-moi une communication interurbaine, s'il vous plaît.

La ligne est occupée (n'est pas libre).
On ne répond pas (n'est pas là).

Parlez plus haut, je ne vous entends pas.
La communication est mauvaise.
Ne quittez pas.
On a coupé (rétabli) la communication.
On m'a donné le mauvais numéro.

Allô!
Qui est à l'appareil, s'il vous plaît?
Paul à l'appareil.
Ici, Paul.

A qui voulez-vous parler?
Vous avez le mauvais numéro.
Il n'est pas ici.
Voulez-vous que je lui communique un message?
Il sera de retour vers midi (dans une heure, etc.).

Quelqu'un vous appelle au téléphone.
Quelqu'un (on) demande M. Smith au téléphone.
Il y a une communication pour vous.

Je vous rappellerai ce soir (dans une heure, etc.).
Rappelez-moi dans un quart d'heure (ce soir, etc.).
Je vous donnerai un coup de fil (de téléphone) à midi.

B. Dans un restaurant

Nous sommes à trois (six, deux, etc.).
Une table pour quatre, s'il vous plaît.
Est-ce que cette table est libre (réservée)?
Y a-t-il une table libre?
Peut-on s'asseoir ici (près de la fenêtre, n'importe où)?

Apportez-moi la carte (le menu), s'il vous plaît.
Quel est le plat du jour?
Donnez-moi un café noir (au lait) tout de suite.
Qu'est-ce que vous avez comme hors-d'oeuvre (salade, plat de viande, boisson, légumes, dessert, etc.)?
Je voudrais des pommes de terre frites (bouillies, en purée).
Je préfère le steak bien cuit (à point, saignant).
Avez-vous du jus d'orange (de tomate, etc.)?
Apportez-moi un autre couteau (une autre cuillère, serviette, fourchette, etc.).

Apportez-moi (donnez-moi) l'addition, s'il vous plaît.
Gardez la monnaie (c'est pour vous).

Expliquez les termes suivants: l'apéritif, le menu, la carte, les hors-d'oeuvre, l'entrée, le plat du jour, la pièce de résistance, le dessert, le pousse-café.

C. Dans un hôtel

Avez-vous une chambre à un lit (à deux lits, pour deux)?
Je voudrais une chambre pour cette nuit (jusqu'à lundi).
Quel est le prix de la chambre à la journée (par jour)?
Quel est le prix sans repas?
A quel étage est-ce?
Peut-on voir la chambre?

Cette chambre me plaît (me conviendra).
Avez-vous quelque chose de meilleur (de moins cher)?
Y a-t-il de l'eau chaude le matin (toute la journée)?
Où se trouve (où est) la salle de bain?
Quel est le numéro de ma chambre?
(Donnez-moi) ma clef, s'il vous plaît.
Y a-t-il des lettres pour moi?
Puis-je laisser mes bagages ici jusqu'à ce soir?
Appelez-moi à six heures et demie.

2.1 Lisez les maximes suivantes. Relisez-les, en essayant de les comprendre sans traduire en anglais. Vous trouverez la définition de certains mots à la fin des maximes. Copiez-la en marge, si vous voulez, mais pas entre les lignes.

MAXIMES

1. La véritable éloquence consiste à dire tout ce qu'il faut, et à ne dire que ce qu'il faut.

2. Comme c'est le caractère des grands esprits de faire entendre en peu de paroles beaucoup de choses, les petits esprits, au contraire, ont le don de beaucoup parler, et de ne rien dire.

3. Les querelles ne dureraient pas longtemps si le tort n'était que d'un côté.

4. Le vrai moyen d'être trompé, c'est de se croire plus fin[1] que les autres.

5. Rien n'empêche tant d'être naturel que l'envie de le paraître.

6. Nous aurions souvent honte de nos plus belles actions si le monde voyait les motifs qui les produisent.

7. La gloire des hommes doit toujours se mesurer aux moyens dont ils se sont servis pour l'acquérir.

8. L'amour de la justice n'est, en la plupart des hommes, que la crainte de souffrir de l'injustice.

9. Ce qui nous empêche souvent de nous abandonner à un seul vice est que nous en avons plusieurs.

10. Les vieillards aiment donner de bons préceptes, pour se consoler de n'être plus en état de donner de mauvais exemples.

11. Si nous n'avions point de défauts, nous ne prendrions pas tant de plaisir à en remarquer dans les autres.

12. Nous n'avouons de petits défauts que pour persuader que nous n'en avons pas de grands.

13. On aime deviner les autres, mais on n'aime pas être deviné.

14. Ce qu'on nomme libéralité n'est le plus souvent que la vanité de donner, que nous aimons mieux que ce que nous donnons.

15. On ne donne rien si libéralement que ses conseils.

16. Ce qui nous rend la vanité des autres insupportable, c'est qu'elle blesse la nôtre.

17. Si nous n'avions point d'orgueil, nous ne nous plaindrions pas de celui des autres.

18. La passion[2] fait souvent un fou du plus habile[3] homme, et rend souvent habiles les plus sots.

19. L'absence diminue les médiocres passions, et augmente les grandes, comme le vent éteint les bougies,[4] et allume le feu.

20. Il est impossible d'aimer une seconde fois ce qu'on a véritablement cessé d'aimer.

21. Nous aimons toujours ceux qui nous admirent, et nous n'aimons pas toujours ceux que nous admirons.

22. Il est plus facile de connaître l'homme en général que de connaître un homme en particulier.

(La Rochefoucauld)

2.2 Notes

[1]excellent; spirituel; habile. [2]l'amour. [3]adroit. [4]chandelles de cire.

2.3 Questions

1. En quoi consiste la véritable éloquence? (1)
2. Quelle sorte de don est-ce que les petits esprits ont? (2)
3. Quel est le vrai moyen de se tromper? (4)
4. Comment la gloire des hommes doit-elle se mesurer? (7)
5. Qu'est-ce qui nous empêche souvent de nous abandonner à un seul vice? (9)
6. Pourquoi les vieillards aiment-ils donner de bons préceptes? (10)
7. Pourquoi est-ce qu'on avoue de petits défauts? (12)
8. Qu'est-ce qu'on donne très libéralement? (15)
9. Pourquoi se plaint-on de l'orgueil des autres? (17)
10. Quel est l'effet de l'absence sur les médiocres amours? (19)

2.4 Exercices

1. Dans les maximes 3, 6, 11 et 17, mettez les verbes qui sont à l'imparfait au plus-que-parfait en faisant les changements nécessaires dans les propositions principales.

2. Quelles sont les fonctions grammaticales du mot "que" dans les maximes 1, 12 et 14?

3. Dans lesquelles des maximes se trouve l'expression "ne...que"?

4. Dans lesquelles des maximes se trouve le pronom "en"? Dans chacune de ces maximes, substituez le nom convenable au pronom "en" qui le remplace.

5. Ecrivez deux phrases en employant chacune des expressions suivantes:

a) consister à (1)

b) empêcher (5, 9)

c) avoir honte de (6)

d) prendre tant de plaisir à (11)

e) insupportable (16)

f) se plaindre de (17)

2.5 Discussions

1. Qu'est-ce que c'est qu'une maxime? Qu'est-ce qui la distingue du proverbe?

2. Comparez la pensée exprimée dans la septième maxime à la formule, "La fin justifie les moyens."

3. Quel rapport trouvez-vous entre la dix-neuvième maxime et le proverbe, "Loin des yeux, loin du coeur"?

4. Quel rapport y a-t-il entre la dixième maxime et le proverbe, "Si la jeunesse savait, si la vieillesse pouvait"?

5. Comment est-ce que l'auteur modifie ses phrases pour éviter le danger de paraître trop catégorique dans son jugement de la nature humaine? Remarquez l'emploi du conditionnel et de certains adverbes.

6. Qu'est-ce que vous savez de la vie de La Rochefoucauld? Est-ce qu'elle se reflète dans les maximes que vous venez de lire?

3.1 Causeries et Compositions: Choisissez un des sujets suivants que vous développerez sous forme de composition de 2-4 paragraphes (pour la lire en classe).

1. Choisissez une des maximes qui vous déplaît et expliquez pourquoi vous ne l'aimez pas.

2. Illustrez l'idée exprimée dans une des maximes sous la forme d'un récit.

3. Expliquez cette pensée de Pascal: "Le nez de Cléopâtre: s'il eût été (avait été) plus court, toute la face de la terre aurait changé."

4. De même, expliquez cette phrase: "L'homme n'est qu'un roseau, le plus faible de la nature; mais c'est un roseau pensant." (Pascal)

5. Racontez une expérience personnelle qui semble illustrer une des maximes de La Rochefoucauld.

3.2 Débats: Préparez un débat sur un des thèmes suivants.

1. "L'amour et l'amitié s'excluent l'un l'autre." (La Bruyère)

2. Pour vraiment aimer, il faut toujours comprendre la personne qu'on aime.

3. "Il est impossible d'aimer une seconde fois ce qu'on a véritablement cessé d'aimer." (La Rochefoucauld)

4. Interprétez le passage suivant. Peut-on appliquer cette situation à une crise internationale (la paix, la guerre, les ennemis, les alliés, etc.)?

   "Pourquoi me tuez-vous? --Eh quoi! ne demeurez-vous pas de l'autre côté de l'eau (=de l'autre côte de la rivière)? Mon ami, si vous demeuriez de ce côté (=de notre côté), je serais un assassin et cela serait injuste de vous tuer de la sorte; mais puisque vous demeurez de l'autre côté, je suis un brave, et cela est juste." (Pascal)

LESSON XIX

THE POSSESSIVE AND DEMONSTRATIVE PRONOUNS

1. The Possessive Pronoun

1.1 Learn the following list of possessive pronouns.

mon	livre	le	mien
mes	livres	les	miens
ma	plume	la	mienne
mes	plumes	les	miennes

notre	stylo	le	nôtre
nos	stylos	les	nôtres
notre	table	la	nôtre
nos	tables	les	nôtres

ton	cahier	le	tien
tes	cahiers	les	tiens
ta	robe	la	tienne
tes	robes	les	tiennes

votre	pied	le	vôtre
vos	pieds	les	vôtres
votre	main	la	vôtre
vos	mains	les	vôtres

son	crayon	le	sien
ses	crayons	les	siens
sa	lampe	la	sienne
ses	lampes	les	siennes

leur	ami	le	leur
leurs	amis	les	leurs
leur	soeur	la	leur
leurs	soeurs	les	leurs

Note the use of the definite article and the plural form of each pronoun.

1.2 Study the use of the possessive pronouns in the following examples.

J'ai apporté mes disques. Les voici. Où sont les vôtres?
Les miens sont toujours chez Marie.

Je préfère vos tableaux aux siens. En effet, la plupart des siens sont encore inachevés.

Il me semble que notre maison est beaucoup plus petite que la leur. La nôtre n'a que six pièces.

Parfois j'ai honte de mes lettres parce qu'elles sont si courtes, tandis que les vôtres sont toujours longues et très intéressantes.

J'aime mieux ma voiture que la leur. La mienne est plus vieille que la leur, mais elle va beaucoup plus vite.

1.3 Note that the English construction "a friend of mine," "a book of yours," etc., has no word-for-word counterpart in French.

J'ai parlé	à	un de vos amis	hier soir.
I spoke	to	one of your friends	last night.
I spoke	to	a friend of yours	last night.

Voici	un de mes livres.
Here is	one of my books.
Here is	a book of mine.

C'est	un de ses enfants.
He is	one of his children.
He is	a child of his.

For the equivalent of "some of my friends, etc." see 4.3.
For the equivalent of "all of my friends, etc." see 4.1.
For the equivalent of "most of my friends, etc." see II.4.7.

1.1 <u>Remplacez l'adjectif possessif suivi du nom par le pronom possessif convenable</u>:

Voici mon livre; voilà ton livre.
Voici ma plume; voilà sa plume.
Voici notre cahier; voilà votre cahier.
Voici son auto; voilà leur auto.
Voici sa tante; voilà ta tante.

Mon cahier est très petit.
Mon auto est très belle.
Ma faute n'est pas grave.
Mes disques sont là-bas.
Mes chaises sont confortables.

Vous avez besoin de votre stylo.
Vous avez besoin de votre montre.
Vous êtes fier de vos enfants.
Vous êtes content de vos compositions.

Nous avons répondu à sa lettre.
Nous avons répondu à ses lettres.
Nous avons parlé à son frère.
Nous avons parlé à ses parents.

1.2 a) <u>Remplacez l'adjectif possessif suivi du nom par le pronom possessif convenable</u>:

J'ai amené mes amis; où sont vos amis?
Nous avons nos plumes; avez-vous vos plumes?
Marie a ses revues; as-tu tes revues?
Nous aimons nos livres; aimez-vous vos livres?
Il a peur de mes examens; a-t-il peur de vos examens?

Mon cahier est plus petit que votre cahier.
Mon auto est plus ancienne que son auto.
Mes disques sont meilleurs que ses disques.
Notre adresse est plus longue que leur adresse.
Mes photos sont meilleures que tes photos.

b) <u>Dites et puis écrivez en français</u>:

My friends are here; where are [yours] ? (his/ theirs)

Their car is there; [mine] is here. (ours/ yours)

1.3 a) <u>Dites en français</u>:

a friend of mine	a friend of theirs	a child of his	a record of theirs
a friend of his	a friend of yours	a picture of hers	a relative of mine
a friend of ours	a book of yours	an uncle of his	a photo of yours

b) <u>Ecrivez en français</u>:

We saw a friend of yours at the theater.

He is bringing a record of his tonight.

A friend of ours went to see you last night.

2.1 Employez le pronom démonstratif d'après le modèle ci-contre:

Ce cahier-ci est plus petit que ce cahier-là.
Cette femme-ci est plus jolie que cette femme-là.
Ces livres-ci sont plus ennuyeux que ces livres-là.
Ces plumes-ci sont meilleures que ces plumes-là.
Ces gens-ci sont plus intelligents que ces gens-là.

Cet homme-ci est plus grand que cet homme-là.
Cette écharpe-ci est plus chère que cette écharpe-là.
Ce livre-ci est moins amusant que ce livre-là.
Ces robes-ci sont moins belles que ces robes-là.
Ces chapitres-ci sont moins longs que ces chapitres-là.

2.2 Dites et puis écrivez en français:

My car is here; where is [Paul's] ? (John's/ Jack's)

My brother is taller than [Mary's] . (Henry's/ Clara's)

They like my car better than [yours] . (mine/ his)

My book is different from [Julie's] . (Helen's/ Yvonne's)

My dress doesn't look like [Rose's] . (Anne's/ Jeanne's)

He who works hard will succeed.

Did you see those who came on time?

She who is pretty has many friends who admire her.

Those who arrived late were severely punished.

2.3 Ecrivez en français:

I met two students, Gaston and Eric. The former comes from France, and the latter comes from Austria.

Mary met Charlotte on the street. The former admired the dress which the latter was wearing.

We can go to Chicago in your car, or we can go there by train. Of the two possibilities, the former seems more pleasant.

3.1 Ecrivez en français:

That doesn't surprise me.

2. The Demonstrative Pronoun

2.1 Study the following list of demonstrative pronouns.

Ce livre -ci	est plus amusant que	ce livre -là.
Celui -ci	est plus amusant que	celui -là.

Cette femme -ci	est plus jolie que	cette femme -là.
Celle -ci	est plus jolie que	celle -là.

Ces stylos -ci	sont moins chers que	ces stylos -là.
Ceux -ci	sont moins chers que	ceux -là.

Ces montres -ci	sont meilleures que	ces montres -là.
Celles -ci	sont meilleures que	celles -là.

2.2 Note that "John's," "Mary's," etc., cannot be directly translated into French.

Nous aimons votre voiture mieux que	la voiture de Jean.
Nous aimons votre voiture mieux que	celle de Jean.
We like your car better than	----- -- John's.

Mes livres sont plus intéressants que	les livres de Paul.
Mes livres sont plus intéressants que	ceux de Paul.
My books are more interesting than	---- -- Paul's.

Note also that "he," "those," etc., followed by a relative clause, are translated by demonstrative pronouns.

Celui	qui travaille	a du succès.
Celle	qui est belle	se mariera.
Ceux	qui ne travaillent pas	ne réussiront jamais.
Celles	que personne n'aime	sont pourtant jolies.

2.3 Note that celui-là (celle-là, etc.) refers to a noun mentioned further away than celui-ci (celle-ci, etc.). Hence celui-ci corresponds to English "latter" and celui-là to "former."

Comme vous savez, Denise a réussi à l'examen tandis que Marie y a échoué. C'est de celle-ci que je voudrais vous parler.

Paul a déjà vingt ans, mais son frère n'a encore que dix-sept ans. Celui-là est très paresseux; il refuse de travailler.

Charlotte parle de l'avenir avec son amie Michèle. Celle-là veut se faire institutrice, mais celle-ci veut rester étudiante toute sa vie.

3. Cela and ceci

3.1 Cela (more colloquially ça) and ceci, translated by English "that" and "this," refer to complete statements, ideas, or things pointed out but not specifically named.

Voulez-vous m'accompagner jusqu'à la place ou rester ici?
Cela (ça) m'est parfaitement égal.

Savez-vous que Paul est amoureux de la soeur de Jean?
Cela (ça) ne m'étonne pas.

Son auto n'a pas démarré ce matin et il a dû venir à pied.
Oui, je le sais; cela (ça) arrive de temps en temps.

Pourquoi avez-vous l'air si triste, Jeanne?
J'ai acheté ceci ce matin et mon frère l'a cassé!

Roger est arrivé en retard et le directeur l'a puni.
Cela (ça) lui apprendra!

Tiens, Charlot, prends ceci. Je te le donne pour avoir été sage ce matin.

3.2 Ceci refers to something that is going to be mentioned, while cela refers to something that has been mentioned. Cf. voici and voilà in XI.4.4.

Rappelez-vous	ceci:	Paul nous a menti quatre fois.
Je comprends	ceci:	Il est amoureux de Marianne.
Ecoutez	ceci:	Jeanne est sortie avec Maurice.
Je retiens	ceci:	Elle est très jolie et charmante.

Vous avez tort,	cela	est évident.
Il a raison,	cela	est certain.
Tu es fâché,	ça	se voit.

Il vous a vu hier.	Tout le monde sait	cela.
Elle a menti;	je suis sûr de	cela.
Elle est jolie;	personne ne nie	ça.

4. Special Problems

4.1 Use of tout, toute, tous, and toutes.

When tout (or toute) is used before a determinative adjective, it means "entire, whole," while tous (toutes) means "all, every."

Tout	ce	cahier	a été déchiré par quelqu'un.
Tous	les	cahiers	se trouvent dans ce tiroir-là.

Toute	la	maison	était vide quand je suis venu.
Toutes	ces	maisons	ont été détruites pendant la guerre.

Le frère de mon ami travaille	toute	la	journée.
Le frère de mon ami travaille	tous	les	jours.

Demain nous analysons	toute	l'	histoire.	
Nous allons étudier	toutes	les	histoires	dans ce livre.

Note that tout (toute) without the determinative is equivalent in meaning to tous (toutes) with the determinative (i.e., "all, every").

Tout	homme	sait cela.
Toute	femme	est belle.
Tout	effort	est en vain.
Toute	maison	est vendue.

Tous	les	hommes	savent cela.
Toutes	les	femmes	sont belles.
Tous	les	efforts	sont en vain.
Toutes	les	maisons	sont vendues.

This isn't good, but that's excellent.

Why did you say that?

That's right; that will teach him!

Take this; it's very good.

3.2 Ecrivez en français:

You told him the truth; everyone knows that.

Remember this: You have been mistaken twice.

Listen to this: Mary failed her exam.

They are wrong; that's obvious.

He said he was angry.

4.1 a) Exercice de substitution:

Nous avons vu tous les [tableaux].

bébés; films; livres; documents; enfants; élèves; étudiants; hôtels; cahiers; restaurants; arbres.

Toutes les [photos] sont là.

femmes; étudiantes; jeunes filles; fleurs; lettres; dames; infirmières; roses; chemises; familles.

Toute cette [question] est très intéressante.

leçon; affaire; étude; histoire; aventure; photo.

Est-ce que vous avez lu tout le [livre] ?

chapitre; article; journal; poème; roman; conte.

Tout [homme] sait la réponse.

étudiant; élève; garçon; professeur; médecin.

b) Modifiez les phrases suivantes d'après le modèle:

Toute effort est inutile.--Tous les efforts sont inutiles.

Tout homme veut être intelligent.
Toute femme veut être belle.
Toute explication est inutile.
Tout effort est en vain.
Tout élève comprend la leçon.

Toute jeune fille est jolie.
Toute leçon est difficile.
Tout professeur est intelligent.

c) Dites et puis écrivez en français:

I saw the whole [country]. (film/ family/ program)

All my [friends] came to see me. (relatives/ pupils/ teachers)

Every [man] knows things like that. (boy/ student/ girl)

All of [your] answers are correct. (my/ his/ our)

Why do [you] work all the time? (they/ we/ Paul and John)

Everything is so [expensive]! (clear/ cheap/ bad)

You [know] everything. (see/ read/ think of)

d) Exercice de substitution:

Ils sont tous [venus] de bonne heure.

partis; arrivés; descendus; rentrés; sortis; revenus.

Est-ce que vous les avez tous [vus]?

lus; regardés; trouvés; effacés; appris; apportés.

Je les ai toutes [vues].

écrites; trouvées; apportées; amenées; payées; prises.

e) Répondez aux questions suivantes d'après le modèle:

Avez-vous lu tous les livres?--Oui, je les ai tous lus.

Avez-vous regardé tous les tableaux?
Avez-vous visité toutes les maisons?
Avez-vous obéi à toutes les règles?
Avez-vous obéi à toutes les dames?
Avez-vous répondu à toutes les lettres?
Avez-vous répondu à tous les étudiants?
Avez-vous examiné tous les objets?
Avez-vous écrit toutes les lettres?

f) Dites et puis écrivez en français:

All of us [answered]. (laughed/ spoke/ came)

All of you are very [intelligent]. (young/ careful/ rich)

I [know] all of them. (see/ read/ write)

The singular tout (invariable) used as a pronoun means "everything."

La maison	est chère.
Tout	est cher.

Je sais	la réponse.
Je sais	tout.

Il vend	n'importe quoi.
Il vend	tout.

Chaque objet	a été déplacé.
Tout	a été déplacé.

Tous as a pronoun is pronounced [tus]. It cannot begin a sentence when the verb is in the first or second person. Note also that there is no word-for-word counterpart of "all of us," "all of you," "all of them," etc.

Mes amis	viendront		de bonne heure.
Tous	viendront		de bonne heure.
Ils	viendront	tous	de bonne heure.

Toutes les femmes	sont		parties.
Toutes	sont		parties.
Elles	sont	toutes	parties.

Nous	sommes	tous	arrivés	en retard.
Vous	êtes	tous	arrivés	en retard.

Nous	avons	tous	chanté	cette chanson.
Vous	avez	tous	chanté	cette chanson.

In the following construction, the object pronoun before the verb is obligatory, whereas tous is optional.

Marie	les	a	(tous)	vus.
Rose	les	a	(toutes)	vues.
Elle	nous	a	(tous)	vus.
Elle	vous	a	(toutes)	vues.

Jean	les	a	(tous)	lus.
Paul	les	a	(toutes)	lues.
Il	nous	a	(tous)	vus.
Il	vous	a	(toutes)	vues.

Study the following sentences:

Est-ce que vous avez invité tous vos amis?
Oui, je les ai tous invités.

Est-ce que Roger a aimé toutes ces jeunes filles?
Oui, il les a toutes aimées.

Est-ce que vous avez pu trouver toutes mes lettres?
Oui, nous les avons toutes trouvées.

Est-ce que vous avez parlé à tous les élèves?
Oui, je leur ai parlé à tous.

Est-ce que Marie obéit à toutes les maîtresses?
Oui, elle leur obéit à toutes.

Note, however, that the object pronoun is not necessary when the expression following is tous les deux, toutes les quatre ("both of them," "all four of them"), etc.

Nous	---	avons	vu	tous les trois livres.
Nous	les	avons	vus	tous les trois.
Nous	---	avons	vu	tous les trois.

Est-ce que vous --- avez vendu toutes les deux tables?
Est-ce que vous les avez vendues toutes les deux?
Est-ce que vous --- avez vendu toutes les deux?

Jean et Marie ---- ont parlé à tous les quatre garçons.
Jean et Marie leur ont parlé à tous les quatre.
Jean et Marie ---- ont parlé à tous les quatre.

4.2 Chaque vs. chacun, chacune.

Je connais chaque homme.
J' (en) connais chacun.

Paul a regardé chaque photo.
Paul (en) a regardé chacune.

Chaque homme à son goût.
Chacun à son goût.

Chaque femme est belle.
Chacune est belle.

Chacun d'entre eux est ici.
Chacune d'entre elles est ici.
Chacune d' elles est ici.
Chacune est ici.

Chacun de mes frères est ici.
Chacune de mes soeurs est ici.
Chacune de mes amies est ici.
Chacune de mes tantes est ici.

Chaque ("each") is an adjective, whereas chacun (chacune) is a pronoun.

4.3 Quelques vs. quelques-uns, quelques-unes.

Nous -- avons lu quelques romans.
Nous en avons lu quelques-uns.

Vous avez posé la question à quelques étudiantes.
Vous avez posé la question à quelques-unes.

Quelques élèves ne sont pas venus à l'heure.
Quelques-uns ne sont pas venus à l'heure.

Quelques-uns de mes amis ne sont pas arrivés.
Quelques-uns d'entre eux ne sont pas arrivés.

Quelques ("a few, some") is an adjective, while quelques-uns and quelques-unes are pronouns.

4.4 Il est (impersonal) vs. c'est.

Il est in impersonal expressions refers to an idea which is going to be mentioned in the same sentence.

Il est difficile de comprendre cette explication.
Il est impossible de répondre à cette question.
Il est facile de recommencer tout cela.
Il est important de ne pas faire de fautes.
Il est temps de quitter la maison.
Il est bon de lire ces romans.

C'est refers to something which has already been mentioned.

Il est facile de lire ce livre.
C' est facile.
Ce livre est facile à lire.
C' est facile à lire.

Here are your [books] ; I read all four of them. (magazines/ articles/ letters)

Have you lent [two] of them to Robert? (three/ four/ five)

4.2 a) Changez chaque phrase d'après le modèle:

Chaque homme est ici.--Chacun d'entre eux est ici.

Chaque étudiant est ici.
Chaque enfant parle français.
Chaque jeune fille est belle.
Chaque femme est jolie.
Chaque livre est intéressant.
Chaque dame comprend le français.

b) Dites et puis écrivez en français:

Each [student] knows the answer. (man/ girl/ boy)

They will help each of [us] . (them/ you)

Each of them is [intelligent] . (careful/ young)

4.3 Dites et puis écrivez en français:

Some of them did not [come] . (arrive/ leave)

Do you know some of these [men] ? (girls/ students)

Some of [us] are not very smart. (you/ them)

Some of these [books] are hard to understand. (poems/ lessons)

Have you seen some of these [monuments] ? (magazines/ statues)

He brought some of his [records] . (books/ flowers)

4.4 a) Changez chaque phrase d'après le modèle:

Parler français, c'est facile.--Il est facile de parler français.

Répondre à cette question, c'est difficile.
Arriver à temps, c'est important.
Apprendre tout par coeur, c'est essentiel.
Recommencer tout cela, c'est impossible.
Réciter ce poème, c'est nécessaire.

Vous ne savez rien, c'est évident.
Il a réussi à cet examen, c'est certain.
Il sait la vérité, c'est probable.
Elle sait tout cela, c'est sûr.
Tu te trompes, c'est clair.

b) Dites et puis écrivez en français:

It is [easy] to understand French. (difficult/ important)

To write a [poem] is difficult. (letter/ book)

I don't [understand] that. That's too difficult. (read/ want)

That is easy; I can do that now.

I don't know him. That's not true.

It's [essential] to come on time. (easy/ necessary)

To speak to him in French is [easy] . (good/ pleasant)

It's [time] to leave. (good/ natural)

Is it true he didn't come? Didn't you know that?

It's obvious you don't know anything.

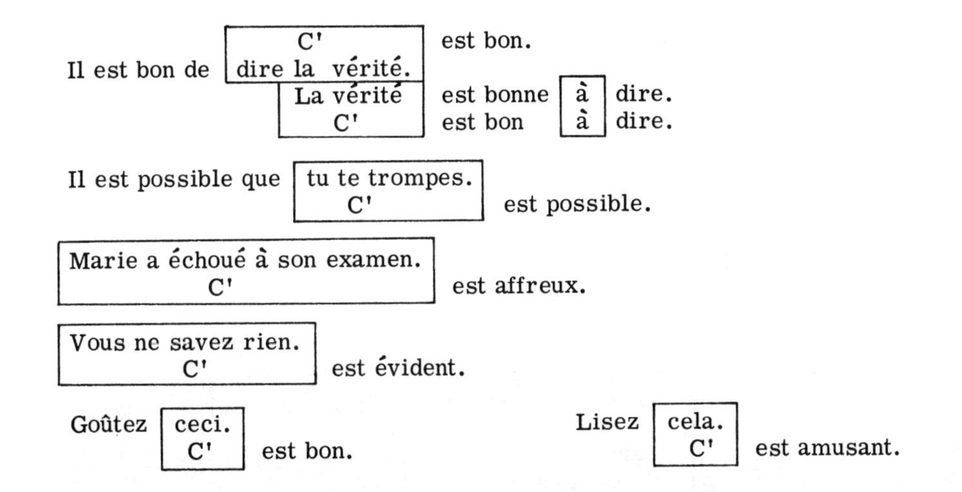
Il est bon de
C'
dire la vérité.
est bon.
La vérité
C'
est bonne
est bon
à
à
dire.
dire.
Il est possible que
tu te trompes.
C'
est possible.
Marie a échoué à son examen.
C'
est affreux.
Vous ne savez rien.
C'
est évident.
Goûtez
ceci.
C'
est bon.
Lisez
cela.
C'
est amusant.

LESSON XX

THE DISJUNCTIVE PRONOUN AND THE ADVERB

1. The Disjunctive Pronoun

1.1 The disjunctive pronoun (also called "stressed personal pronoun") is used after a preposition. See V.3.3. Note the use of soi after an indefinite subject pronoun.

Je	n'avais	pas d'argent	sur	moi.
Tu	n'avais	pas d'argent	sur	toi.
Il	n'avait	pas d'argent	sur	lui.
Elle	n'avait	pas d'argent	sur	elle.
Nous	n'avions	pas d'argent	sur	nous.
Vous	n'aviez	pas d'argent	sur	vous.
Ils	n'avaient	pas d'argent	sur	eux.
Elles	n'avaient	pas d'argent	sur	elles.
On	avait	de l'argent	sur	soi.
Chacun	avait	de l'argent	sur	soi.
Personne	n'avait	d' argent	sur	soi.

1.2 The disjunctive pronoun is used whenever the subject is stressed or qualified.

I know it. (I don't know if others do, etc.)
Moi, je le sais.
Je le sais, moi.

You can do it. (maybe others can't, etc.)
Toi, tu peux le faire.
Tu peux le faire, toi.

He doesn't know it. (others do, etc.)
Lui (il) ne le sait pas.
Il ne le sait pas, lui.

Note that the regular subject pronoun is not necessary in the third person, when the disjunctive pronoun precedes it.

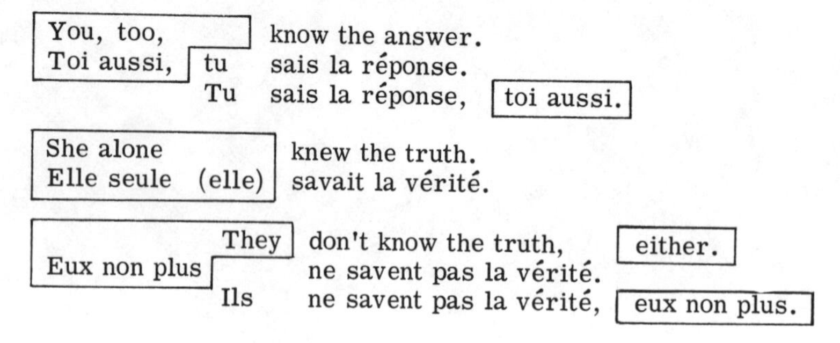
You, too, know the answer.
Toi aussi, tu sais la réponse.
Tu sais la réponse, toi aussi.

She alone knew the truth.
Elle seule (elle) savait la vérité.

They don't know the truth, either.
Eux non plus ne savent pas la vérité.
Ils ne savent pas la vérité, eux non plus.

1.3 The disjunctive pronoun is used after the verb être or when the verb is omitted.

Qui est là? C'est moi. Moi.

Qui frappe à la porte? C'est lui. Lui.

1.1 Répondez aux questions suivantes en employant les pronoms accentués:

Pensez-vous souvent à votre frère?
Pensez-vous souvent à votre soeur?
Pensez-vous souvent à vos amis?
Pensez-vous souvent à vos soeurs?

Avez-vous dansé avec Paul?
Avez-vous dansé avec Marie?
Avez-vous dansé avec les amis de Paul?
Avez-vous dansé avec les soeurs de Marie?

Voulez-vous venir chez moi ce soir?
Voulez-vous venir chez nous ce soir?
Voulez-vous aller chez Marie ce soir?
Voulez-vous aller chez Jean ce soir?

Est-ce que je vais danser avec toi?
Est-ce que nous allons sortir avec vous?
Est-ce qu'on a de l'argent sur soi?
Est-ce que tu as de l'argent sur toi?
Est-ce que nous sommes devant vos amis?
Est-ce que je dois aller chez vos parents?

1.2 a) Changez chaque phrase d'après le modèle:

Je ne sais pas cela.--Moi, je ne sais pas cela.

Tu ne sais pas cela.
Nous ne parlons pas.
Ils ne partent pas.
Je ne dis pas cela.
Tu ne diras rien.

Il ne dit pas cela.
Vous ne savez rien.
Elles comprennent cela.
Je ne pense plus à cela.
Tu ne comprendras rien.

b) Répétez l'exercice précédent en mettant le pronom accentué à la fin de chaque phrase.

c) Mettez l'expression "moi aussi", ou "toi aussi", etc., au début de chaque phrase:

Je sais ce que c'est.
Il sait ce que c'est.
Vous savez ce que c'est.
Je comprends la leçon.
Tu admires ce monument.

Tu sais ce que c'est.
Nous savons ce que c'est.
Ils savent ce que c'est.
Je parle français.
Tu discutes le problème.

d) Répétez l'exercice précédent en mettant "moi seul", "toi seul", etc., selon le cas, au début de chaque phrase.

1.3 Répondez aux questions suivantes d'après les modèles ci-contre:

Est-ce que c'est Paul qui frappe à la porte?
Est-ce que c'est vous, Marie?
Est-ce que c'est toi, Charlot?
Est-ce que ce sont vos amis qui sont là?
Savez-vous qui a fait cette faute?
Est-ce que c'est Paul qui sait la réponse?

A qui est-ce que vous pensez?
Sur qui est-ce que vous comptez?
Chez qui est-ce que vous allez?
Pour qui est-ce que vous travaillez?
De qui est-ce que vous parlez?

1.4 Dites et puis écrivez en français:

[John] and I are going to Paris. (Marie/ Charles)

We see [him] and Suzanne. (her/ you)

They are looking for you and [Claude]. (Alice/ Michel)

[Paul] and she work a great deal. (Louise/ Victor)

[You] and I are very tired. (Jack/ Roger)

When are you going to see [Paul] and her? (Louis/ Helen)

Did she scold you and [her]? (him/ them)

1.5 Exercice de substitution:

Philippe ne connaît que [vous].

moi; toi; lui; elle; nous; vous; eux; elles; moi et mon frère; toi et moi; vous et Michel; lui et mon frère; Jean et vous; eux.

1.6 Dites et puis écrivez en français:

I [did] this myself. (wrote)

Will you [go there] yourself? (come here)

You don't [know] it yourselves. (understand)

They themselves cannot [speak] Russian. (write)

He himself will [speak] to your brother. (write)

She herself did not want to [come]. (leave)

You [said] that yourself. (did)

They themselves don't understand the [situation]. (problem)

Qui sait cela? C'est vous. / Vous.

Qui a fait ceci? C'est nous. / Nous.

A qui est-ce que tu as parlé?	A	elle.
Sur qui comptait-elle?	Sur	moi.
De qui a-t-il besoin?	De	nous.
A qui pensez-vous toujours?	A	vous.

1.4 The disjunctive pronoun is used for compound subjects and objects.

Lui	et	moi	nous	étudierons ensemble.
Lui	et	toi	vous	irez chez Marie.
Toi	et	moi	nous	savons la réponse.
Vous	et	elle	vous	ne savez absolument rien.
Lui	et	Marie	----	sont déjà partis.
Elle	et	Paul	----	ne sont pas encore ici.

Elle	regarde	Michel	et	moi.
Elle	punit	vous	et	moi.
Elle	gronde	Paul	et	toi.
Elle	aime	lui	et	moi.
Elle	voit	vous	et	moi.
Elle	écoute	vous	et	elle.

1.5 The disjunctive pronoun must be used after ne...que.

Lucienne	ne voit	que	moi.
Lucienne	ne parle	qu'	à lui.
Lucienne	ne cherche	que	toi.
Lucienne	n' aime	qu'	eux.

Jeannette	n' écoute	que	Marie	et moi.
Jeannette	ne regarde	que	lui	et Jean.
Jeannette	ne connaît	que	vous	et moi.
Jeannette	ne punira	que	Paul	et toi.

1.6 Moi-même , toi-même ("myself," "yourself"), etc., are used to emphasize the action or the subject.

Je	vais écrire cette lettre	moi-même.
Tu	as fait tout cela	toi-même?
Il	dira la vérité	lui-même.
Elle	conduira cette voiture	elle-même.
Nous	parlerons à Jean	nous-mêmes.
Vous	ferez ce travail	vous-même(s).
Ils	accompagneraient Marie	eux-mêmes.
Elles	ne viendront pas demain	elles-mêmes.

Moi-même,	je	ne sais pas la réponse.
Toi-même,	tu	ne comprends pas la situation.
Lui-même	--	n'a pas voulu vous parler.
Nous-mêmes,	nous	ne savons pas qui a fait cela.
Vous-mêmes,	vous	ne voulez pas le faire!
Eux-mêmes	--	sont incapables de faire cela.

2. The Adverb

2.1 Formation of the adverb: Note that the adverb is formed regularly by the addition of [-ment] [mã] to the feminine form of the adjective.

sérieuse	Elle parle de la situation	sérieusement.
facile	Nous pouvons faire cela	facilement.
gracieuse	Votre soeur parle très	gracieusement.
franche	Il faut me parler toujours	franchement.

folle	Jacques est	follement	amoureux d'elle.
nécessaire	Le problème est	nécessairement	compliqué.
juste	Voilà	justement	son idée.
exacte	Il faut faire	exactement	comme je dis.

Some adverbs have the ending [-ément] [emã], which is added to the masculine form of the adjective.

aveugle	Jeanne aime cet enfant aveuglément.
précis	Voilà précisément ce que je me demandais.
confus	Elle rêve confusément à son avenir.
énorme	Ce cadeau lui a plu énormément.
profond	Cette femme m'a impressionné profondément.
conforme	Je l'ai fait conformément à vos ordres.

If the masculine form of the adjective is pronounced [ã], the adverb has the ending [amã], written either [-emment] or [-amment] depending on the adjective's spelling.

récent	Il a écrit ce roman assez récemment.
ardent	Mon oncle parle ardemment de sa patrie.
intelligent	Jean travaille toujours intelligemment.
constant	Cet homme a menti constamment.
indépendant	Son frère travaille indépendamment.
patient	Il nous l'a expliqué très patiemment.
élégant	Marie s'habille toujours élégamment.

Note the irregularities in the following adverbs.

bref	Le deuxième acte est bref.	[bʀɛf]
	Cette scène est brève.	
	Le dramaturge parle brièvement de sa pièce.	

gentil	Le frère de Pauline est très gentil.	[ʒãti]
	La soeur de Charles est très gentille.	[ʒãtij]
	Les enfants chantent très gentiment.	

2.2 The comparison of the adverb.

Votre frère	parle	plus	vite	que	Philippe.
Votre frère	parle	plus	prudemment	que	Philippe.
Votre frère	parle	moins	gentiment	que	Philippe.
Votre frère	parle	moins	décemment	que	Philippe.
Votre frère	parle	aussi	lentement	que	Philippe.
Votre frère	parle	aussi	gaiement	que	Philippe.

Note the irregular comparative forms of [bien] and [mal] :

Notre soeur	parle	très bien.
Notre soeur	parle	très mal.

Notre soeur	parle	mieux que	Pauline.
Notre soeur	parle	pis que	Pauline.

2.1 a) <u>En prenant chaque adjectif comme point de départ, prononcez et puis écrivez l'adverbe correspondant:</u>

aimable	définitif
relatif	fréquent
lent	studieux
triste	obscur
élégant	patient
intelligent	méchant
énorme	profond
galant	diligent
évident	adroit
paisible	primitif
exact	précis

b) <u>Dites et puis écrivez en français:</u>

He speaks [carefully] about his problem. (frequently/ personally/ intelligently)

It is necessary to answer [frankly] . (precisely/ honestly/ slowly)

You should study more [seriously] . (independently/ differently/ actively)

[Frankly] , no one knows what he is saying. (obviously/ apparently/ really)

He read the article [easily] . (gracefully/ slowly/ indifferently)

My composition is [definitely] longer than yours. (decisively/ certainly/ relatively)

2.2 <u>Répondez aux questions suivantes:</u>

Lequel parle mieux, Paul ou mon ami?
Lequel parle plus intelligemment, Jacques ou Jean?
Lequel court plus vite, Marie ou son frère?
Lequel chante plus gentiment, Jules ou Léon?

Parlez-vous autant que votre mère?
Ecrivez-vous plus que votre ami?
Chantez-vous plus vite que moi?
Etudiez-vous plus sérieusement que nous?

Est-ce que je chante moins gaiement que vous?
Est-ce que je parle moins lentement que vous?
Est-ce que je danse pis que votre frère?
Est-ce que j'ai parlé plus récemment que Marie?

Est-ce que je mange beaucoup plus que vous?
Est-ce que je mange beaucoup moins que vous?
Est-ce que je parle plus brièvement que vos amis?

2.3 Répondez aux questions suivantes:

Est-ce que Marie parle le plus lentement?
Est-ce que vous parlez le plus gentiment?
Est-ce que Jacques parle le plus décemment?
Est-ce que mon frère parle le plus vite?
Est-ce que je comprends le mieux ce problème?
Est-ce que vous chantez le pis?
Est-ce que mon père travaille intelligemment?
Est-ce que Paul conduit le moins prudemment?
Qui est-ce qui chante le pis?
Qui est-ce qui étudie le moins?

2.4 a) Exercice de substitution:

Marie [étudie] très bien le français.

enseigne; comprend; apprend; écrit; lit; sait.

Est-ce que vous parlez [fréquemment] de ce problème?

constamment; souvent; toujours; prudemment; bien; vraiment; trop; longuement; ardemment; aussi.

b) Exercice d'expansion--employez les adverbes suivants dans les phrases ci-dessous:

Nous avons chanté cette chanson.

bien; vite; toujours; gaiement; galamment; hier; partout; déjà; vraiment; certainement; très bien.

Nous avons participé dans ce mouvement.

à peine; récemment; prudemment; trop; souvent; trop tard; peu après; activement; certainement; déjà; toujours; vraiment; définitivement; enfin; aussi; ardemment; trop tard; plus tard; vite.

c) Ecrivez en français:

You have spoken about him very often.

He should drive his car more slowly.

They often came here to speak about it.

You certainly said that the play started much later.

We have seen all these things already.

Those watches are very expensive, too.

Did he really say that yesterday?

Notre soeur parle	plus que	Pauline.
Notre soeur parle	moins que	Pauline.
Notre soeur parle	autant que	Pauline.

2.3 The superlative of the adverb.

Charles	conduit	le	plus	prudemment.
Charles	conduit	le	plus	vite.
Charles	conduit	le	plus	rarement.
Charles	conduit	le	plus	lentement.
Charles	conduit	le	----	mieux.
Charles	conduit	le	----	moins.
Charles	conduit	le	----	pis (le plus mal).

Note the irregular superlatives in the last three sentences. In all cases, the definite article le is invariable, unlike the superlative form of the adjective.

2.4 The position of the adverb: The adverb usually comes immediately after the verb. In compound tenses, some adverbs are placed between the auxiliary verb and the past participle.

Mon frère	a	à peine	parlé	de son auto.
Mon frère	a	aussi	parlé	de son auto.
Mon frère	a	bien	parlé	de son auto.
Mon frère	a	certainement	parlé	de son auto.
Mon frère	a	déjà	parlé	de son auto.
Mon frère	a	enfin	parlé	de son auto.
Mon frère	a	mal	parlé	de son auto.
Mon frère	a	souvent	parlé	de son auto.
Mon frère	a	toujours	parlé	de son auto.
Mon frère	a	vite	parlé	de son auto.
Mon frère	a	vraiment	parlé	de son auto.
Mon frère	a	trop	parlé	de son auto.
Mon frère	a	moins	parlé	de son auto.
Mon frère	a	assez	parlé	de son auto.

Mon frère	a	parlé	rapidement	de son travail.
Mon frère	a	parlé	prudemment	de son travail.
Mon frère	a	parlé	récemment	de son travail.
Mon frère	a	parlé	gaiement	de son travail.
Mon frère	a	parlé	lentement	de son travail.
Mon frère	a	parlé	intelligemment	de son travail.
Mon frère	a	parlé	longuement	de son travail.
Mon frère	a	parlé	savamment	de son travail.

Most regular adverbs follow the second pattern given above, i.e., after the past participle.

Mon ami	a	trouvé	ces livres	ailleurs.
Mon ami	a	trouvé	ces livres	aujourd'hui.
Mon ami	a	trouvé	ces livres	hier.
Mon ami	a	trouvé	ces livres	ici.
Mon ami	a	trouvé	ces livres	là-bas.
Mon ami	a	trouvé	ces livres	un peu partout.
Mon ami	a	trouvé	ces livres	peu après.
Mon ami	a	trouvé	ces livres	quelque part.
Mon ami	a	trouvé	ces livres	trop tard.

Note that adverbs denoting time or location are usually placed after the past participle, at the end of a sentence.

3. Special Problems

3.1 Use of davantage ("more").

Henri	veut étudier	plus	que son frère.
Henri	veut étudier	davantage.	

Marie	a	parlé	plus	que son cousin.
Marie	a	parlé	davantage.	

Madeleine		est	plus	belle que Charlotte.
Madeleine	l'	est	davantage.	

Daniel		est	plus	intelligent que Paul.
Daniel	l'	est	encore davantage.	

Note that davantage is used when the second term of the comparison is not expressed.

3.2 French equivalents of "the more...the less" and "more and more."

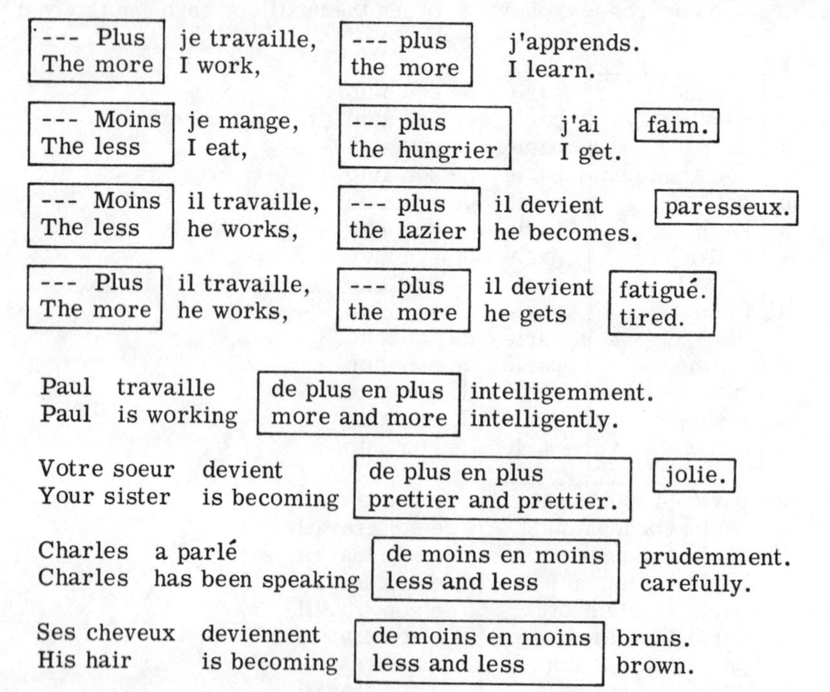

--- Plus	je travaille,	--- plus	j'apprends.	
The more	I work,	the more	I learn.	
--- Moins	je mange,	--- plus	j'ai	faim.
The less	I eat,	the hungrier	I get.	
--- Moins	il travaille,	--- plus	il devient	paresseux.
The less	he works,	the lazier	he becomes.	
--- Plus	il travaille,	--- plus	il devient	fatigué.
The more	he works,	the more	he gets	tired.

Paul	travaille	de plus en plus	intelligemment.	
Paul	is working	more and more	intelligently.	
Votre soeur	devient	de plus en plus		jolie.
Your sister	is becoming	prettier and prettier.		
Charles	a parlé	de moins en moins	prudemment.	
Charles	has been speaking	less and less	carefully.	
Ses cheveux	deviennent	de moins en moins	bruns.	
His hair	is becoming	less and less	brown.	

3.3 French equivalents of the English sentence stress.

In English it is possible to stress one part of a sentence in order to emphasize it.

I	give	Robert	the money.	(no one else will give, etc.)
I	give	Robert	the money.	(to no one else, etc.)
I	give	Robert	the money.	(not the books, etc.)

Since French does not use stress in this particular way, a special construction is used to achieve the same result. When the subject needs the emphasis, c'est...qui is used.

C'est	moi	qui	ai	donné	l'argent	à	Robert.
C'est	toi	qui	as	donné	l'argent	à	Robert.
C'est	lui	qui	a	donné	l'argent	à	Robert.
C'est	elle	qui	a	donné	l'argent	à	Robert.

3.1 Dites et puis écrivez en français:

I study more than you, but [John] studies even more. (Henry)

We have a lot of [money], but John has even more. (Marie)

Who would like to [sing] more? (work)

She is [pretty], but your sister is even more so. (intelligent)

Who else [qui d'autre] can [talk] more? (write)

[She] speaks more slowly than I, but you speak even more so. (her brother)

3.2 a) Répondez affirmativement aux questions suivantes:

Est-il vrai que moins je mange, plus j'ai faim?
Est-il vrai que plus on étudie, plus on comprend?
Est-il vrai que plus je marche, plus je suis fatigué?
Est-il vrai que plus je mange, moins j'ai faim?
Est-il vrai que moins je dors, plus je suis pâle?

Ce livre devient-il de plus en plus intéressant?
Cette histoire devient-elle de moins en moins amusante?
Est-ce que vous aimez Marie de moins en moins?
Est-ce que vous parlez de plus en plus vite?
Est-ce que vous me voyez de plus en plus souvent?

b) Dites et puis écrivez en français:

The more I eat, the [hungrier] I get. (happier)

[She] is becoming prettier and prettier. (your cousin)

The more I see her, the [better] I like her. (less)

I like this person [less and less]. (more and more)

The more I study, the less I seem to [know]. (learn)

This is getting more and more [interesting]. (boring)

3.3 a) Exercice de substitution (faites le changement nécessaire):

C'est [moi] qui ai fait cela.

nous; lui; toi; Marie; elle; Jacques; vous; nous; eux; Marie et son frère; vous et Michel; eux.

Ce n'est pas [moi] qui ai dit cela.

toi; lui; elle; Paul; Jean; nous; vous; eux.

b) Exercice de substitution:

C'est de [Paul] que je voudrais vous parler.

Marie; vous; lui; elle; eux; l'examen; mon avenir.

Ce n'est pas à [Marie] que j'ai donné l'argent.

vous; toi; lui; elle; eux; Paul; Michel; Jean.

C'est [Jeanne] que nous allons voir ce soir.

Marie; vous; lui; toi; elle; Pauline; Claire.

c) Dites les phrases suivantes en français, en mettant l'accent sur les mots soulignés:

I saw him.
They told me that.
She is coming.
I sang the song.
Marie knows the truth.

I sold him the book.
We gave him the money.
He is telling the truth.

We talked to him.
We talked to Marie.
He will answer us.

I need that.
They are afraid of me.
They talk about us.

That is my book.
Her mother is here.
That was your brother.

We did that.
You did it.
John was scolded.
You spoke about it.
My brother told you that.

You said that.
They gave me the watch.
I gave him the record.

I am going to obey her.
I am thinking of you.
They will come at noon.

He will talk about you.
That depends on you.
We leave from New York.

His brother is ill.
Our car is in the garage.
I'll give you her money.

3.4 a) Répondez aux questions suivantes d'après le modèle ci-dessous:

Aimez-vous cette robe?--Oui, elle me plaît assez bien.

Aimez-vous mon chapeau?
Aimez-vous cette voiture?
Aimez-vous le disque de Paul?
Aimez-vous la robe de Marie?

Paul aime-t-il votre voiture?
Paul aime-t-il mon auto?
Vos amis aiment-ils ma composition?
Vos amis aiment-ils votre livre?

b) Répondez aux questions suivantes d'après le modèle ci-dessous:

Aimez-vous ce chapeau?--Oui, il me plaît assez bien.

Aimez-vous cette auto?
Aimez-vous cette cravate?
Aimez-vous ce livre?
Aimez-vous ce cahier?
Aimez-vous ces tableaux?
Aimez-vous ce complet?
Aimez-vous ces disques?

Aimez-vous cette valise?
Aimez-vous ce poème?
Aimez-vous ces histoires?
Aimez-vous cette écharpe?
Aimez-vous ce bureau?
Aimez-vous cette robe?
Aimez-vous ces gants?

C'est	Marie	qui	a	donné	l'argent	à	Robert.
C'est	nous	qui	avons	donné	l'argent	à	Robert.
C'est	vous	qui	avez	donné	l'argent	à	Robert.
Ce sont	eux	qui	ont	donné	l'argent	à	Robert.
Ce sont	elles	qui	ont	donné	l'argent	à	Robert.

Note the use of ce sont in the third person plural. The verb in the relative clause agrees with the antecedent.

C'est	à	Robert	que	je vais parler.
C'est	à	Marie	que	tu donnes cet argent.
C'est	à	Paul	que	nous voulons répondre.
C'est	à	midi	que	Marie vient nous voir.
C'est	de	cela	que	je voudrais vous parler.
C'est	de	ceci	que	j'ai besoin.

C'est	ce livre	que	je voudrais emprunter.
C'est	son cahier	que	Marie a perdu.
C'est	la lettre	qu'	il cherchait.
C'est	Robert	que	nous verrons ce soir.
C'est	l'argent	que	je vais donner à Robert.
C'est	cette porte	que	j'ai fermée à clef.

Other parts of the sentence may be emphasized by the construction c'est...que , as shown above.

C'est	mon	livre	à	moi.	It	is	my	book.
C'est	ta	brosse	à	toi.	It	is	your	brush.
C'est	son	frère	à	lui.	He	is	his	brother.
C'est	son	frère	à	elle.	He	is	her	brother.
C'est	sa	soeur	à	lui.	She	is	his	sister.
C'est	sa	soeur	à	elle.	She	is	her	sister.

Note the construction used above, which emphasizes the possessor. The same construction serves to distinguish "his" from "her," whenever such differentiation is called for.

3.4 Désirer, vouloir, aimer, and plaire.

Je	veux	acheter cette robe parce qu'elle me plaît.
Je	veux bien	acheter cette robe parce qu'elle me plaît.
Je	désire	acheter cette robe parce qu'elle me plaît.
Je	voudrais	acheter cette robe parce qu'elle me plaît.
Je	désirerais	acheter cette robe parce qu'elle me plaît.
Je	voudrais bien	acheter cette robe parce qu'elle me plaît.

Vouloir and désirer mean "to like something" in the sense that you would like to have or do it at a specific moment. The conditional tense softens the meaning, and it is used in a more polite speech. Vouloir bien means "to be willing" or, used in a question, "would you like," "would you mind," "would you please," etc.

Voulez-vous une tasse de café?
Merci, je n'aime pas le café. Je voudrais du thé, si vous en avez.

Voulez-vous bien me donner son adresse?
Volontiers; la voici.

Voulez-vous une tasse de thé?
Merci, je désirerais un verre d'eau fraîche.

Voulez-vous faire une promenade cet après-midi?
Je ne veux pas sortir cet après-midi.

Aimer means "to love" or "to like" something in the sense that you find it attractive. Plaire à is used in the same sense. Adorer means "to love" something, used in an emphatic expression.

Aimez-vous les bonbons, Marie?
Oui, je les aime assez bien.
Oui, je les adore!

Aimez-vous cette robe bleue?
Oui, je l'aime beaucoup.
Oui, je l'adore.
Oui, elle me plaît beaucoup.

c) <u>Dites et puis écrivez en français:</u>

Do you want to [take a walk] ? I'm willing. (sing)

What do you [want] ? (prefer)

Do you want this [hat] ? No, I don't like it. (book)

I don't like [French] movies. (Italian)

Would you like some [coffee] ? (tea)

Would you mind telling me the story? No, I don't mind.

Would you like to go to the movies with me tonight?

I would like to speak to Mr. Dupont, please.

Would you repeat what you have just said?

I don't want to dance with you.

I should like to speak to your father.

I am quite willing to go to the movies with you.

Do I like it? I love it!

1.1 a) Exercice de substitution:

Marie [aime] parler français.

va; compte; désire; veut; doit; espère; ose; peut; préfère; sait; semble.

Nous [aimons] jouer au tennis.

voulons; savons; préférons; pouvons; osons; espérons; devons; désirons; comptons; allons.

b) Dites en français:

I can read this.
I must read this.
I cannot read this.

I am going to read this.
I am expecting to read this.
I don't dare read this.

Do you hope to come?
Do you want to come?
Are you going to come?

Can you come?
Do you prefer to come?
Must you come?

We don't want to speak.
We don't hope to speak.
We cannot speak.

We don't dare speak.
We must not speak.
We don't like to speak.

1.2 a) Exercice de substitution:

Je [m'amuse] à jouer du piano.

m'intéresse; m'habitue; me mets; réussis; commence; apprends; consens; hésite; tiens.

Nous [aidons] [votre ami] à parler français.

votre soeur; encourageons; invitons; votre frère.

b) Dites en français:

She begins to sing.
She is anxious to sing.
She consents to sing.

She hesitates to sing.
She continues to sing.
She gets used to singing.

I consented to speak.
I began to speak.
I continued speaking.

I hesitated to speak.
I succeeded in speaking.
I learned to speak.

1.3 a) Exercice de substitution:

Nous [acceptons] de dire la vérité.

cessons; nous chargeons; nous dépêchons; craignons; décidons; essayons; finissons; offrons; oublions; promettons; refusons; regrettons; avons besoin; avons peur; avons raison; avons tort; avons l'intention.

Je leur [conseille] de partir maintenant.

défends; demande; dis; ordonne; pardonne; suggère.

Je [les] [empêche] de lire la lettre.

prie; remercie; vous; prie; te; empêche; remercie.

LESSON XXI

THE INFINITIVE AND THE PRESENT PARTICIPLE

1. The Infinitive after a Verb

1.1 Note that the following verbs do not require a preposition before a dependent infinitive.

aimer	Marie	aime	parler	français.
aller	Marie	va	parler	français.
compter	Marie	compte	parler	français.
désirer	Marie	désire	aller	en Europe.
devoir	Marie	doit	aller	en Europe.
espérer	Marie	espère	aller	en Europe.
oser	Marie	ose	chanter	devant eux.
pouvoir	Marie	peut	chanter	devant eux.
préférer	Marie	préfère	chanter	devant eux.
savoir	Marie	sait	jouer	au bridge.
sembler	Marie	semble	jouer	au bridge.
vouloir	Marie	veut	jouer	au bridge.

1.2 The following verbs require the preposition à before a dependent infinitive.

s'amuser	Albert	s'amuse	à	jouer	du piano.
apprendre	Albert	apprend	à	jouer	du piano.
commencer	Albert	commence	à	jouer	du piano.
consentir	Albert	consent	à	voir	son amie.
continuer	Albert	continue	à	voir	son amie.
hésiter	Albert	hésite	à	voir	son amie.
s'habituer	Albert	s'habitue	à	aller	à la pêche.
s'intéresser	Albert	s'intéresse	à	aller	à la pêche.
se mettre	Albert	se met	à	aller	à la pêche.
réussir	Albert	réussit	à	aider	son frère.
tenir	Albert	tient	à	aider	son frère.

aider	Albert	aide	son frère	à	parler.
encourager	Albert	encourage	son frère	à	parler.
inviter	Albert	invite	son frère	à	parler.

1.3 The following verbs require the preposition de before a dependent infinitive.

accepter	Martin	accepte	de	fumer	son cigare.
s'arrêter	Martin	s'arrête	de	fumer	son cigare.
cesser	Martin	cesse	de	fumer	son cigare.
se charger	Martin	se charge	de	vendre	ton auto.
craindre	Martin	craint	de	vendre	ton auto.
décider	Martin	décide	de	vendre	ton auto.
se dépêcher	Martin	se dépêche	d'	écrire	la lettre.
essayer	Martin	essaie	d'	écrire	la lettre.
finir	Martin	finit	d'	écrire	la lettre.
offrir	Martin	offre	d'	aller	là-bas.
oublier	Martin	oublie	d'	aller	là-bas.
promettre	Martin	promet	d'	aller	là-bas.
refuser	Martin	refuse	de	dire	la vérité.
regretter	Martin	regrette	de	dire	la vérité.

Louise	a besoin	de	parler	à son père.
Louise	a l'intention	de	parler	à son père.
Louise	a peur	de	parler	à son père.
Louise	a raison	de	parler	à son père.
Louise	a tort	de	parler	à son père.

conseiller	Georges	conseille	à Paul	de	parler.
défendre	Georges	défend	à Paul	de	parler.
demander	Georges	demande	à Paul	de	parler.
dire	Georges	dit	à Paul	de	chanter.
ordonner	Georges	ordonne	à Paul	de	chanter.
pardonner	Georges	pardonne	à Paul	de	chanter.
suggérer	Georges	suggère	à Paul	de	chanter.

empêcher	Robert	empêche	Marie	de	lire	la lettre.
prier	Robert	prie	Marie	de	lire	la lettre.
remercier	Robert	remercie	Marie	de	lire	la lettre.

1.4 Note the difference in meaning in each pair of the following examples.

Votre père	vient me voir.	Your father	is coming to see me.
Votre père	vient de me voir.	Your father	has just seen me.
Son oncle	a commencé à lire.	His uncle	began to read.
Son oncle	a commencé par lire.	His uncle	began by reading.
Ma soeur	a fini de parler.	My sister	finished speaking.
Ma soeur	a fini par parler.	My sister	ended up by speaking.

Finir par + infinitive has the connotation of "to end up by doing something" or "to finally do something."

1.5 The infinitive after voir, regarder, entendre, and écouter.

J'ai entendu	rire	les enfants.
I heard	the children	laugh.
I heard	the children	laughing.

Nous avons vu	courir	le garçon.
We saw	the boy	run.
We saw	the boy	running.

Note, however, that when the infinitive is followed by a complement, the subject of the infinitive comes before the infinitive.

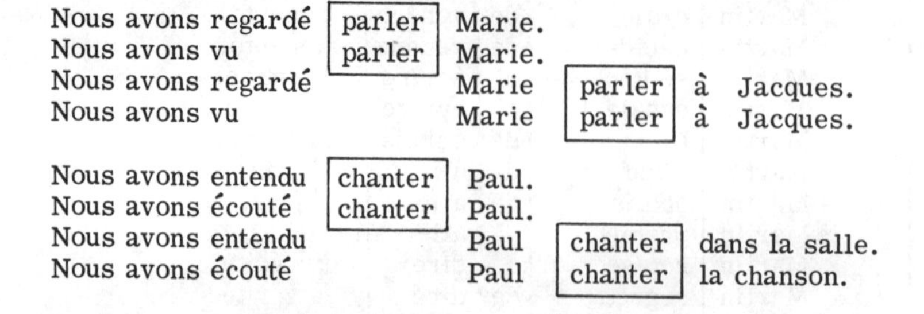

Nous avons regardé	parler	Marie.		
Nous avons vu	parler	Marie.		
Nous avons regardé		Marie	parler	à Jacques.
Nous avons vu		Marie	parler	à Jacques.
Nous avons entendu	chanter	Paul.		
Nous avons écouté	chanter	Paul.		
Nous avons entendu		Paul	chanter	dans la salle.
Nous avons écouté		Paul	chanter	la chanson.

b) Exercice de substitution (faites le changement nécessaire):

Vous **oubliez** de parler français.

acceptez; cessez; aimez; hésitez; réussissez; apprenez; devez; avez raison; finissez; promettez; décidez; vous habituez; vous dépêchez; vous intéressez; vous chargez; vous mettez; pouvez; voulez; offrez; avez l'intention; commencez; tenez; espérez; refusez; savez; semblez; désirez; consentez.

Vous **aidez** Paul à chanter.

demandez; dites; encouragez; priez; remerciez; pardonnez; suggérez; invitez; ordonnez; empêchez; conseillez; défendez; remerciez; invitez; dites; suggérez; aidez; ordonnez; empêchez; encouragez.

1.4 Dites et puis écrivez en français:

Your brother is coming to **see** me. (speak to)

Have you finished **studying** ? (working)

They have just **seen** Marie. (scolded)

Did she finally consent to **sing** ? (speak)

We began by **reading** the book. (studying)

Who is the man who has just **left** ? (entered)

1.5 a) Exercice de substitution:

Nous avons entendu **rire** les enfants.

parler; chanter; pleurer; crier; courir; jouer.

Nous avons vu les enfants **sortir de la maison** .

descendre du train; jouer avec les vôtres; jouer du piano; chanter joyeusement; chanter dans la salle; marcher dans la neige.

b) Dites et puis écrivez en français:

We saw the man **running** . (coming/ playing)

She heard the children **playing** . (singing/ laughing)

You watched the lady **speak** French. (read/ study)

Did you see Marie playing the **piano** ? (violin/ flute)

Did you see Marie **laugh** ? (smile/ cry)

2.1 a) Exercice de substitution (faites le changement nécessaire):

Est-ce que vous êtes [contente] de le faire?

heureuse; la seule; lente; fatiguée; fière; prête; habituée; la première; libre; capable; la dernière; fâchée; certaine; sûre; la seule; prête; libre.

b) Dites et puis écrivez en français:

We aren't [ready] to begin our work. (free)

They are the [first] to understand the lesson. (last)

Are you [capable] of doing that? (tired)

I am [happy] to see you here. (proud)

They are slow in understanding the truth.

2.2 Ecrivez en français:

Are you too tired to continue singing?

She is too indiscreet to keep the secret.

We have enough money to take the trip.

They don't have enough courage to protest.

He is not experienced enough to do this work.

He is staying here to take a walk with you later.

They don't have enough intelligence to see that.

You know that we came here to study music.

I have too little money to go there.

3.1 a) Répondez aux questions suivantes d'après le modèle:

Est-ce que je vous ai demandé de lire ce livre?
Non, vous m'avez demandé de ne pas le lire.

Est-ce que je vous ai demandé de lire ce livre?
Est-ce que je vous ai demandé de lire ce poème?
Est-ce que je vous ai demandé d'étudier cette leçon?
Est-ce que je vous ai demandé d'analyser cet ouvrage?

2. The Infinitive after an Adjective

2.1 Study the use of à and de in the following sentences.

Charlotte est	contente	de	chanter	la mélodie.
Charlotte est	heureuse	de	chanter	la mélodie.
Charlotte est	sûre	de	réussir	à l'examen.
Charlotte est	certaine	de	réussir	à l'examen.
Charlotte est	fatiguée	de	parler	français.
Charlotte est	libre	de	parler	français.
Charlotte est	fière	de	savoir	la réponse.
Charlotte est	capable	de	savoir	la réponse.
Charlotte est	furieuse	de	savoir	la vérité.

Nous sommes	les seuls	à	comprendre	la leçon.
Nous sommes	les premiers	à	comprendre	la leçon.
Nous sommes	les derniers	à	comprendre	la leçon.
Nous sommes	lents	à	apprendre	la règle.
Nous sommes	prêts	à	apprendre	la règle.
Nous sommes	habitués	à	apprendre	la règle.

2.2 Note the use of pour in the following.

Nous sommes	assez	expérimentés	pour	faire cela.
Vous êtes	assez	discret	pour	savoir la vérité.
Il est	trop	fatigué	pour	travailler.
Elle est	trop	indiscrète	pour	garder le secret.

J' ai	assez	de force	pour	supporter cela.
Tu as	assez	d'argent	pour	faire ce voyage.
Il a	trop	d'énergie	pour	rester tranquille.
Ils ont	trop	de problèmes	pour	aider leur ami.
Vous avez	trop peu	de courage	pour	faire cela.

Generally speaking, whenever the meaning "in order to" is implied, French uses pour (or afin de). Note, however, that these prepositions are seldom used after aller and venir, unless the purpose is stressed.

Maurice a fait tout cela	pour	rendre	Marie heureuse.
Pauline reste à la maison	afin d'	étudier	sa leçon.
Charles veut ces livres	pour	écrire	sa thèse.
Marie a fait cela	afin d'	amuser	les enfants.

Jean vient	----	voir	mon frère.
Paul va là-bas	----	étudier	sa leçon.
Marie est allée en France	pour	étudier	la musique.
Nous sommes venus ici	pour	savoir	la vérité.

3. The Infinitive in the Negative and after après

3.1 Study the following constructions.

Paul m'a demandé de	ne pas	lire	ce livre.
Paul m'a demandé de	ne jamais	lire	ce livre.
Paul m'a demandé de	ne point	lire	ce livre.
Paul m'a demandé de	ne plus	lire	ce livre.
Paul m'a demandé de	ne rien	lire.	

Jean	m'a dit de	ne	voir	que	cet homme.
Jean	m'a dit de	ne	voir	aucun	--- homme.
Jean	m'a dit de	ne	voir	nul	--- homme.
Jean	m'a dit de	ne	voir	ni	cet homme ni cet enfant.
Jean	m'a dit de	ne	voir	personne.	

If the infinitive is preceded by object pronouns, the negative expressions in the first group of examples, at the bottom of the preceding page, will be placed before such pronouns.

André	m'a	conseillé	de	ne pas	vous	le	donner.
André	m'a	conseillé	de	ne jamais	les	lui	donner.
André	m'a	conseillé	de	ne point	lui	en	donner.
André	m'a	conseillé	de	ne plus	l'	y	mettre.

3.2 Note the use of the compound infinitive ("past infinitive") after après.

Après	avoir fini	cela,	elle est partie.
Après	être partie,		elle s'est amusée.
Après	s'être amusée,		elle a recommencé le travail.
Après	l'avoir recommencé,		elle est tombée malade.

Nous viendrons vous voir	après	avoir fini	le travail.
Nous partirons demain	après	vous avoir vus.	
Nous nous amuserons	après	être partis.	
Nous travaillerons	après	nous être amusés.	
Nous nous reposerons	après	avoir fait	le travail.

The compound infinitive usually denotes a completed action.

C'est très gentil de sa part d'	avoir fait	cela.
C'est très gentil de sa part de	s'être levé	si tôt.
Jacques a été puni pour	avoir été	en retard.
Irène est sûre d'	avoir vu	cet homme.
Nous regrettons d'	avoir lu	cette lettre.

4. The Present Participle

4.1 Formation of the present participle: The present participle ends in -ant and it derives regularly from the first person plural (nous) form of the present indicative.

nous	parl	ons	parl	ant
nous	finiss	ons	finiss	ant
nous	vend	ons	vend	ant
nous	commenç	ons	commenç	ant
nous	mange	ons	mange	ant
nous	pouv	ons	pouv	ant
nous	voy	ons	voy	ant

Exceptions are:

nous	sommes	étant	
nous	avons	ayant	[ɛjã]
nous	savons	sachant	

Est-ce que je vous ai demandé d'écrire ces lettres?
Est-ce que je vous ai demandé de chercher mes livres?

b) Répondez aux questions suivantes d'après le modèle:

Est-ce qu'on vous a dit de ne jamais dire cela?
C'est ça, on m'a dit de ne jamais dire cela.

Est-ce qu'on vous a dit de ne jamais lire cela?
Est-ce qu'on vous a dit de ne point dire cela?
Est-ce qu'on vous a dit de ne plus parler de cela?
Est-ce qu'on vous a dit de ne rien regarder?
Est-ce qu'on vous a dit de ne lire que mon livre?
Est-ce qu'on vous a dit de ne voir aucun livre?
Est-ce qu'on vous a dit de ne voir personne?
Est-ce qu'on vous a dit de n'acheter nul livre?
Est-ce qu'on vous a dit de ne voir ni ceci ni cela?

3.2 Dites et puis écrivez en français:

After getting up, he [shaved]. (got dressed)

After reading the [book], she sold it. (magazine)

It's nice of you to have [come]. (spoken)

It's nice of Marie to have [hurried]. (gotten up early)

[She] was punished for having arrived late. (I)

I am [sure] I have seen this man before. (certain)

[John] is sorry to have wasted his time. (Roger)

He lent me the [book] after reading it. (article)

Are you sure you have read this [book]? (paper)

4.1, 2 a) Exercice de substitution:

Mon père lit le journal en [mangeant].

fumant sa pipe; chantant; buvant son café; écoutant la musique; allumant sa cigarette; prenant du thé.

Marie a pleuré plusieurs fois en [lisant ce roman].

écoutant cette musique; racontant son malheur; écrivant cette lettre; parlant de son mari; écoutant cet opéra; lisant cette lettre; entendant cette nouvelle; disant la vérité; apprenant sa mort.

Qu'est-ce qu'on apprend en [lisant ce poème]?

faisant ce travail; écrivant des compositions; écoutant ce morceau de musique; analysant ces résultats; faisant ce voyage; discutant ce problème.

b) Ecrivez en français:

She always speaks before thinking.

You will succeed by working more.

He is playing instead of working.

What did you learn by reading this play?

I had this idea while hearing Marie sing.

He ended up by telling us the truth.

We heard the music while drinking our coffee.

He will get there by driving very carefully.

He was reading the book while I was playing.

4.3 Ecrivez en français en employant le participe présent:

Since he was too young, he couldn't do the work.

You will get there earlier, if you take this road.

Since she lost all her money, she couldn't continue her trip.

Having gotten up early, we all arrived on time.

Seeing the policeman arrive, the thief fled.

Since I missed the train, I had to spend the night in that town.

I went to bed early, so I got up before you.

We decided to travel, because we had so much money.

5.1 Dites et puis écrivez en français:

Do you like [skating] ? (swimming)

[Skiing] is a sport. (wrestling)

Loving is [forgiving] . (understanding)

[Seeing] is believing. (knowing)

[Reading] is necessary for a student. (reading good books)

4.2 Use of the present participle with en : The ending -ant does not correspond to -ing of English in the majority of cases. Study the following cases where the infinitive corresponds to the English participle.

Nous nous amusons	au lieu de		travailler.	...instead of	working.
Nous déjeunerons	avant de		partir.	...before	leaving.
Nous partons	après		avoir parlé.	...after	speaking.
Nous parlons	sans		penser.	...without	thinking.
Nous commencerons	par		étudier.	...by	studying.
Nous avons fini	par	y	consentir.	...by	agreeing.

En + present participle indicates a simultaneous action ("while doing something") or means of an action ("by doing something") performed by the same subject. Tout may be added in order to emphasize the idea of simultaneity or the action.

Vous verrez un grand arbre	en	passant	par là.
Vous comprenez mieux ses plans	en	lisant	ce livre.
Marie chante toujours	en	faisant	son travail.
Ils sont tous arrivés	en	courant.	
Il lit le journal	en	fumant	sa pipe.
Il a déchiré sa chemise	en	jouant	dans la cour.
Mon père lit la revue	en	prenant	son café.

Il chante joyeusement	tout	en	écrivant	cette lettre.
Il a pleuré	tout	en	racontant	son malheur.
La pauvre femme part	tout	en	pleurant	sa misère.
Il a eu cette idée	tout	en	lisant	mon livre.

4.3 Use of the present participle without en : The present participle without en often implies cause or reason. It may also denote a near-simultaneous action.

Etant	trop jeune, il n'a pas pu faire ce travail.
Voulant	aller à la pêche, il s'est levé de très bonne heure.
Voyant	arriver l'agent de police, le voleur s'enfuit.
Perdant	tout son argent, il ne pouvait plus voyager.
Ayant	tant d'argent, nous avons décidé de voyager.
Prenant	ce chemin-là, vous y arriverez plus tôt.

Ayant	manqué	son autobus, elle a dû y aller à pied.
Etant	partis	de bonne heure, nous y sommes arrivés avant midi.
S'étant	levé	si tard, il n'a pas eu le temps de manger.
M'étant	levé	de bonne heure, j'ai pu achever mon travail.

5. Special Problems

5.1 French equivalents of the English gerund.

Nous	aimons	patiner.	Le patinage	est	un	sport.
We	like	skating.	Skating	is	a	sport.
Vous	aimez	nager.	La natation	est	un	sport.
You	like	swimming.	Swimming	is	a	sport.
Paul	aime	lire.	La lecture	est	bonne.	
Paul	likes	reading.	Reading	is	good.	

Aimer	c'est	pardonner.
Loving	is	forgiving.

Voir	c'est	croire.
Seeing	is	believing.

Remember that the present participle in English can be used as a noun (gerund), while in French only the infinitive or a special noun fulfills the same purpose.

5.2 Etre en train de.

Bonsoir, Paul. Je ne vous dérange pas?
Entrez donc. J'étais en train de lire ce journal.

Qu'est-ce que vous faites là?
Je suis en train de cueillir des roses.

Paul est un homme très occupé; chaque fois que je le vois, il est toujours en train de faire quelque chose.

Allô, Marie. Vous êtes libre en ce moment?
Je suis en train de préparer le dîner. Rappelez-moi dans une demi-heure.

Etre en train de + infinitive ("to be in the act of," "to be busy doing," "to be in the midst of") is a construction which is used whenever the action needs emphasis.

5.3 Entendre parler vs. entendre dire.

Nous	avons	entendu	-----	--	le bruit.
Nous	avons	entendu	parler	de	votre frère.
Nous	avons	entendu	dire	que	vous êtes malade.

Study the examples below:

Avez-vous entendu ce bruit étrange?
Non, je n'ai rien entendu.
Avez-vous entendu la nouvelle? Monique revient ce soir.
C'est formidable!

L'oncle de Paul est musicien. As-tu entendu parler de lui?
Non, je n'ai pas entendu parler de lui.
Avez-vous entendu parler de ce roman?
Non, je n'en ai pas entendu parler.

Mon père est malade depuis quelques jours.
C'est ce que j'ai entendu dire.
Qu'est-ce que vous savez de la soeur de Jean?
J'ai entendu dire qu'elle est très belle.

5.4 Attendre vs. s'attendre à.

Charlotte		attend		son frère.
Charlotte		attend		le train.
Charlotte	s'	attend	à	des nouvelles.
Charlotte	s'	attend	à	voir ses amis.

Note that s'attendre à is used when the expected event does not depend on the speaker. If it is dependent on the speaker's decision, compter or avoir l'intention de is used.

Do you go [fishing] on Sundays? (skating)

Playing the [piano] is not easy. (violin)

[Speaking] French is not too difficult. (reading)

5.2 a) Répondez aux questions suivantes:

Qu'est-ce que vous êtes en train de faire?
Qu'est-ce que vous étiez en train de faire quand je vous ai téléphoné?
Qu'est-ce que votre voisin est en train de lire?
Qu'est-ce que votre voisin de gauche est en train de faire?
Est-ce que vous êtes en train de passer un examen?
Est-ce que vous êtes en train de répondre à ma question?

b) Dites et puis écrivez en français:

I am busy [studying]; call me back later. (eating)

I was in the midst of doing my homework when you [called]. (came)

What were you doing when I saw you [this morning]? (last night)

5.3 a) Exercice de substitution:

Avez-vous entendu [les cloches]?

la nouvelle; la voix; le bruit; la musique; le piano.

Avez-vous entendu parler de [ces hommes]?

mon oncle; cet auteur; Jean-Sébastien Bach; ce magasin; ce morceau de musique.

J'ai entendu dire que votre oncle était [riche].

malade; avare; content; millionnaire; économe.

b) Dites et puis écrivez en français:

I have heard that he is [rich]. (poor/ ill/ young)

I heard the [symphony]. (noise/ voice/ sonata)

We have heard about [you]. (her/ it/ Paul)

5.4 a) Répondez aux questions suivantes en employant les pronoms convenables:

Est-ce que vous attendez l'autobus?
Est-ce que vous attendez mes amis?
Est-ce que vous vous attendez à des nouvelles?
Est-ce que vous vous attendez à être puni?
Est-ce que vous comptez aller au cinéma?
Est-ce que vous avez l'intention de rester?
Est-ce que vous avez l'intention de partir?

b) <u>Dites et puis écrivez en français:</u>

He intends to go to [New York]. (London)

She is waiting for her [mother]. (father)

What a surprise! [I] wasn't expecting it. (he)

I am looking forward to seeing [you] tonight. (them)

Are [you] expecting bad news? (we)

[They] expect to leave at eight. (we)

[They] expect to be scolded. (we)

[We] intend to go there soon. (they)

Are you waiting for the beginning of the [play]? (film)

Depuis combien de temps attendez-vous l'autobus?

Je l'attends depuis un quart d'heure.

Venez me voir après votre classe. Je vous attendrai devant le bureau du professeur Dupont.

On vous a apporté des cadeaux pour votre anniversaire.

Quelle bonne surprise! Je ne m'y attendais pas!

On vous a puni cet après-midi, n'est-ce pas?

Oui, je ne m'attendais pas à être puni si sévèrement.

Est-ce que vous attendez un câblogramme de vos parents?

Oui, je m'attends à de très mauvaises nouvelles.

Où comptez-vous aller cet été?

Je ne sais pas; j'avais pourtant l'intention d'aller en Europe avec mes parents.

Qu'est-ce que vous allez faire ce soir?

J'ai l'intention de rendre visite à Marie.

Est-ce que Paul sera là quand vous y arriverez?

Oui, je compte le voir dès mon arrivée.

XXII: REVIEW LESSON

1.1 Ecrivez des phrases pour illustrer les mots et les expressions suivantes (e.g., lisant--On apprend beaucoup en lisant ce livre.):

1. celui
2. ose
3. les vôtres
4. davantage
5. le plus
6. tous
7. le mien
8. ceux
9. eux-mêmes
10. s'y attend
11. empêchent
12. regrette
13. patinage
14. apprenant
15. chaque
16. ne jamais
17. quelques-unes
18. vraiment
19. entendu dire

20. en train de

21. étant

22. celle-ci

23. chacune

24. plaisent

25. souvent

1.2 Traduisez le dialogue suivant:

Marie: Well (=tiens)! What are you doing here, Bill?

Bill: I'm in the midst of choosing a pair of gloves. I've just lost the ones my mother gave me for Christmas...Miss, I'll take these gloves...and what are you doing here?

Marie: I'm going to buy a scarf for Betty. Today is (=c'est aujourd'hui) her birthday and I'm supposed to go to her house at 3. Would you like to go to the scarf counter with me?

Bill: Why not, I'm free until noon.

Marie: The counter is on the fourth floor. Let's take the escalator (=escalier roulant). You can help me choose one... Here we are. Well, Denise, what a surprise! I didn't know you were working in this store.

Denise: I work here every Saturday morning, didn't you know it?

Marie: How long have you been working here?

Denise: Since last August. An uncle of mine owns this store.

Bill: He must be quite rich!

Marie: I'm going to buy a scarf for Betty, Denise. Can you help me?

Denise: Do you like this one?

Marie: So, so. How much is it?

Denise: It costs only $1.85.

Marie: Do you have anything better?

Denise: Here's a very pretty one. Do you like it?

Marie: It is pretty, indeed. How much is it?

Denise: $4.45.

Marie: That's a little too expensive. You must have something between two dollars and four dollars.

Denise: Well, how do you like this green scarf? It's $3.75

Marie: Bill, what do you think of it?

Bill: I like the color--it's becoming to you.

Marie: But I'm buying it for Betty, remember?

Bill: My sister has a scarf just (=tout à fait) like that one...no, I think hers is pink...anyway, I like that green scarf. It's even elegant!

Marie: I like the color, too. Well, I'll take this one. Will you wrap it up for me, Denise? Good, that's done now. See you later, Denise, and don't work too hard (=too much)! It's only eleven. Do you have time to have (<prendre) some coffee with me, Bill?

Bill: Certainly. Suppose we go to the restaurant near the post office?

1.3 Apprenez les phrases et les expressions suivantes:

A. Quand on demande un avis à quelqu'un, on dit:

Que pensez-vous de cela?
Qu'en pensez-vous?
A votre avis, qu'est-ce que cela signifie?
Qu'est-ce que vous savez là-dessus?
Qu'est-ce que vous entendez par là?
Quel est (serait) votre avis sur cette question?
Qu'est-ce que cela vous dit?
Est-ce que cela vous dit quelque chose?

B. Si on ne sait pas la réponse, on dit:

Je ne sais pas au juste ce que c'est.
Je n'en sais (absolument) rien.
Je n'en ai pas la moindre idée.
Je n'y comprends rien.
C'est de l'hébreu (du chinois) pour moi.
Je ne sais pas si j'ai bien compris cela.

C. Si on n'est pas très sûr, on peut dire:

Je ne dis (dirais) ni oui ni non.
Qui sait? Qui a raison?
Sur des questions pareilles (comme cela) on peut tout affirmer ou tout nier (tout est faux, tout est vrai).
Peut-être bien que oui, peut-être bien que non.

D. Si on tombe d'accord, on dit:

C'est bien possible, je dirais même probable.
Je crois que c'est vrai (juste).
C'est évident.
Cela saute aux yeux.
Bien sûr; évidemment; en effet; sans doute.
Il me semble qu'on a raison.
Je partage votre opinion.
Je suis d'accord avec vous.
D'accord.

E. Si on veut hasarder une opinion, on dit:

Si j'ose dire,...
Si vous me permettez de dire un mot là-dessus,...
A mon avis,...

Je dirais que...
J'ai l'impression que...
Autant que je sache,...
Si je ne me trompe pas,...
Si mes souvenirs sont exacts,...

F. Quelques expressions d'opposition:

mais	cependant	toutefois	en revanche
néanmoins	au contraire	pourtant	d'un côté..., de l'autre côté...

G. Quelques expressions de conséquence:

donc	de là	il suit de là que...	par conséquent
ainsi	par suite	il s'en suit que...	aussi (au début de la phrase)

2.1 Lisez l'histoire suivante. Relisez-la avec soin, en essayant de tout comprendre sans traduire en anglais. Vous trouverez la définition de certains mots à la fin de l'histoire. Copiez-la, si vous voulez, en marge et non entre les lignes:

AUTREFOIS

Il y a longtemps--mais longtemps ce n'est pas assez pour vous donner l'idée... Pourtant comment dire mieux?

Il y a longtemps, longtemps, longtemps; mais longtemps, longtemps.

Alors, un jour...non, il n'y avait pas de jour, ni de nuit. Alors une fois, mais il n'y avait... Si, une fois, comment voulez-vous parler? Alors il se mit dans la tête[1] (non, il n'y avait pas de tête), dans l'idée... Oui, c'est bien cela, dans l'idée de faire quelque chose. 5

Il voulait boire. Mais boire quoi? Il n'y avait pas de vermouth, pas de madère,[2] pas de vin blanc, pas de vin rouge, pas de bière Dréher,[3] pas de cidre, pas d'eau! C'est que vous ne pensez pas qu'il a fallu inventer tout ça, que ce n'était pas encore fait, que le progrès a marché. Oh! le progrès! 10

Ne pouvant pas boire, il voulait manger. Mais manger quoi? Il n'y avait pas de soupe à l'oiselle,[4] pas de turbot sauce aux câpres,[5] pas de rôti, pas de pommes de terre, pas de boeuf à la mode, pas de poire, pas de fromage de Roquefort, pas d'indigestion, pas d'endroits pour être seul... Nous vivons dans le progrès! Nous croyons que ça a toujours existé, tout ça! 15

Alors ne pouvant ni boire, ni manger, il voulut chanter (gaiement), chanter. Chanter (tristement), oui, mais chanter quoi? Pas de chansons, pas de romances,[6] mon coeur! petite fleur! Pas de coeur, pas de fleurs, pas de laï-tou:[7] tu t'en ferais claquer le système! Pas d'air pour porter la voix, pas de violon, pas d'accordéon, pas d'orgue, (geste) pas de piano! vous savez, pour se faire accompagner par la fille de sa concierge; pas de concierge! Oh! le progrès! 20 25

Peux pas chanter; impossible? Eh bien, je vais danser. Mais danser où? sur quoi? Pas de parquet ciré,[9] vous savez, pour tomber. Pas de soirées avec des lustres,[10] des girandolles[11] aux murs qui vous jettent de la bougie dans le dos, des verres, des sirops qu'on renverse sur les robes! Pas de robes! Pas de dan- 30 seuses pour porter les robes! Pas de pères ronfleurs,[12] pas de mères couperosées[13] pour empêcher de danser en rond.

Alors pas boire, pas manger, pas chanter, pas danser? Que faire? 35
--Dormir? Eh bien, je vais dormir. Dormir, mais il n'y avait pas de nuit, pas de ces moments qui ne veulent pas passer (vous savez, quand on bâille,[14] (il bâille), qu'on bâille, qu'on bâille le soir). Il n'y avait pas de soir, pas de lit, pas d'édredon,[15] pas de couvre-pieds piqué,[16] pas de boule d'eau chaude,[17] pas de table 40
de nuit, pas de... Assez! Oh, le progrès!

Alors il voulut aimer! Il se dit: je vais me mettre amoureux; je soupirerai; c'est une distraction; je serai même jaloux; je battrai ma... Ma quoi? Battre quoi? qui? Etre jaloux de quoi? de qui? amoureux de qui? soupirer pour qui? Pour une brune? Il n'y 45
avait pas de brunes. Pour une blonde? Il n'y avait pas de blondes, ni de rousses![18] Il n'y avait pas même de cheveux ni de fausses nattes,[19] puisqu'il n'y avait pas de femmes! On n'avait pas inventé les femmes! Oh! le progrès!

Alors mourir! Oui, il se dit, (résigné): Je veux mourir. Mourir 50
comment? Pas de canal Saint-Martin, pas de cordes, pas de revolvers, pas de maladies, pas de potions, pas de pharmaciens, pas de médecins!

Alors il ne voulut rien! (Plaintif[20]) Quelle plus malheureuse situation!...(se ravisant[21]) Mais non, ne pleurez pas! Il n'y 55
avait pas de situation, pas de malheur; bonheur, malheur, tout ça c'est moderne!

La fin de l'histoire? Mais il n'y avait pas de fin. On n'avait pas inventé de fin. Finir, c'est une invention, un progrès! Oh! le progrès! le progrès! (Il sort stupide.) 60

(Charles Cros)

2.2 Notes

[1]il a conçu le projet de. [2]vin qui vient de l'île de Madère. [3]marque de bière du temps de Charles Cros. [4]espèce de soupe au poulet. [5]"turbot with caper sauce." [6]petites chansons sur un sujet tendre. [7]mot inventé pour les besoins de la chanson populaire française (à peu près comme "tra-la-la"). [8]c'est à désespérer, quoi! [9]"waxed floor." [10]chandeliers de cristal à plusieurs branches. [11]chandeliers à plusieurs branches. [12]qui fait un certain bruit de la gorge en respirant pendant le sommeil ("snoring"). [13]"blotchy (complexion)." [14]"yawns." [15]couvre-pieds en duvet ("eider-down"). [16]"quilted." [17]"hot-water bottle." [18]pas de... ni de... =ni... ni... [19]"braids." [20]gémissant. [21]changeant d'avis.

2.3 Questions

1. Qu'est-ce qu'il s'est mis dans la tête de faire? (6-8)
2. Qu'est-ce qu'il voulait faire d'abord? (9)
3. Qu'est-ce qu'il voulait faire ensuite? (14)
4. Pourquoi a-t-il voulu chanter? (20)
5. Pourquoi allait-il dormir? (35-36)
6. Pourquoi ne pouvait-il pas dormir? (36-41)
7. Pourquoi lui a-t-on conseillé de ne pas pleurer? (55-57)
8. Pourquoi cette histoire n'a-t-elle pas de fin? (58-59)

2.4 Exercices

1. Définissez les mots suivants:

le cidre | la boule d'eau chaude
la concierge | le couvre-pieds

2. Soulignez tous les articles partitifs qui sont au négatif et mettez-les à la forme affirmative:

   e.g., pas d'eau > de l'eau; pas de chansons > des chansons

3. Ecrivez deux phrases en employant chacune des expressions suivantes:

   a) se mettre dans la tête de (6)

   b) il n'y a pas de...ni de... (4, 46-47)

   c) se dire (42, 50)

   d) pas même de (47)

2.5 Discussions

1. Etudiez la structure de cette histoire. Comment est-ce que l'auteur développe les idées pour faire croire à l'absurdité?

2. Quels sont les éléments qui vous font rire? Quelle serait la qualité de cet humour? Pour mieux répondre à ces questions, analysez le neuvième paragraphe qui commence: "Alors il voulut aimer."

3. Expliquez l'allusion faite aux diverses manières de se suicider dans le dixième paragraphe. (50-53)

4. De quelle manière devrait-on lire cette histoire devant un auditeur, pour en faire ressortir l'humour? Relisez-la à haute voix.

3.1 Causeries et Compositions: Choisissez un des sujets suivants que vous développerez sous forme de composition de 2-4 paragraphes (pour la lire en classe).

1. Ajoutez d'autres phrases à un paragraphe dans Autrefois de Charles Cros, en gardant toutes les phrases qui sont déjà là, de sorte que la longueur en soit triplée.

2. Ecrivez un autre "épisode" pour cette histoire. Commencez votre "épisode" par "alors il voulut lire (jouer, étudier, fumer, etc.)".

3. Un étudiant essaie de faire ses devoirs dans sa chambre, mais il est constamment interrompu. Il renonce enfin à faire ses devoirs, sort avec un camarade qui vient de lui rendre visite.

4. Un étudiant vient de finir son déjeuner dans un restaurant. Il découvre qu'il n'a pas d'argent sur lui. Voici le garçon qui lui apporte l'addition.

5. Un étudiant téléphone à une étudiante qu'il connaît à peine et qui est dans sa classe de français. Il veut l'inviter à aller à un bal. Elle veut donner adroitement à entendre qu'elle ne veut pas y aller avec lui.

6. Savez-vous ce que c'est que la "fièvre de printemps" qui envahit bien des "campus"? Quels en sont les symptômes? Tracez un portrait d'un étudiant qui en souffre.

3.2 Débats: Préparez un débat sur un des thèmes suivants.

1. A votre avis, quelles sont les différences les plus essentielles entre l'art du théâtre et celui du cinéma?

2. On dit souvent que la télévision, devenue une des principales distractions des Américains, exerce une influence importante sur eux. Discutez donc les avantages et les inconvénients de la télévision comme une distraction et la qualité des programmes.

3. Quelle influence certains programmes de télévision pour l'adulte ont-ils sur l'enfant sensible?

4. Si vous avez vu quelque film basé sur un roman, quelles différences est-ce que vous avez remarquées entre ces deux? Pourquoi ces différences sont-elles nécessaires pour transposer le roman sur l'écran? Donnez des exemples précis.

1.1,2 a) Mettez les verbes suivants au présent du subjonctif:

je choisis
je finis
je saisis
je défends
je vends
j' attends

je grandis
je punis
je réussis
je perds
je descends
j' entends

nous parlons
nous montrons
nous finissons
nous saisissons
nous défendons
nous vendons

nous dansons
nous apportons
nous réussissons
nous remplissons
nous attendons
nous descendons

vous comprenez
vous venez
vous servez
vous partez
vous mettez
vous dites

vous buvez
vous prenez
vous dormez
vous ouvrez
vous sentez
vous connaissez

ils ont
ils font
ils savent
ils veulent
ils valent
ils disent

ils sont
ils vont
ils peuvent
ils meurent
ils reçoivent
ils écrivent

b) Mettez l'expression "il faut que" devant chaque phrase et faites le changement nécessaire:

Je comprends cette leçon.
Tu finis cette leçon.
Paul vend sa maison.
Marie vient de bonne heure.
Nous descendons du train.
Vous parlez à mon ami.
Ils comprennent la question.

c) Mettez l'expression "je ne crois pas que" devant chaque phrase et faites le changement nécessaire:

Tu as répondu à la lettre.
Paul est venu à l'heure.
Marie s'est assise là-bas.
Nous sommes arrivés en retard.
Vous avez regardé cette maison.
Mes amis sont partis à midi.
Mes robes ont été déchirées.

d) Mettez "voulez-vous que" devant chaque phrase et faites le changement nécessaire:

Je fais mes devoirs.
Marie part de bonne heure.
Maurice conduit votre voiture.
Nous servons du café.
Ils finissent leurs devoirs.
Mes amis vont à l'école.
Vos amis savent la vérité.

LESSON XXIII

THE SUBJUNCTIVE (I)

1. Formation and General Use of the Subjunctive

1.1 The present subjunctive stem derives quite regularly from the third person plural of the present indicative (see III.4).

ils dans ent	que je	dans	e
	que tu	dans	es
	qu' il	dans	e
	que nous	dans	ions
	que vous	dans	iez
	qu' ils	dans	ent
ils obéiss ent	que j'	obéiss	e
	que tu	obéiss	es
	qu' il	obéiss	e
	que nous	obéiss	ions
	que vous	obéiss	iez
	qu' ils	obéiss	ent
ils attend ent	que j'	attend	e
	que tu	attend	es
	qu' il	attend	e
	que nous	attend	ions
	que vous	attend	iez
	qu' ils	attend	ent

Note that in case of the first conjugation verbs (-er) there is no difference in form between the present indicative and the present subjunctive for all singular forms and the third person plural form.

The first and second person plural forms (nous and vous) are identical with the imperfect indicative.

1.2 The following verbs are irregular in that their subjunctive stems do not derive from the third person plural of the present indicative.

avoir	que j'	aie		être	que je	sois
	que tu	aies			que tu	sois
	qu' il	ait			qu' il	soit
	que nous	ayons	[ɛjɔ̃]		que nous	soyons
	que vous	ayez	[ɛje]		que vous	soyez
	qu' ils	aient	[ɛ]		qu' ils	soient
aller	que j'	aille	[aj]	savoir	que je	sache
	que tu	ailles			que tu	saches
	qu' il	aille			qu' il	sache
	que nous	allions			que nous	sachions
	que vous	alliez			que vous	sachiez
	qu' ils	aillent			qu' ils	sachent

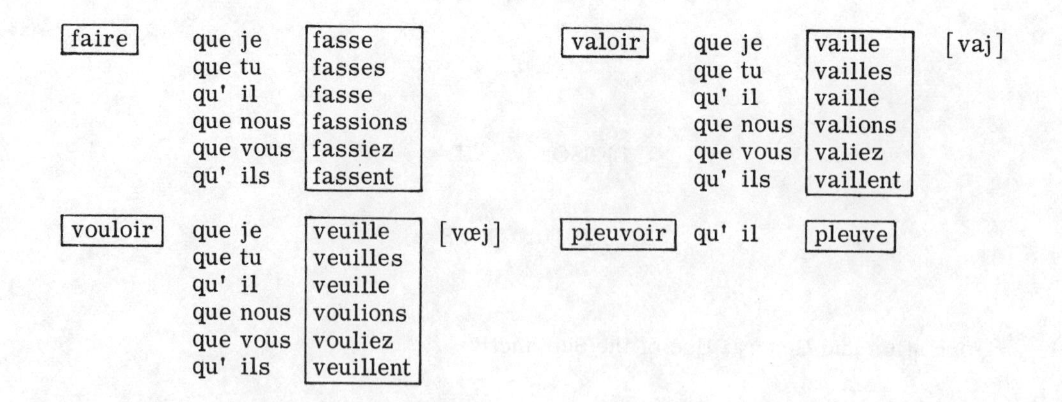

faire	que je	fasse		valoir	que je	vaille	[vaj]
	que tu	fasses			que tu	vailles	
	qu' il	fasse			qu' il	vaille	
	que nous	fassions			que nous	valions	
	que vous	fassiez			que vous	valiez	
	qu' ils	fassent			qu' ils	vaillent	

vouloir	que je	veuille	[vœj]	pleuvoir	qu' il	pleuve
	que tu	veuilles				
	qu' il	veuille				
	que nous	voulions				
	que vous	vouliez				
	qu' ils	veuillent				

1.3 The subjunctive usually occurs in the dependent clause, preceded by the conjunction que or a relative pronoun. The signals which call for the use of the subjunctive are found mostly in the main clause.

Il est nécessaire	que	Marie	vienne	ici.
Il est important	que	Marie	vienne	ici.
Il est possible	que	Marie	vienne	ici.

In the above examples, the subjunctive was called for by the subject (impersonal construction).

Je veux	que	tout le monde	sache	cela.
Je ne crois pas	que	tout le monde	sache	cela.
Je regrette	que	tout le monde	sache	cela.

In the above sentences, the subjunctive was called for by the type of main verb in each (denoting command, doubt, and regret).

Nous resterons ici	jusqu'à ce que	tu	sois	content.
Nous partirons	pour que	tu	sois	content.
Nous resterons ici	pourvu que	tu	sois	content.

In the above examples, the subjunctive was called for by the type of conjunction used in each sentence.

Voici	le plus beau	poème	que	nous	connaissions.
Voici	le plus joli	poème	que	nous	connaissions.
Voici	le meilleur	poème	que	nous	connaissions.

The subjunctive in the above sentences was called for by the superlative adjective modifying the antecedent.

Il n'y a personne	qui	puisse	répondre à la question.
Y a-t-il quelqu'un	qui	puisse	répondre à la question?
Je cherche un homme	qui	puisse	répondre à la question.

The subjunctive was called for by the combination of the antecedent and the type of expression preceding it, denoting doubt or negation.

2. The Subjunctive after Impersonal Expressions

2.1 Study the following expressions.

Il est temps	que	nous	fassions	tout cela.
Il est bon	que	vous	parliez	français.
Il est nécessaire	que	je	sois	ici.

e) Mettez "je resterai ici pourvu que" devant chaque phrase et faites le changement nécessaire:

Tu finis ton travail.
Il part pour New York.
Marie en est contente.
Nous ne chantons plus.
Vous faites vos devoirs.
Ils veulent rester aussi.
Mes frères ont ce qu'il faut.

1.3 Ecrivez les phrases suivantes en français:

I want everyone to know the truth.

Do you want Marie to leave before he comes?

I'm sorry that you aren't coming.

I deny that she went out with him last night.

It is important that the train arrive on time.

It is possible that he didn't do his homework.

I don't think it rained last night.

We will stay here provided you stay also.

We are doing this so that you will be happy.

Here is the most beautiful picture we have seen.

That is the youngest student we have in the class.

Is there anyone who can stay until we come?

I am looking for someone who can sing.

Bring me something that may interest him.

2.1 a) Exercice de substitution:

Il est temps que vous soyez raisonnable.

il est bon; il est nécessaire; il est essentiel; il est juste; il est possible; il est impossible; il est douteux; il se peut; il faut; il vaut mieux; il semble.

b) Répondez aux questions suivantes:

Est-il temps que je pose cette question?
Est-il bon que je danse avec vous?
Est-il nécessaire que j'amène mon frère?
Est-il essentiel que je parle français?
Est-il juste que je pense à elle?
Est-il douteux que je regarde cela?
Faut-il que je vide ce verre?
Vaut-il mieux que je chante cela?

c) Dites et puis écrivez en français:

It's [important] for you to come early. (necessary)

It is [possible] that he is wrong. (impossible)

It [seems] that you made an error. (may be)

It's [better] for you to leave. (essential)

2.2 a) Exercice de substitution:

[Il est évident] que vous vous trompez.

il est certain; il est sûr; il est clair; il est incontestable; il est vrai; il est probable.

b) Exercice de substitution (faites le changement nécessaire):

[Il est probable] que vous avez raison.

il est évident; il est possible; il n'est pas certain; il est vraisemblable; il est nécessaire; il est juste; il n'est pas vrai; il est vrai; il est impossible; il me semble; il est clair; il semble; il n'est pas probable; il est probable; il vaut mieux; il faut; il est incontestable; il est sûr; il est bon.

3.1 a) Exercice de substitution:

Je [veux] que vous fassiez vos devoirs.

demande; exige; défends; insiste pour; permets; préfère; désire.

b) Exercice de substitution (faites le changement nécessaire):

[Je consens à] ce que vous partiez.

j'insiste; je tiens; nous consentons; il tient; il insiste; il désire; il veut; il consent; il exige.

c) Dites et puis écrivez en français:

I want [you] to come. (him/ her/ Michel)

Do you want [us] to leave? (me/ them/ him)

Il est essentiel	que	vous	disiez	cela.
Il est juste	que	Marie	revienne	à temps.
Il est impossible	que	tu	ailles	là-bas.
Il est possible	que	Jacques	soit	malade.

Il se peut	que	nous nous	trompions	de nouveau.
Il faut	que	vous vous	leviez	à six heures.
Il vaut mieux	que	je me	souvienne	de cela.
Il semble	que	tu	obéisses	à cet homme.

Note the use of the indicative in the following.

Il -- semble	que	vous	soyez	amoureuse	de lui.
Il me semble	que	vous	êtes	amoureuse	de lui.

Il est possible	que	Marie	soit	malade.
Il est probable	que	Marie	est	malade.

2.2 The subjunctive is not used after certain expressions denoting certainty or probability.

Il est certain	que	Pauline	est	malade.
Il est sûr	que	vous	voulez	parler.
Il est clair	que	nous	parlons	français.
Il est incontestable	que	vous	êtes	Américain.
Il est vraisemblable	que	Jacques	est	là-bas.
Il est évident	que	tu	vas	bien.
Il est vrai	que	je	suis	Français.
Il est probable	que	Marie	vend	sa maison.

If the above expressions are in the negative, the subjunctive is used.

Il n'est pas certain	que	Marie	soit	malade.
Il n'est pas clair	que	Jean	vienne	demain.
Il n'est pas vrai	que	tu	sois	amoureux.
Il n'est pas évident	que	vous	alliez	là-bas.

3. The Subjunctive after Certain Types of Main Verbs

3.1 The subjunctive is used after the main verb which denotes a wish, command, or permission.

Je	veux	que	vous	fassiez	ceci.
Tu	demandes	que	Marie	parte	demain.
Il	exige	que	nous	soyons	à temps.
Nous	défendons	que	Paul	vienne	ici.
Vous	insistez	pour que	Jeanne	dise	cela.
Ils	permettent	qu'	on	lise	le journal.

Je	tiens	à	ce	que	vous	arriviez	à l'heure.
Nous	tenons	à	ce	que	vous	disiez	la vérité.
Je	consens	à	ce	que	Jean	parte	ce soir.
Nous	consentons	à	ce	qu'	on	fasse	le travail.

Note the insertion of ce in the above sentences. The conjunction que cannot be preceded by prepositions such as à and de .

Nous	défendons	à	Charles	de partir.
Nous	demandons	à	Charles	de partir.
Nous	permettons	à	Charles	de partir.
Nous	défendons	que	Charles	parte.
Nous	demandons	que	Charles	parte.
Nous	permettons	que	Charles	parte.

Nous	voulons	que	Charles	parte.
Nous	aimerions	que	Charles	parte.
Nous	désirons	que	Charles	parte.
Nous	préférons	que	Charles	parte.

Certain verbs may take the infinitive instead of the subjunctive (first group of examples above), while others such as vouloir , aimer , désirer , and préférer always require the subjunctive. Note that expressions like "I want you to go," "I prefer Mary to stay," etc., do not have word-for-word counterparts in French.

3.2 If the main verb denotes emotions (fear, joy, regret, etc.), the subordinate clause has its verb in the subjunctive. Note the use of the pleonastic negative (use of ne in the affirmative) after craindre and avoir peur . (See XXIV. 3. 2.)

Nous	sommes heureux	que	Paul	soit	ici.
Nous	sommes contents	que	Marie	soit	heureuse.
Nous	sommes désolés	que	Jeanne	soit	malade.
Nous	sommes honteux	que	vous	veniez	en retard.
Nous	sommes surpris	que	vous	fassiez	cela.
Nous	sommes étonnés	que	Jean	veuille	venir.
Nous	regrettons	que	Jean	veuille	venir.
Nous	craignons	que	Jean	ne soit	malade.
Nous	avons peur	que	Jean	ne soit	mécontent.

3.3 The subjunctive is used when the main verb denotes a denial or doubt. Included in this category is the verb espérer .

Je	doute	que	vous	sachiez	la vérité.
Je	nie	que	Jean	soit	malade.
Je	ne crois pas	qu'	il	ait dit	cela.
Je	ne pense pas	qu'	il	pleuve	demain.
Je	n'espère pas	que	Jean	vienne	ce soir.
Je	ne suis pas sûr	que	Jean	aille	à l'école.
Je	ne dis pas	que	ce	soit	vrai.
Je	ne comprends pas	que	Paul	ait dit	cela.

Compare the above examples with the following (for ne pas douter and ne pas nier , see XXIV. 3. 2).

Je	crois	que	Marie	veut	se marier.
Je	pense	que	Paul	est	intelligent.
Je	dis	que	vous	avez	tort.
Je	comprends	que	Paul	a dit	cela.
J'	espère	qu'	il	a	raison.
Je	suis sûr	que	Marie	a	froid.

Croyez-vous	qu'il	pleut?	(moi, je le crois bien)
Croyez-vous	qu'il	pleuve?	(moi, je ne le crois pas)

Pensez-vous	qu'il	vient?	(moi, je pense que oui)
Pensez-vous	qu'il	vienne?	(moi, je pense que non)

I forbid [you] to hide the truth. (Mary/ John/ Paul)

He consented to [my] coming. (her/ your/ our)

[We] insist that you do your homework. (they/ I)

I'd like for [you] to attend the meeting. (him/ her/ them)

Will you allow [them] to drink wine? (me/ us)

I forbid [you] to smoke in this room. (everyone/ them)

Would you like [me] to come early? (us/ her)

3.2 Exercice de substitution (employez "ne" dans la proposition subordonnée dépendant de "craindre" et de "avoir peur"):

[Je suis content] que vous veniez.

je suis heureux; je crains; je suis désolé; je regrette; j'ai peur; je suis fâché; je crains; il est heureux; il est étonné; il a peur; il est surpris.

[Nous regrettons] que le train soit en retard.

nous sommes fâchés; nous avons peur; nous craignons; nous sommes désolés; nous sommes honteux; nous sommes étonnés; nous sommes surpris; nous avons peur; nous avons honte; nous craignons.

3.3 a) Exercice de substitution:

[Je doute] que vous disiez la vérité.

je nie; je ne crois pas; je ne pense pas; je ne suis pas sûr; je ne suis pas certain; je n'espère pas; je ne comprends pas; je ne dis pas.

b) Exercice de substitution (faites le changement nécessaire):

[Nous nions] que Marie ait dit cela.

nous croyons; nous ne comprenons pas; nous doutons; nous pensons; nous ne disons pas; nous sommes sûrs; nous doutons; nous sommes certains; nous comprenons.

c) Dites et puis écrivez en français:

I [don't think] you saw that. (think/ am sure)

I [doubt] that Marie is coming. (hope/ am not sure)

Don't you [think] she is right? (hope/ believe)

I'm not [sure] that you are mistaken. (angry/ surprised)

I am [sure] that the train is late. (sorry/ angry)

Do you [think] he really passed the test? (believe)

I [deny] that he came to see me. (doubt)

I am [ashamed] that you said such a thing. (surprised)

I am not [saying] that he did not come. (sure)

4.1 a) Répondez affirmativement aux questions suivantes:

Faut-il que nous parlions français en classe?
Faut-il que je vous apprenne le français?
Faut-il que vous fassiez vos devoirs?
Faut-il que tout le monde arrive à l'heure?
Faut-il que je vous enseigne le français?
Faut-il que j'assiste à la réunion?
Faut-il que j'aille à l'école?

b) Répétez l'exercice précédent--répondez à chaque question en disant "oui, il le faut bien".

c) Répétez l'exercice précédent, en répondant à chaque question en disant "non, ce n'est pas nécessaire".

d) Répondez à chaque question en disant "non, il ne faut pas..." d'après le modèle ci-dessous:

Peut-on fumer ici?--Non, il ne faut pas fumer ici.

Peut-on parler anglais en classe?
Peut-on sortir avant la fin de la classe?
Peut-on fumer en classe?
Peut-on se passer de pratique orale de français?
Peut-on répondre à la question en anglais?
Peut-on chanter dans la salle de classe?
Peut-on faire une promenade quand il neige?

e) Dites et puis écrivez en français:

I am to see your [parents] today. (friends/ brothers)

You must not [smoke] in class. (speak English)

I must [call up] Mary and her friends. (see/ warn)

Are [we] to go downtown this morning? (you/ they)

You need not [get up] so early. (go to bed)

[He] must go to the dentist this morning. (you)

Espérez-vous	qu'il	part?	(moi, je l'espère bien)
Espérez-vous	qu'il	parte?	(moi, j'espère que non)

Ne croyez-vous pas	qu'il	pleuvra?	(moi, je le crois bien)
Ne pensez-vous pas	qu'il	viendra?	(moi, je pense que oui)
N' espérez-vous pas	qu'il	partira?	(moi, je l'espère bien)

Note that in the above examples, what determines the use of the subjunctive or the indicative is the feeling of the speaker ("I"). If the speaker has some doubt in his mind, the subordinate verb is in the subjunctive.

4. Special Problems

4.1 Falloir vs. devoir.

Je dois donner un coup de fil à Paul; je suis sûr qu'il voudra assister au concert de Charles.
Vous devez lire cet article vous-même, si vous ne voulez pas me croire.

Il faut que je prévienne Marie avant qu'elle fasse de nouveau cette erreur.
Il faut que je parte maintenant même; mon discours commence dans un quart d'heure.

Nous avons à discuter le style de ce roman ce matin dans la classe du professeur Garnier.
Je devrais partir bientôt; j'ai à rendre visite à Marie vers deux heures et demie.

Devoir implies moral obligation or duty (imposed from within), whereas il faut implies necessity or compulsory duty (imposed from outside). Avoir à indicates that an action is scheduled to take place.

Note that the negative of il faut implies a prohibitive action (i.e., "it is necessary not to do something").

Il faut que Paul parte.	Il ne faut pas que Paul parte.
Paul must leave.	Paul must not leave.

"It is not necessary" corresponds to il n'est pas nécessaire or ne pas avoir besoin de .

Faut-il que je vienne de si bonne heure demain matin?
Non, vous n'avez pas besoin de venir avant neuf heures.
Faut-il parler à votre père quand je vais chez vous?
Non, ce n'est pas nécessaire.

Est-ce que je peux voir Marie ce soir?
Non, il ne faut pas que vous veniez la voir; elle est encore très malade.
Permettez-moi de partir avant une heure, s'il vous plaît.
Non, il ne faut pas que vous partiez si tôt.

4.2 French equivalents of "let," "let's."

Let's learn	French!	Apprenons	le français!
Let's work	together!	Travaillons	ensemble!
Let's leave!		Partons!	

Let us	alone (please)!	Laissez-nous	tranquilles!
Let us	speak (please)!	Laissez-nous	parler!
Let us	leave (please)!	Laissez-nous	partir!
Let me	read!	Laisse-moi	lire!
Let him	enter!	Laisse-le	entrer!

Laiss	ez	- nous	parler français,	s'il	vous	plaît.
Laiss	ez	- moi	lire le livre,	s'il	vous	plaît.
Laiss	ez	- la	partir,	s'il	vous	plaît.

"Let's go!" denotes a request for common action ("all of us"), hence it is in the imperative form of the first person plural. "Let us go!" may denote the same, but often it is also a request given to the second person ("you"), meaning "you let us go." This is expressed by the second person (singular or plural) form of laisser in the imperative.

Laissez-moi	parler!	---	---	Let me	speak!
Laissez-moi	partir!	---	---	Let me	leave!
Laissez-le	entrer!	Qu' il	entre!	Let him	enter!
Laissez-le	attendre!	Qu' il	attende!	Let him	wait!
Laissez-la	venir!	Qu' elle	vienne!	Let her	come!
Laissez-la	chanter!	Qu' elle	chante!	Let her	sing!

Laissez-le entrer is a command or request to the second person ("you let him enter, (please)"), while qu'il entre is an indirect command or request ("may he enter"), and it does not necessarily imply the presence of the second person ("you").

Je vois que Paul est déjà ici, mais je ne suis pas encore prêt. Eh bien, qu'il m'attende!

Vous dites que Charles est déjà ici? Eh bien, laissez-le attendre devant la porte. Je serai là dans une minute.

Voilà le train de huit heures. Qu'il parte sans moi, alors. Je prendrai le train de dix heures.

Si Paul veut partir, laissez-le partir sans dire un mot. Il est libre de faire tout ce qu'il voudra.

4.3 False cognates: demander, conférence, and course.

Martin m'a demandé de l'argent. Puisque je n'en avais pas, je lui ai demandé d'attendre jusqu'à ce soir.

Ce travail exige beaucoup d'expérience. Posez-moi des questions avant de le commencer.

Demander means "to ask," and never "to demand." Exiger is the verb that means "to demand" or "to require." "To ask a question" is always poser une question .

4.2 a) Répondez aux questions suivantes d'après le modèle ci-dessous:

Voulez-vous que Paul reste ici?--Oui, laissez-le rester ici, s'il vous plaît.

Voulez-vous que Marie parle maintenant?
Voulez-vous que Jacques vienne ici?
Voulez-vous que Jeanne entre dans la salle?
Voulez-vous que Maurice aille là-bas?
Voulez-vous que Michel continue à travailler?
Voulez-vous que Roger parte maintenant?
Voulez-vous que Robert lise plus tard?

b) Ajoutez des réponses aux questions suivantes d'après le modèle:

Roger veut dire la vérité?--Eh bien, qu'il la dise, alors.

Robert veut attendre ses amis?
Martin veut vendre sa voiture?
Charles veut garder la monnaie?
Suzanne veut parler espagnol?
Lucie veut partir maintenant?
Thérèse veut se marier?
Jacqueline veut rester ici?

c) Dites et puis écrivez en français:

Let's be [gay] ! (patient/ happy)

Let us [leave] , please! (speak, enter)

Let her do the [work] ! (homework/ lesson)

Please let them [study] ! (speak/ protest)

Let him [wait] ! (stay/ work)

Let's buy more [books] ! (paper/ meat)

Please do not be [afraid]! (sad/ angry)

Why don't you let us [leave] ? (sing/ dance)

Let's not [walk] any more! (speak/ answer)

4.3 a) Répondez aux questions suivantes:

Demandez-vous de l'argent à votre père?
Est-ce que ce travail exige de la patience?
Allez-vous assister à la conférence?
Avez-vous fini la lecture?
Suivez-vous un cours d'histoire?
Est-ce que vous avez des courses à faire?
Est-ce que vous voulez me poser une question?

Voulez-vous que je suive un cours de botanique?
Voulez-vous que je fasse des courses pour vous?
Voulez-vous que je donne une conférence?
Voulez-vous que je leur demande mon livre?
Voulez-vous que j'assiste à la réunion?
Voulez-vous que je vous pose des questions?
Est-ce que j'exige que vous parliez français?

b) Dites et puis écrivez en français:

She asked me for [money], but I didn't have any. (change)

Reading is [essential] for students. (necessary)

Do [we] have errands to do today? (you)

It's important for [you] to take this course. (them)

I'm surprised that [you] asked him a question. (she)

Would you like me to attend the [concert]? (lecture)

This work demands a lot of [time]. (experience)

[You] must go to the meeting and the lecture. (I)

Hier Marie a assisté à une conférence très intéressante; on a parlé de l'influence de la lecture sur la formation intellectuelle des étudiants.

Il m'a fallu deux jours pour finir la lecture de ce traité, sur lequel je vais donner une conférence demain matin.

Conférence means "lecture," while lecture means "reading." Note the expression assister à meaning "to attend."

Marie et moi nous sommes allés en ville ce matin faire des courses. Après, nous avons assisté au cours du professeur Raymond sur la littérature comparée.

Me conseillez-vous de suivre ce cours de chimie? On me dit que c'est un cours très difficile.

Course means, among other things, "errand," and the expression "to take a course" in school corresponds to suivre un cours .

LESSON XXIV

THE SUBJUNCTIVE (II)

1. The Subjunctive after Certain Conjunctions

1.1 Study the following conjunctions.

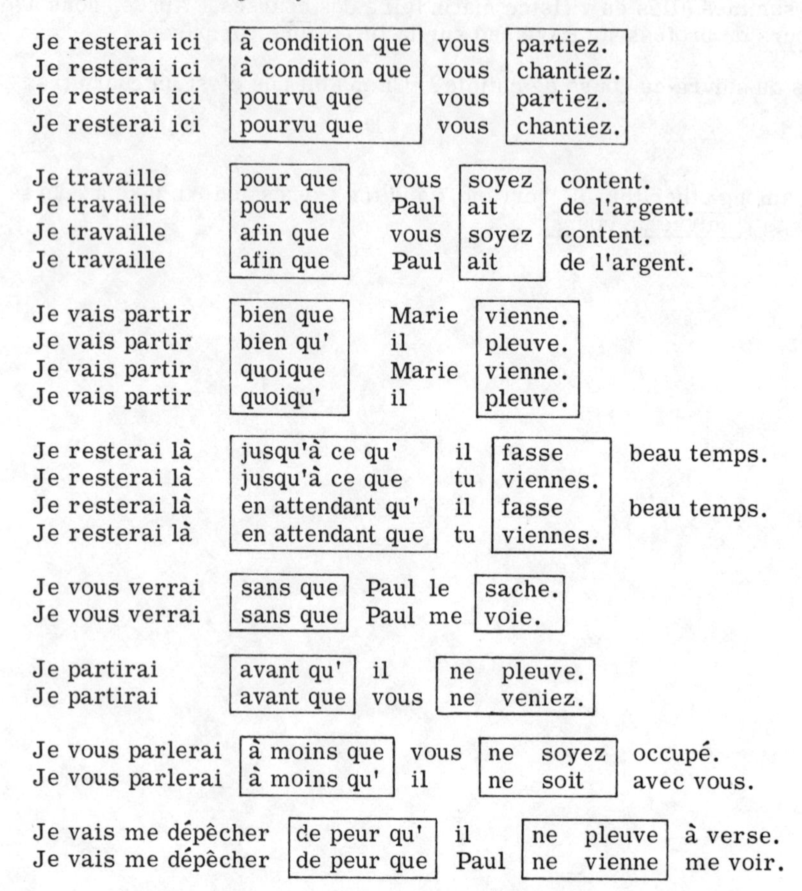

Je resterai ici	à condition que	vous	partiez.	
Je resterai ici	à condition que	vous	chantiez.	
Je resterai ici	pourvu que	vous	partiez.	
Je resterai ici	pourvu que	vous	chantiez.	
Je travaille	pour que	vous	soyez	content.
Je travaille	pour que	Paul	ait	de l'argent.
Je travaille	afin que	vous	soyez	content.
Je travaille	afin que	Paul	ait	de l'argent.
Je vais partir	bien que	Marie	vienne.	
Je vais partir	bien qu'	il	pleuve.	
Je vais partir	quoique	Marie	vienne.	
Je vais partir	quoiqu'	il	pleuve.	
Je resterai là	jusqu'à ce qu'	il	fasse	beau temps.
Je resterai là	jusqu'à ce que	tu	viennes.	
Je resterai là	en attendant qu'	il	fasse	beau temps.
Je resterai là	en attendant que	tu	viennes.	
Je vous verrai	sans que	Paul le	sache.	
Je vous verrai	sans que	Paul me	voie.	
Je partirai	avant qu'	il	ne pleuve.	
Je partirai	avant que	vous	ne veniez.	
Je vous parlerai	à moins que	vous	ne soyez	occupé.
Je vous parlerai	à moins qu'	il	ne soit	avec vous.
Je vais me dépêcher	de peur qu'	il	ne pleuve	à verse.
Je vais me dépêcher	de peur que	Paul	ne vienne	me voir.

1.2 Note that not all conjunctions require the subjunctive.

Je suis heureux	parce que	vous	êtes	ici.
Il est content	depuis que	vous	êtes	ici.
Marie chante	tandis que	Paul	se tait.	
Il est parti	après que	Marie	est arrivée.	
Il restera ici	puisqu'	il	pleut.	
Il reste ici	alors que	Jean	part.	
Je chante	pendant que	vous	étudiez.	
Il était jeune	lorsqu'	il	faisait	cela.

1.3 The subjunctive is usually not used when the subject of the subordinate clause is the same as that of the main clause, and the infinitive is substituted.

Nous voulons	que	vous alliez	là-bas.
Nous voulons	---	---- aller	là-bas.

1.1 a) Exercice de substitution:

Je vais parler à Paul [pour qu]'il sache la vérité.

afin que; à condition que; pourvu que; bien que; quoique; jusqu'à ce que; en attendant que; sans que; bien que; afin que; en attendant que.

b) Exercice de substitution (employez "ne" où il le faut):

Nous partons [bien qu]'il pleuve à verse.

quoique; avant que; à moins que; de peur que; pourvu que; avant que; de peur que; à moins que.

c) Dites et puis écrivez en français:

She will not succeed unless [I] help her. (we/ you)

I won't come before [he] finishes the work. (she/ John)

[We] are leaving for fear that it will rain. (you/ they)

I am staying here although [you] are angry with me. (they/ your friends)

I am speaking to [you] so that [you] may know the truth. (her/ them)

We won't come unless [you] come with us. (they/ your friends)

Can you leave without [her] seeing you? (our/ my)

Let's take a walk [until] it rains. (before/ unless)

I cannot speak without [your] knowing it. (her/ their)

1.2 Exercice de substitution (faites le changement nécessaire):

Je parle à Jacques [bien que] vous soyez ici.

pourvu que; pendant que; lorsque; quoique; bien que; à condition que; de peur que; à moins que; avant que; depuis que; après que; en attendant que; pour que; puisque; pourvu que; parce que; sans que; tandis que; de peur que; bien que; depuis que.

1.3 a) Exercice de substitution:

Maurice ne réussira pas à moins d'[être intelligent].

être patient; travailler pendant des heures; étudier avec nous; être expérimenté; être prudent.

Je vais partir de peur d'[être en retard].

manquer le train; être vu; être grondé; ennuyer votre ami; me mêler dans cette affaire; être puni.

Resterez-vous ici jusqu'à [mon arrivée] ?

l'heure de départ; notre départ; ce soir; la fin de la classe; la fin de l'examen; l'arrivée de Jean.

b) Dites et puis écrivez en français:

She spoke without [knowing] why. (saying)

Paul will not succeed unless [he works hard]. (we help him)

Is André leaving before [we eat] ? (eating)

Do you want [to take a walk] ? (us to take a walk)

Am I doing this so [I] may be happy? (you)

Will you stay here until [I] leave? (we)

I am leaving for fear that [I may be punished]. (she may punish me)

We won't leave until [the class is over]. (the end of the class)

He won't do it unless [I force him] to do it. (he is forced)

2.1 a) Exercice de substitution:

C'est [la plus jolie] étudiante que je connaisse.

la plus belle; la plus jeune; l'unique; la seule; la première; la dernière; la plus mauvaise.

b) Exercice de substitution:

C'est l'homme [le plus paresseux] que je connaisse.

le plus intelligent; le plus jeune; le plus beau; le plus ennuyeux; le plus mauvais; le plus riche; le meilleur; le plus intéressant.

c) Dites et puis écrivez en français:

This is the [most beautiful] poem we know. (longest)

That was the [first] book we read in that class. (last)

She is the [prettiest] girl he has seen. (laziest)

2.2 a) Exercice de substitution:

Y a-t-il quelqu'un qui sache [la réponse] ?

la vérité; parler français; où se trouve l'hôtel; qui a fait cela; mon numéro de téléphone.

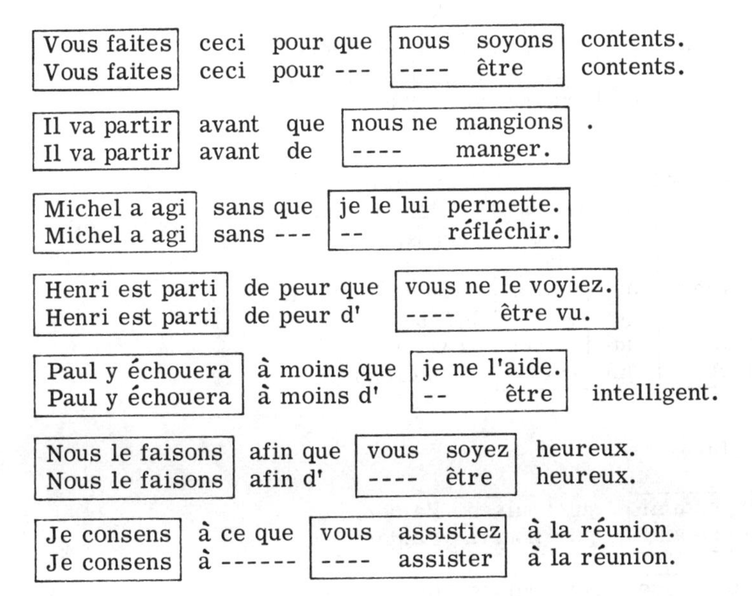

Vous faites	ceci pour que	nous soyons	contents.
Vous faites	ceci pour ---	---- être	contents.
Il va partir	avant que	nous ne mangions	.
Il va partir	avant de	---- manger.	
Michel a agi	sans que	je le lui permette.	
Michel a agi	sans ---	-- réfléchir.	
Henri est parti	de peur que	vous ne le voyiez.	
Henri est parti	de peur d'	---- être vu.	
Paul y échouera	à moins que	je ne l'aide.	
Paul y échouera	à moins d'	-- être	intelligent.
Nous le faisons	afin que	vous soyez	heureux.
Nous le faisons	afin d'	---- être	heureux.
Je consens	à ce que	vous assistiez	à la réunion.
Je consens	à ------	---- assister	à la réunion.

Note below that the subjunctive may be entirely avoided by the use of preposition + noun instead of a conjunction.

Elle va partir	avant que	vous n'arriviez.
Elle va partir	avant	votre arrivée.
Elle restera ici	jusqu'à ce que	je parte.
Elle restera ici	jusqu'à	mon départ.
Elle part	avant que	la classe ne finisse.
Elle part	avant	la fin de la classe.

2. The Subjunctive in the Relative Clause

2.1 The subjunctive occurs in the relative clause when the antecedent is modified by a superlative adjective or seul, unique, premier, and dernier.

Voici	le plus jeune	étudiant	que	nous	connaissions.
Voici	le plus beau	tableau	que	nous	ayons.
Voici	le plus long	roman	que	j'	aie lu.
Voici	le meilleur	poème	que	Paul	ait écrit.
Voici	le seul	livre	que	nous	ayons lu.
Voici	l' unique	journal	que	vous	ayez.
Voici	le premier	poème	que	vous	ayez écrit.
Voici	le dernier	livre	que	tu	aies écrit.

But for factual statements (involving no uncertainty or negation), the indicative is used.

C'est le premier livre que nous allons lire dans notre cours de littérature française.

Ce ne sont pas les plus belles jeunes filles qui sont les plus intelligentes.

Maurice a emprunté le seul cahier qui me restait.

2.2 Remember that one of the implications of the subjunctive is that the action of the dependent clause is uncertain, doubtful, or unreal. Any action performed by an antecedent whose real existence is negated or in doubt is in itself unreal. Study the following examples.

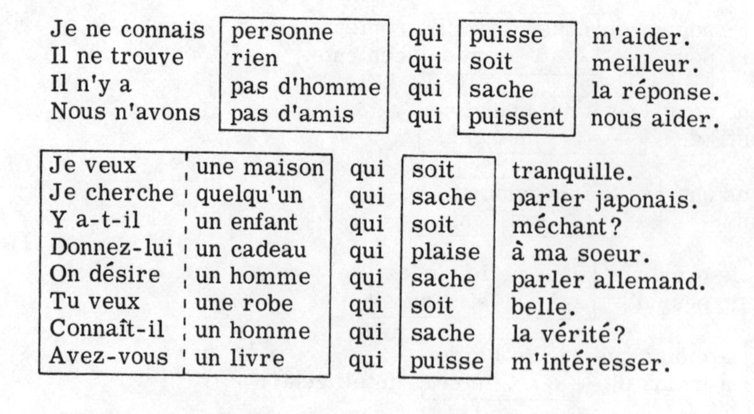

Je ne connais	personne	qui	puisse	m'aider.
Il ne trouve	rien	qui	soit	meilleur.
Il n'y a	pas d'homme	qui	sache	la réponse.
Nous n'avons	pas d'amis	qui	puissent	nous aider.

Je veux	une maison	qui	soit	tranquille.
Je cherche	quelqu'un	qui	sache	parler japonais.
Y a-t-il	un enfant	qui	soit	méchant?
Donnez-lui	un cadeau	qui	plaise	à ma soeur.
On désire	un homme	qui	sache	parler allemand.
Tu veux	une robe	qui	soit	belle.
Connaît-il	un homme	qui	sache	la vérité?
Avez-vous	un livre	qui	puisse	m'intéresser.

Study the following structures:

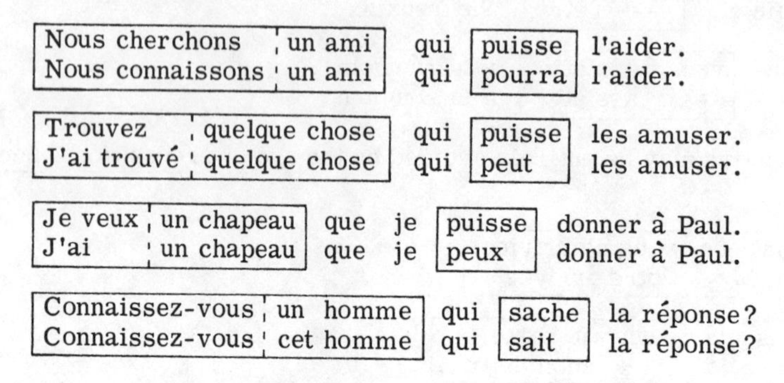

Nous cherchons	un ami	qui	puisse	l'aider.
Nous connaissons	un ami	qui	pourra	l'aider.

Trouvez	quelque chose	qui	puisse	les amuser.
J'ai trouvé	quelque chose	qui	peut	les amuser.

Je veux	un chapeau	que je	puisse	donner à Paul.
J'ai	un chapeau	que je	peux	donner à Paul.

Connaissez-vous	un homme	qui	sache	la réponse?
Connaissez-vous	cet homme	qui	sait	la réponse?

3. The Subjunctive in an Independent Clause

3.1 The subjunctive is used in an independent clause expressing a wish ("may you succeed," etc.).

Puissent tous vos rêves se réaliser au cours de l'année prochaine!

A la fin de la réunion, tout le monde s'est levé et s'est écrié: Vive la République!

Paul veut partir? Ah, qu'il s'en aille, alors! Je ne veux plus le revoir.

Notre Père qui es aux cieux! Que ton nom soit sanctifié; que ton règne vienne; que ta volonté soit faite sur la terre comme au ciel.

Marie a tellement travaillé cette année; puisse-t-elle réussir à tous ses examens!

Note the use of soit meaning "so be it" in the following. When used in this way, the word is pronounced [swat].

Roger n'est pas encore arrivé? Soit! Nous partirons sans lui.

Vous voulez le faire malgré mon conseil, soit! Je ne vous aiderai plus.

3.2 The subjunctive is used in the expression corresponding to English "whether...or (not)."

Qu'il fasse beau, qu'il fasse froid, c'est mon habitude d'aller sur les cinq heures du soir me promener là.

Je ne trouve personne qui puisse [m'aider].

répondre à la question; faire ce travail; comprendre cela; guérir mon ami; remplacer mon ami; réparer mon auto; vendre cette maison.

b) Répétez la seconde moitié de l'exercice précédent en remplaçant la phrase par "je cherche un homme qui puisse m'aider".

c) Dites et puis écrivez en français:

Do you know anyone who can [do it] ? (read it)

Give me something that can please [him] . (them)

I know someone who can help [you] . (us)

There is no boy who wants to dance with [her] . (them)

We are looking for a house that is [quiet] . (large)

Have you a friend who can pay for the [book] ? (gift)

I have a friend who can play the [piano] . (cello)

3.1 Ecrivez en français:

May peace reign on the earth.

Long live the Republic! Long live the President!

We have no more bread? So be it, we will do without bread.

If you want to go there in spite of my advice, all right! You will regret it later.

If you want to study without my help, all right. You will not pass the exam.

May all people know that they are brothers!

Is he very angry? So be it, we won't stay here any more.

3.2 Ecrivez en français:

Whether it's cold or hot, he always takes a walk in the afternoon.

Martin didn't come, either because his car didn't run or because he was too tired.

No one will believe her, whether she is right or wrong.

Whether they come or not, it's all the same to me.

He didn't pass the exam, as far as I know.

Did he ever think of it? Not that I know.

Denise hasn't said that, as far as we know.

Did I make the same error again? Not that we know.

Did she leave her purse here? No, not that I know.

Did they come on time? They came on time, as far as I know.

4.1 a) Exercice de substitution:

Parlez [plus haut] [de sorte que] je vous comprenne!

plus lentement; de manière que; plus fort; de façon que; plus distinctement; de telle sorte que; plus haut; de telle manière que; de telle façon que.

b) Dites et puis écrivez en français:

He spoke slowly so that [I] understood him. (we)

Write clearly so that [everyone] will be able to read. (we)

I am writing so fast that I will finish before [noon]. (three)

[They] were laughing so loudly that people on the street looked at [them]. (we-us)

It had snowed so much that [we] could not walk. (they)

[He] spoke very fast, so no one would hear him. (I)

4.2 a) Exercice de substitution (faites le changement nécessaire):

[Nous avons peur] que vous ne soyez fâché.

nous craignons; nous n'avons pas peur; nous ne craignons pas; j'ai peur; je n'ai pas peur; je ne crains pas; je crains; il craint; il a peur.

Je vais partir de bonne heure [de peur qu]'il ne pleuve.

de crainte que; avant que; à moins que; bien que; quoique; avant que; tandis que; pendant que; parce que; de peur que; à moins que; puisque.

Soit qu'il vienne, soit qu'il ne vienne pas, cela m'est parfaitement égal.

Qu'il ait tort, qu'il ait raison, on ne le croira jamais.

Faites votre devoir de français, soit maintenant ou ce soir.

Paul n'a pas assisté à cette conférence, soit qu'il n'ait pas pu, soit qu'il n'ait pas voulu.

Note also the use of the subjunctive in the following "parenthetical" expressions.

On n'a pas encore envisagé un projet comme celui-là, (autant) que je sache.

Marie ne se couche pas de si bonne heure, (autant) que je sache.

Est-ce que votre frère n'est pas encore rentré? Non, pas que je sache.

Est-ce que vos amis ont jamais pensé à cette possibilité?
Non, pas que nous sachions.

4. Special Problems

4.1 Use of de (telle) sorte que.

Note that the expression de (telle) sorte que is followed by the subjunctive if it implies the purpose. It is followed by the indicative when it indicates the result.

Il a parlé lentement	de sorte que	je le comprenne.
He spoke slowly	so that	I would understand him.

Il a parlé lentement	de sorte que	je l'ai compris.
He spoke slowly	so that	I understood him.

Other expressions which follow the same pattern are: de (telle) façon que and de (telle) manière que .

Le père de François a travaillé de telle façon qu'il est devenu très riche.
Maurice a parlé de telle façon que personne n'a pu le comprendre.

Il avait neigé tellement de sorte que la voiture ne pouvait plus avancer.
Tout le monde s'est plaint de Jacques de sorte qu'on a fini par le mettre à la porte.

Marie a chanté de telle manière que tous ceux qui étaient là étaient très contents.
Parlez plus haut et plus lentement, monsieur, de manière que tout le monde vous comprenne.

4.2 The pleonastic negative.

While the pleonastic negative (use of ne in the subordinate clause which is in the affirmative) is often omitted before the subjunctive in spoken colloquial French, it persists in written and/or more formal French.

Je	crains	que	vous	ne	vouliez	venir.
Il	craint	que	vous	ne	sachiez	la vérité.
Tu	as peur	que	nous	ne	partions	trop tôt.
Il	a peur	que	nous	ne	fassions	cette erreur.

Je	ne crains pas	que	Jean	sait	la vérité.
Il	ne craint pas	que	Paul	est	adroit.
Tu	n'as pas peur	que	Jean	peut	le faire.
Il	n'a pas peur	que	Paul	part	avant midi.

Note above that neither the pleonastic negative nor the subjunctive occurs when craindre and avoir peur are in the negative. Study the case of ne pas douter and ne pas nier below.

Nous	ne doutons pas	que	vous	ne	soyez	prudent.
Nous	ne nions pas	que	vous	ne	soyez	sage.
Nous	doutons	que	vous	--	soyez	prudent.
Nous	nions	que	vous	--	soyez	sage.

The pleonastic negative is frequently used, but is not obligatory, after the following conjunctions.

Partez de bonne heure	de peur qu'	il	ne	pleuve.
Partez de bonne heure	de crainte qu'	il	ne	pleuve.
Partez de bonne heure	avant qu'	il	ne	pleuve.
Partez de bonne heure	à moins qu'	il	ne	pleuve.

The pleonastic negative is also used after comparison denoting inequality (plus and moins), when it is in the affirmative.

Paul	est	plus	intelligent	que	vous	ne	pensez.
Paul	est	plus	prudent	que	vous	ne	l'êtes.
Paul	est	moins	amusant	que	vous	ne	croyez.
Paul	est	moins	ennuyeux	qu'	il	ne	paraît.

Marie	parle	plus	vite	que	vous	ne	parlez.
Marie	parle	moins	vite	que	vous	ne	pensez.
Marie	chante	mieux	----	que	vous	ne	chantez.
Marie	chante	plus	----	que	vous	ne	croyez.

But:

Paul	n'est pas	plus	prudent	que vous	l'êtes.
Paul	n'est pas	moins	jeune	qu' il	paraît.
Marie	ne parle pas	plus	vite	que vous	parlez.
Marie	ne chante pas	moins	vite	que je	chante.

4.3 French equivalents of "to move."

Mon frère demeure à Chicago avec sa femme, mais il va travailler à Boston l'année prochaine. Il devra donc déménager avant la fin de cette année.

L'oncle de Pauline aime voyager. Il va en France cet été et il a l'intention de se déplacer un peu partout en Europe.

Voulez-vous bien déplacer votre voiture? Cet endroit est réservé pour les officiers.

Après le discours, personne n'a bougé pendant deux ou trois minutes. On a été ému par ce qu'on venait d'entendre.

Déménager means "to change one's address," or "to move one's home." Déplacer is used in the sense of "moving an object from one place to another." Se déplacer means "to move around from one place to another," as during a trip. Bouger means "to stir," while ému (from émouvoir) means "emotionally moved."

b) Répondez affirmativement aux questions suivantes d'après le modèle:

Parlez-vous mieux que moi?--Oui, je parle mieux que vous ne parlez.
Etes-vous plus grand que moi?--Oui, je suis plus grand que vous ne l'êtes.

Parlez-vous plus vite que moi?
Parlez-vous mieux que Paul?
Parlez-vous moins vite que moi?

Parlez-vous moins lentement que lui?
Chantez-vous mieux que moi?
Chantez-vous pis que moi?

Etes-vous plus intelligent que moi?
Etes-vous plus jeune que moi?
Etes-vous plus ennuyeux que Paul?

Etes-vous moins intelligent que moi?
Etes-vous moins jeune que votre ami?
Etes-vous moins ennuyeux que lui?

c) Ecrivez en français:

We don't [doubt] that you are right. (deny)

Let's leave [before] it rains. (unless)

[I'm afraid] you are mistaken again. (I'm not afraid)

Are you [taller] than your brother is? (lazier)

She is [prettier] than I am. (smarter)

[Aren't you] afraid that it may rain? (are you)

4.3 Dites et puis écrivez en français:

When are [you] going to move to Boston? (they)

Will you please move this [table] ? (car)

No one moved when [he] came in. (she)

[Everyone] was moved by the splendid performance of the play. (I)

Are you moved by the sad [letter] ? (story)

He is going to move around as much as he can while he is in Europe.

You will have to move a little bit, if you want [me] to take your picture. (him)

Who moved this [desk] while I was gone? (arm-chair)

I hate to move--this is the [third] time we have moved this year. (fourth)

Don't move while [I] take your picture! (we)

XXV: REVIEW LESSON

1.1 Ecrivez des phrases pour illustrer les mots et les expressions suivantes (e.g., il vaut mieux--Il vaut mieux que vous vous en alliez.):

1. il faut que

2. il est content que

3. veuilles

4. il est certain que

5. parce que

6. avant que

7. laissez-les

8. je cherche un homme qui

9. il a à

10. jusqu'à ce que

11. voulez-vous que

12. de peur de

13. je veux que

14. il me semble que

15. je ne dis pas que

16. puisque

17. je crains que

18. il n'a rien qui

19. permettez que

20. attendez que

21. à moins que

22. avant de

23. y a-t-il quelqu'un

24. je ne nie pas que

25. puissent

1.2 Traduisez le dialogue suivant (employez la forme "tu"):

Robert: You are coming to the French Club meeting tonight, aren't you?

Martin: I haven't thought about it yet. It starts at seven, doesn't it?

Robert: That's right. You'd better come, because Charlotte is going to sing.

Martin: No kidding (=sans blague)! I didn't know she could sing!

Robert: Neither did I. Anyway, that isn't all. Louis is going to recite some poems for us, and Betty is going to talk about the vacation she has just spent in Québec. It's possible that she is bringing some slides (=diapositive). I've seen some of them, and they are superb. I'm anxious for everyone to see them.

Martin: That seems rather interesting. But you know, French Club meetings always last a little too long (=longtemps).

Robert: I don't think they last too long. Besides, you don't have to stay until everyone has left.

Martin: That's true. Is Professor Bernard going to be there?

Robert: Not that I know--but unless I'm mistaken (<se tromper) his wife and children are coming (=will come) to the meeting.

Martin: That's good. You know how I like to talk to her children. They speak so slowly that I understand everything that they say. They make errors in French, too.

Robert: It's natural that they make errors--they are only little children.

Martin: As to (=quant à) Mrs. Bernard, I hardly understand what she says. She speaks faster than her husband does.

Robert: I have trouble understanding (<avoir de la peine à) her, too.

Martin: Anyway, I'll come to the meeting. Do you want me to come for you?

Robert: Thanks, but I have to be there early, so that everything will be ready before seven. Marie and Betty are to help me. I have to borrow a punch bowl (=un bol à punch) from Marie's mother. Did you know that the last time we borrowed some glasses from her, we (=on) broke three of them?

Martin: I bet she was mad!

Robert: She didn't say anything about it--as far as I know--but I'm afraid we can't borrow any more glasses from her. That's why we are using paper cups this time.

Martin: It's a good idea. We won't have to wash them.

Robert: That's it. Besides, we can't find anyone who wants to wash glasses and cups.

Martin: Well, suppose I come early enough to help you and the girls?

Robert: Do you mind (=tu veux bien)? If you help us, we won't have to get there very early.

Martin: Agreed. I'll come for you at 6:30.

1.3 Apprenez les phrases et les expressions suivantes. Elles vous aideront à rendre votre conversation plus vivante.

A. Eh bien, je veux vous raconter une histoire. Vous me permettez?

Certainement! (bien sûr)
Ça sera très charmant!
Voilà qui promet beaucoup de plaisir!
A la bonne heure! (enfin!) (finalement!)
A quoi bon nous la raconter? (c'est inutile, ça ne nous intéressera pas)
Qu'est-ce que tu chantes là?
Ça m'est égal.
Je m'en moque! (je m'en fiche)

B. Vous connaissez donc cette histoire?

Mais non!
Mais pas du tout!
Bien sûr que non!
Est-ce que je connais ça, moi? (certainement, je ne la connais pas!)
Mais oui!
Bien sûr que oui!
Naturellement!
Si je la connais! (je la connais très bien, en effet)
Sans doute! (évidemment)
Ça va sans dire!

C. ...et vous voyez dans quel embarras je me trouvais alors.

Ça se voit, ça se voit! (c'est évident)
Ça se comprend très bien. (on comprend cela très bien)
C'est bien vrai.
Que vous avez raison!
Quelle horreur!
Je crois bien!
Impossible!
C'est à ne pas croire! (c'est incroyable)

D. ...et voilà l'aventure qui m'est arrivée.

C'est épatant (c'est formidable, sensationnel)
C'est à pouffer! (on éclate de rire)
Quelle drôle d'aventure!
C'est tout ce qu'il y a de plus amusant!
Voilà qui s'appelle une vraie aventure!

2.1 Lisez l'histoire suivante. Relisez-la à haute voix, en essayant de tout comprendre sans traduire en anglais. Vous trouverez la définition de certains mots à la fin de l'histoire. Copiez-la en marge, si vous voulez, mais pas entre les lignes:

UN MEXIQUE INSOLITE[1]

... Je roulais[2] au Mexique depuis quatre mois, ma voiture, neuve lorsque je lui fis passer la frontière des Etats-Unis, tenait maintenant, après être passée entre les mains de quelque cinquante maestros,[3] d'une ambulance de la guerre 1914-1918. Elle avait aussi l'aspect anémique qu'ont les autos de ferrailleurs,[4] mais c'était quand même un véhicule.

Je venais de lancer mon puzzle roulant[5] dans une descente qui n'en finissait pas.[6] Mes freins étaient mous. Le volant, un gros machin[7] de tracteur pansé de chatterton[8] me collait aux doigts, et l'eau du radiateur, qui bouillait, lâchait[9] sa vapeur contre le pare-brise.[10] Non seulement je n'étais pas "maître", comme on dit, de mon véhicule, mais je n'y voyais rien; et le monde se camouflait[11] sur mon passage. Au bas de la descente un village de détresse[12] prêtait le flanc à ma folie. Le village était étrangement calme. Les hommes, des paysans sans terre, se balançaient dans leurs hamacs. Les femmes lavaient du linge qui n'allait pas sécher; il pleuvait sur le Tabasco... C'était en fin d'après-midi, je venais de parcourir 180 km. sans même m'arrêter dans un taller mecanico,[13] un record d'endurance. Ce qui devait arriver arriva. A la sortie du village et dans l'unique tournant de la province de Tabasco absolument plate, mon ambulance buta contre une vache accroupie.[14] Il y eut un choc. Bon prince[15] et de surcroît[16] conducteur européen, forgé depuis l'enfance par l'amende à 900 F,[17] je m'arrêtai. A peine descendu du véhicule, je me précipitai sur la vache pour tenter de la ranimer. Je m'apprêtais[18] à pratiquer sur elle le peu que je savais de la respiration artificielle, quand les paysans, qui n'avaient fait qu'un bond[19] de leurs hamacs au dernier virage,[20] m'encerclèrent. Ils avaient, et d'instinct, formé le cercle autour de moi. La main crispée sur leur machette, ils m'observaient. De leur oeil ils évaluaient l'étendue de mon crime, ils auraient fait d'excellents géomètres. Ils se taisaient, mais leur silence en disait long. Je compris vite.

--Bien sûr que je vais payer, dis-je.

L'un d'eux, sans doute le chef du village, ouvrit la bouche, et ses dents pourries[21] empestèrent[22] la nature.

--C'est 1.500 pesos (60.000 F), dit-il.

--Ah les vaches![23] m'écriai-je, indigné. Vous me prenez pour un Américain?

--Si, Americano Usted.

--No señor, je ne suis pas un gringo;[24] je suis Français, de Francia.

--Gringo! Gringo! lancèrent quelques hommes.

Ils me prenaient pour un Américain et c'était bien là le plus grand des malheurs. De la France, ils n'en avaient jamais entendu parler. J'essayai de leur expliquer que c'était de l'autre côté de la mer, dans une partie du monde qui s'appelle l'Europe. L'Europe pourtant réveilla un souvenir qui dormait dans la tête du chef:

--Ah! vous habitez avec le pape?

--C'est mon voisin, répondis-je en m'enhardissant.[25]

--Vous l'avez déjà emmené dans votre automobile?

La conversation prenait un surprenant virage. Comme nous étions dans la fantaisie la plus totale, j'eus peur de déraper.[26]

--Je ne peux pas payer 1.500 pesos, dis-je, je vous en donnerai la moitié.

Il y eut un mouvement de foule, les hommes se rapprochèrent du chef. Entre eux ils parlaient le zapotec, une langue douce aux conséquences inattendues: 55
--On va tous monter dans la voiture, annonça le chef, vous allez nous conduire jusqu'à Cardenas.
--Mais ce n'est pas mon chemin, m'écriai-je. 60
--C'est celui de la prison, vous avez écrasé une de nos vaches, dit le chef en agitant sa machette sous mon nez. Vous allez écrire au pape et, aussitôt qu'il aura payé, on vous laissera partir.

Ils avaient de grosses moustaches sous le nez et de grands chapeaux posés sur leurs cheveux raides. Ils s'entassèrent[27] à six dans ma voiture. Je passai en première[28] et nous partîmes. Les femmes et les enfants accourus le long de la route nous disaient au revoir avec la main. Pendant tout le voyage ils n'arrêtèrent pas de me poser des questions sur le pape: "Est-ce qu'il est marié?" "Combien a-t-il d'enfants?" "Est-ce qu'il a une moustache?" "Aime-t-il le chile con carne?" 65 70

A Cardenas, une ville surgie des marais,[29] les moustiques[30] nous attaquèrent, mais les citadins[31] qui se promenaient à cheval dans les rues de la ville ne semblaient pas en souffrir. Ils trottaient derrière le véhicule du pape en tirant[32] des coups de feu en l'air. C'était peut-être bien la première automobile qui roulait dans les rues de Cardenas. La prison se trouvait juste en face du cinéma et j'eus l'agréable surprise de voir qu'on y donnait un film français: M. Ripois, avec Gérard Philippe. 75

Je venais de m'amener moi-même à la prison et c'était peut-être une circonstance atténuante, mais en descendant de voiture je replongeai dans l'horrible drame à la vue d'une oreille de vache accrochée à mes phares.[33] La prison, une sorte d'hôtel austère, ne me parut pas répugnante. La geôlière,[34] une femme de soixante ans en uniforme noir et qui tenait un plumeau[35] sous le bras, me dit: 80 85
--Vous prenez une cellule à 20 ou à 30 pesos?
--20, dis-je, assommé par le sort.[36]
--A 30, c'est avec le petit déjeuner.
--30, dis-je, terrassé[37] par l'absurde. 90
La cellule était vide à l'exception d'un hamac accroché au mur.
--Y a pas de table? demandai-je.
--Pourquoi faire? demanda le chef du village qui était monté en même temps que la geôlière.
--Pour écrire au pape. 95
--Vous écrirez sur les murs.
--Ou sur vos genous, invita la geôlière en époussetant[38] gentiment le hamac.
--Demandez-lui 3.000 pesos, dit le chef.
--Je croyais que c'était 1.500? 100
--Faut aussi penser à vous, dit l'homme, vous risquez d'être démuni.[39]
--Au revoir. Nous partons, dit la geôlière; plus vite vous aurez l'argent plus tôt vous serez libéré.
--Au revoir et merci, dis-je. 105

La clé tourna dans la serrure, je me précipitai dans le hamac; j'avais besoin de repos et de réflexion. J'étais dans de beaux draps, manière de dire. Pas même un drap pour tenter une évasion spectaculaire par la fenêtre de la chambre.

Une chance que ces gens ne savaient pas lire; mon pape à moi, c'était le consul de France à Mexico. En deux coups de crayon je lui dépeignis[40] la détresse dans laquelle je me trouvais et le 110

priai d'alerter immédiatement le ministre de l'Intérieur. Je remis l'enveloppe à la geôlière en me signant par trois fois:
--Allez, dis-je, afin qu'elle parte sur-le-champ.[41] 115

Sept jours plus tard, ayant passé plus d'une fois par les affres de l'angoisse,[42] j'étais libéré sur un coup de téléphone de Mexico. C'était la première fois qu'un ministre téléphonait lui-même à la prison de Cardenas, et nul ne douta alors de l'intervention du Saint Père.... 120

(Jacques Lanzmann, Réalités, février 1959, N° 157)

2.2 Notes

[1]contraire à l'habitude; peu ordinaire. [2]voyageais en auto. [3]mécaniciens. [4]"scrap-iron merchants." [5]qui se déplace. [6]semblait interminable. [7]nom par lequel on désigne quelqu'un ou quelque chose dont le nom ne vient pas tout de suite à l'esprit. [8]"dressed (wound) with an insulating tape." [9]laissait échapper. [10]"wind-shield." [11]se déguisait (cf. camouflage). [12]un village pauvre, isolé. [13]garage. [14]couchée par terre. [15]très poli. [16]en outre; de plus. [17]allusion faite à l'amende à prix fixe à laquelle il s'habituait. [18]je me préparais (cf. prêt). [19]qu'un saut. [20]au dernier tournant. [21]"rotten." [22]infectèrent de mauvaise odeur. [23]terme dérogatoire: salauds. [24](mot espagnol) étranger, surtout Américain. [25]en me rendant audacieux. [26]glisser de côté ("skid, go off the track")--jeu de mots. [27]"piled up." [28]en première vitesse ("first gear"). [29]"swamps." [30]"mosquitos." [31]habitants d'une ville. [32]en déchargeant (un fusil). [33]"headlights." [34]concierge d'une prison. [35]"feather-duster." [36]accablé par le destin. [37]abattu. [38]ôtant la poussière. [39]privé d'argent. [40]décrivis. [41]tout de suite. [42]sentiment d'angoisse.

2.3 Questions

1. A quoi est-ce que la voiture de l'auteur ressemblait? (4)
2. En quel état étaient ses freins? (8)
3. En quel état était son volant? (8-9)
4. En quel état était le radiateur? (10-11)
5. Que faisaient les hommes du village? (15-16)
6. Que faisaient les femmes du village? (16)
7. Quel temps faisait-il? (16-17)
8. Qu'est-ce qui est arrivé à l'auteur à la sortie du village? (21-22)
9. Qu'est-ce que l'auteur a essayé de faire après cet accident? (24-25)
10. Qu'est-ce qu'il a essayé de faire comprendre aux gens du village? (40-46)
11. Où se trouvait la prison? (77)
12. Qu'est-ce que l'auteur a découvert en descendant de sa voiture? (81-83)
13. Qu'est-ce qu'il y avait dans sa cellule? (91)
14. Pourquoi le chef du village a-t-il proposé de demander 3.000 pesos au pape? (101-102)
15. Combien de temps l'auteur a-t-il dû rester dans la prison? (116)
16. Qu'est-ce qu'on a cru quand le ministre de l'Intérieur a téléphoné lui-même? (119-120)

2.4 Exercices

1. A quoi servent les objets mentionnés ci-dessous?

les phares	les freins
le pare-brise	le levier (de changement) de vitesse
le volant	l'accélérateur
le pare-choc	

2. Ecrivez deux phrases pour illustrer chacune des expressions suivantes:

a) tenir de (2-4)

b) au bas de (13)

c) buter contre (21)

d) s'apprêter à (25)

e) prendre quelqu'un pour (37, 43)

f) juste en face de (77)

g) se précipiter sur (dans) (106)

2.5 Discussions

1. Analysez les expressions employées dans cette histoire, pour relever celles qui ajoutent à l'effet comique.

2. Justifiez le titre de cette histoire.

3. Que pensez-vous de cette histoire, surtout de la manière dont l'auteur la raconte? Relevez les éléments qui donnent un air peu vraisemblable à cette histoire.

4. Décrivez l'état dans lequel se trouvait la voiture de l'auteur, en y ajoutant plus de détails. Auriez-vous voyagé dans une auto (bagnole) pareille?

5. Mettant que vous ne parliez pas très bien espagnol, qu'est-ce que vous auriez fait dans une situation comme celle où l'auteur se trouvait?

3.1 Causeries et Compositions: Choisissez un des sujets suivants que vous développerez sous forme de composition de 2-4 paragraphes (pour la lire en classe).

1. Ajoutez des phrases au dialogue qui commence à la ligne 48 ou 92, de sorte que la longueur en soit triplée.

2. Ecrivez une lettre que vous auriez écrite si vous aviez été à la place de l'auteur. Commencez votre lettre par "Monsieur le Consul" et terminez-la par cette phrase: "Je vous prie d'agréer, monsieur, l'assurance de ma considération distinguée."

3. Ecrivez un dialogue entre le chef du village et le ministre de l'Intérieur: Le ministre lui demande pourquoi ce Français est retenu dans la prison; le chef essaie de le lui expliquer, mais d'une façon assez incohérente. Le ministre renonce à comprendre la situation et lui ordonne de libérer le prisonnier tout de suite.

4. Etes-vous jamais entré en collision avec une autre voiture? Si vous répondez oui, décrivez cet accident en répondant aux questions suivantes:

   a) Quand cet accident vous est-il arrivé?
   b) Quel temps faisait-il?
   c) A quelle vitesse rouliez-vous?
   d) Quand vous êtes-vous aperçu du danger?
   e) Qui conduisait l'autre voiture?
   f) Qu'est-ce que vous avez fait pour éviter l'accident?
   g) Comment l'accident a-t-il eu lieu?
   h) Qu'est-ce que vous pensez de cet accident? Auriez-vous pu l'éviter si vous aviez été plus prudent?

5. Est-ce que vous avez jamais buté contre quelque chose en conduisant une voiture? Si votre réponse est affirmative, décrivez cet accident en répondant à quelques-unes des questions ci-dessus.

3.2 Débats: Préparez un débat sur un des thèmes suivants.

1. Quels sont les avantages et les inconvénients d'une voiture de sport et d'une grande voiture américaine? Discutez cette question en répondant aux questions suivantes:

   a) Laquelle est plus facile à garer?
   b) Laquelle absorbe plus de bagages dans le coffre à bagages?
   c) Laquelle offre plus de confort pour les passagers?
   d) Laquelle offre plus de visibilité?
   e) Si on avait à revendre ces voitures, laquelle perdra plus de valeur sur le prix d'achat?
   f) En cas d'une panne, laquelle est plus facile à faire réparer?

2. Préférez-vous une voiture de marque américaine ou de marque européenne? Quels sont les avantages et les inconvénients de l'une et de l'autre?

3. Est-ce qu'on pourrait améliorer les relations culturelles entre les nations du monde en développant l'étude des langues étrangères?

4. On dit souvent que les Européens parlent plus de langues étrangères que les Américains. Quelles en sont les raisons? Quels avantages l'Européen a-t-il sur l'Américain?

1.1 a) Mettez les phrases suivantes au futur d'après le modèle:

Je vais parler à Jean.--Je parlerai à Jean.

Je vais accepter l'invitation.
Je vais allumer la cigarette.
Je vais apporter ma valise.
Je vais commencer mon travail.

Je vais parler français.
Je vais appeler mon frère.
Je vais amener ma voiture.
Je vais jeter cela par terre.

Nous allons finir la leçon.
Nous allons choisir un livre.
Nous allons remplir tous les verres.
Nous allons réunir les enfants.

Ils vont répondre à la question.
Ils vont rompre leur promesse.
Ils vont attendre le train.
Ils vont vendre les livres.

Vous allez être fort content.
Vous allez savoir la vérité.
Vous allez tenir cette promesse.
Vous allez mourir de faim.

Il va pleuvoir ce soir.
Il va envoyer le paquet.
Il va avoir des difficultés.
Il va recevoir un cadeau.

b) Dites et puis écrivez en français:

Will he [want] to come with you? (be able)

Will I have to [keep] my promise? (break)

Will he sit down on that [chair] ? (sofa)

Will he [do] his homework today? (write)

Will they [receive] the box tomorrow? (send)

1.2 a) Exercice de substitution:

[Parlez à Jean] aussitôt que vous serez à Paris.

écrivez-moi; envoyez-moi une carte postale; allez voir mon oncle; donnez ma lettre à Paul; téléphonez à mon bureau.

[Il vous écrira] dès que la lettre arrivera.

il vous parlera; il vous téléphonera; il vous verra; il vous informera; il vous renseignera.

LESSON XXVI

THE FUTURE AND FUTURE PERFECT

1. The Future Tense

1.1 Formation of the future tense: For the regular verbs, consult Lesson III. 3. Study the following verbs whose future stems are irregular.

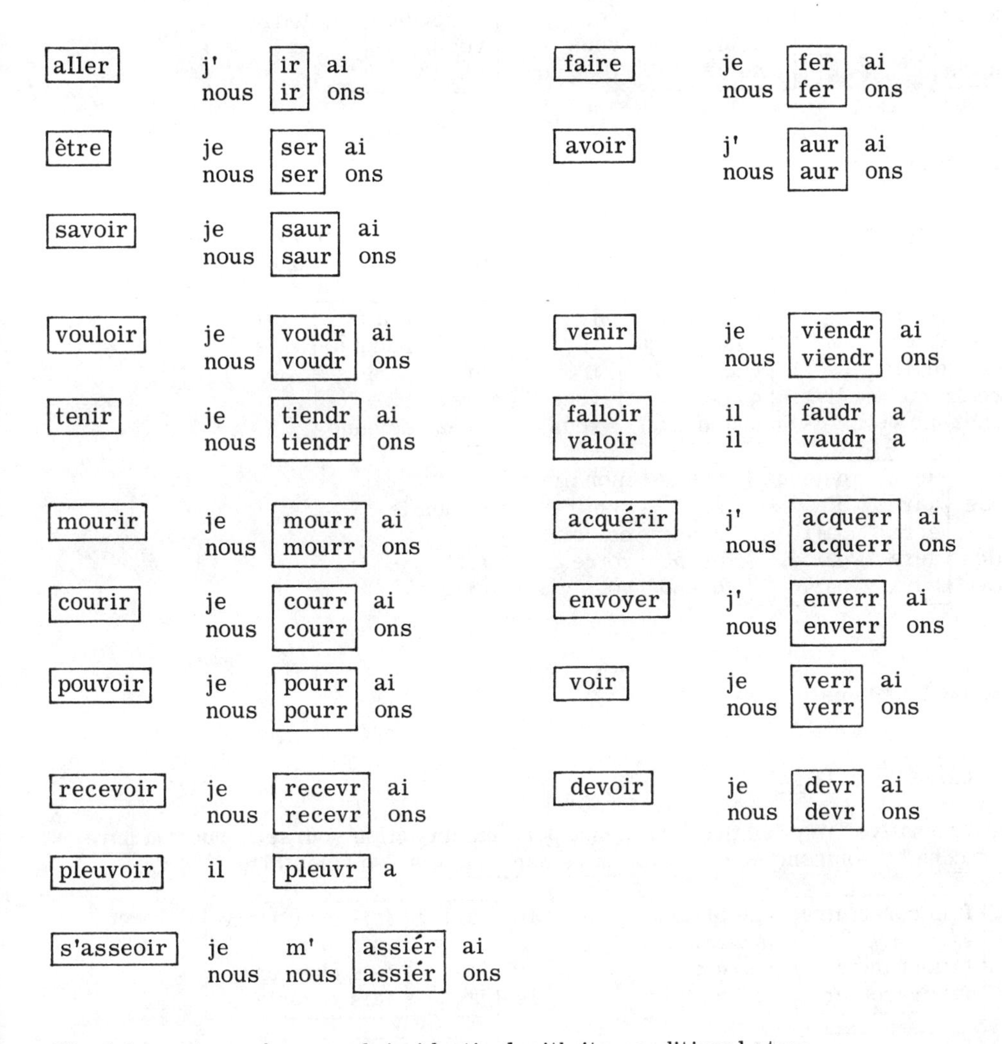

Verb	Subject	Stem	Ending
aller	j' / nous	ir / ir	ai / ons
faire	je / nous	fer / fer	ai / ons
être	je / nous	ser / ser	ai / ons
avoir	j' / nous	aur / aur	ai / ons
savoir	je / nous	saur / saur	ai / ons
vouloir	je / nous	voudr / voudr	ai / ons
venir	je / nous	viendr / viendr	ai / ons
tenir	je / nous	tiendr / tiendr	ai / ons
falloir / valoir	il / il	faudr / vaudr	a / a
mourir	je / nous	mourr / mourr	ai / ons
acquérir	j' / nous	acquerr / acquerr	ai / ons
courir	je / nous	courr / courr	ai / ons
envoyer	j' / nous	enverr / enverr	ai / ons
pouvoir	je / nous	pourr / pourr	ai / ons
voir	je / nous	verr / verr	ai / ons
recevoir	je / nous	recevr / recevr	ai / ons
devoir	je / nous	devr / devr	ai / ons
pleuvoir	il	pleuvr	a
s'asseoir	je m' / nous nous	assiér / assiér	ai / ons

The future stem of any verb is identical with its conditional stem.

1.2 Future tense in the subordinate clause.

Note below that, in French, if the verb in the main clause is in the future, the verb in the subordinate clause is also in the future.

Je vous écrirai	dès qu'	il arrivera.
I will write to you	as soon as	he arrives.

Nous lui téléphonerons	quand	nous aurons fini cela.
We will phone him	when	we have finished that.

Je	vous	écrirai	dès que	j'	arriverai.	
Elle	lui	parlera	aussitôt qu'	elle	viendra.	
Il	y	sera	quand	vous	arriverez.	
Jean		chantera	pendant que	Paul me	parlera.	
Marie		pleurera	lorsque	je lui	lirai	ceci.

An imperative refers to an action one is expected to do; it refers to an action in the future:

Parlez	à Marie	dès que	vous	arriverez	là.
Partez		aussitôt que	vous	recevrez	la lettre.
Faites		comme	vous	voudrez.	
Faites		comme	il vous	plaira.	

2. The Future Perfect

The future perfect consists of the auxiliary verb in the future, followed by the past participle of a verb. See IV. 5. It implies a completed action in the future.

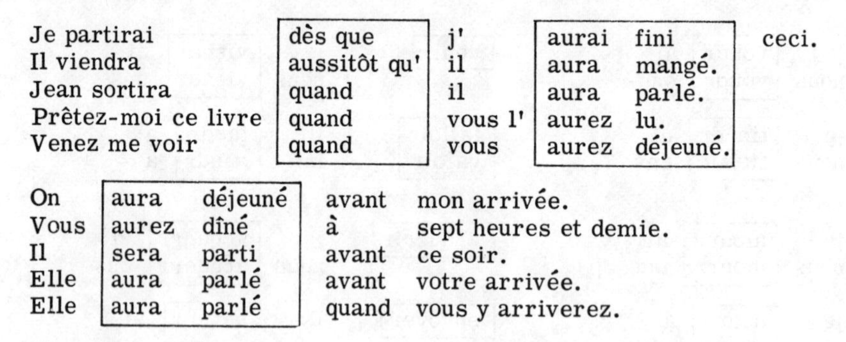

Je partirai	dès que	j'	aurai	fini	ceci.
Il viendra	aussitôt qu'	il	aura	mangé.	
Jean sortira	quand	il	aura	parlé.	
Prêtez-moi ce livre	quand	vous l'	aurez	lu.	
Venez me voir	quand	vous	aurez	déjeuné.	

On	aura	déjeuné	avant	mon arrivée.
Vous	aurez	dîné	à	sept heures et demie.
Il	sera	parti	avant	ce soir.
Elle	aura	parlé	avant	votre arrivée.
Elle	aura	parlé	quand	vous y arriverez.

3. Special Problems

3.1 Causative verb faire.

The term "causative" implies that you do not perform an action yourself, but you have something done by someone else, or you have someone else do something.

Je	fais construire	une maison	Je	la	fais construire.
Je	fais faire	ma robe.	Je	la	fais faire.
Je	fais chanter	ces chansons.	Je	les	fais chanter.
Je	fais raconter	l' histoire.	Je	la	fais raconter.

Je	fais chanter	Marie.	Je	la	fais chanter.
Je	fais lire	mes amis.	Je	les	fais lire.
Je	fais parler	Jacques.	Je	le	fais parler.
Je	fais partir	mes soeurs.	Je	les	fais partir.

Je	fais chanter	la chanson	>	Je la fais chanter.
Je	fais chanter	Marianne.		

Note that when there is only one object, both the subject of the infinitive (the person who does the action) and the object of the infinitive (the action which is performed) become the direct object of the verb faire .

[Marie sera ici] quand vous viendrez me voir.

Marie sera là; Marie ne sera pas ici; Marie sera contente; Marie sera heureuse; Marie vous parlera.

b) Dites et puis écrivez en français:

I shall [see] you as soon as I am free. (call)

He will [see you] when you come here. (talk to you)

Give him the [package] as soon as he arrives. (gift)

When it is time [we] shall leave. (I)

2. a) Exercice de substitution:

Je partirai dès que j'aurai [fini mon travail] .

vu votre ami; écrit cette lettre; parlé à votre soeur; mangé ceci; fini mon repas; bu ce café.

b) Dites et puis écrivez en français:

[They] will have gone when you get there. (we)

Will you have eaten before [seven-thirty] ? (eight)

I will leave as soon as I have finished this [work] . (letter)

Lend me this [book] when you have read it. (magazine)

3.1 a) Exercice de substitution:

Nous ferons construire [un grand monument] .

une belle maison; un long escalier; un beau parc; un tout petit bateau; une table ronde; un garage.

Nous ferons [lire] Paul et Marie.

chanter; parler; étudier; partir; venir; répondre.

b) Répondez aux questions suivantes en employant le pronom convenable:

Faites-vous lire ces livres?
Faites-vous étudier vos amis?
Faites-vous chanter votre soeur?
Faites-vous répéter toutes les règles?
Faites-vous fermer la porte?
Faites-vous ouvrir les fenêtres?

c) Dites et puis écrivez en français:

We are having Paul [sing] this evening. (come)

Will you have those letters sent to [Paris] ? (Chicago)

We are having our [shirts] washed. (dresses)

Have Charles [come back] immediately. (leave for Paris)

d) Répondez aux questions suivantes d'après le modèle:

Par qui faites-vous écrire ces lettres?--Je les fais écrire par mon ami.

Par qui faites-vous envoyer ces lettres?
Par qui faites-vous présenter vos idées?
Par qui faites-vous expliquer vos idées?
Par qui faites-vous laver vos blouses?
Par qui faites-vous chercher mon livre?
Par qui faites-vous conduire votre voiture?
Par qui faites-vous copier cette réponse?
Par qui faites-vous fermer cette porte?

e) Dites et puis écrivez en français:

I shall have my friends study this [rule] . (poem)

I shall have the work [finished] by them. (copied)

I had my brother [copy] the answer. (write)

We had them explain this [lesson] . (question)

We are having a [garage] built for ourselves. (house)

[Robert] is getting a haircut. (John)

What a beautiful dress! Did [you] have it made by someone? (she)

Did you have the [garage] built by that man? (house)

We had them [done] by them. (finished)

3.2 a) Répondez aux questions suivantes:

Doutez-vous de ma sincérité?
Doutez-vous que je ne fasse pas cela?
Doutiez-vous de l'authenticité de cet ouvrage?
Paul doute-t-il que vous sachiez la réponse?
Ne doutez-vous pas que Marie ne fasse les devoirs?
Ne doutons-nous pas que ce ne soit vrai?

Vous doutez-vous de quelque complicité?
Vous doutez-vous d'un complot?
Se doute-t-elle que je veux la voir?

Je fais chanter	la chanson	à Paul.	Je	la	lui	fais chanter.
Je fais lire	le journal	à Jean.	Je	le	lui	fais lire.
Je fais écrire	la lettre	à René.	Je	la	lui	fais écrire.

Je fais chanter	la chanson	par Paul.	Je	la	fais chanter	par lui.
Je fais lire	le journal	par Jean.	Je	le	fais lire	par lui.
Je fais écrire	la lettre	par René.	Je	la	fais écrire	par lui.

Note that in the first group of examples given above, each sentence may cause some ambiguity: Je fais chanter la chanson à Paul may mean Paul chante la chanson , or On chante la chanson à Paul . Usually the context determines which is the case, but if there is a possibility of ambiguity, then par rather than à may be used, meaning that the person mentioned is the performer of the action.

Je	me	fais bâtir	une maison.	
Je	me	fais faire	une robe.	(par le tailleur)
Je	me	fais couper	les cheveux.	(par le coiffeur)
Je	me	fais arracher	la dent.	(par le dentiste)

Je	me	suis fait bâtir	une maison.
Je	me	suis fait faire	une robe.
Je	me	suis fait couper	les cheveux.
Je	me	suis fait arracher	la dent.

The above expressions correspond to English "to have something done (for oneself)." Note the use of the reflexive pronoun.

Charles	a	fait écrire	la lettre.	
Robert	a	fait envoyer	les lettres.	
Marie	s'est	fait couper	les cheveux.	
Nous	avons	fait dire	la vérité	à Jacques.
Elles	ont	fait chanter	la chanson	à mes amis.

Charles	l'		a	fait	écrire.
Robert	les		a	fait	envoyer.
Marie	se	les	est	fait	couper.
Nous	la	lui	avons	fait	dire.
Elles	la	leur	ont	fait	chanter.

Note that the past participle fait does not agree with the preceding direct object--since it is really the direct object of the following infinitive.

3.2 Douter vs. se douter; rappeler vs. se rappeler; sentir vs. se sentir; arrêter vs. s'arrêter; demander vs. se demander.

Douter ("to doubt") vs. se douter ("to suspect").

Je	doute	que	vous	vouliez	aller là-bas.
Je	doute	que	vous	ayez écrit	cette lettre.
Je	doute	que	Paul	ait dit	tout cela.

Je	me doute	que	vous	voulez	aller là-bas.
Je	me doute	que	vous	avez écrit	cette lettre.
Je	me doute	que	Paul	a dit	tout cela.

Nous	doutons	de	votre sincérité.
Nous	doutons	de	son honnêteté.
Nous	doutons	du	zèle de votre ami.

Nous		nous doutons	d'	un complot.
Nous	ne	nous doutions	de	rien.
Nous		nous doutons	de	quelque chose.
Nous		nous doutions	de	cela.

Rappeler ("to remind") vs. se rappeler ("to remember," "to recall"--see XI. 4. 2.).

Cela	me	rappelle	une autre histoire.
Vous	me	rappelez	mon oncle.
Cet incident	nous	rappelle	quelque chose.
Cette femme	lui	rappelle	Thérèse.
Cette photo	leur	rappelle	Paris.

Je	me	rappelle	ma promesse.
Tu	te	rappelles	cette aventure singulière.
Il	se	rappelle	cette scène.
Nous	nous	rappelons	avoir fait cela hier.
Vous	vous	rappelez	cet homme qui est venu ici?
Ils	se	rappellent	avoir parlé à mon père.

Sentir vs. se sentir.

Sentir is used reflexively when it concerns one's health or condition:

Je	ne	me	sens	pas	très bien.	
Tu		te	sens		mal	cet après-midi.
Il	ne	se	sent	pas	assez bien	ce matin.
Nous		nous	sentons		fatigués.	
Vous		vous	sentez		dégoûtés.	
Ils		se	sentent		épuisés.	

Sentir (intransitive) means "to smell" or "to feel," and it is used with the masculine singular adjective:

Cette	soupe	sent	délicieux.
Ces	fleurs	sentent	très bon.
Ce	café chaud	sent	bon.
Le	vin	sent	mauvais.
L'	air frais	sent	très bon.
Ce	rôti	sent	délectable.

Sentir (transitive) means "to smell something" or "to feel or touch something," and it is used with the direct object:

Nous	sentons	la fraîcheur de l'air.
Vous	sentez	une odeur délectable.
Je	sens	les beautés de cet ouvrage.
	Sentez	cette odeur!
	Sentez	ma main!

"To feel like" is translated by avoir envie de :

Nous		avons envie	de	manger	maintenant.
Nous		avons envie	de	parler	français.
Nous		avons envie	d'	aller	au cinéma ce soir.
Nous	en	avons envie.			

Vous doutiez-vous que je viendrais ici?
Ne vous doutez-vous de rien?
Est-ce que tout le monde se doutait de cela?

b) Dites et puis écrivez en français:

We don't doubt your [intelligence] . (sincerity)

Did he [lie] ? I rather thought so. (come)

We suspected that no one would [come] today. (leave)

c) Répondez aux questions suivantes:

Qu'est-ce que cela vous rappelle?
Qu'est-ce que vous vous rappelez?

Cela vous rappelle-t-il quelque chose?
Vous rappelez-vous que Marie a menti?

... promesse?
... voyage?

Ne nous rappelons-nous plus ce jeu?
Ne nous rappelez-vous plus son nom?

...on:

...ntenant.

...isé; dégoûté; triste.

... sent très bon?

... ce rôti; cette rose.

...z pas [l'humidité] ?

...heur de l'air; le courant d'air; cette odeur; ce parfum.

... une promenade] .

...néma; danser avec lui; rendre visite à Jean; sortir;

...nçais:

...)

This meat smells [bad] . (excellent)

The children are feeling [good] today. (happy)

Do you feel [the humidity of the air] . (a draft)

Do [you] feel like taking a walk? (they)

I felt very sad after reading the [play] . (letter)

f) Dites et puis écrivez en français:

Stop the [machine] immediately! (train)

Do [you] stop in time? (I)

Why did you stop [singing] ? (complaining)

[I] stopped smoking some time ago. (he)

Does the bus stop before the [museum] ? (building)

We want you to stop speaking about [her] . (them)

The [rain] stopped at five fifteen. (snow)

g) Répondez aux questions suivantes:

Vous demandez-vous pourquoi je suis venu?
Vous demandez-vous si je connais cette chanson?
Vous demandez-vous si Paul va en France?

Demandez-vous mon livre à votre ami?
Demandez-vous de l'argent à votre père?
Demandez-vous une explication au professeur?

Paul se demandait-il pourquoi je n'étais pas venu?
Marie se demandait-elle si je viendrais?
Jacques se demandera-t-il si je sais la réponse?

Est-ce que je vous demande une explication?
Est-ce que je demande à Paul s'il viendra?
Est-ce que j'ai demandé mon argent à Denise?

3.3 a) Répondez aux questions suivantes en employant "ni les uns ni les autres" ou "ni l'un ni l'autre, selon le cas:

Etudiez-vous le russe ou l'allemand?
Aimez-vous le vin ou la bière?
Comprenez-vous l'allemand ou le russe?
Avez-vous fait vos devoirs et ceux de Jean?
Connaissez-vous mes amis et ceux de Jacques?
Avez-vous trouvé mes cahiers et ceux de Marie?
Avez-vous vu mes livres et mes cahiers?
Paul a-t-il rencontré mon frère et ma soeur?
Jacques regarde-t-il ma montre et mon disque?

b) Répondez aux questions suivantes en employant "ni les uns ni les autres" ou "ni l'un ni l'autre", selon le cas:

Mes amis et mes cousins sont-ils ici?
Vos amis et vos parents sont-ils partis?
Mon ami et mon frère ont-ils apporté les disques?
Votre oncle et votre père sont-ils Canadiens?
Vos devoirs et vos cahiers sont-ils prêts?
Les étudiants et les professeurs parlent-ils espagnol?
Votre père et votre mère comprennent-ils le français?

Arrêter vs. s'arrêter.

Arrêter ("to stop," "to arrest") cannot be used without the direct object. Cesser implies that the action is stopped permanently (i.e., discontinued) rather than temporarily.

L'agent de police	arrête	le criminel.
Robert	arrête	sa voiture.
Les deux hommes	arrêtent	ce cheval.

Je	m'	arrête.
Il	s'	arrête.
Nous	nous	arrêtons.
Vous	vous	arrêtez.

Je	m'	arrête	de	parler.
Il	s'	arrête	de	chanter.
Nous	nous	arrêtons	de	travailler.
Vous	vous	arrêtez	de	jouer.

La	neige	cesse.
La	pluie	cesse.
Ce	bruit	cesse.

Il	a	cessé	de	neiger.	
Il	a	cessé	de	pleuvoir.	
On	a	cessé	de	faire	ce bruit.
J'	ai	cessé	de	fumer.	
Il	a	cessé	de	pleurer.	

Demander ("to ask") vs. se demander ("to wonder").

Est-ce que vous avez demandé à Paul de venir ici?
Oui, je le lui ai déjà demandé.
Avez-vous demandé à Paul si ce qu'il prétend est vrai?
Oui, je le lui ai demandé.

Pensez-vous que ce qu'il a dit soit vrai?
Je ne sais pas; je me le demande.
Est-ce que Paul viendra ici tout de suite?
Je me le demandais, justement.
Savez-vous ce que votre ami Roger est devenu?
Nous nous le demandons très souvent.

3.3 Use of l'un, l'autre.

Study the equivalents of "either of them" (or "either...or..."), "neither of them" (or "neither...nor..."), and "both of them" (or "both...and...").

Connaissez-vous ou Charles ou Michel? (ou l'un ou l'autre)
Je ne connais ni Charles ni Michel. (ni l'un ni l'autre)
Je connais bien tous les deux. (et l'un et l'autre)

Avez-vous parlé à Jeanne ou à Jacques?
Je n'ai parlé ni à Jeanne ni à Jacques. (ni à l'un ni à l'autre)
J'ai déjà parlé à tous les deux. (et à l'un et à l'autre)

Vos cahiers et vos devoirs sont-ils déjà prêts?
Ni les uns ni les autres ne sont encore prêts.
Ils sont tous prêts.
Ou les uns ou les autres seront prêts bientôt.

The construction l'un l'autre may be used to emphasize a reciprocal action ("each other"). If the verb requires a preposition, it is placed between l'un and l'autre. Note that in many cases the use of the reflexive pronoun suffices to indicate a reciprocal action.

Jean et Marie	s'	aiment.			
Jean et Marie	s'	aiment	l'un		l'autre.
Mes amis et vos amis	se	comprennent.			
Mes amis et vos amis	se	comprennent	les uns		les autres.
Nous	nous	parlons.			
Nous	nous	parlons	les uns	aux	autres.
Vous	vous	écrivez.			
Vous	vous	écrivez	l'un	à	l'autre.
Ils	se	détestent.			
Ils	se	détestent	les uns		les autres.
Elles	se	répondent.			
Elles	se	répondent	les unes	aux	autres.

L'un l'autre becomes necessary when the verb is a reflexive verb to begin with (without having the implication of a reciprocal action) or when the reflexive construction is impossible.

Ils	se	souviennent	les uns	des	autres.
Ils	se	moquent	l'un	de	l'autre.
Ils	se	promènent	les uns	avec	les autres.
Ils	--	vivent en paix	les uns	avec	les autres.
Ils	--	sortent	les uns	avec	les autres.
Ils	--	ont besoin	les uns	des	autres.
Ils	--	ont peur	l'un	de	l'autre.

3.4 "To cook," "to boil," "to roast," and "to grow."

The English "to cook," "to boil," "to roast," and "to grow" can be used both intransitively and transitively. Their French counterparts such as cuire, bouillir, rôtir, and grandir are intransitive verbs.

Suzanne sait bien faire la cuisine. Elle est bonne cuisinière, en effet. Hier soir elle a préparé un excellent dîner pour nous.

Jacqueline fait cuire la viande qu'elle vient d'acheter. La viande cuit assez vite et bientôt on sent une odeur délectable dans la cuisine.

Pour préparer le café, je vais d'abord faire bouillir de l'eau. L'eau bout maintenant. Nous aurons notre café dans cinq minutes.

Louise va faire rôtir du porc et du veau. Le porc rôtit assez bien, mais le veau rôtit beaucoup plus vite. Nous aimons tous le rôti de porc ce soir.

Mon oncle aime cultiver des légumes dans son jardin. Il sait bien faire pousser des tomates et des haricots verts. Ils poussent très rapidement en été.

Les enfants nés juste après la guerre ont grandi. Ils ont atteint l'âge où ils veulent entrer au collège. Voilà la raison pour laquelle le nombre des étudiants va augmentant chaque année.

c) Répondez aux questions suivantes en employant "les uns les autres", "les uns aux autres", etc., selon le cas:

Vos amis et mes frères se comprennent-ils?
Votre soeur et mon cousin s'aiment-ils?
Vos cousins et vos amis s'aiment-ils?
Est-ce que vous vous écrivez en français?
Est-ce que ces hommes se détestent?
Est-ce que ces hommes se répondent?
Est-ce que vos amis et mes amis se parlent toujours?

d) Dites et puis écrivez en français:

Mary and John do not [respect] each other. (like)

We know French and Spanish; [he] knows neither. (she)

Both are my friends; either will help [you]. (us)

Did they [remember] each other? (need)

Do [they] live in peace with each other? (you)

3.4 Dites et puis écrivez en français:

Is your [sister] a very good cook? (mother)

The [meat] is cooking; it smells good. (pork)

She is in the kitchen; she is cooking [dinner]. (lunch)

The [peas] are cooking; she is cooking them. (beans)

Is she roasting the [meat]? (veal)

[We] like roast beef better than roast pork. (they)

The vegetables grow very fast this [summer]. (month)

The water is boiling; [I am] boiling it. (we are)

You have grown so much! I hardly recognize you.

My grandfather grows flowers in his garden.

The number of students at our school is increasing.

The children grew up and left the family.

1.1 Ecrivez le passé simple des verbes suivants:

j'ai regardé	tu as mené	il a passé
tu as chanté	nous avons triomphé	ils ont voyagé
il est descendu	nous avons rencontré	ils ont rompu
nous avons répété	tu as perdu	j'ai remarqué
vous êtes allé	tu as retrouvé	ils ont répondu
ils ont préféré	je suis allé	vous avez fini
nous avons mangé	tu as choisi	j'ai raconté
j'ai poussé	il a remplacé	il a vendu
tu as réussi	nous sommes arrivés	vous avez puni
nous avons quitté	vous avez payé	j'ai expliqué
il a touché	ils ont sonné	ils ont embrassé

1.2 Mettez chaque verbe dans les phrases suivantes au passé simple:

Je lui ai offert mon argent et il l'a accepté.

Il a acquis cette fortune; il est devenu très riche.

Le loup s'est jeté sur la fille et l'a mangée.

Il a souffert de l'injustice et il en est mort.

Elle est venue et s'est assise près de moi.

Marie a écrit la lettre et puis elle a dit la vérité.

Elle est devenue pâle quand elle a entendu cela.

Il a vêtu son enfant et puis nous a dit adieu.

Il a fait écrire la réponse à son frère.

LESSON XXVII

LITERARY TENSES

1. The Passé Simple and Past Anterior

1.1 The passé simple is used in written literary French where it replaces the passé composé as the tense denoting simple past action.

j'	ai	parlé		je	parl	ai
tu	as	parlé		tu	parl	as
il	a	parlé		il	parl	a
nous	avons	parlé		nous	parl	âmes
vous	avez	parlé		vous	parl	âtes
ils	ont	parlé		ils	parl	èrent

j'	ai	choisi		je	chois	is
tu	as	choisi		tu	chois	is
il	a	choisi		il	chois	it
nous	avons	choisi		nous	chois	îmes
vous	avez	choisi		vous	chois	îtes
ils	ont	choisi		ils	chois	irent

j'	ai	perdu		je	perd	is
tu	as	perdu		tu	perd	is
il	a	perdu		il	perd	it
nous	avons	perdu		nous	perd	îmes
vous	avez	perdu		vous	perd	îtes
ils	ont	perdu		ils	perd	irent

Note that the second and third conjugation verbs (-ir and -re) have the same set of endings.

1.2 Irregular verbs.

Many irregular verbs having a past participle ending in -u take the following endings in the passé simple.

j'	ai	couru		je	cour	us
tu	as	couru		tu	cour	us
il	a	couru		il	cour	ut
nous	avons	couru		nous	cour	ûmes
vous	avez	couru		vous	cour	ûtes
ils	ont	couru		ils	cour	urent

Il	a	vécu	à Paris.	Il	vécut	à Paris.
Il	a	lu	le livre.	Il	lut	le livre.
Il	a	voulu	protester.	Il	voulut	protester.
Il	a	dû	partir.	Il	dut	partir.
Il	a	pu	venir.	Il	put	venir.
Il	a	bu	ce café.	Il	but	ce café.
Il	a	reçu	le cadeau.	Il	reçut	le cadeau.
Il	a	su	la vérité.	Il	sut	la vérité.

Most irregular verbs that have an [i] in the past participle stem also have an [i] in the ending of the passé simple.

Il	a	mis	le chapeau.	Il	mit	le chapeau.
Il	a	acquis	le livre.	Il	acquit	le livre.
Il	a	pris	le café.	Il	prit	le café.
Il	a	ri	de vous.	Il	rit	de vous.
Il	a	dit	cela.	Il	dit	cela.

A few irregular verbs have a past participle ending in [-u] , but the passé simple does not have this vowel in the ending.

Il	est	venu	à midi.	Il	vint	à midi.
Il	a	tenu	la promesse.	Il	tint	la promesse.
Il	est	devenu	malade.	Il	devint	malade.
Il	a	vu	le livre.	Il	vit	le livre.
Il	a	vêtu	l'enfant.	Il	vêtit	l'enfant.

If the past participle does not end in [-i] or [-u] , the passé simple is "unpredictable."

Il	est	né	en 1945.	Il	naquit	en 1945.
Il	est	mort	en 1945.	Il	mourut	en 1945.
Il	a	craint	Paul.	Il	craignit	Paul.
Il	a	fait	ceci.	Il	fit	ceci.
Il	a	écrit	cela.	Il	écrivit	cela.
Il	a	été	malade.	Il	fut	malade.

1.3 The past anterior.

The past anterior consists of the auxiliary verb in the passé simple and the past participle of a verb. See IV. 7. This tense is used after certain conjunctions, when the verb in the main clause is in the passé simple. It indicates an immediate past which preceded the past tense of the main clause.

Aussitôt que Jean fut parti, la situation changea.
Dès qu'ils eurent aperçu le professeur, ils se levèrent.
A peine Robert eut-il compris la vérité qu'il sortit.
Sitôt qu'il eut lu la note, il partit pour Londres.
Après que Napoléon eut vaincu ses ennemis, il décida de marcher sur Vienne.
Quand ils eurent caché la lettre, on frappa à la porte.

2. The Imperfect and Pluperfect Subjunctive

2.1 The third person singular of the passé simple is identical with the same person of the imperfect subjunctive, except for a circumflex (^) over the vowel of the ending and the addition of [-t] to the first conjugation verbs ([-er]). See III. 6 for the other forms.

il	parla	il	parlât	il	arriva	il	arrivât
il	marcha	il	marchât	il	donna	il	donnât
il	pensa	il	pensât	il	demanda	il	demandât
il	finit	il	finît	il	vendit	il	vendît
il	obéit	il	obéît	il	entendit	il	entendît
il	vint	il	vînt	il	ouvrit	il	ouvrît
il	vécut	il	vécût	il	voulut	il	voulût
il	fut	il	fût	il	eut	il	eût
il	reçut	il	reçût	il	sut	il	sût

Il a mis du sucre dans son café.

Ils ont tenu leur promesse, ce qui a étonné tout le monde.

J'ai perdu mon argent et ne pouvais plus voyager.

Nous avons reçu le paquet et nous l'avons ouvert.

Vous avez quitté la maison tout de suite.

Tu as voulu protester mais tu as dû te taire.

Vous avez vu la femme et avez cru que c'était son amie.

Nous avons vécu brièvement à Londres.

Elle est née en France vers 1788 et est morte en 1865.

Il a fait venir le médecin.

1.3 D'après les exemples donnés ci-contre, écrivez les phrases suivantes en français:

Hardly had they left the room when he came in.

As soon as the delegates ended the discussion, he stood up and asked that question.

They had hidden the money when the police came.

When the doctor had left the room, he got up and closed the door.

2.1 a) Ecrivez l'imparfait du subjonctif des verbes suivants:

il vint	ils mirent	elle regarda
tu répondis	nous vîmes	ils dirent
vous eûtes	je dus	tu mourus

b) Ecrivez le plus-que-parfait du subjonctif des verbes suivants:

j'eus fini	je fus venu	ils eurent trouvé
tu fus descendu	nous fûmes partis	ils furent allés
il eut cru	vous fûtes arrivés	tu eus revu

2.2 Mettez le verbe de la proposition principale au passé simple ou à l'imparfait, et mettez celui qui est dans la proposition subordonnée à l'imparfait ou au plus-que-parfait du subjonctif, selon le cas:

Je veux que son mari vienne ici.

J'ai peur que Marie ne soit blessée.

Il faut que son frère me réponde.

Tu défends qu'on fume dans la salle.

On ne croit pas qu'il lui arrive un accident.

Nous doutons que Paul ait commis ce crime.

Il est possible que tout le monde soit parti.

Il est impossible qu'ils n'aient pas dit la vérité.

Il a peur que ce ne soit une maladie fatale.

Il est surpris que personne ne veuille venir.

C'est le meilleur tableau que j'aie vu.

Il est nécessaire qu'il comprenne la leçon.

Je regrette que le train ait été en retard.

Il ne trouve rien qui ait l'air convenable.

C'est le seul homme qui sache la réponse.

Il est douteux que vous ayez puni l'enfant.

2.3 Dans les phrases suivantes, remplacez les temps de la langue écrite par les temps de la langue parlée:

e.g., Nous eût-il dit la vérité, nous lui eussions pardonné.--S'il nous avait dit la vérité, nous lui aurions pardonné.

Restez ici, ne fût-ce qu'un instant.

Qui l'eût cru? Qui l'eût dit?

The pluperfect subjunctive consists of the auxiliary verb in the imperfect subjunctive and the past participle of the verb. See IV. 8.

2.2 While there are only two subjunctive tenses in colloquial French, there are four in literary French. Note that the imperfect and pluperfect subjunctive tenses are used when the main clause is in a past (or sometimes conditional) tense:

Colloquial:	Je	veux	que	Robert	fasse	ses devoirs.
Literary:	Je	veux	que	Robert	fasse	ses devoirs.
Colloquial:	Je	voudrais	que	Robert	fasse	ses devoirs.
Literary:	Je	voudrais	que	Robert	fît	ses devoirs.
Colloquial:	Je	doute	que	Robert	ait fait	ses devoirs.
Literary:	Je	doute	que	Robert	ait fait	ses devoirs.
Colloquial:	Je	doutais	que	Robert	ait fait	ses devoirs.
Literary:	Je	doutais	que	Robert	eût fait	ses devoirs.

In other words:

	Main Clause	Subordinate
Colloquial:	PRESENT, FUTURE	PRESENT/PRESENT PERFECT
Literary:	PRESENT, FUTURE	PRESENT/PRESENT PERFECT
Colloquial:	PAST	PRESENT/PRESENT PERFECT
Literary:	PAST, (CONDITIONAL)	IMPERFECT/PLUPERFECT

Study the tenses used in the following poem:

Oui, dès l'instant que je vous vis,
Beauté féroce, vous me plûtes;
De l'amour qu'en vos yeux je pris
Sur-le-champ vous vous aperçûtes.

Ah! fallait-il que je vous visse,
Fallait-il que vous me plussiez,
Qu'ingénuement je vous le disse,
Qu'avec orgueil vous vous tussiez?

Fallait-il que je vous aimasse,
Que vous me désespérassiez,
Et que je vous idolâtrasse
Pour que vous m'assassinassiez?

(H. Gauthier-Villars, Déclaration d'un grammairien à sa mie)

2.3 Study other uses of the literary subjunctive tenses in the following examples.

Je n'eusse pas voulu revoir cette personne.
Tout le monde eût été content de ces résultats.
Qui l'eût cru? Qui l'eût dit?
O toi que j'eusse aimée, ô toi qui le savais!

In the preceding examples, the pluperfect subjunctive has replaced the conditional perfect.

Ne fût-ce qu'un mot d'amour, tu aurais pourtant bien pu me le dire.
Restez ici, ne fût-ce que quelques minutes.
Nous eût-il dit la vérité, nous lui eussions pardonné.
Le nez de Cléopâtre: s'il eût été plus court, toute la face de la terre aurait changé.

The imperfect and pluperfect subjunctive may be used in the "if" clause of a contrary-to-the-fact statement. Note the inversion used instead of si at the beginning of the clause.

3. Special Problems

3.1 French counterparts of English two-noun constructions.

Contrast the following expressions. Note that à often indicates a purpose or characteristics. En is sometimes used to indicate the material an object is made of.

a	straw	hat	un	chapeau	de	paille
a	university	professor	un	professeur	d'	université
a	silk	dress	une	robe	de	soie
a	silk	tie	une	cravate	de	soie
a	water	fall	une	chute	d'	eau
the	sun	set	le	coucher	du	soleil
the	sun	rise	le	lever	du	soleil
the	moon	light	le	clair	de	lune
a	washing	machine	une	machine	à	laver
a	sewing	machine	une	machine	à	coudre
a	type	writer	une	machine	à	écrire
a	filter-tip	cigarette	une	cigarette	à	filtre
a	dining	room	une	salle	à	manger
a	coffee	cup	une	tasse	à	café
a	tooth	brush	une	brosse	à	dents
a	gold	watch	une	montre	en	or
a	silver	bag	un	sac	en	argent

Note the difference in the meaning of the following:

un sac	en	argent	a	silver bag
un sac	d'	argent	a	bag of money
une tasse	à	café	a	coffee cup
une tasse	de	café	a	cup of coffee

3.2 French equivalents of "to become."

Elle est devenue pâle quand elle a entendu dire que Jacques s'est fait prêtre.

Quand j'ai dit à Charlotte que son chapeau ne lui allait (seyait) pas très bien, elle a rougi et puis elle s'est mise en colère.

Qu'est-ce que vous pensez de cette robe?
Elle est très jolie; elle vous va (sied) très bien.

On dit que Georges s'est fait avocat il y a plusieurs années, mais je ne sais pas ce qu'il est devenu depuis.

Tu te demandes ce que tu deviendras? Je te le dirai, alors. Tu vieilliras, tes cheveux deviendront tout gris, ta peau jaunira, enfin, tu seras un vieillard!

Il ne l'eût punie, si elle lui eût dit la vérité.

Nous n'eussions pas voulu la revoir.

Vous eût-il dit la vérité, vous lui eussiez pardonné.

3.1 Ecrivez en français:

Your typewriter is in the dining room.

He threw a snowball and broke this coffee cup.

I found this toothbrush in your mailbox.

He gave me this gold chain.

Do you prefer the sunrise or the sunset?

He bought a washing machine for his wife.

Did you really see a sailboat near the waterfall?

The scene takes place near a small windmill.

Didn't I give you a silk tie for your birthday?

There are five bedrooms in this house; the living room is below the bathroom.

3.2 Dites et puis écrivez en français:

That dress becomes [her] . (you)

What has become of [Paul] ? (him)

[Robert] became rich after some time. (we)

I don't know what has become of [Marie] . (her)

[He] became old and could hardly walk. (she)

If you want to become a [lawyer] , work harder! (doctor)

She blushed when [I] asked her that question. (you)

Paul became [pale] when he heard the news. (sad)

That hat is becoming to [you]. (her)

She became [furious] when she heard that I had come. (happier)

The leaves are turning yellow--winter has come.

After the coup d'état, he became the [emperor]. (president)

3.3 a) Exercice de substitution:

Vous êtes pâle de [peur].

fatigue; fureur; frayeur; émotion; honte.

Voyez-vous ce monsieur [à la barbe blanche] ?

aux yeux noirs; aux yeux bleus; aux cheveux gris; aux cheveux blonds; au veston noir; aux gants blancs.

b) Exercice de substitution (faites le changement nécessaire):

Nous allons travailler avec [des amis].

enthousiasme; perspicacité; intelligence; livres; argent; intérêt; papier; étudiants; professeurs.

c) Dites et puis écrivez en français:

Do you see the house with [red walls] ? (four windows)

I remember the girl with [blue eyes]. (black hair)

We are dying with [curiosity]. (hunger)

I always work with [enthusiasm]. (friends)

3.4 a) Exercice de substitution:

Quelque [intelligent] qu'il soit, il ne sera jamais mon ami.

jeune; franc; beau; prudent; poli; brillant.

Quelque [énergie] que vous ayez, vous ne réussirez pas.

intelligence; ambition; plan; projet; courage; enthousiasme; idée.

Quelles que soient ses [excuses], ne le laissez pas partir.

suggestions; propositions; réponses; raisons; idées.

Quoi qu'il [dise], il a tort.

fasse; écrive; montre comme preuve; nie; prétende.

"To become" + noun is expressed in French by [se faire] or [devenir]. The former is used especially when the act involves intention.

"To become" + adjective is expressed by [devenir] + adjective or a special verb.

pâle	pâlir	rouge	rougir	brun	brunir	vieux	vieillir
blanc	blanchir	jaune	jaunir	noir	noircir	jeune	rajeunir

"To be becoming (to someone)" corresponds to [aller] or [seoir]. "To become of" is [devenir]. Note that [devenir] requires a direct object when it is used in this sense.

3.3 French equivalents of "with."

Nous	allons bâtir cette maison	avec	nos propres mains.
Nous	allons voyager en Europe	avec	Paul et sa soeur.
Nous	viendrons vous voir	avec	nos parents.
Nous	allons acheter	avec	de l'argent.
Nous	allons travailler	avec	des étudiants.
Nous	vous écoutons	avec	intérêt.
Nous	travaillons toujours	avec	enthousiasme.

Note that abstract nouns do not require the partitive article after [avec].

Tout le monde est content	de	votre travail.
Elle est devenue pâle	de	frayeur.
Nous mourons	de	curiosité.
Françoise est pâle	d'	émotion.

[De] often implies a cause or reason.

Qui est cette dame	aux	cheveux gris?
Je connais cet homme	à la	barbe blanche.
C'est la jeune fille	aux	yeux bleus.
A qui est cette maison	au	toit rouge?
Regardez cette chambre	aux	murs roses!

[A] + definite article is often used to indicate characteristics or distinguishing features.

3.4 Quelque, quel que, and quoi que ("however," "whatever").

Quelque	intelligent	qu'il soit, il ne saura pas cela.
Quelque	prudent	qu'il soit, il ne réussira jamais.
Quelque	patient	qu'il soit, il n' attendra pas.
Si	méchant	qu'il soit, il n'osera faire cela.
Si	poli	qu'il soit, il ne se taira pas.
Si	habile	qu'il soit, il ne pourra pas le faire.

[Quelque] preceding the adjective is invariable and is translated as "however" as in "however smart he may be."

Quelque	courage	que vous ayez, vous ne le ferez pas.
Quelque	projet	que vous ayez, vous ne le ferez pas.
Quelques	idées	que vous ayez, vous ne réussirez pas.

[Quelque(s)] + noun translates English "whatever" + noun as in "whatever courage you may have."

Quel que soit	son courage,	il ne fera pas cela.
Quelle que soit	son ambition,	il ne voudra pas venir.
Quels que soient	ses plans,	il ne réussira jamais.

Quel que soit + noun (quelle que soit, etc.) translates English "whatever may be" + noun (or "whatever" + noun + "may be").

Quoi que	vous fassiez,	vous ne réussirez jamais.
Quoi que	vous disiez,	je ne vous crois pas.
Quoi que	vous disiez,	vous vous trompez.

Quoi que corresponds to English "whatever" as a pronoun. Do not confuse this with quoique ("although").

Où que	vous alliez,	vous ne m'oublierez pas.
Où qu'	il soit,	il me répond toujours promptement.

Qui que	vous soyez,	vous ne pouvez pas le faire.
Qui que	tu sois,	tu n'es pas capable de le faire.

Note the expressions corresponding to "wherever" and "whoever."

3.5 Servir vs. servir de vs. servir à.

Qu'est-ce que votre mère lui a servi?
Elle lui a servi du café et des fruits.

Marie m'a demandé de lui servir d'interprète.

Ce divan est très utile--la nuit, il sert de lit.

Le couteau sert-il à faire quelque chose?
Oui, il sert à couper des choses.

A quoi est-ce que cela sert?
A mon avis, cela ne sert à rien.

Pourquoi pleurez-vous? Vous savez bien qu'il ne sert à rien de pleurer.

Vous servez-vous de ce stylo? Sinon, je voudrais m'en servir pour écrire une lettre à mes parents.

Servir means "to serve." Servir de means "to serve as" or "to be used as." Servir à means "to be useful for doing something." Note the impersonal construction used with servir à. Se servir de means "to use" or "to utilize."

3.6 Part vs. partie.

Je vous informe de la part de Robert qu'il ne pourra pas venir demain, puisqu'il fait partie du (il est membre du, il appartient au) groupe qui va partir demain soir.

Merci, c'est très gentil de votre part de me faire part de (renseigner de, informer de) cela. Je ne savais pas qu'il faisait partie de ces gens-là.

b) Dites et puis écrivez en français:

No matter how [intelligent] she may be, she will fail. (young/ careful)

Whatever [plans] he may have, he will not succeed. (ambition/ enthusiasm)

Whatever your [plan] may be, be careful! (reason/ idea)

Whatever he may [say] about it, don't believe him! (do/ write)

Regardless of what he [says] , don't let him leave! (claims/ does)

Wherever you may be, [write to] us. (answer)

Whoever you are, don't [park] your car here. (leave)

3.5 a) Répondez aux questions suivantes:

Qu'est-ce que le garçon vous sert?
De quoi vous servez-vous pour écrire?
A quoi est-ce que le crayon sert?
A qui servez-vous de guide?
Est-ce que vous me servez du café?
Est-ce que vous me servez d'interprète?
Est-ce que vous vous servez de mon livre?
Est-ce que la fourchette sert à manger?

b) Dites et puis écrivez en français:

Are you using my [pen] ? (book/ bike)

Did he act as [secretary] for you? (interpreter/ guide)

It's useless to [cry] . (run/ read this book)

Is this [book] useful for anything? (object/ machine)

Use your [dictionary] ! (book/ car)

Why is it useless to [protest] ? (come/ speak)

3.6 a) Exercice de substitution:

Je vous fais part de [ma décision] .

mon projet; mon attitude; mon idée; mon plan.

C'est gentil de [votre part] de l'avoir fait.

sa part; notre part; ta part; leur part.

Nous faisons partie de [ce groupe] .

cette société; cette classe; ce club; ces hommes.

b) Dites et puis écrivez en français:

It's nice of [John] to have come. (Paul/ him)

Did you inform him of our [plans] ? (ideas/ suggestions)

Let's divide the book into [four] parts. (three/ five)

Everyone has his own share, except [Paul] . (John/ Marie)

Il a divisé le livre en cinq parties (portions) égales, pour que chacun de nous ait sa part, à part (sauf) Michel, qui avait d'autres choses à faire.

Tout le monde est venu, à part Roger, qui est malade.

Part means "share"; de la part de means "on one's behalf" (note the expression c'est gentil de votre part which corresponds to "it is nice of you"). A part means "except." Faire part de means "to inform." Partie means "portion" or "part," and faire partie de means "to belong to."

XXVIII: REVIEW LESSON

1.1 Ecrivez des phrases pour illustrer les mots et les expressions suivantes (e.g., part--C'est très gentil de votre part d'être venu me voir.):

1. partie

2. quoi que

3. quelles que

4. vieillissait

5. à part

6. quoique

7. grandit

8. l'un avec l'autre

9. de la part de

10. où que

11. cuit

12. l'un de l'autre

13. cessé

14. les uns les autres

15. je me demande

16. aussitôt que

17. se sentent

18. enverras

19. sent

20. faire couper

21. dès que

22. fais partie

23. je me doute

24. rappelle

25. envie

1.2 Traduisez le dialogue suivant:

Bill: What are you going to do this summer, Betty?

Betty: I'm going to Europe with a group of university students.

Bill: How lucky you are! Where are you going to spend most of the summer?

Betty: In France, where I'll stay until the beginning of August. I plan to spend about five weeks traveling in other countries, too. Since I'm free to do what I want, I've tried to make up (=dresser) a list of cities to visit. But you know, no matter what plan you (=on) may have, you can't always follow it exactly.

Bill: You are right. But wherever you are, don't forget to take pictures. I still remember the slides you showed us at the French Club meeting. They were excellent.

Betty: You flatter me, Bill. I'll bring you a gift from Paris.

Bill: That's very nice of you--you can simply send me post cards from time to time.

Betty: We (=on) shall see. I'll try to write to you as soon as I get to Paris. And what are you going to do, Bill?

Bill: I'm going to work in my uncle's office. I'll stop working toward the middle of August.

Betty: What are you going to do then?

Bill: I'll stay home for about a week, then I'll go to the Province of Quebec. Denise and her family are going there toward the end of August. They invited my brother and me to go there with them.

Betty: That's very nice of them.

Bill: Indeed. It seems also that they have some relatives near Quebec. Denise says she has a cousin there and they write to each other in French.

Betty: They speak French differently in French Canada. When I went there, I hardly understood what they were saying. And then, little by little (=peu à peu) I learned to compare their pronunciation with the one I learned at school. But around Quebec they spoke so clearly that I could understand what they were saying, except a few words here and there (=çà et là).

Bill: I have heard that the landscape (=le paysage) is beautiful.

Betty: That's very true--you see mountains, forests, and rivers everywhere. The air feels so fresh, too. I think you are lucky to go there in summer. When I was there in spring, it was still a little cold. Anyway, I'm sure you will have a lot of fun when you go there.

1.3 La versification français.

La versification française repose sur deux règles générales: la mesure (le nombre des syllabes) et la rime. Vous trouverez ci-dessous quelques aspects principaux de ces deux règles.

A. La rime

1. Il y a deux sortes de rimes: la rime masculine qui se termine dans une syllabe sonore (bonté, mari, enchanteur) et la rime féminine, dont la dernière syllabe est "muette" (donne, livre, sage).

2. La consonne qui précède la dernière voyelle accentuée s'appelle la consonne d'appui. La rime est riche quand la dernière voyelle accentuée a la même consonne d'appui (maison/saison, fendu/défendu, mûre/murmure). S'il n'y a pas de consonne d'appui, la rime est suffisante (bateau/rondeau, précieux/vieux, enfant/levant).

3. La disposition des rimes varie, mais, en général, on observe l'alternance des rimes masculines et féminines:

Il neigeait. On était vaincu par sa conquête. (f.)
Pour la première fois l'aigle baissait la tête.
Sombres jours! L'empereur revenait lentement, (m.)
Laissant derrière lui brûler Moscou fumant.
Il neigeait. L'âpre hiver fondait en avalanche. (f.)
Après la plaine blanche une autre plaine blanche.
On ne connaissait plus les chefs ni le drapeau. (m.)
Hier la grande armée, et maintenant troupeau.

(Victor Hugo, L'Expiation)

B. La mesure

1. L'élision: quand un mot finit par un e muet, suivi d'un mot commençant par une voyelle ou un h muet, l'e muet ne compte pas pour une syllabe.

La nature est un temple où de vivants piliers...

C'est Vénus toute entière à sa proie attachée...

2. L'e muet de la rime féminine ne compte pas non plus.

Pour qui sont ces serpents qui sifflent sur vos têtes?

Comme je descendais des fleuves impassibles...

3. Autrement l'e muet a une valeur syllabique et se prononce généralement comme dans la phrase "donnez-le".

Je le ferais encor, si j'avais à le faire.

Ses ailes de géant l'empêchent de marcher.

La lune froide verse au loin sa pâle flamme.

4. L'hiatus: on dit qu'il y a hiatus quand un mot finissant par une voyelle (qui n'est pas l'e muet) est suivi d'un autre mot qui commence par une voyelle:

...ah! folle que tu es!

Il arrive au haut.

Bien que l'hiatus puisse ajouter à l'harmonie imitative, on l'évite autant que possible depuis le dix-septième siècle. C'est pour la même raison, peut-être, qu'on dit parle-t-il au lieu de parle-il, bel homme au lieu de beau homme, vas-y au lieu de va-y, etc.

5. Les diphtongues: on compte la combinaison de certaines voyelles comme une seule syllabe, au lieu de deux. La règle en est très compliquée, puisque très souvent la valeur syllabique est déterminée par l'étymologie du mot. Par exemple, -ion des substantifs est de deux syllabes (nation, potion) tandis que -iette est très souvent monosyllabique (historiette, serviette).

6. Quantité syllabique

Voici un exemple du vers dissyllabique:

On doute
La nuit...
J'écoute:
Tout fuit
Tout passe
L'espace
Efface
La nuit. (Victor Hugo)

Voici un exemple du vers tétrasyllabique:

A l'infidèle
Cachons nos pleurs.
Aimons ailleurs,
Trompons comme elle. (Parny)

Voici un exemple du vers éptasyllabique:

Ecoute-moi, Madeleine!
L'hiver a quitté la plaine
Qu'hier il glaçait encor.
Viens dans ces bois d'où ma suite
Se retire, au loin conduite
Par les sons errants du cor. (Victor Hugo)

Voici un exemple du vers octosyllabique:

Les petits ifs du cimetière
Frémissant au vent hiémal,
Dans la glaciale lumière.
Avec des bruits sourds qui font mal,
Les croix de bois des tombes neuves
Vibrent sur un ton anormal. (Paul Verlaine)

Le vers décasyllabique est très populaire. Il se coupe en deux hémistiches égaux (5 et 5 syllabes) ou inégaux (4 et 6):

J'ai dit à mon coeur, à mon faible coeur,
N'est-ce point assez d'aimer sa maîtresse,
Et ne vois-tu pas que changer sans cesse,
C'est perdre en désir le temps du bonheur. (Alfred de Musset) (5-5)

En avançant dans notre obscur voyage,
Du doux passé l'horizon est plus beau. (Alphonse de Lamartine) (4-6)

Le vers français le plus usité est le vers de douze syllabes (l'alexandrin). Le plus souvent l'alexandrin est divisé en deux parties rythmiques égales. Cette division s'appelle la césure et les deux parties du vers sont les hémistiches. Il y a généralement deux syllabes accentuées dans chaque hémistiche:

Le jour n'est pas plus pur que le fond de mon coeur.
1 2 3 4 5 6 1 2 3 4 5 6
Oui, je viens dans son temple adorer l'Eternel.
1 2 3 4 5 6 1 2 3 4 5 6

Il est aussi possible de diviser l'alexandrin en trois ou quatre parties:

Et l'oiseau bleu--dans le maïs--en floraison
1 2 3 4 1 2 3,4 1 2 3 4
La faim sacrée--est un long meurtre légitime.
1 2 3 4 1 2 3 4 1 2 3 4

Veux-tu nous en aller sous les arbres profonds?
1 2 1 2 3 4 1 2 3 1 2 3

7. Trouvez dans un dictionnaire français ou dans un traité de versification la définition des mots tels que l'enjambement, l'assonance, l'allitération, la strophe, le sonnet, etc.

2.1 Lisez les poèmes suivants. Relisez-les à haute voix, essayant de tout comprendre sans traduire en anglais. Vous trouverez la définition de certains mots à la fin du dernier poème. Copiez-la, si vous voulez, en marge et non entre les lignes:

LA LUNE BLANCHE

La lune blanche
Luit dans les bois;
De chaque branche
Part une voix
Sous la ramée[1]... 5

O bien aimée.

L'étang[2] reflète,
Profond miroir,
La silhouette
Du saule[3] noir 10
Où le vent pleure...

Rêvons, c'est l'heure.

Un vaste et tendre
Apaisement
Semble descendre 15
Du firmament
Que l'astre irise[4]...

C'est l'heure exquise.

(Paul Verlaine, La Bonne Chanson)

SAISON DES SEMAILLES. LE SOIR

C'est le moment crépusculaire.[5]
J'admire, assis sous un portail,[6]
Ce reste du jour dont s'éclaire
La dernière heure du travail.

Dans les terres, de nuit baignées,[7] 5
Je contemple, ému, les haillons[8]
D'un vieillard qui jette à poignées[9]
La moisson future aux sillons.[10]

Sa haute silhouette noire
Domine les profonds labours.[11] 10
On sent à quel point il doit croire
A la fuite utile des jours.

Il marche dans la plaine immense,
Va, vient, lance la graine au loin,
Rouvre sa main, et recommence, 15
Et je médite, obscur témoin,

Pendant que, déployant ses voiles,
L'ombre, où se mêle une rumeur,[12]
Semble élargir jusqu'aux étoiles
Le geste auguste du semeur. 20

(Victor Hugo, Les Chansons des rues et des bois)

HARMONIE DU SOIR

Voici venir les temps où vibrant sur sa tige
Chaque fleur s'évapore ainsi qu'[13] un encensoir;[14]
Les sons et les parfums tournent dans l'air du soir;
Valse mélancolique et langoureux vertige!

Chaque fleur s'évapore ainsi qu'un encensoir; 5
Le violon frémit comme un coeur qu'on afflige;
Valse mélancolique et langoureux vertige!
Le ciel est triste et beau comme un grand reposoir.[15]

Le violon frémit comme un coeur qu'on afflige,
Un coeur tendre, qui hait le néant[16] vaste et noir! 10
Le ciel est triste et beau comme un grand reposoir;
Le soleil s'est noyé dans son sang qui se fige[17]...

Un coeur tendre, qui hait le néant vaste et noir,
Du passé lumineux recueille tout vestige![18]
Le soleil s'est noyé dans son sang qui se fige... 15
Ton souvenir en moi luit comme un ostensoir![19]

(Charles Baudelaire, Les Fleurs du Mal)

2.2 Notes

[1]"arbor." [2]petit lac. [3]"willow." [4]donne les couleurs de l'arc-en-ciel.

[5]suivant le coucher du soleil. [6]entrée principale d'un édifice. [7]baignées de nuit.
[8]"rags." [9]quantité que la main fermée peut contenir. [10]"furrows." [11]"plowings."
[12]bruit confus.

[13]comme. [14]cassolette suspendue pour brûler l'encens ("censer"). [15]"temporary altar erected in the street for a religious procession." [16]"nothingness." [17]"coagulates." [18]traces. [19]"ostensory, monstrance."

2.3 Exercices

1. Examinez les rimes de ces trois poèmes: lesquelles sont "féminines"? lesquelles sont "riches"?

2. Combien de syllabes y a-t-il dans chaque vers de ces trois poèmes?

3. Divisez syllabiquement chaque vers de l'Harmonie du soir.

4. Rétablissez les vers suivants (quatrains d'un sonnet en alexandrins):

   Je fais souvent ce rêve étrange et pénétrant d'une femme inconnue, et que j'aime et qui m'aime, et qui n'est, chaque fois, ni tout à fait la même ni tout à fait une autre, et m'aime et me comprend. Car elle me comprend, et mon coeur, transparent pour elle seule, hélas! cesse d'être un problème; pour elle seule, et les moiteurs de mon front blême, elle seule les sait rafraîchir, en pleurant. (Verlaine)

2.4 Discussions

1. La lune blanche

   a) Relevez les détails accumulés qui donnent l'impression de la tranquillité du paysage.

   b) Quel effet est-ce que l'allitération de l dans les deux premiers vers produit?

   c) Quel rôle est-ce que les vers 6, 11 et 18 jouent dans ce poème? Quel contraste trouvez-vous entre ces vers et le reste du poème?

   d) Quel effet est-ce que ce poème produit sur vous?

2. Saison des semailles

   a) Qu'est-ce que le vieux semeur représente dans ce poème?

   b) Quel effet le dernier quatrain produit-il sur le lecteur?

   c) Quel est le ton général de ce poème?

   d) Décrivez le paysage où se passe cette scène.

   e) Connaissez-vous le tableau de Millet qui s'appelle un semeur? Est-ce que le poème vous fait penser à ce tableau?

3. Harmonie du soir

   a) Expliquez en détail chaque vers--surtout les images qui s'y trouvent.

   b) Décrivez la disposition des vers.

   c) Analysez la qualité musicale de ce poème (cf. la disposition des sons dans le quatrième vers).

   d) Relevez les mots qui développent une impression visuelle et concrète et ceux qui contribuent à une impression vague et abstraite.

   e) Un des préludes de C. Debussy a été inspiré par ce poème. Si vous le connaissez, discutez ce que ce poème et ce morceau de musique ont en commun.

3.1 Causeries et Compositions: Choisissez un des sujets suivants que vous développerez sous forme de composition de 2-4 paragraphes (pour la lire en classe).

1. Choisissez un poème français que vous aimez et faites le suivant:

a) Qui a écrit ce poème? en quelle année?
b) Quelle est la structure du poème? (la disposition des rimes et des vers)
c) Porte-t-il un titre? De quoi s'agit-il dans ce poème?
d) (Récitez le poème à la classe.)
e) Essayez d'expliquer pourquoi ce poème vous plaît.

2. Choisissez un roman que vous aimez et faites le suivant:

a) Comment s'appelle ce roman? Qui l'a écrit? Quand a-t-il été publié? Quand l'avez-vous lu pour la première fois?
b) Quelle est l'action principale ou l'intrigue?
c) Comment trouvez-vous l'analyse de personnages?
d) Est-ce qu'il y a des incohérences ou des éléments qui contribuent à la faiblesse de l'action?
e) Pourquoi est-ce que vous aimez ce roman?

3. Choisissez un petit morceau de musique classique qui vous plaît et faites le suivant:

a) Qui a écrit ce morceau? en quelle année?
b) A quel genre musical appartient-il? (une fugue, le premier mouvement d'une sonate, d'une symphonie, d'un concerto, une polonaise, une valse, une ballade, une rhapsodie, une fantaisie, une étude, un nocturne, une ouverture, un prélude, un intermezzo, etc.)
c) Pour quel instrument (ou quels instruments) est-il écrit? (pour le piano, pour le violon et le piano, pour l'orchestre, etc.)
d) Quel en est le tempo? très rapide? assez lent?
e) Si vous en possédez un disque, qui l'a enregistré?
f) Quel effet est-ce que ce morceau a sur vous? A quoi ou à qui est-ce qu'il vous fait penser?

4. Apportez en classe un tableau ou une reproduction d'un tableau que vous aimez et expliquez pourquoi vous l'aimez en répondant aux questions suivantes:

a) Qui est-ce qui a peint ce tableau? Quand l'a-t-il fait?
b) Où avez-vous trouvé ce tableau ou cette reproduction?
c) Porte-t-il un titre? Sinon, quel en serait le titre?
d) Pouvez-vous classer ce tableau? A quelle école ou à quel style appartient-il? Est-ce un tableau classique, baroque, impressionniste, cubiste, ou abstrait?
e) Décrivez l'emploi des couleurs et l'équilibre de la composition.
f) Quel est l'effet de l'ensemble de ces éléments?

5. Lequel préférez-vous, le coucher du soleil ou le lever du soleil? Indiquez la raison de votre choix en répondant aux questions suivantes:

a) Est-ce que vous aimez voir le coucher (ou le lever) du soleil à la campagne ou du haut d'un gratte-ciel?
b) Est-ce que votre choix dépend de la saison?
c) Quelle impression est-ce que vous recevez de l'atmosphère qui vous entoure?
d) A quoi est-ce que le coucher (ou le lever) du soleil vous fait penser?

3.2 Débats: Préparez un débat sur un des thèmes suivants.

1. Discutez l'opinion de Cocteau sur la poésie:

"Un poème n'est pas écrit dans la langue que le poète emploie. La poésie est une langue à part et ne se peut traduire en aucune langue, même pas en celle où elle semble avoir été écrite."

2. _Traduttore traditore_ (traducteur, traître): Pensez-vous que la traduction permet de connaître assez bien les oeuvres littéraires étrangères?

3. Est-ce que les oeuvres littéraires offrent le meilleur moyen de faire connaître la culture d'un pays?

4. Citez des ouvrages précis pour montrer comment on peut (ou on ne peut pas) apprécier l'art moderne.

APPENDIX A

FRENCH ORTHOGRAPHIC SYMBOLS

In French the correspondence between writing and sound is somewhat more predictable than in English. This does not mean that in French the sound-spelling relation is good. Most sounds can be represented by a variety of symbols (orthography) and at least a few symbols can correspond to different sounds. The following is a brief summary of the French sounds and their most common possible orthographic equivalents.

CONSONANTS

Phoneme	Orthography	Example	Pronunciation
[p]	p	père	[pɛʀ]
	pp	appartement	[apaʀtəmɑ̃]
	b	obtient	[ɔptjɛ̃]
[t]	t	ton	[tɔ̃]
	tt	attendre	[atɑ̃dʀ]
	d	médecin	[metsɛ̃]
[k]	c	car	[kɑʀ]
	k	kilo	[kilo]
	q	cinq	[sɛ̃k]
	ch	chrétien	[kʀetjɛ̃]
	qu	quand	[kɑ̃]
	x	excuse	[ɛkskyz]
[b]	b	beau	[bo]
	bb	abbé	[abe]
[d]	d	donner	[dɔne]
	dd	addition	[adisjɔ̃]
[g]	g	gant	[gɑ̃]
	gu	guerre	[gɛʀ]
	c	second	[səgɔ̃]
	x	examen	[ɛgzamɛ̃]
[f]	f	faim	[fɛ̃]
	ff	siffler	[sifle]
	ph	téléphone	[telefɔn]
[s]	s	sentir	[sɑ̃tiʀ]
	ss	assez	[ase]
	c	cent	[sɑ̃]
	ç	français	[fʀɑ̃sɛ]
	t	attention	[atɑ̃sjɔ̃]
	x	dix	[dis]
	sc	scie	[si]
[ʃ]	ch	cher	[ʃɛʀ]
	sch	schéma	[ʃema]

Phoneme	Orthography	Example	Pronunciation
[ʒ]	j	jeu	[ʒø]
	g	général	[ʒeneʀal]
	ge	mangeais	[mɑ̃ʒɛ]
[v]	v	vingt	[vɛ̃]
	w	wagon	[vagɔ̃]
[z]	s	rose	[ʀoz]
	x	deuxième	[døzjɛm]
	z	zéro	[zeʀo]
[l]	l	alors	[alɔʀ]
	ll	aller	[ale]
[ʀ]	r	rat	[ʀa]
	rr	errer	[ɛʀe]
	rh	rhume	[ʀym]
[m]	m	main	[mɛ̃]
	mm	commencer	[kɔmɑ̃se]
[n]	n	non	[nɔ̃]
	nn	donner	[dɔne]
	mn	automne	[otɔn]
[ɲ]	gn	agneau	[aɲo]

SEMIVOWELS

Phoneme	Orthography	Example	Pronunciation
[j]	i	vient	[vjɛ̃]
	il	travail	[tʀavaj]
	ille	maille	[maj]
	ï	païen	[pajɛ̃]
	y	yeux	[jø]
[w]	ou (+i)	Louis	[lwi]
	o (+i)	loi	[lwa]
[ɥ]	u (+i)	lui	[lɥi]

VOWELS

Phoneme	Orthography	Example	Pronunciation
[i]	i	lit	[li]
	î	île	[il]
	y	style	[stil]
[e]	e	essai	[esɛ]
	é	parlé	[paʀle]
	er	parler	[paʀle]
	ez	parlez	[paʀle]
	ai	parlai	[paʀle]
[ɛ]	e	bette	[bɛt]
	è	élève	[elɛv]
	ê	bête	[bɛt]
	ë	Noël	[nɔɛl]
	ei	neige	[nɛʒ]
	ai	aime	[ɛm]
	aî	maître	[mɛtʀ]

Phoneme	Orthography	Example	Pronunciation
[a]	a	parle	[paʀl]
	à	à	[a]
	e	femme	[fam]
[a] as in [wa]	oi	moi	[mwa]
	oy	voyons	[vwajɔ̃]
	oe	moelle	[mwal]
[ɑ]	â	âme	[ɑm]
	a	classe	[klɑs]
[ɑ] as in [wɑ]	oi	trois	[tʀwɑ]
	oe	poêle	[pwɑl]
[ɔ]	o	botte	[bɔt]
	au	Maurice	[mɔʀis]
[o]	o	dos	[do]
	ô	tôt	[to]
	au	fausse	[fos]
	eau	beau	[bo]
[u]	ou	doux	[du]
	oû	coûte	[kut]
[y]	u (û)	sur, sûr	[syʀ]
	eu	eu	[y]
[ø]	eu	feu	[fø]
	oeu	oeufs	[ø]
[œ]	eu	leur	[lœʀ]
	oeu	oeuf	[œf]
	oe	oeil	[œj]
	ue	cueille	[kœj]
[ə]	e	leçon	[ləsɔ̃]
	ai	faisons	[fəzɔ̃]
	on	monsieur	[məsjø]

NASAL VOWELS

Phoneme	Orthography	Example	Pronunciation
[œ̃]	un	un	[œ̃]
	um	humble	[œ̃bl]
[ɛ̃]	im	impossible	[ɛ̃pɔsibl]
	in	vin	[vɛ̃]
	ain	vain	[vɛ̃]
	aim	faim	[fɛ̃]
	ein	sein	[sɛ̃]
	(i +)en	vient	[vjɛ̃]
	yn	synchronique	[sɛ̃kʀɔnik]
	ym	symphonie	[sɛ̃fɔni]
[ɔ̃]	om	comprendre	[kɔ̃pʀɑ̃dʀ]
	on	dont	[dɔ̃]
[ɑ̃]	an	an	[ɑ̃]
	am	chambre	[ʃɑ̃bʀ]
	en	en	[ɑ̃]
	em	ensemble	[ɑ̃sɑ̃bl]

APPENDIX B

VERB TABLES

1. Verb Tenses

The following table presents all the tenses in French which are explained in the book. They are given in pairs, i.e., a simple tense followed by its compound tense.

Mood (mode)	Tense (temps)		Example (exemple)
INDICATIVE (indicatif)	present	(présent)	il parle
	present perfect past indefinite	(passé composé) (passé indéfini)	il a parlé
	imperfect	(imparfait)	il parlait
	past perfect pluperfect	(plus-que-parfait)	il avait parlé
	past definite simple past	(passé simple) (passé défini)	il parla
	past anterior	(passé antérieur)	il eut parlé
	future	(futur)	il parlera
	future perfect future anterior	(futur antérieur)	il aura parlé
CONDITIONAL (conditionnel)	present	(présent)	il parlerait
	present perfect past	(passé) (antérieur)	il aurait parlé
SUBJUNCTIVE (subjonctif)	present	(présent)	il parle
	present perfect past	(passé)	il ait parlé
	imperfect	(imparfait)	il parlât
	pluperfect past perfect	(plus-que-parfait)	il eût parlé
IMPERATIVE (impératif)	tu, nous, vous forms only		parle, parlons, parlez
INFINITIVE (infinitif)			parler
PARTICIPLE (participe)	present	(présent)	parlant
	past	(passé)	parlé

2. Irregular Verbs

The following table presents the simple tenses of all major irregular verbs, most of which appear in the French-English vocabulary. The first person singular and plural (je and nous) forms are listed.

a) If the future and conditional tenses are regular (derived from the infinitive), then they are not listed.

b) If the verb usually occurs in the third person singular only (e.g., il pleut), only the third person form of each tense is listed.

c) Under each verb, the different tenses appear in the following order:

INFINITIVE:	PRESENT PARTICIPLE/ PAST PARTICIPLE/ PRESENT INDICATIVE IMPERFECT/ PASSÉ SIMPLE FUTURE INDICATIVE/ PRESENT CONDITIONAL PRESENT SUBJUNCTIVE/ IMPERFECT SUBJUNCTIVE
accourir:	(same conjugational pattern as courir)
acquérir:	acquérant/ acquis/ acquiers, acquérons acquérais, acquérions/ acquis, acquîmes acquerrai, acquerrons/ acquerrais, acquerrions acquière, acquérions/ acquisse, acquissions
admettre:	(same conjugational pattern as mettre)
aller:	allant/ allé (être)/ vais, allons allais, allions/ allai, allâmes irai, irons/ irais, irions aille, allions/ allasse, allassions
appartenir:	(same conjugational pattern as tenir)
apprendre:	(same conjugational pattern as prendre)
s'asseoir:	asseyant/ assis/ assieds, asseyons asseyais, asseyions/ assis, assîmes assiérai, assiérons/ assiérais, assiérions asseye, asseyions/ assisse, assissions
avoir:	ayant/ eu/ ai, avons avais, avions/ eus, eûmes aurai, aurons/ aurais, aurions aie, ayons/ eusse, eussions
boire:	buvant/ bu/ bois, buvons buvais, buvions/ bus, bûmes (regular)/ (regular) boive, buvions/ busse, bussions
bouillir:	bouillant/ bouilli/ bous, bouillons bouillais, bouillions/ bouillis, bouillîmes (regular)/ (regular) bouille, bouillions/ bouillisse, bouillissions
comprendre:	(same conjugational pattern as prendre)
conclure:	concluant/ conclu/ conclus, concluons concluais, concluions/ conclus, conclûmes (regular)/ (regular) conclue, concluions/ conclusse, conclussions

conduire: conduisant/ conduit/ conduis, conduisons
conduisais, conduisions/ conduisis, conduisîmes
(regular)/ (regular)
conduise, conduisions/ conduisisse, conduisissions

connaître: connaissant/ connu/ connais, connaissons
connaissais, connaissions/ connus, connûmes
(regular)/ (regular)
connaisse, connaissions/ connusse, connussions

conquérir: (same conjugational pattern as acquérir)

convaincre: (same conjugational pattern as vaincre)

coudre: cousant/ cousu/ couds, cousons
cousais, cousions/ cousis, cousîmes
(regular)/ (regular)
couse, cousions/ cousisse, cousissions

courir: courant/ couru/ cours, courons
courais, courions/ courus, courûmes
courrai, courrons/ courrais, courrions
coure, courions/ courusse, courussions

couvrir: (same conjugational pattern as ouvrir)

craindre: craignant/ craint/ crains, craignons
craignais, craignions/ craignis, craignîmes
(regular)/ (regular)
craigne, craignions/ craignisse, craignissions

croire: croyant/ cru/ crois, croyons
croyais, croyions/ crus, crûmes
(regular)/ (regular)
croie, croyions/ crusse, crussions

croître: croissant/ crû/ croîs, croissons
croissais, croissions/ crûs, crûmes
(regular)/ (regular)
croisse, croissions/ crûsse, crûssions

cueillir: cueillant/ cueilli/ cueille, cueillons
cueillais, cueillions/ cueillis, cueillîmes
cueillerai, cueillerons/ cueillerais, cueillerions
cueille, cueillions/ cueillisse, cueillissions

découvrir: (same conjugational pattern as ouvrir)

devenir: (same conjugational pattern as venir)

devoir: devant/ dû (due, fem.)/ dois, devons
devais, devions/ dus, dûmes
devrai, devrons/ devrais, devrions
doive, devions/ dusse, dussions

dire: disant/ dit/ dis, disons
disais, disions/ dis, dîmes
(regular)/ (regular)
dise, disions/ disse, dissions

distraire: distrayant/ distrait/ distrais, distrayons
distrayais, distrayions/ (none)
(regular)/ (regular)
distraie, distrayions/ (none)

__dormir__: dormant/ dormi/ dors, dormons
dormais, dormions/ dormis, dormîmes
(regular)/ (regular)
dorme, dormions/ dormisse, dormissions

__écrire__: écrivant/ écrit/ écris, écrivons
écrivais, écrivions/ écrivis, écrivîmes
(regular)/ (regular)
écrive, écrivions/ écrivisse, écrivissions

__émouvoir__: (same conjugational pattern as __mouvoir__)

s'__endormir__: (same conjugational pattern as __dormir__)

__envoyer__: envoyant/ envoyé/ envoie, envoyons
envoyais, envoyions/ envoyai, envoyâmes
enverrai, enverrons/ enverrais, enverrions
envoie, envoyions/ envoyasse, envoyassions

__éteindre__: (same conjugational pattern as __craindre__)

__être__: étant/ été/ suis, sommes
étais, étions/ fus, fûmes
serai, serons/ serais, serions
sois, soyons/ fusse, fussions

__exclure__: (same conjugational pattern as __conclure__)

__faire__: faisant/ fait/ fais, faisons
faisais, faisions/ fis, fîmes
ferai, ferons/ ferais, ferions
fasse, fassions/ fisse, fissions

__falloir__: (none)/ fallu/ il faut
il fallait/ il fallut
il faudra/ il faudrait
il faille/ il fallût

__fuir__: fuyant/ fui/ fuis, fuyons
fuyais, fuyions/ fuis, fuîmes
(regular)/ (regular)
fuie, fuyions/ fuisse, fuissions

__lire__: lisant/ lu/ lis, lisons
lisais, lisions/ lus, lûmes
(regular)/ (regular)
lise, lisions/ lusse, lussions

__maintenir__: (same conjugational pattern as __tenir__)

__mentir__: (same conjugational pattern as __dormir__)

__mettre__: mettant/ mis/ mets, mettons
mettais, mettions/ mis, mîmes
(regular)/ (regular)
mette, mettions/ misse, missions

__mourir__: mourant/ mort (être)/ meurs, mourons
mourais, mourions/ mourus, mourûmes
mourrai, mourrons/ mourrais, mourrions
meure, mourions/ mourusse, mourussions

__mouvoir__: mouvant/ mû (mue, fem.)/ meus, mouvons
mouvais, mouvions/ mus, mûmes

mouvrai, mouvrons/ mouvrais, mouvrions
meuve, mouvions/ musse, mussions

naître: naissant/ né (être)/ nais, naissons
naissais, naissions/ naquis, naquîmes
(regular)/ (regular)
naisse, naissions/ naquisse, naquissions

nuire: nuisant/ nui/ nuis, nuisons
nuisais, nuisions/ nuisis, nuisîmes
(regular)/ (regular)
nuise, nuisions/ nuisisse, nuisissions

offrir: (same conjugational pattern as ouvrir)

ouvrir: ouvrant/ ouvert/ ouvre, ouvrons
ouvrais, ouvrions/ ouvris, ouvrîmes
(regular)/ (regular)
ouvre, ouvrions/ ouvrisse, ouvrissions

partir: (same conjugational pattern as dormir)

peindre: (same conjugational pattern as craindre)

permettre: (same conjugational pattern as mettre)

plaindre: (same conjugational pattern as craindre)

plaire: plaisant/ plu/ plais, plaisons
plaisais, plaisions/ plus, plûmes
(regular)/ (regular)
plaise, plaisions/ plusse, plussions

pleuvoir: pleuvant/ plu/ il pleut
il pleuvait/ il plut
il pleuvra/ il pleuvrait
il pleuve/ il plût

pouvoir: pouvant/ pu/ peux, pouvons
pouvais, pouvions/ pus, pûmes
pourrai, pourrons/ pourrais, pourrions
puisse, puissions/ pusse, pussions

prendre: prenant/ pris/ prends, prenons
prenais, prenions/ pris, prîmes
(regular)/ (regular)
prenne, prenions/ prisse, prissions

promettre: (same conjugational pattern as mettre)

recevoir: recevant/ reçu/ reçois, recevons
recevais, recevions/ reçus, reçûmes
recevrai, recevrons/ recevrais, recevrions
reçoive, recevions/ reçusse, reçussions

reconnaître: (same conjugational pattern as connaître)

remettre: (same conjugational pattern as mettre)

repartir: (same conjugational pattern as partir)

résoudre: résolvant/ résolu/ résous, résolvons
résolvais, résolvions/ résolus, résolûmes

(regular)/ (regular)
résolve, résolvions/ résolusse, résolussions

retenir: (same conjugational pattern as tenir)

revenir: (same conjugational pattern as venir)

revoir: (same conjugational pattern as voir)

rire:
riant/ ri/ ris, rions
riais, riions/ ris, rîmes
(regular)/ (regular)
rie, riions/ risse, rissions

savoir:
sachant/ su/ sais, savons
savais, savions/ sus, sûmes
saurai, saurons/ saurais, saurions
sache, sachions/ susse, sussions

sentir: (same conjugational pattern as dormir)

servir: (same conjugational pattern as dormir)

sortir: (same conjugational pattern as dormir)

souffrir: (same conjugational pattern as ouvrir)

sourire: (same conjugational pattern as rire)

se souvenir: (same conjugational pattern as venir)

suffire:
suffisant/ suffi/ suffis, suffisons
suffisais, suffisions/ suffis, suffîmes
(regular)/ (regular)
suffise, suffisions/ suffisse, suffissions

suivre:
suivant/ suivi/ suis, suivons
suivais, suivions/ suivis, suivîmes
(regular)/ (regular)
suive, suivions/ suivisse, suivissions

tenir:
tenant/ tenu/ tiens, tenons
tenais, tenions/ tins, tînmes
tiendrai, tiendrons/ tiendrais, tiendrions
tienne, tenions/ tinsse, tinssions

vaincre:
vainquant/ vaincu/ vaincs, vainquons
vainquais, vainquions/ vainquis, vainquîmes
(regular)/ (regular)
vainque, vainquions/ vainquisse, vainquissions

valoir:
valant/ valu/ vaux, valons
valais, valions/ valus, valûmes
vaudrai, vaudrons/ vaudrais, vaudrions
vaille, valions/ valusse, valussions

venir:
venant/ venu (être)/ viens, venons
venais, venions/ vins, vînmes
viendrai, viendrons/ viendrais, viendrions
vienne, venions/ vinsse, vinssions

vêtir:
vêtant/ vêtu/ vêts, vêtons
vêtais, vêtions/ vêtis, vêtîmes

	(regular)/ (regular) vête, vêtions/ vêtisse, vêtissions
vivre:	vivant/ vécu/ vis, vivons vivais, vivions/ vécus, vécûmes (regular)/ (regular) vive, vivions/ vécusse, vécussions
voir:	voyant/ vu/ vois, voyons voyais, voyions/ vis, vîmes verrai, verrons/ verrais, verrions voie, voyions/ visse, vissions
vouloir:	voulant/ voulu/ veux, voulons voulais, voulions/ voulus, voulûmes voudrai, voudrons/ voudrais, voudrions veuille, voulions/ voulusse, voulussions

3. Orthographic Changes in First Conjugation Verbs

Orthographic changes occur in the stem of certain regular verbs of the first conjugation (-er). These verbs are not listed, but the principles of the orthographic changes are noted below.

3.1 Verbs ending in -cer , -ger , and -yer .

a) c (pronounced [s]) changes to ç before a or o:
commencer > commençant, commençons, commençais

b) g (pronounced [ʒ]) becomes ge before a or o:
manger > mangeant, mangeons, mangea

The above changes occur in:

1) the PRESENT PARTICIPLE
2) nous form of the PRESENT INDICATIVE
3) je, tu, il, ils forms of the IMPERFECT INDICATIVE
4) je, tu, il, nous, vous forms of the PASSÉ SIMPLE
5) all forms of the IMPERFECT SUBJUNCTIVE.

c) y in the verbs ending in -oyer and -uyer changes to i whenever it is followed by a "mute" e:
employer > emploie, emploierai, emploieriez
appuyer > appuie, appuiera, appuierions

y in the verbs ending in -ayer may be kept in all forms or changed to i whenever it is followed by a "mute" e:
essayer > essaie/essaye, essaierai/essayerai

The above changes occur in:

1) je, tu, il, ils forms of the PRESENT INDICATIVE and PRESENT SUBJUNCTIVE
2) all forms of the FUTURE INDICATIVE and PRESENT CONDITIONAL.

3.2 If a verb has a "mute" e in the last syllable of the stem, this "mute" e changes whenever it is followed by a syllable which contains another "mute" e:

a) in certain verbs, this e becomes è:
mener > mènerai, mènerons, mène, mènent
acheter > achète, achètent, achètera, achèterions

b) in other verbs, the consonant following the e is doubled:
jeter > jette, jettent, jetterai, jetterions
appeler > appelle, appellent, appellera, appelleriez

The above changes occur in:

1) je, tu, il, ils forms of the PRESENT INDICATIVE and PRESENT SUBJUNCTIVE
2) all forms of the FUTURE INDICATIVE and PRESENT CONDITIONAL.

3.3 If a verb has an é in the last syllable of the stem, this é changes to è in the je, tu, il, ils forms of the PRESENT INDICATIVE and the PRESENT SUBJUNCTIVE:
espérer > espère, espères, espèrent

FRENCH-ENGLISH VOCABULARY

1. The three parentheses after each entry are to be marked by a diagonal line each time the word or expression is looked up:

   oublier (×) (/) ( ) to forget

   This indicates that the English equivalent of oublier has been looked up three times.

2. Gender is indicated by the article. In a few words, it is indicated by f. or m. after the noun.

3. Irregular feminine adjectives and plural nouns are indicated in parentheses after the entry:

   curieux (-se)

   This indicates the masculine form curieux and the feminine form curieuse.

4. A dash (--) indicates that the word in the entry occupies that "slot" in the given expression:

   beau, avoir -- (+inf.)
   afin, -- que (+subj.)

   This indicates that the expressions are avoir beau followed by an infinitive and afin que followed by the subjunctive.

5. Idiomatic and prepositional phrases involving a noun are usually listed under the noun. If there is no noun, they are listed under the main part of the phrase:

   bien sûr (look up under sûr)

6. Verbs listed in the table of irregular verbs (Appendix B) are marked with an asterisk (*).

7. This vocabulary includes all words which occur in the book, including Review Lessons, with the exception of:

   a. Obvious and recognizable cognates, unless some special meaning is involved.

   b. Certain words which appear in the reading passages of Review Lessons and whose meaning is explained in the Notes.

   c. Words which are considered to be within the active vocabulary of the first semester French student, such as père, mère, dans, avec, etc.

   d. Structures and syntactically "bound" forms which are explained in the grammar, such as article, personal and relative pronouns, determinatives, interrogative, demonstrative, possessive pronouns, etc.

-A-

	accabler	( )( )( )	to overpower, to overwhelm
s'	accouder	( )( )( )	to lean on one's elbows
	accourir*	( )( )( )	to come running
s'	accoutumer à	( )( )( )	to get used to
	accroupi	( )( )( )	squatting, crouching
un	accueil	( )( )( )	welcome, reception
	acheter	( )( )( )	to buy
	acquérir*	( )( )( )	to acquire
une	addition	( )( )( )	addition; bill
	admettre*	( )( )( )	to admit, allow
	adoucir	( )( )( )	to soften
	adroit	( )( )( )	skillful, clever, handy
une	affaire	( )( )( )	affair, deal; les--s, business
	affamé	( )( )( )	starving, famished
	affliger	( )( )( )	to afflict, pain
	affreux	( )( )( )	frightful
	afin	( )( )( )	--de(+inf.), in order to; --que(+subj.), so that, in order that

un	agent de police	( )( )( )	policeman
s'	agir (de)	( )( )( )	to be a question (of)
	agréable	( )( )( )	pleasant, likable
	aider	( )( )( )	to help, aid
un	aïeul (aïeux)	( )( )( )	grandfather, ancestor
une	aiguille	( )( )( )	needle
	ailleurs	( )( )( )	elsewhere; d'--, besides, moreover
	aimer	( )( )( )	to love, like; --mieux (see XX. 3. 4)
un	air	( )( )( )	air, looks; avoir l'-- to look, seem (see XVII. 3. 4)
	ajouter	( )( )( )	to add
	aller*	( )( )( )	to go; s'en--, to go away, leave
	allumer	( )( )( )	to light
	alors	( )( )( )	then
une	âme	( )( )( )	soul
	amener	( )( )( )	to bring (see V. 5. 1)
un	amour	( )( )( )	love
	amoureux (-se)	( )( )( )	in love, amorous
	ancien (-nne)	( )( )( )	ancient, old; former (see VIII. 3. 3)
un	appareil	( )( )( )	apparatus
	appartenir (à)*	( )( )( )	to belong (to)
	appeler	( )( )( )	to call, summon
	apporter	( )( )( )	to bring (see V. 5. 1)
	apprendre*	( )( )( )	to learn; to teach
s'	approcher (de)	( )( )( )	to approach
un	appui	( )( )( )	support
	après	( )( )( )	after, afterwards
	après-demain	( )( )( )	day after tomorrow
un	arbre	( )( )( )	tree
l'	argent (m.)	( )( )( )	money; silver
une	arme	( )( )( )	weapon, arm
une	armée	( )( )( )	army
une	armoire	( )( )( )	cupboard, closet, wardrobe
(s')	arrêter	( )( )( )	to stop; arrest (see XXVI. 3. 2)
	arriver	( )( )( )	to arrive; to happen
s'	asseoir*	( )( )( )	to sit down
une	assiette	( )( )( )	plate
	attendre	( )( )( )	to wait (for), expect
une	attente	( )( )( )	waiting
	attirer	( )( )( )	to attract
	aussitôt	( )( )( )	immediately; --que, as soon as
un	autobus	( )( )( )	bus
	autour de	( )( )( )	around
	autre	( )( )( )	other
	autrefois	( )( )( )	formerly
	autrement	( )( )( )	otherwise
	avant	( )( )( )	before
	avant-hier	( )( )( )	day before yesterday
	aveugle	( )( )( )	blind
un	avion	( )( )( )	airplane
un	avis	( )( )( )	opinion; notice
	avouer	( )( )( )	to admit, confess

-B-

le	bain	( )( )( )	bath; la salle de--s, bathroom
	baisser	( )( )( )	to lower
le	bal	( )( )( )	ball, dance
la	balle	( )( )( )	ball, bullet
le	banc	( )( )( )	bench
la	barbe	( )( )( )	beard
le	bas	( )( )( )	stocking
	bas (-sse)	( )( )( )	low, base; au (en)--de, at the bottom of
le	bateau (-x)	( )( )( )	boat, ship
le	bâtiment	( )( )( )	building
le	bâton	( )( )( )	stick, staff
	battre	( )( )( )	to beat, strike
	beau (bel, belle)	( )( )( )	beautiful, handsome; avoir-- (+inf.), to do something in vain
le	bébé	( )( )( )	baby
le	besoin	( )( )( )	need, want; avoir--de, to need
la	bête	( )( )( )	beast, animal
	bête	( )( )( )	stupid, dumb

le beurre ( )( )( ) butter
la bibliothèque ( )( )( ) library
bientôt ( )( )( ) soon
la bière ( )( )( ) beer, ale
le bijou (-x) ( )( )( ) jewel
le billet ( )( )( ) ticket; bill (money)
blanc (-che) ( )( )( ) white
blesser ( )( )( ) to wound, hurt
bleu ( )( )( ) blue
le boeuf ( )( )( ) ox, beef
boire* ( )( )( ) to drink
le bois ( )( )( ) wood, forest, lumber
la boisson ( )( )( ) drink, beverage
la boîte ( )( )( ) box
le bord ( )( )( ) edge, rim; shore
la bouche ( )( )( ) mouth
bouillir* ( )( )( ) to boil
le boulanger ( )( )( ) baker
la boulangerie ( )( )( ) bakery
bouleverser ( )( )( ) to upset, to overthrow
la bouteille ( )( )( ) bottle
le bras ( )( )( ) arm
bref (brève) ( )( )( ) brief, short
la brosse ( )( )( ) brush
le brouillard ( )( )( ) fog, mist
le bruit ( )( )( ) noise, rumor
brûler ( )( )( ) to burn
brun ( )( )( ) brown
le bureau (-x) ( )( )( ) office; bureau
buter (contre) ( )( )( ) to strike (come up) against, stumble over

-C-

(se) cacher (à, de) ( )( )( ) to hide, conceal
le cadeau (-x) ( )( )( ) gift, present
le café ( )( )( ) coffee; café
le cahier ( )( )( ) notebook
le, la camarade ( )( )( ) companion, mate
la campagne ( )( )( ) country; à la--, in the country
car ( )( )( ) since, because, for
la carte ( )( )( ) card; chart, map
casser ( )( )( ) to break, crack
la cause ( )( )( ) cause; à--de, because of
la causerie ( )( )( ) talk, chat
céder ( )( )( ) to yield, give in
la ceinture ( )( )( ) belt, sash
chacun ( )( )( ) each one, every one
la chaise ( )( )( ) chair
la chaleur ( )( )( ) heat
la chambre ( )( )( ) (bed)room; --à coucher, bedroom
le champ ( )( )( ) field
la chanson ( )( )( ) song
chanter ( )( )( ) to sing, chant
le chaperon ( )( )( ) hood, protecting cover
chaque ( )( )( ) each
le chat ( )( )( ) cat
chaud ( )( )( ) hot, warm (see II. 5. 1, III. 7. 1)
la chaussée ( )( )( ) street, road
la chaussure ( )( )( ) shoe
chauve ( )( )( ) bald
le chef ( )( )( ) leader, chief, head; --d'oeuvre, masterpiece
le chemin ( )( )( ) road
la chemise ( )( )( ) shirt
le chêne ( )( )( ) oak
le chèque ( )( )( ) check; toucher un--, to cash a check
cher ( )( )( ) dear; expensive (see VIII. 3. 3)
chercher ( )( )( ) to seek, look for, search; --à, to try
le cheval (-aux) ( )( )( ) horse
les cheveux (m.) ( )( )( ) hair
chez ( )( )( ) at the home (shop) of
le chien ( )( )( ) dog

le	chiffon	( )( )( )	rag
le	chiffre	( )( )( )	figure, number
la	chimie	( )( )( )	chemistry
le	chocolat	( )( )( )	chocolate
	choisir	( )( )( )	to choose, select
la	chose	( )( )( )	thing, matter
le	chou(-x)	( )( )( )	cabbage
le	ciel (cieux)	( )( )( )	heaven, sky
la	cigarette	( )( )( )	cigarette
le	cinéma	( )( )( )	movies
la	citronnade	( )( )( )	lemonade
	clair	( )( )( )	clear, bright
la	clef (clé)	( )( )( )	key
le	client	( )( )( )	customer, patron
le	clou	( )( )( )	nail
le	coeur	( )( )( )	heart; de bon--, heartily, gladly
le	coffre	( )( )( )	trunk, locker
le	coin	( )( )( )	corner
la	colère	( )( )( )	anger, temper
	coller	( )( )( )	to stick, glue
le	compositeur	( )( )( )	composer
	comprendre*	( )( )( )	to understand; include
	conclure*	( )( )( )	to conclude
	conduire*	( )( )( )	to lead; drive
	connaître*	( )( )( )	to be acquainted with, know (see I. 6. 3)
	conquérir*	( )( )( )	to conquer
le	conseil	( )( )( )	advice
la	consonne	( )( )( )	consonant
le	conte	( )( )( )	short story, tale
	contenter	( )( )( )	to please, satisfy
	contraire	( )( )( )	contrary
	contre	( )( )( )	against
	convaincre*	( )( )( )	to convince
la	corde	( )( )( )	rope, string, cord
le	corbeau (-x)	( )( )( )	crow
la	côte	( )( )( )	coast
le	côté	( )( )( )	side, way; du--de, in the direction of; à--de, beside
le	cou	( )( )( )	neck
se	coucher	( )( )( )	to go to bed
	coudre*	( )( )( )	to sew
le	coup	( )( )( )	blow, hit, knock
	couper	( )( )( )	to cut, slice
la	cour	( )( )( )	court (yard)
	couramment	( )( )( )	fluently
	courir*	( )( )( )	to run
le	cours	( )( )( )	course
la	course	( )( )( )	errand; running, race
	court	( )( )( )	short
la	couverture	( )( )( )	blanket, cover
	couvrir*	( )( )( )	to cover
	craindre*	( )( )( )	to fear
la	crainte	( )( )( )	fear
la	cravate	( )( )( )	necktie
le	crayon	( )( )( )	pencil
la	crème	( )( )( )	cream
	creux (-se)	( )( )( )	hollow
	crier	( )( )( )	to cry, shout
	croire*	( )( )( )	to believe, think
	croître*	( )( )( )	to grow
	cueillir*	( )( )( )	to pick, gather
le	cuir	( )( )( )	leather
la	cuisine	( )( )( )	kitchen; cooking; faire la--, to cook
	curieux (-se)	( )( )( )	curious

-D-

la	dame	( )( )( )	lady
	davantage	( )( )( )	more, further
	debout	( )( )( )	standing
le	début	( )( )( )	beginning; first appearance
	déchirer	( )( )( )	to tear

	décider	( )( )( )	to decide
	découvrir*	( )( )( )	to discover, uncover
le	défaut	( )( )( )	defect, shortcoming
	défendre	( )( )( )	to forbid; to defend
	déjà	( )( )( )	already
le	déjeuner	( )( )( )	lunch; le petit--, breakfast
	déjeuner	( )( )( )	to have lunch, breakfast
le	délégué	( )( )( )	delegate
	demain	( )( )( )	tomorrow
	demander	( )( )( )	to ask (for); se--, to wonder (see XXIII. 4. 3, XXVI. 3. 2)
	déménager	( )( )( )	to move (see XXIV. 4. 3)
	démolir	( )( )( )	to demolish
la	dent	( )( )( )	tooth
se	dépêcher	( )( )( )	to hurry
	dépenser	( )( )( )	to spend (see XVI. 5. 1)
(se)	déplacer	( )( )( )	to move
	déplaire (à)	( )( )( )	to displease
	déprimant	( )( )( )	depressing
	déranger	( )( )( )	to disturb, bother
	dernier	( )( )( )	last, most recent (see VIII. 3. 3)
	derrière	( )( )( )	behind
	dès que	( )( )( )	as soon as
	désormais	( )( )( )	henceforth
le	dessin	( )( )( )	drawing, design, sketch
	dessiner	( )( )( )	to draw, design, outline
	dessous	( )( )( )	underneath
(se)	détendre	( )( )( )	to relax
	détruire	( )( )( )	to destroy
	devant	( )( )( )	before, in front of
	devenir*	( )( )( )	to become (see XXVII. 3. 2)
	devoir*	( )( )( )	to have to; to be supposed to (see XVII. 3. 1)
le	devoir	( )( )( )	duty; les--s, homework
	dire*	( )( )( )	to say, tell
le	directeur	( )( )( )	manager, director
la	direction	( )( )( )	management, direction
	diriger	( )( )( )	to direct
le	discours	( )( )( )	speech, discourse
	discuter	( )( )( )	to argue, debate; discuss
le	disque	( )( )( )	record; disk
	distraire*	( )( )( )	to distract
le	doigt	( )( )( )	finger
le	don	( )( )( )	gift (natural)
	donc	( )( )( )	so, then, therefore
	donner	( )( )( )	to give
	dormir*	( )( )( )	to sleep
la	douche	( )( )( )	shower
	douter (de)	( )( )( )	to doubt ; se--de, to suspect (see XXVI. 3. 2)
	doux (-ce)	( )( )( )	sweet, gentle, soft
le	drap	( )( )( )	sheet
le	drapeau	( )( )( )	flag
le	droit	( )( )( )	right; law
	droit	( )( )( )	straight; fair
	drôle	( )( )( )	funny
	dur	( )( )( )	hard, harsh
	durer	( )( )( )	to last

-E-

	échapper (à)	( )( )( )	to escape (from)
	échauffé	( )( )( )	heated, warmed
une	échelle	( )( )( )	ladder; scale
	échouer (à)	( )( )( )	to fail (see XVI. 5. 1)
une	école	( )( )( )	school
	écouter	( )( )( )	to listen
	écraser	( )( )( )	to crush, run over
	écrire*	( )( )( )	to write
	effacer	( )( )( )	to erase, efface
un	effet	( )( )( )	effect; en--, in fact, indeed
	égal (-aux)	( )( )( )	equal; ça m'est--, it's all the same to me
s'	égarer	( )( )( )	to get lost
une	église	( )( )( )	church

élève ( )( )( ) pupil, student
élever ( )( )( ) to raise, bring up
s' éloigner (de) ( )( )( ) to go further away
un émail (-aux) ( )( )( ) enamel
embrasser ( )( )( ) to kiss; embrace
emmener ( )( )( ) to take away (see V. 5. 1)
émouvoir* ( )( )( ) to move, stir (mind)
empêcher ( )( )( ) to prevent, stop, hinder
employer ( )( )( ) to use, employ
emporter ( )( )( ) to take away, carry away (see V. 5. 1)
encore ( )( )( ) still, yet; again, more
une encre ( )( )( ) ink
s' endormir* ( )( )( ) to fall asleep
un endroit ( )( )( ) place, spot
un(e) enfant ( )( )( ) child
enfin ( )( )( ) finally; in short
ennuyeux (-se) ( )( )( ) boring
ensemble ( )( )( ) together
ensuite ( )( )( ) then, next
entendre ( )( )( ) to hear; understand; donner à--, to hint
enterrer ( )( )( ) to bury
entre ( )( )( ) between, among
entrer (dans) ( )( )( ) to enter, come in, go in
envahir ( )( )( ) to invade
envelopper ( )( )( ) to envelop, wrap
une envie ( )( )( ) envy; avoir--de, to feel like, want
environ ( )( )( ) about, approximately
envoyer* ( )( )( ) to send
épatant (familiar) ( )( )( ) wonderful, terrific
une épaule ( )( )( ) shoulder
épeler ( )( )( ) to spell
épouser ( )( )( ) to marry
un escalier ( )( )( ) stairs
espérer ( )( )( ) to hope
essayer ( )( )( ) to try
une essence ( )( )( ) gasoline; essence
l' est (m.) ( )( )( ) east
un étage ( )( )( ) floor; story
un étang ( )( )( ) pond, a small lake
un été ( )( )( ) summer
éteindre* ( )( )( ) to extinguish
une étoile ( )( )( ) star
étonner ( )( )( ) to astonish, surprise
étroit ( )( )( ) narrow
une étude ( )( )( ) study; faire des--s, to study
exclure* ( )( )( ) to exclude
un exemple ( )( )( ) example, instance
exiger ( )( )( ) to require, demand
expliquer ( )( )( ) to explain
(s') exprimer ( )( )( ) to express

-F-

la façon ( )( )( ) way, manner
le facteur ( )( )( ) mailman
faible ( )( )( ) weak, dim
la faim ( )( )( ) hunger; avoir--, to be hungry
le fait ( )( )( ) fact; tout à--, quite, completely
la farine ( )( )( ) flour
la faute ( )( )( ) fault, mistake
le fauteuil ( )( )( ) armchair
faux (-sse) ( )( )( ) false, wrong
la fée ( )( )( ) fairy
la femme ( )( )( ) woman; wife
la fenêtre ( )( )( ) window
le fer ( )( )( ) iron
la ferme ( )( )( ) farm
ferme ( )( )( ) firm, steady
fermer ( )( )( ) to close
féroce ( )( )( ) fierce, ferocious
la fête ( )( )( ) feast, party, festival
le feu (-x) ( )( )( ) fire

la	feuille	( )( )( )	leaf; sheet
	fier	( )( )( )	proud
la	fierté	( )( )( )	pride
la	fièvre	( )( )( )	fever
la	figure	( )( )( )	face; figure
le	fil	( )( )( )	thread, string; un coup de--, telephone call
le	fils	( )( )( )	son
la	fin	( )( )( )	end
	fin	( )( )( )	fine, delicate
	finir	( )( )( )	to finish
la	fleur	( )( )( )	flower
la	foi	( )( )( )	faith, belief
la	fois	( )( )( )	time (see XV. 6. 5)
la	forêt	( )( )( )	forest
	fort	( )( )( )	strong
	fou(fol, folle)	( )( )( )	mad, crazy
la	fourchette	( )( )( )	fork
	frais (-îche)	( )( )( )	fresh; cool
	franc (-che)	( )( )( )	frank
	frapper	( )( )( )	to hit, knock
le	frein	( )( )( )	brake
	frémir	( )( )( )	to quiver, tremble
	froid	( )( )( )	cold (see II. 5. 1, III. 7. 1)
le	fromage	( )( )( )	cheese
le	front	( )( )( )	forehead
	frotter	( )( )( )	to rub
	fuir*	( )( )( )	to flee
le	fusil	( )( )( )	gun

-G-

	gagner	( )( )( )	to earn; win, reach
	gai	( )( )( )	cheerful, merry
le	garçon	( )( )( )	boy; waiter
	garder	( )( )( )	guard; keep
la	gare	( )( )( )	station (railroad)
	garer	( )( )( )	to park (car)
le	gâteau (-x)	( )( )( )	cake
	gauche	( )( )( )	left; clumsy
le	gazon	( )( )( )	fine grass, lawn
le	génie	( )( )( )	genius
le	genou (-x)	( )( )( )	knee
les	gens	( )( )( )	people, folk
	gentil (-lle)	( )( )( )	nice, kind
la	glace	( )( )( )	ice; ice cream; mirror
	glissant	( )( )( )	slippery
le	goût	( )( )( )	taste
la	goutte	( )( )( )	drop
la	graisse	( )( )( )	grease, fat
	grand	( )( )( )	big; great; tall (see VIII. 3. 3)
	gras (-sse)	( )( )( )	stout, fat
le,les	gratte-ciel	( )( )( )	skyscraper
le	grenier	( )( )( )	attic
	gris	( )( )( )	grey
	gronder	( )( )( )	to scold; rumble
	gros (-sse)	( )( )( )	overly large, stout; rough
	guérir	( )( )( )	to cure, heal
la	guerre	( )( )( )	war

-H-

	habile	( )( )( )	clever, skillful
s'	habiller	( )( )( )	to get dressed
un	habit	( )( )( )	coat, attire
	habiter	( )( )( )	to inhabit, live
une	habitude	( )( )( )	habit; d'--, usually
	haut	( )( )( )	high, loud; loudly; en--de, at (on) the top of
la	hauteur	( )( )( )	height
une	heure	( )( )( )	hour, time; à l'--, on time; de bonne--, early; à la bonne--, finally, well done!; tout à l'--, shortly, a while ago
	hier	( )( )( )	yesterday
une	histoire	( )( )( )	history; story

un	hiver	( )( )( )	winter
la	honte	( )( )( )	shame; avoir--(de), to be ashamed (of)
	honteux (-se)	( )( )( )	shameful, ashamed
une	huile	( )( )( )	oil

-I-

	ici	( )( )( )	here
	ignorer	( )( )( )	to be unaware of
une	île	( )( )( )	island
une	image	( )( )( )	picture
un	inconvénient	( )( )( )	disadvantage
une	infirmière	( )( )( )	nurse
un	ingénieur	( )( )( )	engineer
s'	installer	( )( )( )	to settle down
	interdire	( )( )( )	to forbid
	intéressant	( )( )( )	interesting
	inutile	( )( )( )	useless

-J-

la	jambe	( )( )( )	leg
le	jardin	( )( )( )	garden
	jaune	( )( )( )	yellow
	jaunir	( )( )( )	to become yellow
	jeter	( )( )( )	to throw
le	jeu (-x)	( )( )( )	play, game
	jeune	( )( )( )	young, youthful
	joli	( )( )( )	pretty
	jouer	( )( )( )	to play (see III. 7. 2)
le	jouet	( )( )( )	toy
le	jour	( )( )( )	day; daylight
le	journal (-aux)	( )( )( )	newspaper; diary
le	juge	( )( )( )	judge
la	jupe	( )( )( )	skirt
	jurer	( )( )( )	to swear
	jusqu'à (ce que)	( )( )( )	until
	juste	( )( )( )	just; au--, exactly
	justement	( )( )( )	precisely, exactly

-L-

	là	( )( )( )	there; --bas, over there; --dedans, inside; --dessus, concerning it; --haut, up there
le	lac	( )( )( )	lake
	laid	( )( )( )	ugly
	laisser	( )( )( )	to leave; let (see XXIII. 4. 2)
le	lait	( )( )( )	milk
	large	( )( )( )	wide, broad
la	larme	( )( )( )	tear
	las (-sse)	( )( )( )	tired, weary
(se)	laver	( )( )( )	to wash (oneself)
	léger	( )( )( )	light
le	légume	( )( )( )	vegetable
le	lendemain	( )( )( )	next day
	lent	( )( )( )	slow
se	lever	( )( )( )	to get up
la	librairie	( )( )( )	bookstore
le	lien	( )( )( )	tie, connection
le	lieu (-x)	( )( )( )	place; au--de, instead of; avoir--, to take place
la	ligne	( )( )( )	line
	lire*	( )( )( )	to read
le	lit	( )( )( )	bed
le	livre	( )( )( )	book
la	livre	( )( )( )	pound
la	loi	( )( )( )	law
	loin (de)	( )( )( )	far
	lointain	( )( )( )	far away, distant
	lorsque	( )( )( )	when
	louer	( )( )( )	to rent; to praise
le	loup	( )( )( )	wolf
	lourd	( )( )( )	heavy
	luire	( )( )( )	to shine
la	lumière	( )( )( )	light

la lune ( )( )( ) moon
les lunettes (f.) ( )( )( ) eyeglasses

-M-

le magasin ( )( )( ) store, shop
maigre ( )( )( ) lean, thin, meager
la main ( )( )( ) hand
maintenant ( )( )( ) now
maintenir* ( )( )( ) to maintain
le maître ( )( )( ) master, teacher
le mal (maux) ( )( )( ) harm, evil
mal ( )( )( ) badly, poorly; faire--à, to hurt; avoir--à, (see XVII. 3. 4)
malade ( )( )( ) ill
le malheur ( )( )( ) misfortune, unhappiness
malheureux (-se) ( )( )( ) unfortunate, unhappy, miserable
manger ( )( )( ) to eat
manquer ( )( )( ) to miss (see III. 7. 4)
le manteau (-x) ( )( )( ) cloak, coat
le marchand ( )( )( ) merchant
le marché ( )( )( ) market, bargain
marcher ( )( )( ) to walk, march
le mari ( )( )( ) husband
marier ( )( )( ) to marry (off); se--(avec), to get married (to, with)
le matelot ( )( )( ) sailor
le matin ( )( )( ) morning
mauvais ( )( )( ) bad, wrong
méchant ( )( )( ) wicked, naughty
mécontent ( )( )( ) unhappy, dissatisfied
même ( )( )( ) same; very; self; even (see VIII. 3. 3); tout de--, quand--, anyway
mener ( )( )( ) to lead, take (see V. 5. 1)
le mensonge ( )( )( ) lie
mentir* ( )( )( ) to tell a lie
la merveille ( )( )( ) marvel, wonder
mettre* ( )( )( ) to put, place, set; se--à(+inf.), to begin
le meurtre ( )( )( ) murder, killing
le milieu (-x) ( )( )( ) middle; environment; au--de, in the middle of
le minuit ( )( )( ) midnight
la modiste ( )( )( ) milliner
moins ( )( )( ) less; au--, at least; à--que(+subj.), unless
le mois ( )( )( ) month
la moisson ( )( )( ) harvest
la moitié ( )( )( ) half
le monde ( )( )( ) world; people (see II. 5. 2)
la monnaie ( )( )( ) money; change
la montagne ( )( )( ) mountain
monter ( )( )( ) to go up, climb, get on; to take up
la montre ( )( )( ) watch
montrer ( )( )( ) to show
se moquer (de) ( )( )( ) to make fun of, mock
le morceau (-x) ( )( )( ) piece, bit
mordre ( )( )( ) to bite
le mot ( )( )( ) word
mou (mol, molle) ( )( )( ) soft
la mouche ( )( )( ) fly
le mouchoir ( )( )( ) handkerchief
mouiller ( )( )( ) to soak, wet
le moulin ( )( )( ) mill
mourir* ( )( )( ) to die; se--, to be dying
le mouton ( )( )( ) sheep
mouvoir* ( )( )( ) to move, stir
le moyen ( )( )( ) means; medium
moyen (-nne) ( )( )( ) average
muet (-tte) ( )( )( ) dumb, mute
le mur ( )( )( ) wall
le musée ( )( )( ) museum

-N-

nager ( )( )( ) to swim
la naissance ( )( )( ) birth
naître* ( )( )( ) to be born

la	natation	( )( )( )	swimming
le	navire	( )( )( )	ship
le	néant	( )( )( )	nothingness
la	neige	( )( )( )	snow
	neiger	( )( )( )	to snow
	nettoyer	( )( )( )	to clean
	neuf (-ve)	( )( )( )	brand new
le	neveu	( )( )( )	nephew
	nier	( )( )( )	to deny
le	niveau	( )( )( )	level
	noir	( )( )( )	black
le	nom	( )( )( )	name; noun
le	nombre	( )( )( )	number
	nommer	( )( )( )	to name
le	nord	( )( )( )	north
la	note	( )( )( )	note; grade (school)
	nouveau	( )( )( )	new; recent (see VIII. 3. 3); de--, again
la	nouvelle	( )( )( )	news
(se)	noyer	( )( )( )	to drown
	nuire (à)*	( )( )( )	to hurt, harm
la	nuit	( )( )( )	night

-O-

	obéir (à)	( )( )( )	to obey
une	occasion	( )( )( )	opportunity, chance; d'--, used, second-hand
un	oeil (yeux)	( )( )( )	eye
un	oeuf	( )( )( )	egg
	offrir*	( )( )( )	to offer
un	oiseau (-x)	( )( )( )	bird
une	ombre	( )( )( )	shadow, shade; à l'--de, in the shade of
un	orage	( )( )( )	(thunder) storm
	ordinaire	( )( )( )	ordinary; d'--, usually, generally
une	oreille	( )( )( )	ear
un	orgueil	( )( )( )	pride
	oser	( )( )( )	to dare
	oublier	( )( )( )	to forget
l'	ouest (m.)	( )( )( )	west
un	ouvrage	( )( )( )	work (artistic)
un	ouvrier	( )( )( )	workman
	ouvrir*	( )( )( )	to open

-P-

la	paille	( )( )( )	straw
le	pain	( )( )( )	bread, loaf
la	paix	( )( )( )	peace
le	panier	( )( )( )	basket
le	papier	( )( )( )	paper
le	papillon	( )( )( )	butterfly
le	paquet	( )( )( )	package, parcel
	paraître	( )( )( )	to appear, seem
	parcourir	( )( )( )	to run (travel) through
	pareil (-lle)	( )( )( )	like, similar
le	parent	( )( )( )	relative; les--s, parents
	paresseux (-se)	( )( )( )	lazy
	parfois	( )( )( )	sometimes
	parier	( )( )( )	to bet
	parler	( )( )( )	to speak, talk
	parmi	( )( )( )	among
	partager	( )( )( )	to share, divide, split
	partir*	( )( )( )	to leave
	partout	( )( )( )	everywhere
	passer	( )( )( )	(see XVI. 5. 1)
	patiner	( )( )( )	to skate
	pauvre	( )( )( )	poor; unfortunate (see VIII. 3. 3)
	payer	( )( )( )	to pay; to settle
le	pays	( )( )( )	country
la	pêche	( )( )( )	fishing; aller à la--, to go fishing
la	pêche	( )( )( )	peach
le	peigne	( )( )( )	comb
	peindre*	( )( )( )	to paint, portray

la	peine	( )( )( )	sorrow, trouble; à--, hardly
la	peinture	( )( )( )	painting
	pendant	( )( )( )	during
	pendre	( )( )( )	to hang
	penser	( )( )( )	to think (see XV. 6. 6)
	perdre	( )( )( )	to lose
	permettre*	( )( )( )	to permit
la	personne	( )( )( )	person; ne. . . --, no one
	peser	( )( )( )	to weigh
	petit	( )( )( )	little, small; young
la	peur	( )( )( )	fear; avoir--(de), to be afraid (of)
	peut-être	( )( )( )	perhaps
le	phare	( )( )( )	beacon, headlight
le	pied	( )( )( )	foot; aller à--, to go on foot
la	pierre	( )( )( )	stone
la	place	( )( )( )	place; square (town)
le	plafond	( )( )( )	ceiling
	plaindre*	( )( )( )	to pity; se--(de), to complain
	plaire (à)*	( )( )( )	to please (see XX. 3. 4)
le	plaisir	( )( )( )	pleasure
le	plancher	( )( )( )	floor
le	plat	( )( )( )	dish, platter
	plat	( )( )( )	flat; monotonous
	plein	( )( )( )	full, crowded
	pleurer	( )( )( )	to weep, cry
	pleuvoir*	( )( )( )	to rain
la	pluie	( )( )( )	rain
la	plume	( )( )( )	pen; feather
	plus	( )( )( )	more; non--, neither
	plusieurs	( )( )( )	several
la	poche	( )( )( )	pocket
la	poésie	( )( )( )	poetry; short poem
le	poids	( )( )( )	weight
le	poisson	( )( )( )	fish
la	poitrine	( )( )( )	chest
le	poivre	( )( )( )	pepper
la	pomme	( )( )( )	apple; --de terre, potato
la	porte	( )( )( )	door
	porter	( )( )( )	to carry, bear, wear (see V. 5. 1)
la	poste	( )( )( )	post (mail)
le	poste	( )( )( )	post (position)
le	potager	( )( )( )	vegetable garden
la	poule	( )( )( )	hen, chicken
la	poupée	( )( )( )	doll
	pourtant	( )( )( )	however
	pousser	( )( )( )	to push
la	poussière	( )( )( )	dust
	pouvoir*	( )( )( )	to be able; can (see XVII. 3. 1)
se	précipiter (sur)	( )( )( )	to rush over, forward
	préférer	( )( )( )	to prefer
	prendre*	( )( )( )	to take; to have (meal)
	près (de)	( )( )( )	near; à peu--, almost, nearly
	présenter	( )( )( )	to introduce, present
	prêt	( )( )( )	ready
	prêter	( )( )( )	to lend
le	prêtre	( )( )( )	priest
	prévenir	( )( )( )	to warn
	prier	( )( )( )	to pray; beg
le	printemps	( )( )( )	spring (time)
le	prix	( )( )( )	price; prize
	prochain	( )( )( )	next
	produire	( )( )( )	to produce
se	promener	( )( )( )	to take a walk
	promettre*	( )( )( )	to promise
	propre	( )( )( )	own; clean; proper (see VIII. 3. 3)
	puis	( )( )( )	then, next
	puisque	( )( )( )	since, because (see XV. 6. 3)
la	puissance	( )( )( )	power
le	puits	( )( )( )	well, shaft
	punir	( )( )( )	to punish

-Q-

le	quart	( )( )( )	fourth part, quarter
le	quartier	( )( )( )	district, quarter
	quelque (s)	( )( )( )	some, any; a few
	quelquefois	( )( )( )	sometimes
la	queue	( )( )( )	tail, line
	quitter	( )( )( )	to leave
	quoique	( )( )( )	although

-R-

	raconter	( )( )( )	to tell, narrate
	raide	( )( )( )	stiff, rigid
	ramasser	( )( )( )	to pick up
la	ramée	( )( )( )	arbor; cut branches with green leaves
	rappeler	( )( )( )	to remind (of); to call back; se--, to remember (see XI. 4. 2)
(se)	raser	( )( )( )	to shave
	recevoir*	( )( )( )	to receive, get
	reconnaître*	( )( )( )	to recognize, admit
	recueillir	( )( )( )	to gather, collect
le	regard	( )( )( )	look
	regarder	( )( )( )	to look (at), watch; to concern
la	règle	( )( )( )	rule
	rejoindre	( )( )( )	to meet, join (see V. 5. 3)
	remarquer	( )( )( )	to notice, remark
	remettre*	( )( )( )	to put back, restore, postpone; to deliver
	remplacer	( )( )( )	to replace, substitute
	remplir	( )( )( )	to fill
le	renard	( )( )( )	fox
	rencontrer	( )( )( )	to meet, encounter (see V. 5. 3)
	rendre	( )( )( )	to return (something); to make (see XVII. 3. 5)
	rentrer	( )( )( )	to go home, get home
	réparer	( )( )( )	to repair, make up for
	repartir*	( )( )( )	to leave again, go back
le	repas	( )( )( )	meal
	répéter	( )( )( )	to repeat, rehearse
	répondre (à)	( )( )( )	to answer, reply
la	réponse	( )( )( )	answer, reply
se	reposer	( )( )( )	to rest
	reprendre	( )( )( )	to take back; to resume
	représenter	( )( )( )	to represent; to perform (a play)
	résoudre*	( )( )( )	to resolve; to solve
	rester	( )( )( )	to remain, stay (see IX. 3. 5)
le	résultat	( )( )( )	outcome, result
le	retard	( )( )( )	delay; en--, late
	retenir*	( )( )( )	to hold back, retain
	retourner	( )( )( )	to go back, return; to turn over
	retrouver	( )( )( )	to find (see V. 5. 3)
	réussir (à)	( )( )( )	to succeed, pass (an exam)
	revanche	( )( )( )	en--, on the other hand
le	rêve	( )( )( )	dream
le	réveille-matin	( )( )( )	alarm-clock
se	réveiller	( )( )( )	to wake up
	revenir*	( )( )( )	to come back, return
	revoir*	( )( )( )	to see again
la	revue	( )( )( )	magazine, journal
le	rhume	( )( )( )	cold
le	rideau (-x)	( )( )( )	curtain
	rire*	( )( )( )	to laugh
la	rivière	( )( )( )	river, creek
la	robe	( )( )( )	dress
le	roman	( )( )( )	novel
le	rosbif	( )( )( )	roast beef
	rose	( )( )( )	pink
le	roseau (-x)	( )( )( )	reed
	rougir	( )( )( )	to become red, to blush
la	route	( )( )( )	road
	roux (-sse)	( )( )( )	red (hair)
la	rue	( )( )( )	street

-S-

le	sac	( )( )( )	bag, handbag
	sale	( )( )( )	dirty, filthy
la	salle	( )( )( )	room, hall
le	salut	( )( )( )	salute; hello
le	sang	( )( )( )	blood
	sans	( )( )( )	without
la	santé	( )( )( )	health
	sauf	( )( )( )	except, but
	sauf (-ve)	( )( )( )	safe
le	saule	( )( )( )	willow tree
	sauter	( )( )( )	to jump
	sauver	( )( )( )	to save
	savant	( )( )( )	learned, scholarly
	savoir*	( )( )( )	to know, (see I. 6. 3)
le	savon	( )( )( )	soap
le	seau (-x)	( )( )( )	pail, bucket
un(e)	secrétaire	( )( )( )	secretary
le	sel	( )( )( )	salt
les	semailles (f.)	( )( )( )	sowing, seedtime
la	semaine	( )( )( )	week
	sembler	( )( )( )	to seem, appear
le	sens	( )( )( )	meaning, sense; direction
	sentir*	( )( )( )	to feel, smell (see XXVI. 3. 2)
	sérieux (-se)	( )( )( )	serious
la	serviette	( )( )( )	napkin; briefcase
	servir*	( )( )( )	to serve; se--(de), to use; --à, to be useful for
	seul	( )( )( )	only, alone (see VIII. 3. 3)
	seulement	( )( )( )	only
le	siecle	( )( )( )	century
la	soeur	( )( )( )	sister
la	soie	( )( )( )	silk
la	soif	( )( )( )	thirst; avoir--, to be thirsty
	soigneux (-se)	( )( )( )	careful, meticulous
le	soir	( )( )( )	evening
la	soirée	( )( )( )	evening; evening party
le	soldat	( )( )( )	soldier
le	soleil	( )( )( )	sun, sunshine
	sombre	( )( )( )	dark
le	sommeil	( )( )( )	sleep; avoir--, to be sleepy
le	son	( )( )( )	sound, ring
la	sorte	( )( )( )	sort, kind, way
	sortir*	( )( )( )	to go or come out
	sot (-tte)	( )( )( )	silly, stupid
	souffrir*	( )( )( )	to suffer
le	soupçon	( )( )( )	suspicion
la	source	( )( )( )	source; spring
	sourd	( )( )( )	deaf
	sourire*	( )( )( )	to smile
le	souvenir	( )( )( )	memory
se	souvenir* (de)	( )( )( )	to remember (see XI. 4. 2)
	souvent	( )( )( )	often
le	stylo	( )( )( )	fountain pen
le	sucre	( )( )( )	sugar
le	sud	( )( )( )	south
	suffire*	( )( )( )	to suffice, to be enough
	suivre*	( )( )( )	to follow; to attend
	supporter	( )( )( )	to bear, withstand
	sûr	( )( )( )	sure, certain; bien--, of course
	surgir	( )( )( )	to come into view suddenly, to loom up
	surtout	( )( )( )	especially, above all

-T-

le	tableau (-x)	( )( )( )	picture, painting
se	taire	( )( )( )	to be silent, to keep quiet
	tandis que	( )( )( )	whereas, while
la	tante	( )( )( )	aunt
le	tapage	( )( )( )	noise, racket
le	tapis	( )( )( )	carpet

	tard	( )( )( )	late
	tellement	( )( )( )	so, such
le	témoin	( )( )( )	witness
le	temps	( )( )( )	time; weather; à--, in time
	tenir*	( )( )( )	to hold, keep; --à, to be anxious, insist on, cherish; tiens! well! I'll be!
	tenter	( )( )( )	to tempt; to try
	terminer	( )( )( )	to end
la	terre	( )( )( )	earth, land, ground
la	tête	( )( )( )	head
le	thé	( )( )( )	tea
le	tiers	( )( )( )	third
la	tige	( )( )( )	stem, stalk
le	timbre	( )( )( )	stamp
	tirer	( )( )( )	to draw, pull; to shoot
le	tiroir	( )( )( )	drawer
le	toit	( )( )( )	roof
	tomber	( )( )( )	to fall
le	tonnerre	( )( )( )	thunder
	tôt	( )( )( )	soon
	toucher	( )( )( )	to touch; to cash (a check)
	toujours	( )( )( )	always; still
le	tour	( )( )( )	turn, trick
la	tour	( )( )( )	tower
	toutefois	( )( )( )	nevertheless, however
le	travail (-aux)	( )( )( )	work
	traverser	( )( )( )	to cross
	tremper	( )( )( )	to soak, drench
	triste	( )( )( )	sad
	tromper	( )( )( )	to deceive, cheat; se-- (de), to be mistaken
le	trou	( )( )( )	hole
	trouver	( )( )( )	to find
	tuer	( )( )( )	to kill

-U-

	usé	( )( )( )	worn out (see V. 5. 5)
une	usine	( )( )( )	factory, plant
	utile	( )( )( )	useful

-V-

la	vacance	( )( )( )	vacancy; les--s, vacation
	vaincre*	( )( )( )	to vanquish
la	valise	( )( )( )	suitcase
	valoir*	( )( )( )	to be worth; --mieux, to be better
se	vanter (de)	( )( )( )	to boast; to take pride (in)
le	vendeur	( )( )( )	salesman
	vendre	( )( )( )	to sell
	venir*	( )( )( )	to come; --de(+inf.), to have just (see XIII. 5. 2)
le	vent	( )( )( )	wind
la	vente	( )( )( )	sale
le	ventre	( )( )( )	stomach
la	vérité	( )( )( )	truth
le	verre	( )( )( )	glass
le	vers	( )( )( )	verse, line (of poetry)
	vers	( )( )( )	toward, (at) about
	verser	( )( )( )	to pour
	vert	( )( )( )	green
la	vertu	( )( )( )	virtue
	vêtir*	( )( )( )	to dress
la	veuve	( )( )( )	widow
la	viande	( )( )( )	meat
	vide	( )( )( )	empty
la	vie	( )( )( )	life
	vieillir	( )( )( )	to become old
	vieux (vieil, vieille)	( )( )( )	old
la	ville	( )( )( )	city, town
le	vin	( )( )( )	wine
	vite	( )( )( )	quickly, fast
	vivre*	( )( )( )	to live
la	voile	( )( )( )	sail, canvas

le	voile	( )( )( )	veil
	voir*	( )( )( )	to see
le	voisin	( )( )( )	neighbor
la	voiture	( )( )( )	carriage, car
la	voix	( )( )( )	voice
le	volant	( )( )( )	steering wheel
	voler	( )( )( )	to steal; to fly
	vouloir*	( )( )( )	to want, wish (see **XVII. 3. 1, XX. 3. 4**)
	voyager	( )( )( )	to travel
la	voyelle	( )( )( )	vowel
	vrai	( )( )( )	true
	vraiment	( )( )( )	really
	vraisemblable	( )( )( )	plausible, likely
la	vue	( )( )( )	view, sight

-W,X, Y, Z-

ENGLISH-FRENCH VOCABULARY

1. The four parentheses after each entry are to be marked by a diagonal line each time the word or expression is looked up:

   to forget (X)(/)( )( ) oublier

   This indicates that the French equivalent of to forget has been looked up three times.

2. A noun usually has no entry of its own if its counterpart in the verb or adjective exists. In such cases, the noun is indicated after the verb, offset by a colon (:), and with an article:

   to swim, nager: la natation

   This indicates that the verb to swim is nager, and its noun (swimming) is la natation.

3. Irregular feminine adjectives and plural nouns are indicated in parentheses after the masculine adjective or singular noun:

   gift, le cadeau (-x), le présent

   This indicates that the plural of cadeau is cadeaux.

4. Semi-colon (;) indicates difference in connotation, whenever more than two equivalents are given:

   to tell, dire; raconter (see IX. 3. 3)

   The difference in connotation or use is explained either in parentheses after the French equivalents, or by a reference to the grammar section of the book. In the above example, the student should look up Lesson IX, Part 3, Section 3 of the book for explanation.

5. If a preposition is enclosed in parentheses, this preposition is not required unless the verb has a complement:

   to obey, obéir (à)

   This indicates that il obéit is a complete statement, as are il obéit à son père, il lui obéit, etc.

   to need, avoir besoin de

   This indicates that j'ai besoin is an incomplete statement, and it should be j'en ai besoin, j'ai besoin de mon livre, etc.

6. A dash (--) indicates that the word in the entry occupies that "slot" in the given expression:

   country, in the--

   This indicates that the expression on the right-hand column is in the country.

7. Idiomatic and prepositional phrases are listed under the main part of the phrase:

   of course (look up under course)
   to be interested in (look up under interested)

8. This vocabulary includes all words which occur in the exercises, including Review Lessons, with the exception of:

   a. Structures and syntactically "bound" forms which require lengthy explanations, such as articles, personal and relative pronouns, determinatives, interrogative, demonstrative, possessive pronouns, etc. For such words, it is advisable to consult the index of the book.

   b. Words which are considered to be within the active vocabulary of the first semester French student, such as father, mother, book, etc.

9. Abbreviations used in this vocabulary are:

adj.	adjective	m.	masculine
adv.	adverb	prep.	preposition
f.	feminine	qn.	quelqu' un
inf.	infinitive	subj.	subjunctive

-A-

about	( )( )( )( )	(see V. 5. 4 meaning concerning and approximately)
above	( )( )( )( )	au-dessus (de)
abroad	( )( )( )( )	à l'étranger
absent	( )( )( )( )	absent: une absence; --minded, distrait
absolute	( )( )( )( )	absolu
to accept	( )( )( )( )	accepter
to accomplish	( )( )( )( )	(see finish)
according to	( )( )( )( )	selon, d'après
to acquire	( )( )( )( )	acquérir
across	( )( )( )( )	à travers; de l'autre côté de
to add	( )( )( )( )	ajouter
to admit	( )( )( )( )	admettre; avouer
advantage	( )( )( )( )	un avantage; to take --of, profiter de
to advise	( )( )( )( )	conseiller (à qn.) (de+inf.): le conseil
after	( )( )( )( )	après (que); --wards, après
again	( )( )( )( )	de nouveau, encore (une fois)
against	( )( )( )( )	contre
ago	( )( )( )( )	il y a+time (see XI. 4. 4)
ahead	( )( )( )( )	en avant (forward); en avance (early); d'avance (in anticipation)
all	( )( )( )( )	(see XIX. 4. 1)
almost	( )( )( )( )	presque
alone	( )( )( )( )	seul (see VIII. 3. 3)
aloud	( )( )( )( )	haut, à haute voix
already	( )( )( )( )	déjà
although	( )( )( )( )	bien que, quoique (+subj.)
always	( )( )( )( )	toujours
among	( )( )( )( )	parmi
angry	( )( )( )( )	to get--, se mettre en colère, se fâcher (contre); to be--, être fâché (contre): la colère
to answer	( )( )( )( )	répondre (à)
anyone	( )( )( )( )	(see IX. 3. 1)
anything	( )( )( )( )	(see IX. 3. 1)
anyway	( )( )( )( )	enfin (in short); tout de même (all the same); en tout cas (in any case); quand même (in spite of everything); après tout (after all)
to apologize	( )( )( )( )	s'excuser, faire des excuses
to appear	( )( )( )( )	(see seem)
appointment	( )( )( )( )	le rendez-vous
to approach	( )( )( )( )	s'approcher (de)
arm	( )( )( )( )	le bras; une arme (weapon)
around	( )( )( )( )	autour (de)
to arrange	( )( )( )( )	arranger
to arrive	( )( )( )( )	arriver: une arrivée
ashamed	( )( )( )( )	honteux (-se); to be--, avoir honte (de), être honteux (de)
asleep	( )( )( )( )	endormi
at	( )( )( )( )	at+time (see XII. 4. 2); at+place (see XII. 4. 1)
attic	( )( )( )( )	le grenier, la mansarde
average	( )( )( )( )	moyen (-nne): la moyenne

-B-

bad	( )( )( )( )	mauvais; méchant
bag	( )( )( )( )	le sac
bath	( )( )( )( )	le bain; --room, la salle de bains; --tub, la baignoire
to bear	( )( )( )( )	supporter
because	( )( )( )( )	parce que; --of, à cause de
to become	( )( )( )( )	(see XXVII. 3. 2)
bed	( )( )( )( )	le lit; --room, la chambre (à coucher); to go to--, se coucher
beer	( )( )( )( )	la bière
before	( )( )( )( )	(see XV. 6. 4)
to begin	( )( )( )( )	commencer (à+inf.), se mettre à(+inf.); beginning with, à partir de

behind	( )( )( )( )	derrière
Belgium	( )( )( )( )	la Belgique: belge (adj.)
to believe	( )( )( )( )	croire; to--in, croire à, (in God, en Dieu)
to belong to	( )( )( )( )	appartenir à, être à; faire partie de (membership)
below	( )( )( )( )	au-dessous (de)
beside	( )( )( )( )	à côté (de)
besides	( )( )( )( )	d'ailleurs, de plus, du reste
to bet	( )( )( )( )	parier
between	( )( )( )( )	entre
beyond	( )( )( )( )	au delà de; hors de
big	( )( )( )( )	grand; gros (-sse)
bill	( )( )( )( )	une addition (restaurant); le billet (money); la facture (invoice)
bird	( )( )( )( )	un oiseau (-x)
birthday	( )( )( )( )	un anniversaire, la date de naissance
to bite	( )( )( )( )	mordre
bitter	( )( )( )( )	amer: une amertume
black	( )( )( )( )	noir; to become--, noircir
blind	( )( )( )( )	aveugle
blue	( )( )( )( )	bleu
boat	( )( )( )( )	le bateau
to boil	( )( )( )( )	(see XXVI. 3. 4)
bookstore	( )( )( )( )	la librairie
boring	( )( )( )( )	ennuyeux (-se); to be bored, être ennuyé, s'ennuyer
born	( )( )( )( )	né; to be--, naître
to borrow	( )( )( )( )	emprunter (à) (qn.)
to bother	( )( )( )( )	déranger, ennuyer
bottle	( )( )( )( )	la bouteille
box	( )( )( )( )	la boîte
Brazil	( )( )( )( )	le Brésil: brésilien (adj.)
bread	( )( )( )( )	le pain
to break	( )( )( )( )	casser; rompre
breakfast	( )( )( )( )	le petit déjeuner
to bring	( )( )( )( )	(see V. 5. 1)
brown	( )( )( )( )	brun; to become--, brunir
to brush	( )( )( )( )	brosser: la brosse
to build	( )( )( )( )	bâtir, construire
building	( )( )( )( )	le bâtiment, un édifice
to burn	( )( )( )( )	brûler
bus	( )( )( )( )	un autobus
business	( )( )( )( )	le commerce; les affaires (f.)
busy	( )( )( )( )	to be--, être occupé; to be--doing, être en train de+inf.
butter	( )( )( )( )	le beurre
button	( )( )( )( )	le bouton
to buy	( )( )( )( )	acheter

-C-

cake	( )( )( )( )	le gâteau (-x)
Canada	( )( )( )( )	le Canada: canadien (adj.)
card	( )( )( )( )	la carte
to carry	( )( )( )( )	porter; to--away, emporter
cat	( )( )( )( )	le chat
ceiling	( )( )( )( )	le plafond
chair	( )( )( )( )	la chaise
chance	( )( )( )( )	le hasard, une occasion; les chances (f.) (probability); by--, par hasard
to change	( )( )( )( )	changer; to--from (one to another), changer de: la monnaie (coin); le changement
character	( )( )( )( )	le caractère; le personnage (in fiction, plays)
cheap	( )( )( )( )	à bon marché; peu coûteux; ne (être) pas cher
chemistry	( )( )( )( )	la chimie
child	( )( )( )( )	l'enfant (f., m.)
China	( )( )( )( )	la Chine: chinois (adj.)
choice	( )( )( )( )	le choix
to choose	( )( )( )( )	choisir
church	( )( )( )( )	une église
city	( )( )( )( )	la ville
to clean	( )( )( )( )	nettoyer: propre (adj.) (see VIII. 3. 3)
clear	( )( )( )( )	clair
clever	( )( )( )( )	habile, adroit; ingénieux (-se)
to close	( )( )( )( )	fermer
cold	( )( )( )( )	froid (see II. 5. 1, III. 7. 1): le froid; le rhume

color ( )( )( )( ) la couleur; what--?, de quelle couleur?
comb ( )( )( )( ) le peigne
to come ( )( )( )( ) venir
to complain ( )( )( )( ) se plaindre (de)
complete ( )( )( )( ) complet; --ly, complètement, tout à fait
composer ( )( )( )( ) le compositeur
to conclude ( )( )( )( ) conclure
to confess ( )( )( )( ) avouer
to conquer ( )( )( )( ) conquérir
to consent ( )( )( )( ) consentir (à): le consentement
to consist ( )( )( )( ) --of or in, consister à+inf., en+noun, se composer de
to cook ( )( )( )( ) (see XXVI. 3. 4): la cuisinière, le cuisinier
copy ( )( )( )( ) un exemplaire (book); la copie (reproduction); le numéro (newspaper, magazine)
corner ( )( )( )( ) le coin
to cost ( )( )( )( ) coûter: le coût; le prix
counter ( )( )( )( ) le rayon; le comptoir
country ( )( )( )( ) le pays; la patrie (fatherland); in the--, à la campagne
course ( )( )( )( ) le cours (see XXIII. 4. 3); to take a--, suivre un cours; of--, bien sûr, bien entendu; in the--of, au cours de
to cover ( )( )( )( ) couvrir: la couverture
cream ( )( )( )( ) la crème
to cross ( )( )( )( ) traverser
to cry ( )( )( )( ) (see to shout or to weep)
to cure ( )( )( )( ) guérir
curious ( )( )( )( ) curieux (-se): la curiosité
to cut ( )( )( )( ) couper; sécher (class)

-D-

to dance ( )( )( )( ) danser: le bal; la danse
to dare ( )( )( )( ) oser (+inf.)
dark ( )( )( )( ) sombre; noir; foncé (of colors)
date ( )( )( )( ) la date (calendar); le rendez-vous (meeting)
day ( )( )( )( ) le jour; la journée (see IV. 10. 2); every Monday, le lundi; on Monday, lundi
deaf ( )( )( )( ) sourd
dear ( )( )( )( ) cher (see VIII. 3. 3)
to decide ( )( )( )( ) décider (de+inf.)
to demand ( )( )( )( ) exiger; --ing, exigeant (adj.)
Denmark ( )( )( )( ) le Danemark: danois (adj.)
to depend ( )( )( )( ) dépendre (de)
diary ( )( )( )( ) le journal
to die ( )( )( )( ) mourir; to be dying, se mourir
dirty ( )( )( )( ) sale
disadvantage ( )( )( )( ) un inconvénient
to discover ( )( )( )( ) découvrir: la découverte
to discuss ( )( )( )( ) discuter
dish ( )( )( )( ) le plat (vessel or its contents); le mets (meal)
doctor ( )( )( )( ) le médecin, le docteur
dog ( )( )( )( ) le chien
door ( )( )( )( ) la porte
to doubt ( )( )( )( ) douter: le doute (see XXVI. 3. 2)
doubtful ( )( )( )( ) douteux (-se); undoubtedly, sans (aucun) doute
downstairs ( )( )( )( ) en bas
downtown ( )( )( )( ) le centre (de la ville); to go--, aller en ville
to dress ( )( )( )( ) mettre; to get dressed, s'habiller: la robe
to drink ( )( )( )( ) boire: la boisson
to dry ( )( )( )( ) sécher: sec (sèche) (adj.): la sécheresse
dumb ( )( )( )( ) muet (muette); (see stupid)
during ( )( )( )( ) pendant
duty ( )( )( )( ) le devoir

-E-

each ( )( )( )( ) chaque; --one, chacun(e); (see XIX. 4. 2)
ear ( )( )( )( ) une oreille
early ( )( )( )( ) tôt, de bonne heure
to earn ( )( )( )( ) gagner
east ( )( )( )( ) l'est (m.)
to eat ( )( )( )( ) manger; --a meal, prendre un repas
egg ( )( )( )( ) un oeuf

to end ( )( )( )( ) terminer: la fin
engineer ( )( )( )( ) un ingénieur
to enter ( )( )( )( ) entrer (dans)
to erase ( )( )( )( ) effacer
errand ( )( )( )( ) la course
especially ( )( )( )( ) surtout
even ( )( )( )( ) même (see VIII. 3. 3)
evening ( )( )( )( ) le soir; la soirée (see IV. 10. 2)
every ( )( )( )( ) (see each or XIX. 4. 1)
exact ( )( )( )( ) exact; --ly, exactement; justement, précisément
except ( )( )( )( ) sauf, excepté; ne... que (with another negative word)
to expect ( )( )( )( ) (see XXI. 5. 4)
expensive ( )( )( )( ) coûteux, cher (see VIII. 3. 3)
to experience ( )( )( )( ) éprouver; experienced, expérimenté (adj.): une expérience
to explain ( )( )( )( ) expliquer: une explication
eye ( )( )( )( ) un oeil (des yeux)

-F-

face ( )( )( )( ) la figure, le visage
fact ( )( )( )( ) le fait; in--, en effet
to fail ( )( )( )( ) échouer (à)
faith ( )( )( )( ) la foi; la confiance (trust)
far ( )( )( )( ) loin (de); --away, lointain (adj.); --from it!, loin de là!
fast ( )( )( )( ) rapide; vite, rapidement (adv.)
fat ( )( )( )( ) gras (-sse)
to fear ( )( )( )( ) craindre, avoir peur (de): la peur, la crainte
to feel ( )( )( )( ) (se) sentir (see XVI. 3. 2)
fever ( )( )( )( ) la fièvre
field ( )( )( )( ) le champ; le domaine
to fill ( )( )( )( ) remplir
finally ( )( )( )( ) enfin, finalement; à la fin
to find ( )( )( )( ) trouver
finger ( )( )( )( ) le doigt
to finish ( )( )( )( ) finir; achever, accomplir
fire ( )( )( )( ) le feu
first ( )( )( )( ) premier; at--, (see IV. 10. 3)
fish ( )( )( )( ) le poisson
fishing ( )( )( )( ) la pêche; to go--, aller à la pêche
flag ( )( )( )( ) le drapeau
flat ( )( )( )( ) plat
to flee ( )( )( )( ) fuir
floor ( )( )( )( ) le plancher; un étage (level)
fluently ( )( )( )( ) couramment
to follow ( )( )( )( ) suivre
foot ( )( )( )( ) le pied; on--, à pied
to forbid ( )( )( )( ) défendre (à qn.) (de+inf.)
foreign ( )( )( )( ) étranger
to forget ( )( )( )( ) oublier (de+inf.)
formula ( )( )( )( ) la formule
free ( )( )( )( ) libre
full ( )( )( )( ) plein (de)
fun ( )( )( )( ) to have--, s'amuser (à+ inf.); to make--of, se moquer de
funny ( )( )( )( ) amusant

-G-

game ( )( )( )( ) le jeu (-x)
garden ( )( )( )( ) le jardin
gas ( )( )( )( ) le gaz
gasoline ( )( )( )( ) l'essence (f.)
Germany ( )( )( )( ) l'Allemagne (f.): allemand (adj.)
to get ( )( )( )( ) obtenir; to--up, se lever; to--out, sortir; to--in, entrer, monter (dans); to--down, descendre; to--away, s'en tirer; to--along with (a person), s'entendre avec; to--along without (see without); to--rid of, se débarrasser de
gift ( )( )( )( ) le cadeau (-x), le présent
to give ( )( )( )( ) donner; to--in, céder; to--up, renoncer à
glass ( )( )( )( ) le verre
glasses ( )( )( )( ) les lunettes (f.)
glove ( )( )( )( ) le gant
to go ( )( )( )( ) aller; to--away, s'en aller
green ( )( )( )( ) vert

grey ( )( )( )( ) gris
ground ( )( )( )( ) la terre; le sol
to grow ( )( )( )( ) (see XXVI. 3. 4)
to guess ( )( )( )( ) deviner
guest ( )( )( )( ) un invité, une invitée

-H-

hair ( )( )( )( ) les cheveux (m.)
half ( )( )( )( ) la moitié; --way, à moitié, à mi-chemin
hand ( )( )( )( ) la main
handkerchief ( )( )( )( ) le mouchoir
to happen ( )( )( )( ) (see XVI. 5. 1, XVII. 3. 4)
happy ( )( )( )( ) heureux (-se)
hardly ( )( )( )( ) à peine; ne... guère
to hate ( )( )( )( ) haïr, détester: la haine
head ( )( )( )( ) la tête; le chef (leader)
healthy ( )( )( )( ) sain: la santé
to hear ( )( )( )( ) entendre (see XXI. 5. 3)
heavy ( )( )( )( ) lourd
to help ( )( )( )( ) aider: une aide
to hide ( )( )( )( ) to--from, (se) cacher (à, de)
high ( )( )( )( ) haut
to hit ( )( )( )( ) frapper, heurter
to hold ( )( )( )( ) tenir
holiday ( )( )( )( ) le jour de fête; jour de congé (school, work)
home ( )( )( )( ) at--, à la maison, chez soi; to get, come, go, return--, rentrer (à la maison)
homework ( )( )( )( ) les devoirs (m.), le devoir (de français, de chimie, etc.)
to hope ( )( )( )( ) espérer: un espoir, une espérance
hot ( )( )( )( ) chaud (see II. 5. 1, III. 7. 1)
how ( )( )( )( ) (in questions, see VII. 4. 1); (in exclamations, see VII. 4. 2)
however ( )( )( )( ) pourtant, toutefois, cependant
hungry ( )( )( )( ) to be--, avoir faim: la faim
to hurry ( )( )( )( ) se dépêcher (de+inf.)
to hurt ( )( )( )( ) faire mal (à); avoir mal (à) (see VII. 4. 4)
husband ( )( )( )( ) le mari, un époux

-I-

ice ( )( )( )( ) la glace; --cream, la glace
ill ( )( )( )( ) malade, souffrant
in ( )( )( )( ) in+time (see XII. 4. 1); in+place (see XII. 4. 2)
indeed ( )( )( )( ) en effet
to inform ( )( )( )( ) renseigner (fact); faire savoir à: les renseignements (m.)
ink ( )( )( )( ) l'encre (f.)
inside ( )( )( )( ) dedans; là-dedans; à l'intérieur (de)
interested ( )( )( )( ) to be--, s'intéresser à: un intérêt
interesting ( )( )( )( ) intéressant
to introduce ( )( )( )( ) présenter (see XI. 1. 4)
to irritate ( )( )( )( ) agacer, froisser; fâcher

-J-

Japan ( )( )( )( ) le Japon: japonais (adj.)
to join ( )( )( )( ) joindre; rejoindre
to judge ( )( )( )( ) juger: le juge; le jugement
to jump ( )( )( )( ) sauter: le saut

-K-

to keep ( )( )( )( ) garder; maintenir; tenir, retenir
key ( )( )( )( ) la clef (clé)
to kill ( )( )( )( ) tuer
kind ( )( )( )( ) la sorte, une espèce
kind ( )( )( )( ) bon (bonne); aimable; gentil (-lle)
to kiss ( )( )( )( ) embrasser, baiser: le baiser
kitchen ( )( )( )( ) la cuisine
knee ( )( )( )( ) le genou (-x)
knife ( )( )( )( ) le couteau (-x)
to know ( )( )( )( ) savoir; connaître; (see I. 6. 3)

-L-

to lack ( )( )( )( ) manquer (de)
lady ( )( )( )( ) la dame

lake ( )( )( )( ) le lac
to last ( )( )( )( ) durer
last ( )( )( )( ) dernier (see VIII. 3. 3); at--, enfin, finalement
late ( )( )( )( ) tard; en retard (for appointed time)
to laugh ( )( )( )( ) rire; --at, rire de; to burst out--ing, éclater de rire
law ( )( )( )( ) la loi; to study--, faire son droit, étudier le droit
lawyer ( )( )( )( ) un avocat
leaf ( )( )( )( ) la feuille
to learn ( )( )( )( ) apprendre (à+inf.)
least ( )( )( )( ) at--, au moins, du moins
to leave ( )( )( )( ) laisser, quitter, partir (de) (see V. 5. 2)
left ( )( )( )( ) to have--, il reste... (à) (see XVII. 3. 3)
left ( )( )( )( ) gauche; to the--, à gauche (de)
leg ( )( )( )( ) la jambe
to lend ( )( )( )( ) prêter
to let ( )( )( )( ) (see XXIII. 4. 2)
liberty ( )( )( )( ) la liberté
library ( )( )( )( ) la bibliothèque
to lie ( )( )( )( ) mentir: le mensonge
life ( )( )( )( ) la vie; to lead a--, mener une vie
light ( )( )( )( ) léger
to light ( )( )( )( ) allumer (cigarette, lamp, etc.); éclairer (room): la lumière
to like ( )( )( )( ) (see XX. 3. 4)
line ( )( )( )( ) la ligne
to listen ( )( )( )( ) écouter
to live ( )( )( )( ) vivre; demeurer (à, dans), habiter
living ( )( )( )( ) to make a--, gagner la vie; --room, le salon, la salle de séjour
long ( )( )( )( ) long (-gue): la longueur
to look ( )( )( )( ) --at, regarder; to--for, chercher; to--like, ressembler à; (see to seem)
to lose ( )( )( )( ) perdre; la perte
loudly ( )( )( )( ) (see aloud)
to love ( )( )( )( ) aimer, adorer (see XX. 3. 4); to fall in--, tomber amoureux (de); to be in--, être amoureux (de): un amour
low ( )( )( )( ) bas (basse)
luck ( )( )( )( ) la (bonne) chance; to be lucky, avoir de la chance
to lunch ( )( )( )( ) déjeuner: le déjeuner

-M-

mad ( )( )( )( ) fou (folle)
magazine ( )( )( )( ) la revue; le magazine
maid ( )( )( )( ) la bonne; old--, la vieille fille
mail ( )( )( )( ) le courrier
mailman ( )( )( )( ) le facteur
man ( )( )( )( ) un homme
manager ( )( )( )( ) le directeur
mark ( )( )( )( ) la marque; la tache (stain)
market ( )( )( )( ) le marché
to marry ( )( )( )( ) épouser; to get married, se marier (avec): le mariage
meal ( )( )( )( ) le repas; to have a--, prendre un repas
to mean ( )( )( )( ) vouloir dire, signifier; avoir l'intention de+inf.: le sens, la signification
means ( )( )( )( ) le moyen
meat ( )( )( )( ) la viande
to meet ( )( )( )( ) (see V. 5. 3)
meeting ( )( )( )( ) la réunion; le meeting (rally); la rencontre (encounter)
member ( )( )( )( ) le membre
to memorize ( )( )( )( ) apprendre par coeur
memory ( )( )( )( ) le souvenir; la mémoire
to mention ( )( )( )( ) mentionner: la mention
merchant ( )( )( )( ) le marchand
Mexico ( )( )( )( ) le Mexique: mexicain (adj.)
middle ( )( )( )( ) le milieu(-x); in the--of, au milieu de
milk ( )( )( )( ) le lait
milliner ( )( )( )( ) la modiste
mirror ( )( )( )( ) la glace, le miroir
to miss ( )( )( )( ) (see III. 7. 4)
mistake ( )( )( )( ) une erreur, la faute
mistaken ( )( )( )( ) to be--, se tromper (de)
modern ( )( )( )( ) moderne
money ( )( )( )( ) l'argent (m.)

month	( )( )( )( )	le mois
moon	( )( )( )( )	la lune
morning	( )( )( )( )	le matin; la matinée, (see IV. 10. 2)
mountain	( )( )( )( )	la montagne
to move	( )( )( )( )	(see XXIV. 4. 3)
movie	( )( )( )( )	le film; movies, le cinéma
music	( )( )( )( )	la musique

-N-

to name	( )( )( )( )	nommer; appeler: le nom
narrow	( )( )( )( )	étroit
near	( )( )( )( )	près (de) (adv., prep.); proche (adj.)
neck	( )( )( )( )	le cou
to need	( )( )( )( )	avoir besoin de; il faut... (see XVII. 3. 3)
neighbor	( )( )( )( )	le (la) voisin(-e); --ing, voisin (adj.):--hood, le voisinage
nephew	( )( )( )( )	le neveu
new	( )( )( )( )	nouveau (nouvel, -lle): brand--, neuf (-ve); what's--?, quoi de neuf?; (see VIII. 6. 1)
news	( )( )( )( )	la nouvelle; --paper, le journal
next	( )( )( )( )	prochain (see VIII. 3. 3); suivant (following); --day, le lendemain
nice	( )( )( )( )	joli; gentil (-lle); bon
niece	( )( )( )( )	la nièce
night	( )( )( )( )	la nuit; last--, hier soir
noise	( )( )( )( )	le bruit; le tapage
north	( )( )( )( )	le nord
Norway	( )( )( )( )	la Norvège: norvégien (adj.)
notebook	( )( )( )( )	le cahier
to notice	( )( )( )( )	remarquer, s'apercevoir de; apercevoir
to notify	( )( )( )( )	avertir; prévenir
novel	( )( )( )( )	le roman
now	( )( )( )( )	maintenant; or (conj.)
nurse	( )( )( )( )	une infirmière

-O-

to obey	( )( )( )( )	obéir (à)
to offer	( )( )( )( )	offrir (de+inf.)
office	( )( )( )( )	le bureau; le cabinet (doctor's); chez+noun
often	( )( )( )( )	souvent
old	( )( )( )( )	vieux (vieil, -lle); ancien (-nne); âgé; (see VIII. 6. 2)
once	( )( )( )( )	une fois; --again, encore une fois; --more, une fois de plus
to open	( )( )( )( )	ouvrir: ouvert (adj.)
opinion	( )( )( )( )	un avis, une opinion
opportunity	( )( )( )( )	une occasion
to oppose	( )( )( )( )	s'opposer à
or	( )( )( )( )	ou; --else, ou bien
to order	( )( )( )( )	ordonner (à qn.) (de+inf.), commander (a meal): un ordre; in--to, pour, afin de (+inf.)
ordinary	( )( )( )( )	ordinaire; --ily, d'ordinaire
other	( )( )( )( )	autre; --wise, autrement; each--, (see XXVI. 3. 3)
outside	( )( )( )( )	dehors; --of, en dehors de
to owe	( )( )( )( )	devoir

-P-

package	( )( )( )( )	le paquet
painful	( )( )( )( )	pénible; douloureux (-se) (physically)
to paint	( )( )( )( )	peindre
pair	( )( )( )( )	la paire
pale	( )( )( )( )	pâle; to become--, pâlir
paper	( )( )( )( )	le papier
park	( )( )( )( )	le parc
to park	( )( )( )( )	garer, stationner: le stationnement
part	( )( )( )( )	la partie (portion); le rôle
party	( )( )( )( )	la soirée (social); le parti (political)
to pay	( )( )( )( )	payer
peace	( )( )( )( )	la paix
pen	( )( )( )( )	la plume, le stylo
pencil	( )( )( )( )	le crayon
people	( )( )( )( )	les gens; on (see XII. 4. 3); le monde (see II. 5. 2)
to perceive	( )( )( )( )	(see to notice.)
perfect	( )( )( )( )	parfait

perhaps ( )( )( )( ) peut-être (see III. 7. 3)
piece ( )( )( )( ) le morceau
pink ( )( )( )( ) rose
to pity ( )( )( )( ) plaindre: la pitié; it is a--, c'est dommage
place ( )( )( )( ) un endroit, le lieu
plan ( )( )( )( ) le plan, le projet
play ( )( )( )( ) la pièce (de théâtre)
to play ( )( )( )( ) jouer (à, de) (see III. 7. 2)
pleasant ( )( )( )( ) agréable
to please ( )( )( )( ) plaire (à)
plot ( )( )( )( ) une intrigue, une action (of a story); le complot (conspiracy)
pocket ( )( )( )( ) la poche
Poland ( )( )( )( ) la Pologne: polonais (adj.)
police ( )( )( )( ) la police; --man, un agent de police
poor ( )( )( )( ) pauvre (see VIII. 3. 3)
Portugal ( )( )( )( ) le Portugal: portugais (adj.)
post office ( )( )( )( ) le bureau de poste
to postpone ( )( )( )( ) remettre
to pour ( )( )( )( ) verser
practical ( )( )( )( ) pratique: la pratique
to prefer ( )( )( )( ) préférer, aimer mieux
prejudice ( )( )( )( ) le préjugé
present ( )( )( )( ) (see gift): to be--, être présent (adj.)
pretty ( )( )( )( ) joli
to prevent ( )( )( )( ) empêcher (de+inf.)
price ( )( )( )( ) le prix
pride ( )( )( )( ) la fierté; un orgueil
prize ( )( )( )( ) le prix
to promise ( )( )( )( ) promettre (à qn.) (de+inf.): la promesse
proud ( )( )( )( ) fier; orgueilleux (-se)
to prove ( )( )( )( ) prouver: la preuve
public ( )( )( )( ) public (-que): le public
to pull ( )( )( )( ) tirer
to punish ( )( )( )( ) punir: la punition
pupil ( )( )( )( ) un (une) élève
purple ( )( )( )( ) pourpre
purpose ( )( )( )( ) le but, une intention; on --, exprès (adv.)
to push ( )( )( )( ) pousser
to put ( )( )( )( ) mettre; to--on, in, mettre; to--off, remettre; to--down, poser

-Q-

to question ( )( )( )( ) interroger: la question; to ask a--, poser une question
quickly ( )( )( )( ) vite, rapidement
quiet ( )( )( )( ) tranquille: la tranquillité
quite ( )( )( )( ) assez, tout à fait

-R-

to rain ( )( )( )( ) pleuvoir: la pluie; --coat, un imperméable
to raise ( )( )( )( ) lever; soulever
rather ( )( )( )( ) assez; plutôt
to read ( )( )( )( ) lire: la lecture
ready ( )( )( )( ) prêt (à+inf.)
real ( )( )( )( ) vrai, réel (-lle)
to realize ( )( )( )( ) se rendre compte de; réaliser
to recall ( )( )( )( ) (see remember)
to receive ( )( )( )( ) recevoir
to recite ( )( )( )( ) réciter
to recognize ( )( )( )( ) reconnaître
to recommend ( )( )( )( ) recommander
record ( )( )( )( ) le disque; le record (feat); un enregistrement (recording)
red ( )( )( )( ) rouge; to become--, rougir
to relate ( )( )( )( ) raconter
relative ( )( )( )( ) un parent
to relax ( )( )( )( ) (se) détendre: la détente
to remain ( )( )( )( ) rester
to remember ( )( )( )( ) se rappeler, se souvenir de (see XI. 4. 2)
to remind ( )( )( )( ) rappeler(à) (see XXIV. 3. 2)
to rent ( )( )( )( ) louer: le loyer
to repair ( )( )( )( ) réparer: la réparation
to repeat ( )( )( )( ) répéter

to replace	( )( )( )( )	remplacer
to require	( )( )( )( )	exiger
to resist	( )( )( )( )	résister (à)
to respect	( )( )( )( )	respecter: le respect
to rest	( )( )( )( )	se reposer
result	( )( )( )( )	le résultat
to return	( )( )( )( )	revenir (come back); retourner (go back); rendre (give back): le retour
to review	( )( )( )( )	repasser (go over again); revoir; faire un compte rendu de (criticize): la revision; le compte rendu; la revue (magazine)
to reward	( )( )( )( )	récompenser: la récompense
rich	( )( )( )( )	riche: la richesse
right	( )( )( )( )	droit: la droite; to the--, à droite (de)
right	( )( )( )( )	le droit (d'un citoyen)
right	( )( )( )( )	correct, bon; to be--, avoir raison (de+inf.)
road	( )( )( )( )	le chemin, la route
roof	( )( )( )( )	le toit
roommate	( )( )( )( )	le (la) camarade de chambre
rule	( )( )( )( )	la règle
to run	( )( )( )( )	courir
Russia	( )( )( )( )	la Russie: russe (adj.)

-S-

sad	( )( )( )( )	triste: la tristesse
safe	( )( )( )( )	sauf (-ve)
sailor	( )( )( )( )	le matelot
salesman	( )( )( )( )	le vendeur
same	( )( )( )( )	même (see VIII. 3. 3)
to satisfy	( )( )( )( )	satisfaire, contenter
to save	( )( )( )( )	sauver
to say	( )( )( )( )	dire (à qn.); that is to--, c'est-à-dire
scarf	( )( )( )( )	une écharpe
to scold	( )( )( )( )	gronder
to search	( )( )( )( )	chercher
secret	( )( )( )( )	secret: le secret
to seem	( )( )( )( )	paraître, sembler (+inf.), avoir l'air (de+inf.)
to sell	( )( )( )( )	vendre
to send	( )( )( )( )	envoyer; to--for, faire venir, envoyer chercher
sensible	( )( )( )( )	raisonnable
sensitive	( )( )( )( )	sensible
serious	( )( )( )( )	sérieux (-se)
servant	( )( )( )( )	le (la) domestique
to serve	( )( )( )( )	servir; --as, servir de
several	( )( )( )( )	plusieurs; quelques (a few)
shade	( )( )( )( )	une ombre; in the--, à l'ombre (de)
shadow	( )( )( )( )	une ombre
shame	( )( )( )( )	la honte
to share	( )( )( )( )	partager
to shine	( )( )( )( )	briller
shirt	( )( )( )( )	la chemise
to shock	( )( )( )( )	choquer: le choc
to shop	( )( )( )( )	faire des achats: la boutique, le magasin
shore	( )( )( )( )	le bord
short	( )( )( )( )	court
shoulder	( )( )( )( )	une épaule
to shout	( )( )( )( )	crier; s'écrier (to cry out)
to show	( )( )( )( )	montrer; faire voir
to shut	( )( )( )( )	fermer
to sigh	( )( )( )( )	soupirer, pousser un soupir
silent	( )( )( )( )	silencieux (-se): le silence; to be--, se taire
silver	( )( )( )( )	l'argent (m.)
similar	( )( )( )( )	pareil (-lle) (à), semblable (à)
since	( )( )( )( )	puisque; depuis que; (see XV. 6. 3)
to sing	( )( )( )( )	chanter
to sit	( )( )( )( )	s'asseoir (see XV. 6. 7)
to skate	( )( )( )( )	patiner: le patinage
skillful	( )( )( )( )	habile, adroit
skirt	( )( )( )( )	la jupe
sky	( )( )( )( )	le ciel (cieux)
to sleep	( )( )( )( )	dormir; to go to--, s'endormir
sleepy	( )( )( )( )	to feel--, avoir sommeil

slide	( )( )( )( )	la diapositive (picture)
to slide	( )( )( )( )	glisser
slippery	( )( )( )( )	glissant
slow	( )( )( )( )	lent
small	( )( )( )( )	petit; minuscule
to smell	( )( )( )( )	sentir
to smile	( )( )( )( )	sourire: le sourire
to snow	( )( )( )( )	neiger: la neige
soft	( )( )( )( )	mou (molle); doux (-ce) (gentle): la mollesse; la douceur
someone	( )( )( )( )	(see IX. 3. 1)
something	( )( )( )( )	(see IX. 3. 1)
sometimes	( )( )( )( )	quelquefois, parfois
somewhere	( )( )( )( )	quelque part
son	( )( )( )( )	le fils
song	( )( )( )( )	la chanson
soon	( )( )( )( )	bientôt; tôt; as--as, aussitôt que, dès que
sorry	( )( )( )( )	to be--, regretter (de+inf.); être désolé
south	( )( )( )( )	le sud
Spain	( )( )( )( )	l'Espagne (f.): espagnol (adj.)
to speak	( )( )( )( )	(see to talk); so to--, pour ainsi dire
to spell	( )( )( )( )	épeler
to spend	( )( )( )( )	passer (time); dépenser; (see XVI. 5. 1)
spoon	( )( )( )( )	la cuillère (cuiller)
spring	( )( )( )( )	le printemps; in the --, au printemps
stamp	( )( )( )( )	le timbre (post)
to stand	( )( )( )( )	to--up, se lever (see XV. 6. 7)
star	( )( )( )( )	une étoile; la vedette (movie)
station	( )( )( )( )	la gare
to stay	( )( )( )( )	rester: le séjour
to steal	( )( )( )( )	voler
still	( )( )( )( )	toujours; encore
to stop	( )( )( )( )	(see XXVI. 3. 2)
store	( )( )( )( )	le magasin; department--, le grand magasin
story	( )( )( )( )	une histoire, un conte
straight	( )( )( )( )	droit
strange	( )( )( )( )	étrange
street	( )( )( )( )	la rue; la chaussée
to strike	( )( )( )( )	(see to hit)
strong	( )( )( )( )	fort, robuste
stupid	( )( )( )( )	bête, sot (sotte), stupide
subject	( )( )( )( )	le sujet
to succeed	( )( )( )( )	réussir (à+inf.): le succès, la réussite
such	( )( )( )( )	(see VIII. 6. 3)
sudden	( )( )( )( )	soudain; --ly, tout à coup, soudain
summer	( )( )( )( )	un été
sun	( )( )( )( )	le soleil
to suppose	( )( )( )( )	(see XIII. 5. 3); supposer
sure	( )( )( )( )	sûr, certain
to surprise	( )( )( )( )	surprendre; étonner: la surprise
to suspect	( )( )( )( )	se douter (de) (see XXV. 3. 2)
Sweden	( )( )( )( )	la Suède: suédois (adj.)
sweet	( )( )( )( )	doux (-ce): la douceur
to swim	( )( )( )( )	nager: la natation
Switzerland	( )( )( )( )	la Suisse: suisse (adj.)

-T-

to take	( )( )( )( )	prendre (see V. 5. 1); to--place, avoir lieu; to--after, tenir de
to talk	( )( )( )( )	parler (à qn.), causer (avec qn.); bavarder (chat): la causerie; le bavardage
tall	( )( )( )( )	grand (see VIII. 3. 3); haut
to taste	( )( )( )( )	goûter: le goût
tea	( )( )( )( )	le thé
teacher	( )( )( )( )	le maître; le professeur
team	( )( )( )( )	une équipe
to tear	( )( )( )( )	déchirer
to telephone	( )( )( )( )	téléphoner (à qn.), donner un coup de fil (à qn.)
to tell	( )( )( )( )	dire, raconter (à qn.) (see IX. 3. 4)
terrific	( )( )( )( )	formidable, sensationnel, épatant
to test	( )( )( )( )	examiner: un examen
then	( )( )( )( )	alors; ensuite, puis (see IV. 10. 3)
there	( )( )( )( )	là; over--, là-bas

therefore ( )( )( )( ) par conséquent, donc
thin ( )( )( )( ) maigre
thing ( )( )( )( ) la chose
to think ( )( )( )( ) penser; croire; --of, penser (à, de) (see XV. 6. 6)
third ( )( )( )( ) le tiers (portion); troisième (adj.)
thirsty ( )( )( )( ) to be--, avoir soif: la soif
thought ( )( )( )( ) la pensée
through ( )( )( )( ) par; à travers
to throw ( )( )( )( ) jeter
thus ( )( )( )( ) ainsi
tie ( )( )( )( ) la cravate
time ( )( )( )( ) (see XV. 6. 5); from--to--, de temps en temps (de temps à autre)
tired ( )( )( )( ) fatigué; épuisé (exhausted)
title ( )( )( )( ) le titre
today ( )( )( )( ) aujourd'hui
together ( )( )( )( ) ensemble; to get--, se réunir
tomorrow ( )( )( )( ) demain; the day after--, après-demain
tooth ( )( )( )( ) la dent
toward ( )( )( )( ) vers
town ( )( )( )( ) la (petite) ville
toy ( )( )( )( ) le jouet
to translate ( )( )( )( ) traduire: la traduction
to travel ( )( )( )( ) voyager, faire un voyage
trip ( )( )( )( ) le voyage; to take a--, (see to travel)
true ( )( )( )( ) vrai
truth ( )( )( )( ) la vérité; to tell the--, à vrai dire, franchement
to try ( )( )( )( ) essayer (de+inf.), chercher (à+inf.)
to turn ( )( )( )( ) (se) tourner
twice ( )( )( )( ) (see once)

-U-

ugly ( )( )( )( ) laid
under ( )( )( )( ) sous
to understand ( )( )( )( ) comprendre
undoubtedly ( )( )( )( ) sans (aucun) doute
unhappy ( )( )( )( ) malheureux (-se)
unless ( )( )( )( ) à moins que (+subj.), à moins de (+inf.)
unnoticed ( )( )( )( ) inaperçu
until ( )( )( )( ) (see XV. 6. 4)
upstairs ( )( )( )( ) en haut
to use ( )( )( )( ) employer, se servir de
used ( )( )( )( ) d'occasion (second hand); to be--for, servir à
useful ( )( )( )( ) utile
useless ( )( )( )( ) inutile

-V-

vacation ( )( )( )( ) les vacances (f.)
vegetable ( )( )( )( ) le légume
vicinity ( )( )( )( ) le voisinage
view ( )( )( )( ) la vue; --point, le point de vue
village ( )( )( )( ) le village
violin ( )( )( )( ) le violon
to visit ( )( )( )( ) visiter (place); rendre visite à qn.: la visite
voice ( )( )( )( ) la voix

-W-

to wait ( )( )( )( ) --for, attendre
waiter ( )( )( )( ) le garçon
to wake ( )( )( )( ) --up, se réveiller
to walk ( )( )( )( ) marcher, aller à pied; to take a--, faire une promenade, se promener
wall ( )( )( )( ) le mur
war ( )( )( )( ) la guerre
warm ( )( )( )( ) chaud (see II. 5. 1, III. 7. 1)
to wash ( )( )( )( ) (se) laver (see VII. 4. 4)
water ( )( )( )( ) l'eau (f.)
weak ( )( )( )( ) faible
to wear ( )( )( )( ) porter; to--out, user
week ( )( )( )( ) la semaine; a--from today, d'aujourd'hui en huit
to weep ( )( )( )( ) pleurer

weight	( )( )( )( )	le poids
west	( )( )( )( )	l'ouest (m.)
to wet	( )( )( )( )	mouiller
what	( )( )( )( )	(see VII. 4. 2, XVI. 5. 2)
when	( )( )( )( )	quand. . . ?; lorsque, quand; (see XVI. 5. 3)
whenever	( )( )( )( )	chaque fois que
wherever	( )( )( )( )	partout où; où que (see XXVII. 3. 4)
while	( )( )( )( )	pendant que; tandis que
white	( )( )( )( )	blanc (-che); to become--, blanchir
whole	( )( )( )( )	(see XIX. 4. 1)
wide	( )( )( )( )	large
wife	( )( )( )( )	la femme; une épouse
wind	( )( )( )( )	le vent
window	( )( )( )( )	la fenêtre
wine	( )( )( )( )	le vin
winter	( )( )( )( )	un hiver
with	( )( )( )( )	(see XXVII. 3. 3)
without	( )( )( )( )	sans; to do--, se passer de
to wonder	( )( )( )( )	se demander
wonderful	( )( )( )( )	merveilleux; (see terrific)
wood	( )( )( )( )	le bois
word	( )( )( )( )	le mot; la parole (spoken)
to work	( )( )( )( )	travailler: le travail (-aux); un ouvrage, une oeuvre (artistic)
to worry	( )( )( )( )	(s') inquiéter (de)
to wound	( )( )( )( )	blesser: la blessure
to wrap	( )( )( )( )	envelopper
to write	( )( )( )( )	écrire
wrong	( )( )( )( )	faux (-sse), mauvais; to be--, avoir tort (de+inf.), se tromper (de)

-X-Y-Z-

year	( )( )( )( )	un an; une année (see IV. 10. 2)
to yell	( )( )( )( )	(see to shout)
yellow	( )( )( )( )	jaune; to become--, jaunir
yesterday	( )( )( )( )	hier; day before--, avant-hier
to yield	( )( )( )( )	céder
young	( )( )( )( )	jeune; to become--, rajeunir (see VIII. 6. 2)

INDEX

This index does not include French vocabulary distinctions and French equivalents of certain English expressions which are dealt with under Special Problems. These items will be found in the preceding vocabularies.

The numbers refer to pages.

K L M N O P 9 8 7 6 5 4 3 2